LIÇÕES EM MECÂNICA DAS ESTRUTURAS

trabalhos virtuais e energia

João Cyro André
Carlos Eduardo Nigro Mazzilli
Miguel Luiz Bucalem
Sérgio Cifú

oficina de textos

1ª reimpressão revisada 2018

Grafia atualizada conforme o Acordo Ortográfico da Língua Portuguesa de 1990, em vigor no Brasil a partir de 2009.

Capa Malu Vallim
Diagramação Casa Editorial Maluhy & Co.
Ilustrações Lygia Maria Shu Fong
Projeto gráfico Douglas da Rocha Yoshida
Preparação de figuras Cristina Carnelós e Douglas da Rocha Yoshida
Preparação de texto Rena Signer
Revisão de texto Gerson Silva
Impressão e acabamento BMF Gráfica e Editora

Créditos referentes às imagens da fig. 6.50
Lina Bo Bardi (Roma, Itália, 1914. São Paulo, SP, 1992). *Estudo preliminar. Esculturas praticáveis do Belvedere Museu Arte Trianon.* Nanquim e aquarela sobre papel, 46,4 x 74,0 cm (área impressa); 56,2 x 76,5 cm (suporte). Coleção MASP – Museu de Arte de São Paulo Assis Chateaubriand. Fotografia: Erick Santos.
Imagem do vão livre do MASP durante apresentação musical, 1992. Coleção Biblioteca e Centro de Documentação do MASP – Museu de Arte de São Paulo Assis Chateaubriand.

Dados Internacionais de Catalogação na Publicação (CIP)
(Câmara Brasileira do Livro, SP, Brasil)

Lições em Mecânica das estruturas : trabalhos virtuais e energia / João Cyro André...[et al.]. --
São Paulo : Oficina de Textos, 2011.
Outros autores: Carlos Eduardo Nigro Mazzilli, Miguel Luiz Bucalem, Sérgio Cifú

Bibliografia
ISBN 978-85-7975-003-8

1. Análise estrutural (Engenharia)
2. Engenharia de estruturas I. André, João Cyro. II. Mazzilli, Carlos Eduardo Nigro. III. Bucalem, Miguel Luiz. IV. Cifú, Sérgio.

10-10052 CDD-624.171

Índices para catálogo sistemático:

1. Engenharia de estruturas 624.171

Rua Cubatão, 798
CEP 04013-003 São Paulo SP
tel. (11) 3085 7933
www.ofitexto.com.br
atend@ofitexto.com.br

Prefácio

As *Lições em Mecânica das Estruturas* são o resultado de mais de 20 anos de atuação dos autores nas disciplinas de Mecânica das Estruturas, oferecidas aos alunos do curso de Engenharia Civil da Escola Politécnica da Universidade de São Paulo, em sequência às disciplinas de Resistência dos Materiais e Estática das Construções.

A motivação dos autores transcende o natural desejo de organizar a farta documentação gerada nessas disciplinas ao longo dos anos, compreendendo notas de aula, listas de exercícios resolvidos, trabalhos práticos e provas propostas. Muito mais do que isso, é o compromisso que sentem de compartilhar com a comunidade acadêmica suas experiências de ensino na Escola Politécnica da Universidade de São Paulo.

Estas *Lições* se preocupam, ao mesmo tempo, em valorizar conteúdos tradicionais – solidamente organizados por gerações de grandes mestres – e em agregar conteúdos contemporâneos, devidamente adaptados ao curso de graduação, mas que muitas vezes são tratados apenas na pós-graduação.

Em acréscimo ao aprofundamento conceitual tradicionalmente perseguido na Escola Politécnica da Universidade de São Paulo, estas *Lições* se propõem a ilustrar extensivamente as possibilidades de aplicação das ferramentas desenvolvidas na solução de problemas fundamentais de Mecânica das Estruturas, entendida de forma ampla e, portanto, não restrita à Engenharia Civil. Efetivamente, as *Lições em Mecânica das Estruturas* poderão ser igualmente úteis nos cursos de Engenharia Mecânica, Mecatrônica, Naval, Química, de Minas, Aeronáutica e Aeroespacial, além de tantos outros em que a análise de sistemas estruturais seja requerida.

De sorte a oferecer maior flexibilidade a seus leitores – tanto alunos como professores de disciplinas de Mecânica das Estruturas de faculdades lusófonas de Engenharia, independentemente de como os diversos conteúdos estão articulados em seus respectivos programas –, os autores destas *Lições* optaram por segmentá-las tematicamente em diferentes volumes, porém escritos de forma tão autocontida quanto possível.

Nestas *Lições*, conteúdos de aprofundamento podem ser omitidos se o propósito for de um primeiro contato, apenas. Por outro lado, esses mesmos conteúdos certamente se mostrarão bastante úteis a alunos de pós-graduação. Exatamente por essa característica, trata-se de obra bastante versátil, atendendo simultaneamente aos públicos da graduação e da pós-graduação.

Este volume das *Lições* é dedicado ao estudo dos teoremas dos trabalhos virtuais e dos teoremas de energia e suas aplicações à análise de estruturas. O texto foi elaborado em uma linguagem própria da engenharia. Ênfase especial foi dada ao desenvolvimento de conceitos sólidos com exemplos conceituais e exemplos simples, que mostrem com clareza as aplicações à análise de estruturas, sem que o tratamento matemático possa obscurecer a compreensão conceitual. Alguns estudos de caso ilustram essas aplicações em obras já realizadas.

O teorema do trabalho, apresentado no capítulo 1, é considerado essencial para o estabelecimento, com clareza e simplicidade, dos teoremas dos trabalhos virtuais e de energia. Inicialmente, ele é desenvolvido para um sólido deformável, considerando a teoria da elasticidade linear; posteriormente, é apresentado para estruturas reticuladas de barras no plano e no espaço, considerando a teoria de barra de Bernoulli-Euler e a teoria de torção uniforme de Saint-Venant. Esse procedimento é igualmente aplicado no desenvolvimento dos teoremas dos trabalhos virtuais, o dos esforços virtuais e o dos deslocamentos virtuais, no capítulo 2, e nos teoremas da energia potencial total, no capítulo 7, e da energia potencial complementar total, no capítulo 8.

Neste livro dá-se ênfase às aplicações dos teoremas dos esforços virtuais e da energia potencial complementar total no cálculo de deslocamentos em estruturas isostáticas e hiperestáticas, e na resolução de estruturas hiperestáticas pelo método dos esforços. Por completitude, a análise de estruturas reticuladas isostáticas ou hiperestáticas pelo método dos deslocamentos é ilustrada pela aplicação dos teoremas dos deslocamentos virtuais e da energia potencial total em alguns exemplos bem simples. O método dos deslocamentos na análise estrutural será tratado ou utilizado em outros volumes das *Lições de Mecânica das Estruturas*, dedicados à Análise Matricial de Estruturas e ao Método dos Elementos Finitos.

Os capítulos 3, 4 e 5 dedicam-se, respectivamente, ao cálculo de deslocamentos em estruturas isostáticas, à análise de estruturas hiperestáticas pelo método dos esforços e ao cálculo de deslocamentos em estruturas hiperestáticas, pela aplicação conceitual do teorema dos esforços virtuais. Para bem ilustrar aspectos diversos dessa aplicação, apresentam-se exemplos de vigas simples, referidos como conceituais, e de outras estruturas simples submetidas a ações de esforços externos ativos, variações de temperatura e recalques de apoio. No capítulo 9, os cálculos de deslocamentos em estruturas isostáticas e hiperestáticas e a análise de estruturas hiperestáticas pelo método dos esforços, agora pela aplicação dos teoremas de energia complementar, são ilustrados por novos exemplos simples.

As expressões obtidas para o cálculo de deslocamentos em estruturas reticuladas e para a análise pelo método dos esforços, seja pelo teorema dos esforços virtuais, seja pelos teoremas de energia complementar, são formalmente idênticas, como não poderia deixar de ser. São dois métodos diferentes para a execução das mesmas aplicações, aos quais poderia ainda ser adicionado um terceiro, chamado método direto, mas que carece da generalidade existente nos apresentados. Essa observação indica que a coleção de exercícios e os estudos de caso do capítulo 6 poderiam igualmente ser posicionados após o capítulo 9.

Este livro está organizado de maneira a propiciar diversas formas de utilização. Por exemplo, sendo parte de um curso de graduação de Mecânica das Estruturas, com duração de dois a três meses e ministrado após os cursos de Resistência dos Materiais e Estática das Construções, com abordagem preferencial pelos teoremas dos trabalhos virtuais, ele pode ser utilizado considerando-se os capítulos 1 a 6. Caso a abordagem seja pelos teoremas de energia, ele pode ser utilizado considerando-se os capítulos 1, 7 a 9 e 6. As partes do livro que tratam dos sólidos deformáveis e de alguns problemas com não linearidades físicas ou geométricas constituem naturalmente tópicos introdutórios de um curso de pós-graduação em mecânica dos sólidos deformáveis.

O livro é ilustrado com fotos e figuras de ilustres engenheiros, físicos e matemáticos, todos com contribuições significativas nos temas abordados, e fotos e desenhos de algumas obras de engenharia de estruturas, como exemplificação de diversos sistemas estruturais, apresentadas em ordem cronológica. Essas obras lindíssimas, históricas ou modernas, e relevantes por diferentes razões, foram sugeridas gentilmente pelo professor Henrique Lindenberg Neto.

Os autores dedicam esta coleção aos professores Décio Leal de Zagottis e Telêmaco van Langendonck, e, sobretudo, a várias gerações de alunos que os ensinaram sobre como gostariam de aprender.

São Paulo, maio de 2010

João Cyro André

Carlos Eduardo Nigro Mazzilli

Miguel Luiz Bucalem

Sérgio Cifú

Cronologia

Cronologia de obras ilustrativas de sistemas estruturais, de personalidades que contribuíram para o desenvolvimento científico de temas tratados neste livro e de alguns livros históricos

Stonehenge
Monumento pré-histórico em estilo neolítico, construído em diversos estágios no período estimado entre 3000 a.C. e 1500 a.C. (conforme informação da Enciclopédia Britânica), localizado em Wiltshire, Inglaterra. Sistema estrutural: viga-pilar.

Parthenon
Templo dedicado à deusa grega Atena, construído entre 447 a.C. e 432 a.C., localizado em Atenas, Grécia. Sistema estrutural: viga-pilar.

Pont du Gard
Ponte do Gard. Aqueduto em arcos superpostos de pedra, construído pelos romanos entre 40 d.C. e 60 d.C., localizado em Nîmes, França. Sistema estrutural: arco.

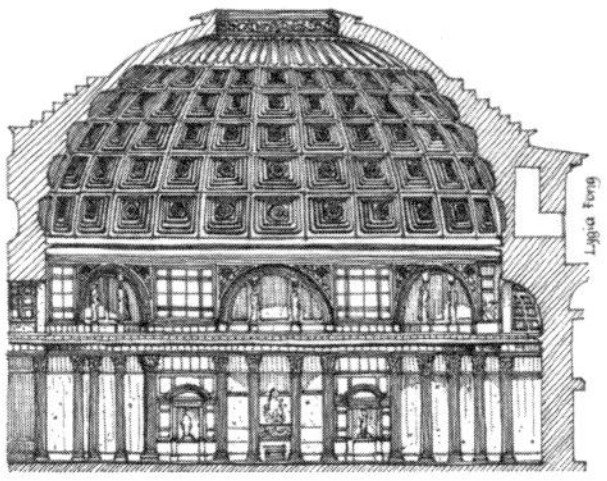

Panteon de Roma
Templo com cúpula em concreto, reconstruído entre 118 d.C. e 125 d.C., localizado em Roma, Itália. Sistema estrutural: cúpula.

Catedral Notre Dame de Paris
Catedral gótica, construída entre 1177 e 1240, localizada em Paris, França. Sistema estrutural: arcobotante e abóbada gótica.

Leonardo da Vinci (1452-1519)

Artista, engenheiro e cientista italiano.

Aplicou noções do princípio dos deslocamentos virtuais para analisar sistemas de polias e alavancas.

Galileo Galilei (1564-1642)

Matemático, astrônomo e filósofo italiano.

Em 1594, escreveu o tratado "Della Scienza Meccanica", no qual, vários problemas de estática foram resolvidos aplicando o princípio dos deslocamentos virtuais.

Discorsi e Dimostrazioni Matematiche, intorno à Due Nuove Scienze (1638), Galileo Galilei

Publicado por Louis Elzevir, editor holandês, em 1638.

Uma versão traduzida para o inglês de fácil acesso, *Dialogue Concerning Two New Sciences*, é devida a Henry Crew e Alfonso de Salvio, com primeira edição da Macmillan, em 1914.

Johann Bernoulli I (1667-1748)

Matemático suiço.

Formulou o princípio dos deslocamentos virtuais em carta destinada a Varignon e por este publicada em seu livro *Nouvelle Mecanique*, vol.2, p.174, Paris 1725.

Nouvelle Mecanique ou Statique, Pierre Varignon

Publicado em 1725, como obra póstuma, contem cópia da carta enviada por Johann Bernoulli I a Pierre Varignon, reconhecida como a primeira formulação do princípio dos deslocamentos virtuais.

Daniel Bernoulli (1700-1782)

Matemático suíço.

Segundo filho de Jean Bernoulli I, sugeriu a Euler que aplicasse cálculo variacional no estabelecimento de curvas elásticas. A menos de uma constante, a integral indicada para ser minimizada é a energia de deformação.

Leonhard Euler (1707-1783)

Matemático suíço.

Esteve interessado nas formas geométricas das curvas elásticas. Utilizou a teoria de Jacob Bernoulli para estabelecer a linha elástica diretamente da equação diferencial da linha elástica. Posteriormente, a partir de sugestão de Daniel Bernoulli, estabeleceu a linha elástica por cálculo variacional.

Ironbridge

Ponte rodoviária, primeira ponte em arco empregando ferro fundido, construída entre 1777 e 1779, localizada em Shropshire, Inglaterra. Sistema estrutural: arco.

Benoît Paul Émile Clapeyron (1799-1864)

Engenheiro francês.

Desenvolveu, em conjunto com G. Lamé (1795-1870), estudos sobre o trabalho de forças elásticas em um sólido elástico deformado por forças externas. Em 1852, G. Lamé publicou o teorema de Clapeyron em seu livro "Leçons sur la Théorie Mathématique de l´Élasticité des Corps Solides" . É provável que esse teorema tenha sido formulado por Clapeyron muitos anos antes da publicação desse livro, que é reconhecido como o primeiro livro sobre teoria da elasticidade.

Leçons sur la Théorie Mathématique de l'Élasticité des Corps Solides, Gabriel Lamé

Publicado em 1852, é considerado o primeiro livro sobre teoria da elasticidade.

Ponte de Menai

Ponte rodoviária sobre o estreito de Menai, uma das primeiras pontes suspensas modernas, construída em ferro forjado entre 1819 e 1826, localizada em Anglesey, País de Gales. Sistema estrutural: ponte pênsil completada com trechos em arcos.

Enrico Betti (1823-1892)

Matemático italiano.

Em 1872, apresentou o teorema da reciprocidade em sólidos deformáveis homogêneos em regime elástico linear.

James Clerk Maxwell (1831-1879)

Físico e matemático escocês.

Estabeleceu o teorema da reciprocidade em forma simples.

Rudolf Friedrich Alfred Clebsch (1833-1872)

Matemático alemão.

Em 1862, Clebsch apresentou, pela primeira vez, uma formulação em que as incógnitas de um problema estrutural são os deslocamentos nodais.

CHRISTIAN OTTO MOHR (1835-1918)

Engenheiro civil alemão.

Utilizou o teorema da reciprocidade para várias aplicações na análise estrutural.

JOHN WILLIAM STRUTT, LORD RAYLEIGH (1842-1919)

Cientista inglês.

Estudando as vibrações de cabos, barras, placas e cascas, Rayleigh introduziu os conceitos de deslocamentos e forças generalizadas, o que propiciou a escolha de modos simples de vibrações que permitiram a obtenção de soluções aproximadas em problemas estruturais.

CARLO ALBERTO CASTIGLIANO (1847-1884)

Engenheiro civil italiano.

Em 1873, aos 26 anos, Castigliano apresentou, em sua tese de láurea em engenharia civil, teoremas de derivadas parciais da energia de deformação para o cálculo de deslocamentos e esforços em sistemas elásticos lineares.

INTORNO AI SISTEMA ELASTICI, CARLO ALBERTO CASTIGLIANO

Dissertação apresentada em 1873 por Carlo Alberto Castigliano à Comissão Examinadora da Escola de Engenharia de Torino para obter a láurea de Engenheiro Civil.

FRIEDRICH ENGESSER (1848-1931)

Engenheiro alemão.

Generalizou a teoria de Castigliano para materiais elásticos não lineares.

Walter Ritz (1878-1909)

Físico suíço.

A ideia de calcular frequências diretamente usando o conceito de energia, sem resolver as equações diferenciais, foi desenvolvida por Ritz. Esse procedimento, que é um método variacional direto, é denominado Método de Rayleigh-Ritz e é amplamente utilizado para obter soluções aproximadas na mecânica das estruturas.

Ponte Firth of Forth (1882-1890)

Ponte ferroviária em aço, no estuário do rio Forth, localizada em Queensferry, Escócia. Sistema estrutural: ponte em balanço com viga Gerber.

Hardy Cross (1885-1959)

Engenheiro de estruturas americano.

Desenvolveu o método da distribuição dos momentos, chamado método de Cross, que foi utilizado na análise estrutural por um período que se iniciou em 1935 e se estendeu por aproximadamente 40 anos, quando foi superado por métodos computacionais.

Stephen Prokofievich Timoshenko (1878-1972)

Engenheiro ucraniano.

Escreveu uma série de livros no período de 1925 a 1972, em diversos temas da mecânica das estruturas: elasticidade, estabilidade, dinâmica, resistência dos materiais etc. O seu livro *History of the Strength of Materials* foi a principal fonte de informações históricas utilizadas neste texto.

Viaduto Santa Ifigênia

Viaduto rodoviário em aço, construído entre 1910 e 1913, localizado em São Paulo, Brasil. Sistema estrutural: arco triarticulado.

Edifício Hearst

Edifício *art déco*, bloco com 6 andares, construído entre 1920 e 1928, já com previsão para ampliação, o que ocorreu entre 2003 e 2006, transformando-o em um edifício de escritórios, em aço, com 42 andares, localizado em Nova York, Estados Unidos. Sistema estrutural: edifício alto.

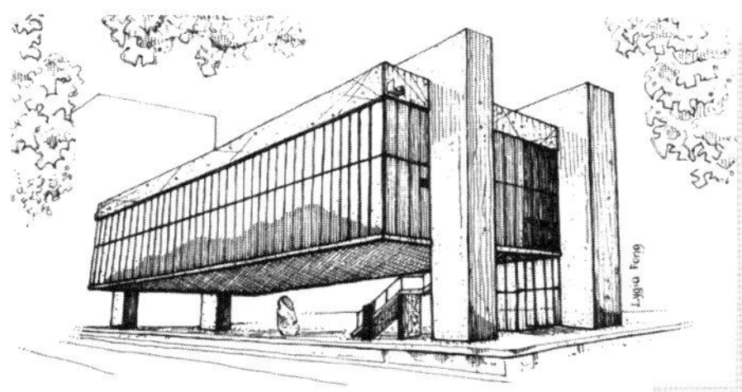

MASP – Museu de arte de São Paulo

Edifício para abrigar o MASP, com viga principal isostática em concreto protendido, com 74 m de vão livre, construído entre 1960 e 1968, localizado em São Paulo, Brasil. Sistema estrutural: viga-pilar.

Viaduto de Millau

Viaduto da autoestrada A75, com tabuleiro e pilares em concreto, construído entre 2001 e 2004, localizado em Millau, França. Sistema estrutural: ponte estaiada.

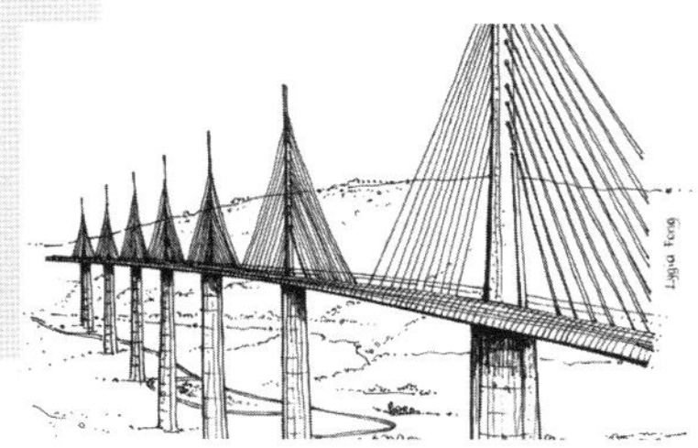

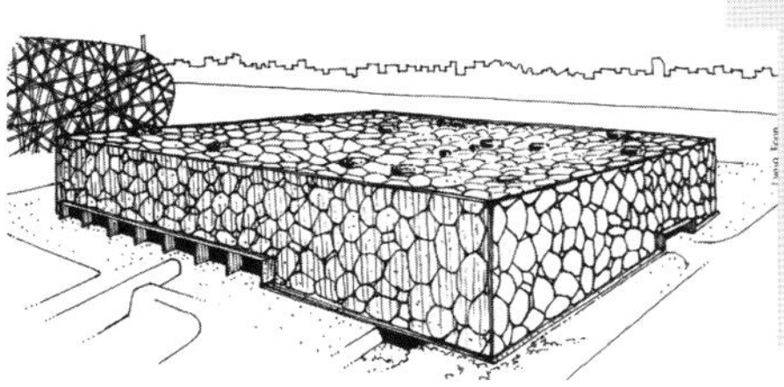

Cubo de Água

Centro aquático de Beijing, construído em aço entre 2003 e 2007 para os Jogos Olímpicos de 2008, localizado em Beijing, China. Sistema estrutural: pórtico tridimensional.

Notação e símbolos

V	domínio ocupado pelo sólido deformável
S	superfície externa de V
S_f	parte de S onde são especificadas as forças de superfície
S_u	parte de S onde são especificados os deslocamentos
$\boldsymbol{f}^B$	forças de volume definidas em V
$\boldsymbol{f}^S$	forças de superfície definidas em S_f
$\hat{\boldsymbol{u}}$	deslocamentos definidos em S_u
$\boldsymbol{u}$	campo de deslocamentos
$\boldsymbol{\varepsilon}$	campo de deformações
$\boldsymbol{\sigma}$	campo de tensões
$\{\boldsymbol{u}\}$	vetor dos deslocamentos em um ponto de V
$\{\boldsymbol{\varepsilon}\}$	vetor das deformações em um ponto de V
$\{\boldsymbol{\varepsilon}^0\}$	vetor das deformações iniciais em um ponto de V
$\{\boldsymbol{\sigma}\}$	vetor das tensões em um ponto de V
$\{\delta\, \boldsymbol{u}\}$	vetor dos deslocamentos virtuais em um ponto de V
$\{\delta\, \boldsymbol{\varepsilon}\}$	vetor das deformações virtuais em um ponto de V
$\{\delta\, \boldsymbol{\sigma}\}$	vetor das tensões virtuais em um ponto de V
$\mathcal{V}$	energia potencial total
$\mathcal{U}$	energia potencial de deformação ou energia de deformação
$\mathcal{W}$	densidade da energia de deformação
$\mathcal{P}$	energia potencial dos esforços externos
$\mathcal{T}_e$	trabalho externo
$\mathcal{T}_i$	trabalho interno
$\Delta\mathcal{T}_e$	variação do trabalho externo
$\Delta\mathcal{T}_i$	variação do trabalho interno
$\Delta\mathcal{K}$	variação da energia cinética
$\Delta\mathcal{Q}$	variação da quantidade de calor

$\mathcal{V}^*$	energia potencial complementar total
$\mathcal{U}^*$	energia potencial complementar de deformação ou energia complementar de deformação
$\mathcal{W}^*$	densidade da energia complementar de deformação
$\mathcal{P}^*$	energia potencial complementar dos esforços externos
$\mathcal{T}_e^*$	trabalho complementar externo
$\mathcal{T}_I^*$	trabalho complementar interno
$\Delta\mathcal{T}_e^*$	variação do trabalho complementar externo
$\Delta\mathcal{T}_i^*$	variação do trabalho complementar interno
P, F, q	esforços externos ativos
R	esforços externos reativos
X	incógnitas hiperestáticas
$f, \overline{f}$	esforços nas extremidades de uma barra no sistema global e local
$\Delta\theta$	variação de temperatura
U	deslocamento conjugado a um esforço externo ativo concentrado
$\hat{D}$	deslocamento conjugado a uma reação de apoio
$\hat{U}$	deslocamento conjugado a uma incógnita hiperestática
M	momento fletor
N	força normal
V	força cortante
T	momento de torção
S	força em mola
$u(x)$	deslocamento longitudinal no ponto do eixo da barra de ordenada x
$v(x)$, $w(x)$	deslocamentos transversais no ponto do eixo da barra de ordenada x
$u'(x)$	alongamento específico no ponto do eixo da barra de ordenada x
$w''(x)$	curvatura da linha elástica no ponto do eixo da barra de ordenada x
$\theta(x)$	rotação em torno do eixo da barra na ordenada x
$\theta'(x)$	rotação específica em torno do eixo da barra na ordenada x
$\Delta\ell$	alongamento de uma barra de treliça ou de uma mola
E	módulo de elasticidade
ν	coeficiente de Poisson
$G = \dfrac{E}{2(1+\nu)}$	módulo de elasticidade transversal
A	área da seção transversal
I_y	momento de inércia em relação ao eixo central y da seção transversal
I_z	momento de inércia em relação ao eixo central z da seção transversal
I_T	momento de inércia à torção da seção transversal
$\mathcal{M}_y$	momento estático em relação ao eixo central y da seção transversal
$\{\boldsymbol{R_0}\} + [\boldsymbol{K}]\{\boldsymbol{U}\} = \{\hat{\boldsymbol{R}}\}$	equações reduzidas de equilíbrio – notação matricial
$R_{0i} + \sum_j K_{ij} U_j = \hat{R}_i \left(i, j = 1, n\right)$	equações reduzidas de equilíbrio – notação indicial

K_{ij} elemento (i,j) da matriz de rigidez

U_i i–ésimo deslocamento nodal incógnito

R_{0i} esforço nodal equivalente conjugado a U_i, decorrente das ações externas

R_i esforço nodal conjugado a U_i

$[\boldsymbol{k}]\{\boldsymbol{u}\} = \{\boldsymbol{f}\}$ equações reduzidas de equilíbrio na barra no sistema global

$[\overline{\boldsymbol{k}}]\{\overline{\boldsymbol{u}}\} = \{\overline{\boldsymbol{f}}\}$ equações reduzidas de equilíbrio na barra no sistema local

$\{\boldsymbol{U_0}\} + \{\boldsymbol{U}_\theta\} + \{\boldsymbol{U}_R\} + [\boldsymbol{F}]\{\boldsymbol{X}\} = \{\hat{\boldsymbol{U}}\}$ equações reduzidas de compatibilidade – notação matricial

$U_{i0} + U_{i\theta} + U_{iR} + F_{ij}X_j = \hat{U}_i\,(i,j = 1,n)$ equações reduzidas de compatibilidade – notação indicial

F_{ij} termo da matriz de flexibilidade – deslocamento na isostática fundamental conjugado a X_i, decorrente de $X_j = 1$

X_i i–ésima incógnita hiperestática

$\hat{U}_i$ deslocamento especificado na estrutura hiperestática conjugado a X_i

U_{i0} deslocamento na isostática fundamental conjugado a X_i, decorrente dos esforços ativos externos

$U_{i\theta}$ deslocamento na isostática fundamental conjugado a X_i, decorrente das variações de temperatura

U_{iR} deslocamento na isostática fundamental conjugado a X_i, decorrente dos recalques de apoio

$(i = 1,n)$ índice i assumindo valores inteiros entre 1 e n.

Sumário

Parthenon *(447 AC - 432 AC)*

sistema estrutural: **viga – pilar**

1 Teorema do trabalho

1.1 Teorema do trabalho na teoria da elasticidade

1.1.1 Campo de tensões estaticamente admissíveis

Seja um sólido deformável em equilíbrio estático sujeito a forças de volume $\boldsymbol{f}^B$, definidas numa região V, e de forças de superfície $\boldsymbol{f}^S$, especificadas numa parte S_f da superfície de contorno S (Fig. 1.1). Na parte restante, S_u, do contorno S, são especificados os deslocamentos. As componentes de $\boldsymbol{f}^B$, $\boldsymbol{f}^S$ e $\hat{\boldsymbol{u}}$, em cada ponto, relativas ao sistema de coordenadas cartesiano e ortogonal, são os elementos dos vetores:

$$\begin{aligned} \{\boldsymbol{f}^B\}^T &= \left\{f_x^B(x,y,z), f_y^B(x,y,z), f_z^B(x,y,z)\right\} \\ \{\boldsymbol{f}^S\}^T &= \left\{f_x^S(x,y,z), f_y^S(x,y,z), f_z^S(x,y,z)\right\} \\ \{\hat{\boldsymbol{u}}\}^T &= \left\{\hat{u}(x,y,z), \hat{v}(x,y,z), \hat{w}(x,y,z)\right\} \end{aligned} \tag{1.1}$$

Define-se campo de uma grandeza (escalar, vetorial ou tensorial) como a aplicação que a cada ponto $P \in V$, definido pelo vetor posição $\boldsymbol{r} = (x, y, z)$, associa a referida grandeza. Para os propósitos deste texto, define-se campo de tensões estaticamente admissíveis como um campo de tensões σ^e em equilíbrio com forças de volume $\boldsymbol{f}^B$, especificadas em V, e com forças de superfície $\boldsymbol{f}^S$, especificadas em S_f. Assim, um campo de tensões estaticamente

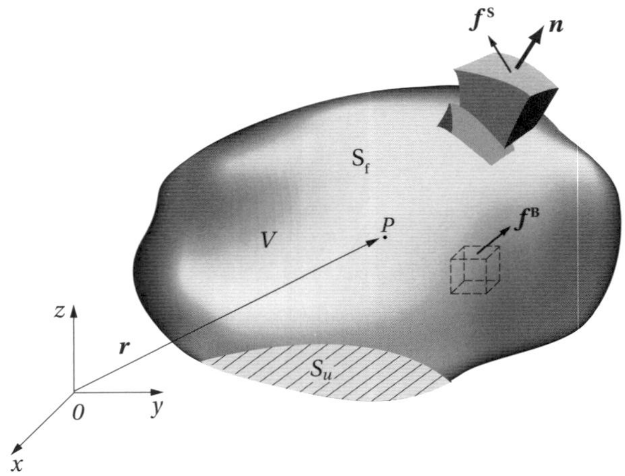

Fig. 1.1 Sólido deformável em equilíbrio estático

admissíveis deve satisfazer às equações de equilíbrio em V:

$$\begin{aligned}
\frac{\partial \sigma^e_{xx}}{\partial x}+\frac{\partial \sigma^e_{xy}}{\partial y}+\frac{\partial \sigma^e_{xz}}{\partial z}+f^B_x=0\\
\frac{\partial \sigma^e_{yx}}{\partial x}+\frac{\partial \sigma^e_{yy}}{\partial y}+\frac{\partial \sigma^e_{yz}}{\partial z}+f^B_y=0 \qquad \text{em } V\\
\frac{\partial \sigma^e_{zx}}{\partial x}+\frac{\partial \sigma^e_{zy}}{\partial y}+\frac{\partial \sigma^e_{zz}}{\partial z}+f^B_z=0
\end{aligned} \tag{1.2}$$

e às equações de equilíbrio em S_f:

$$\begin{aligned}
\sigma^e_{xx}n_x+\sigma^e_{xy}n_y+\sigma^e_{xz}n_z=f^S_x\\
\sigma^e_{yx}n_x+\sigma^e_{yy}n_y+\sigma^e_{yz}n_z=f^S_y \qquad \text{em } S_f\\
\sigma^e_{zx}n_x+\sigma^e_{zy}n_y+\sigma^e_{zz}n_z=f^S_z
\end{aligned} \tag{1.3}$$

onde σ^e_{xx}, σ^e_{yy}, σ^e_{zz}, $\sigma^e_{xy}=\sigma^e_{yx}$, $\sigma^e_{yz}=\sigma^e_{zy}$ e $\sigma^e_{zx}=\sigma^e_{xz}$ são as componentes do tensor das tensões de Cauchy, agrupadas por conveniência no vetor $\{\boldsymbol{\sigma}^e\}^T=\left\{\sigma^e_{xx},\sigma^e_{yy},\sigma^e_{zz},\sigma^e_{xy},\sigma^e_{yz},\sigma^e_{zx}\right\}$, e (n_x,n_y,n_z) são as componentes do versor $\boldsymbol{n}$, normal externa à superfície S, relativas ao sistema cartesiano ortogonal de coordenadas $Oxyz$.

1.1.2 Campo de deslocamentos cinematicamente admissíveis

Neste texto,define-se campo de deslocamentos cinematicamente admissíveis como um campo de deslocamentos $\boldsymbol{u}^c$ compatíveis com as condições de vínculo em S_u

$$u^c=\hat{u} \qquad v^c=\hat{v} \qquad w^c=\hat{w} \tag{1.4}$$

e que gera um campo de deformações ε^c, denominado campo de deformações cinematicamente admissíveis, definido pelas relações entre deformações e deslocamentos lineares:

$$\begin{aligned}
\varepsilon^c_{xx}=\frac{\partial u^c}{\partial x} \qquad \varepsilon^c_{yy}=\frac{\partial v^c}{\partial y} \qquad \varepsilon^c_{zz}=\frac{\partial w^c}{\partial z}\\
2\varepsilon^c_{xy}=\gamma^c_{xy}=\frac{\partial u^c}{\partial y}+\frac{\partial v^c}{\partial x}\\
2\varepsilon^c_{yz}=\gamma^c_{yz}=\frac{\partial v^c}{\partial z}+\frac{\partial w^c}{\partial y}\\
2\varepsilon^c_{zx}=\gamma^c_{zx}=\frac{\partial w^c}{\partial x}+\frac{\partial u^c}{\partial z}
\end{aligned} \tag{1.5}$$

onde (u^c,v^c,w^c) são as componentes do vetor deslocamento $\boldsymbol{u}^c$ e ε^c_{xx}, ε^c_{yy}, ε^c_{zz}, $\varepsilon^c_{xy}=\varepsilon^c_{yx}$, $\varepsilon^c_{yz}=\varepsilon^c_{zy}$ e $\varepsilon^c_{zx}=\varepsilon^c_{xz}$ são as componentes do tensor das deformações de Green relativas ao sistema cartesiano ortogonal de coordenadas $Oxyz$, representados por conveniência pelos vetores $\{\boldsymbol{u}^c\}^T=\{u^c,v^c,w^c\}$ e $\{\varepsilon^c\}^T=\left\{\varepsilon^c_{xx},\varepsilon^c_{yy},\varepsilon^c_{zz},\gamma^c_{xy},\gamma^c_{yz},\gamma^c_{zx}\right\}$.

1.1.3 Teorema do trabalho na teoria linear da elasticidade tridimensional

Em um sólido deformável, equilibrado por forças de volume $\boldsymbol{f}^B$, em V, e por forças de superfície $\boldsymbol{f}^S$, em S, considerem-se campos quaisquer de tensões estaticamente admissíveis $\boldsymbol{\sigma}^e$ e campos quaisquer de deformações $\boldsymbol{\varepsilon}^c$ e de deslocamentos $\boldsymbol{u}^c$ cinematicamente admissíveis.

A integral

$$\begin{aligned}\mathcal{T}_i &= \int_V \{\boldsymbol{\sigma}^e\}^T \{\boldsymbol{\varepsilon}^c\}\, dV \\ &= \int_V \left(\sigma^e_{xx}\varepsilon^c_{xx} + \sigma^e_{yy}\varepsilon^c_{yy} + \sigma^e_{zz}\varepsilon^c_{zz} + \sigma^e_{xy}\gamma^c_{xy} + \sigma^e_{yz}\gamma^c_{yz} + \sigma^e_{zx}\gamma^c_{zx}\right) dV\end{aligned} \tag{1.6}$$

tem dimensão de um trabalho, pode ser interpretada como o trabalho do campo de tensões $\boldsymbol{\sigma}^e$ pelo campo de deformações $\boldsymbol{\varepsilon}^c$ nesse sólido deformável e é denominada trabalho interno.

Com base nas expressões (1.5) e na simetria do tensor das tensões de Cauchy, tem-se:

$$\begin{aligned}\mathcal{T}_i = &\int_V (\sigma^e_{xx}\frac{\partial u^c}{\partial x} + \sigma^e_{xy}\frac{\partial u^c}{\partial y} + \sigma^e_{xz}\frac{\partial u^c}{\partial z}) dV \\ &+ \int_V (\sigma^e_{yx}\frac{\partial v^c}{\partial x} + \sigma^e_{yy}\frac{\partial v^c}{\partial y} + \sigma^e_{yz}\frac{\partial v^c}{\partial z}) dV \\ &+ \int_V (\sigma^e_{zx}\frac{\partial w^c}{\partial x} + \sigma^e_{zy}\frac{\partial w^c}{\partial y} + \sigma^e_{zz}\frac{\partial w^c}{\partial z}) dV\end{aligned} \tag{1.7}$$

Ao aplicar-se a regra de derivação do produto de funções, obtém-se:

$$\begin{aligned}\mathcal{T}_i = &\int_V \left[\frac{\partial(\sigma^e_{xx}u^c)}{\partial x} + \frac{\partial\left(\sigma^e_{xy}u^c\right)}{\partial y} + \frac{\partial(\sigma^e_{xz}u^c)}{\partial z}\right] dV \\ &- \int_V \left[\left(\frac{\partial\sigma^e_{xx}}{\partial x} + \frac{\partial\sigma^e_{xy}}{\partial y} + \frac{\partial\sigma^e_{xz}}{\partial z}\right) u^c\right] dV \\ &+ \int_V \left[\frac{\partial\left(\sigma^e_{yx}v^c\right)}{\partial x} + \frac{\partial\left(\sigma^e_{yy}v^c\right)}{\partial y} + \frac{\partial\left(\sigma^e_{yz}v^c\right)}{\partial z}\right] dV \\ &- \int_V \left[\left(\frac{\partial\sigma^e_{yx}}{\partial x} + \frac{\partial\sigma^e_{yy}}{\partial y} + \frac{\partial\sigma^e_{yz}}{\partial z}\right) v^c\right] dV \\ &+ \int_V \left[\frac{\partial(\sigma^e_{zx}w^c)}{\partial x} + \frac{\partial\left(\sigma^e_{zy}w^c\right)}{\partial y} + \frac{\partial(\sigma^e_{zz}w^c)}{\partial z}\right] dV \\ &- \int_V \left[\left(\frac{\partial\sigma^e_{zx}}{\partial x} + \frac{\partial\sigma^e_{zy}}{\partial y} + \frac{\partial\sigma^e_{zz}}{\partial z}\right) w^c\right] dV\end{aligned} \tag{1.8}$$

Segundo o teorema de Gauss, ou da divergência, a integral de volume do divergente $\boldsymbol{A}$ de um campo é igual ao fluxo desse campo através da superfície desse volume:

$$\int_V \operatorname{div} \boldsymbol{A} dV = \int_S \boldsymbol{A} \cdot \boldsymbol{n} dS$$

ou

$$\int_V \left(\frac{\partial A_x}{\partial x} + \frac{\partial A_y}{\partial y} + \frac{\partial A_z}{\partial z} \right) dV = \int_S \left(A_x n_x + A_y n_y + A_z n_z \right) dS$$

visto que

$$\operatorname{div} \boldsymbol{A} = \frac{\partial A_x}{\partial x} + \frac{\partial A_y}{\partial y} + \frac{\partial A_z}{\partial z}$$

$$\boldsymbol{A} \cdot \boldsymbol{n} = A_x n_x + A_y n_y + A_z n_z$$

onde $\boldsymbol{n}$ é o versor da normal externa em um ponto de S.

Ao aplicar-se o teorema de Gauss, estabelece-se:

$$\begin{aligned} \mathcal{T}_i = & \int_S \left(\sigma_{xx}^e n_x + \sigma_{xy}^e n_y + \sigma_{xz}^e n_z \right) u^c dS \\ & + \int_S \left(\sigma_{yx}^e n_x + \sigma_{yy}^e n_y + \sigma_{yz}^e n_z \right) v^c dS \\ & + \int_S \left(\sigma_{zx}^e n_x + \sigma_{zy}^e n_y + \sigma_{zz}^e n_z \right) w^c dS \\ & - \int_V \left(\frac{\partial \sigma_{xx}^e}{\partial x} + \frac{\partial \sigma_{xy}^e}{\partial y} + \frac{\partial \sigma_{xz}^e}{\partial z} \right) u^c dV \\ & - \int_V \left(\frac{\partial \sigma_{yx}^e}{\partial x} + \frac{\partial \sigma_{yy}^e}{\partial y} + \frac{\partial \sigma_{yz}^e}{\partial z} \right) v^c dV \\ & - \int_V \left(\frac{\partial \sigma_{zx}^e}{\partial x} + \frac{\partial \sigma_{zy}^e}{\partial y} + \frac{\partial \sigma_{zz}^e}{\partial z} \right) w^c dV \end{aligned} \tag{1.9}$$

A partir de (1.2) e (1.3), obtém-se:

$$\begin{aligned} \mathcal{T}_i = & \int_S \left(f_x^S u^c + f_y^S v^c + f_z^S w^c \right) dS \\ & + \int_V \left(f_x^B u^c + f_y^B v^c + f_z^B w^c \right) dV \end{aligned} \tag{1.10}$$

ou

$$\mathcal{T}_i = \int_S \{\boldsymbol{f}^S\}^T \{\boldsymbol{u}^c\} \, dS + \int_V \{\boldsymbol{f}^B\}^T \{\boldsymbol{u}^c\} \, dV \tag{1.11}$$

onde as parcelas do segundo membro de (1.10) e (1.11) representam, respectivamente, os trabalhos das forças externas de superfície $\boldsymbol{f}^S$ e das forças externas de volume $\boldsymbol{f}^B$, em equilíbrio com um campo de tensões estaticamente admissíveis $\boldsymbol{\sigma}^e$, pelo campo de deslocamentos cinematicamente admissíveis

$\boldsymbol{u}^c$, que gera as deformações cinematicamente admissíveis $\boldsymbol{\varepsilon}^c$, e a sua soma é denominada trabalho externo.

Tem-se então

$$\mathcal{T}_i = \mathcal{T}_e \tag{1.12}$$

que é a expressão do teorema do trabalho e que apresenta o seguinte enunciado:

> *Em um sólido deformável, o trabalho interno de um campo de tensões estaticamente admissíveis por um campo de deformações cinematicamente admissíveis é igual ao trabalho externo das forças externas, em equilíbrio com o campo de tensões estaticamente admissíveis, pelo campo de deslocamentos cinematicamente admissíveis, que gera o campo de deformações cinematicamente admissíveis pelas relações lineares (1.5).*

O teorema do trabalho independe das relações tensões-deformações, por se tratar de uma identidade matemática.

1.1.4 Teorema do trabalho em estados planos de tensão e de deformação

Por completitude, apresentam-se as expressões de $\mathcal{T}_i$ e de $\mathcal{T}_e$ para o teorema do trabalho em estados planos de tensão e de deformação.

Nesse caso, o sólido deformável ocupa uma região S de espessura h, sujeito a forças de volume $\boldsymbol{f}^B$ em S e de superfície $\boldsymbol{f}^S$ numa parte L_f da superfície lateral de contorno L. Na parte restante, L_u, do contorno, são especificados os deslocamentos.

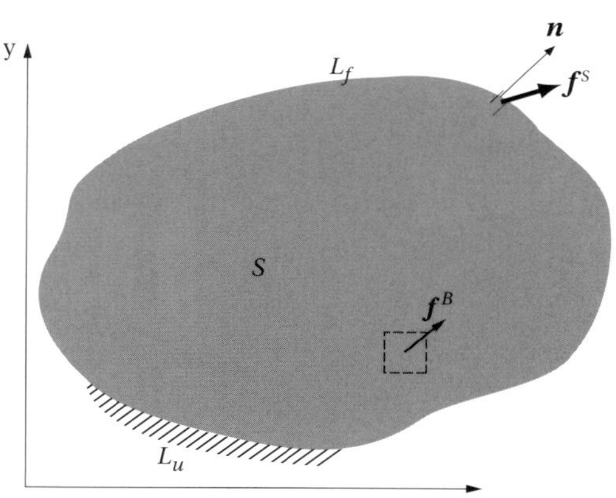

Fig. 1.2 Sólido deformável em equilíbrio estático

Em estados planos de tensão ou de deformação tem-se, respectivamente:

$$\sigma_{zz} = \sigma_{xz} = \sigma_{yz} = 0 \qquad \text{ou} \qquad \varepsilon_{zz} = \gamma_{xz} = \gamma_{yz} = 0 \tag{1.13}$$

Assim, o trabalho interno é dado por:

$$\mathcal{T}_i = \int_S \left(\sigma^e_{xx}\varepsilon^c_{xx} + \sigma^e_{yy}\varepsilon^c_{yy} + \sigma^e_{xy}\gamma^c_{xy}\right) h dS \tag{1.14}$$

Como $f_z^B w^c = 0$ em todo o domínio e $f_z^S w^c = 0$ no contorno, tanto para o estado plano de tensões como para o estado plano de deformações, o trabalho externo é dado por:

$$\mathcal{T}_e = \int_S \left(f_x^B u^c + f_y^B v^c\right) h dS + \int_L \left(f_x^S u^c + f_y^S v^c\right) h dL \tag{1.15}$$

1.2 Teorema do trabalho na teoria elementar de barra de Bernoulli-Euler

1.2.1 Teoria elementar de barra de Bernoulli-Euler

No caso da análise de estruturas reticuladas, é comum utilizar, em determinadas condições, uma teoria unidimensional de barras em lugar da teoria tridimensional da elasticidade, com vantagens pela simplicidade de aplicação e qualidade dos resultados.

Na teoria unidimensional, usando como exemplos as barras da Fig. 1.3, o domínio V se reduz ao intervalo $0 < x < \ell$ e o contorno se reduz aos extremos A e B das barras.

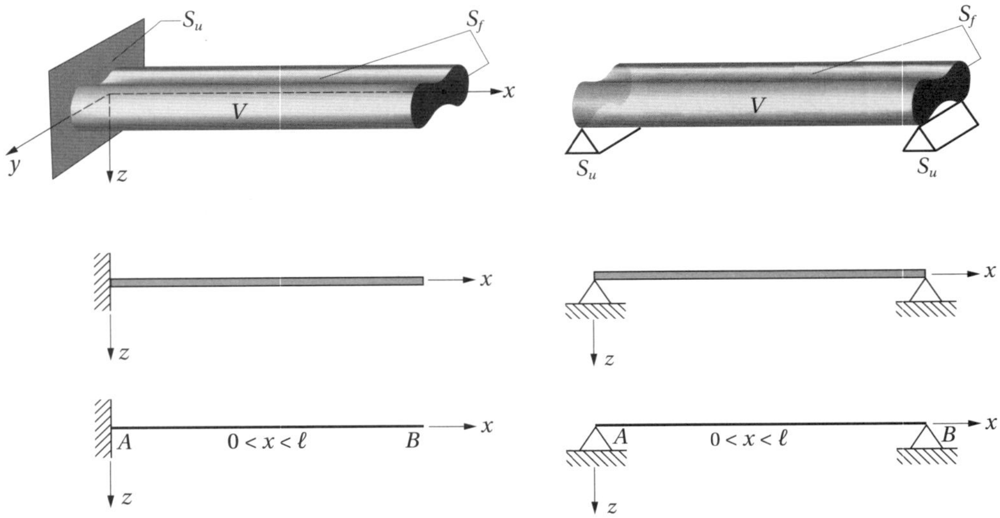

Fig. 1.3 Representação de domínios tri e unidimensionais em barras

Há diversas teorias unidimensionais de barras que permitem a análise de estruturas reticuladas com maior ou menor grau de rigor e de dificuldade. A escolha da teoria depende da classe de problemas que se pretende resolver.

Uma das teorias de barras mais simples e mais empregada é a válida para barras de eixo reto ou de pequena curvatura submetidas exclusivamente à flexão composta normal. Essa teoria é usualmente denominada teoria elementar de barra de Bernoulli-Euler ou, simplesmente, teoria elementar de barra, e pode ser formulada com base nas seguintes hipóteses:

- H1 as seções transversais permanecem planas e perpendiculares ao eixo da barra após a deformação (hipótese de Navier);
- H2 não ocorre deformação no plano da seção transversal;
- H3 consideram-se pequenas deformações e pequenos deslocamentos;
- H4 a seção transversal da barra tem um plano de simetria;
- H5 o carregamento externo atua no plano de simetria.

As hipóteses H1 a H3 permitem a formulação da teoria válida para barras de eixo reto ou de pequena curvatura submetidas exclusivamente à flexão composta normal ou oblíqua. Adicionalmente, as hipóteses H4 e H5 implicam a não ocorrência de torção na barra e solicitação e deformação apenas no plano longitudinal de simetria. Ressalta-se que a hipótese H1 é central nessa teoria estrutural.

A teoria elementar de barra permite a análise de estruturas reticuladas planas submetidas a ações coplanares que provoquem deformações exclusivamente no plano da estrutura.

1.2.2 Deslocamentos cinematicamente admissíveis – solução compatível

Uma vez que as seções transversais permanecem planas após a deformação (hipótese H1) e não ocorre deformação no plano da seção transversal (hipótese H2), o deslocamento cinematicamente admissível de um ponto genérico $Q(x, y, z)$, conforme se pode observar na Fig. 1.4, fica definido pelas expressões:

$$\begin{aligned} u_Q^c(x, y, z) &= u^c(x) - z\,\text{sen}\,\varphi^c(x) \\ w_Q^c(x, y, z) &= w^c(x) - z(1 - \cos\varphi^c(x)) \\ v_Q^c(x, y, z) &= 0 \end{aligned} \tag{1.16}$$

onde u^c, w^c e φ^c são, respectivamente, os deslocamentos axial e transversal do baricentro da seção transversal e a rotação desta com respeito à configuração indeformada.

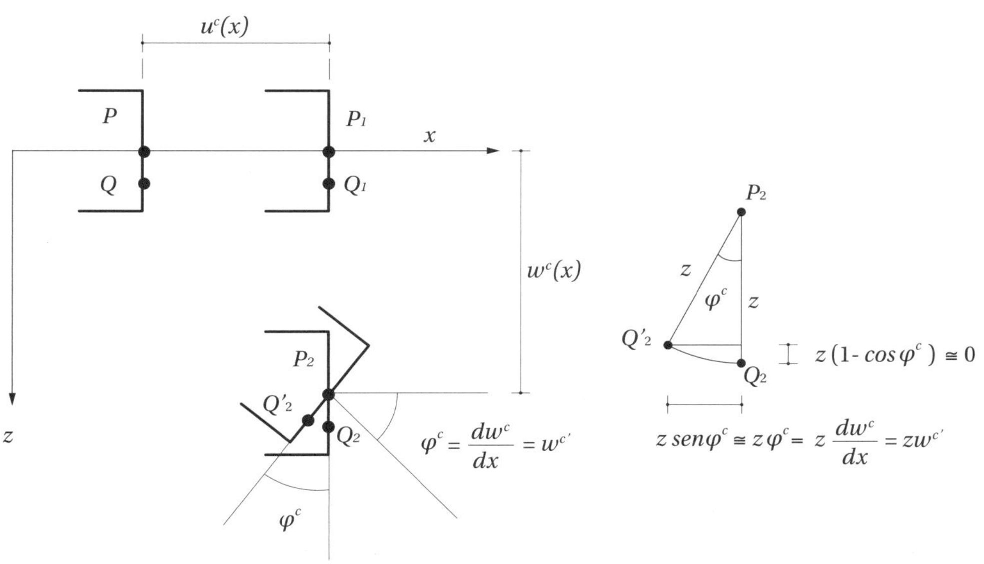

FIG. 1.4 Posições inicial e final de uma seção transversal

Adicionalmente, ao admitir-se a ortogonalidade da seção transversal ao eixo da barra (hipótese H1), e que as deformações e os deslocamentos são pequenos (hipótese H3), tem-se $\varphi^c(x) = \dfrac{dw^c(x)}{dx} = w^{c'}(x)$, sen $\varphi^c(x) \approx \varphi^c(x) = w^{c'}(x)$, $\cos\varphi^c(x) \approx 1$ e, portanto, estabelecem-se as relações:

$$
\begin{aligned}
u_Q^c(x,y,z) &= u^c(x) - z w^{c'}(x) \\
w_Q^c(x,y,z) &= w^c(x) \\
v_Q^c(x,y,z) &= 0
\end{aligned}
\tag{1.17}
$$

O campo de deslocamentos cinematicamente admissíveis fica então caracterizado univocamente pelas funções diferenciáveis $u^c(x)$, $w^c(x)$ e $w^{c'}(x)$, definidas no eixo da barra, ou seja, no intervalo $0 \leqslant x \leqslant \ell$. A configuração deformada do eixo da barra é chamada de linha elástica e ela define o campo de deslocamentos na barra.

O campo de deformações cinematicamente admissíveis é definido pelas componentes do tensor das deformações, que são obtidas substituindo-se (1.17) em (1.5), ou seja:

$$
\begin{aligned}
\varepsilon_{xx}^c &= u^{c'}(x) - z w^{c''}(x) \\
\varepsilon_{yy}^c &= \varepsilon_{zz}^c = \gamma_{xy}^c = \gamma_{yz}^c = \gamma_{zx}^c = 0
\end{aligned}
\tag{1.18}
$$

As funções $u^{c'}(x)$ e $w^{c''}(x)$ são interpretadas geometricamente como alongamento específico e curvatura da linha elástica num ponto definido pela ordenada x do eixo da barra.

As Eqs. (1.17) e (1.18) estabelecem as relações cinemáticas da teoria elementar de barra de Bernoulli-Euler e permitem definir um campo de deslocamentos cinematicamente admissíveis para essa teoria.

Assim, os campos de deslocamentos e de deformações cinematicamente admissíveis na teoria de barra de Bernoulli-Euler ficam definidos pelas funções diferenciáveis $u^c(x)$, $w^c(x)$ e $w^{c'}(x)$, que satisfaçam às Eqs. (1.17) e (1.18) e às condições de vínculos da barra. É usual referir-se a eles simplesmente como deslocamentos e deformações cinematicamente admissíveis.

Ao admitir-se a linearidade física e o coeficiente de Poisson nulo, $\nu = 0$, é possível estabelecer, por meio da lei de Hooke, as componentes do tensor das tensões

$$
\begin{aligned}
\sigma_{xx}^c &= E\varepsilon_{xx}^c \\
\sigma_{yy}^c &= \sigma_{zz}^c = \sigma_{xy}^c = \sigma_{yz}^c = \sigma_{zx}^c = 0
\end{aligned}
\tag{1.19}
$$

onde E é o módulo de elasticidade do material.

Nas teorias de barras, é conveniente e usual o emprego dos conceitos de tensões generalizadas ou esforços solicitantes. Como os esforços solicitantes são definidos como os esforços resultantes, no centro de gravidade da seção transversal, das tensões que agem nessa seção, pode-se estabelecer:

$$
\begin{aligned}
N^c &= \int_A \sigma_{xx}^c \, dA \\
M_y^c &= \int_A \sigma_{xx}^c z \, dA
\end{aligned}
\tag{1.20}
$$

ou, considerando (1.18) e (1.19), e que

$$\int_A dA = A, \quad \int_A z dA = \int_A y dA = 0 \quad \text{e} \quad \int_A z^2 dA = I_y$$

$$\begin{aligned} N^c(x) &= EAu^{c'}(x) \\ M_y^c(x) &= -EI_y w^{c''}(x) \end{aligned} \tag{1.21}$$

As expressões (1.17) a (1.21) definem uma solução compatível na teoria de barra derivada da teoria da elasticidade tridimensional, na sequência que se mostra esquematicamente na Fig. 1.5.

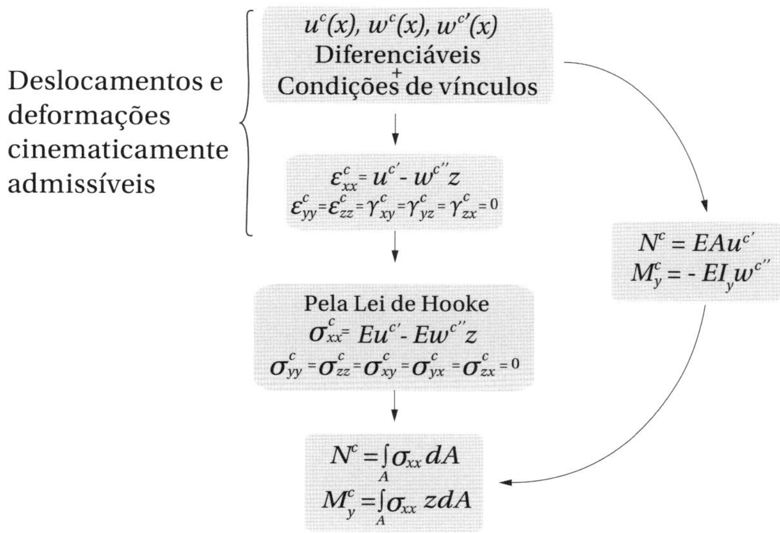

FIG. 1.5 Solução compatível

A solução compatível obtida pode não satisfazer às equações de equilíbrio, pois, caso exista força cortante V_z, a tensão tangencial σ_{xz} será forçosamente não nula (ver seção 1.2.5).

Apresentam-se a seguir alguns exemplos ilustrativos de deslocamentos cinematicamente admissíveis em barras.

Exemplo 1.1

Propor deslocamentos cinematicamente admissíveis para a viga engastada da Fig. 1.6.

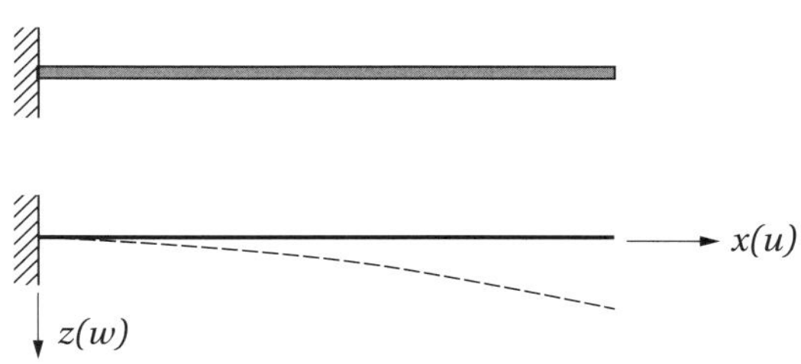

FIG. 1.6 Viga engastada

Solução

Os campos de deslocamentos a serem propostos devem satisfazer às seguintes condições de contorno em $S_u(x=0)$:

$$u^c(0) = 0$$
$$w^c(0) = 0 \qquad \text{(a)}$$
$$w^{c'}(0) = 0$$

Considerem-se os campos de deslocamentos 1 e 2:

$$u_1(x) = a_1 \frac{x}{\ell} \qquad w_1(x) = \frac{1}{2} b_1 \left[1 - \cos\left(\frac{\pi x}{\ell}\right)\right] \qquad \text{(b)}$$

$$u_2(x) = a_2 \frac{x^2}{\ell^2} \qquad w_2(x) = b_2 \frac{x^2}{\ell^2} \qquad \text{(c)}$$

As funções $u_1(x)$, $u_2(x)$, $w_1(x)$, $w_2(x)$, $w_1'(x)$ e $w_2'(x)$, são diferenciáveis no domínio $0 \leqslant x \leqslant \ell$ e todas satisfazem às condições de contorno indicadas em (a). Assim, qualquer combinação desses pares $u_i(x)$ e $w_i(x)$ define um campo de deslocamentos cinematicamente admissíveis.

Exemplo 1.2

Propor deslocamentos cinematicamente admissíveis para a viga biapoiada da Fig. 1.7.

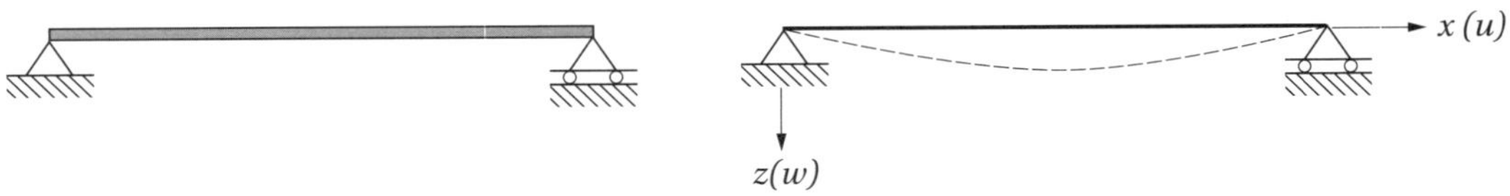

FIG. 1.7 Viga biapoiada

Solução

Neste caso, os campos de deslocamentos cinematicamente admissíveis a serem propostos devem satisfazer às seguintes condições de contorno em $S_u(x = 0 \text{ e } x = \ell)$

$$u^c(0) = 0$$
$$w^c(0) = 0 \qquad w^c(\ell) = 0 \qquad \text{(a)}$$

Os campos de deslocamentos 1 e 2

$$u_1(x) = a_1 \frac{x}{\ell} \qquad w_1(x) = b_1 \operatorname{sen}\left(\frac{\pi x}{\ell}\right) \qquad \text{(b)}$$

$$u_2(x) = a_2 \frac{x^2}{\ell^2} \qquad w_2(x) = 4 b_2 \frac{x}{\ell}\left(1 - \frac{x}{\ell}\right) \qquad \text{(c)}$$

satisfazem às condições de contorno (a) e as funções $u_i(x)$, $w_i(x)$ e $w_i'(x)$ são diferenciáveis no domínio $0 \leqslant x \leqslant \ell$. Portanto, ambos os campos propostos são cinematicamente admissíveis.

Exemplo 1.3

Propor deslocamentos cinematicamente admissíveis para a viga engastada--apoiada da Fig. 1.8.

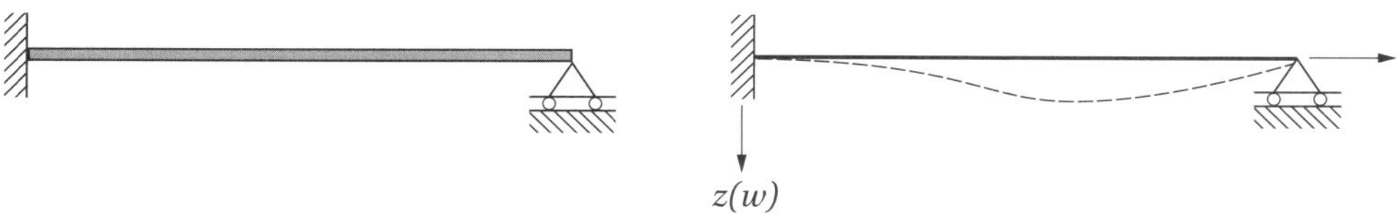

Fig. 1.8 Viga engastada-apoiada

Solução

Neste caso, as seguintes condições de contorno em $S_u(x=0$ e $x=\ell)$ devem ser verificadas:

$$u^c(0)=0$$
$$w^c(0)=0 \qquad w^c(\ell)=0 \tag{a}$$
$$w^{c'}(0)=0$$

Os campos de deslocamentos 1 e 2

$$u_1(x)=a_1\frac{x^2}{\ell^2} \qquad w_1(x)=b_1\frac{x^2}{\ell^2}\left(1-\frac{x}{\ell}\right) \tag{b}$$

$$u_2(x)=a_2\frac{x}{\ell} \qquad w_2(x)=b_2\,\mathrm{sen}\left(\frac{\pi x}{\ell}\right)-\frac{b_2}{2}\,\mathrm{sen}\left(\frac{2\pi x}{\ell}\right) \tag{c}$$

satisfazem às condições de contorno em $x=0$ e $x=\ell$, e as funções $u_i(x)$, $w_i(x)$ e $w_i'(x)$ são diferenciáveis. Assim, ambos os campos propostos são cinematicamente admissíveis.

1.2.3 Esforços estaticamente admissíveis – solução equilibrada

Seja um campo de tensões caracterizado pelas componentes

$$\begin{aligned}\sigma^e_{xx}&=\alpha^e(x)+\beta^e(x)\,z\\ \sigma^e_{yy}&=\sigma^e_{xy}=\sigma^e_{yz}=0\end{aligned} \tag{1.22}$$

em que nada se afirma, a princípio, sobre σ^e_{zx} e σ^e_{zz}.

Com base nas definições de força normal e de momento fletor, pode-se estabelecer

$$\begin{aligned}N^e(x)&=\int_A \sigma^e_{xx}dA=\alpha^e(x)\,A \qquad \Rightarrow \alpha^e(x)=\frac{N^e(x)}{A}\\ M^e_y(x)&=\int_A \sigma^e_{xx}z\,dA=\beta^e(x)\,I_y \qquad \Rightarrow \beta^e(x)=\frac{M^e_y(x)}{I_y}\end{aligned} \tag{1.23}$$

e, portanto, σ^e_{xx} pode ser posto na forma

$$\sigma^e_{xx} = \frac{N^e}{A} + \frac{M^e_y}{I_y} z \tag{1.24}$$

Para que esse campo de tensões seja estaticamente admissível, ele deve satisfazer às Eqs. (1.2) e (1.3), o que, para a teoria elementar de barra de Bernoulli-Euler, implica satisfazer às equações diferenciais de equilíbrio:

$$\begin{aligned} \frac{dN^e}{dx} + q^e_x = 0 \\ \frac{dV^e_z}{dx} + q^e_z = 0 \\ \frac{dM^e_y}{dx} = V^e_z \end{aligned} \tag{1.25}$$

que podem ser obtidas do estudo do equilíbrio do elemento de barra da Fig. 1.9. Note-se que q^e_x e q^e_z representam as componentes segundo x e z de esforços externos distribuídos ao longo do eixo da barra.

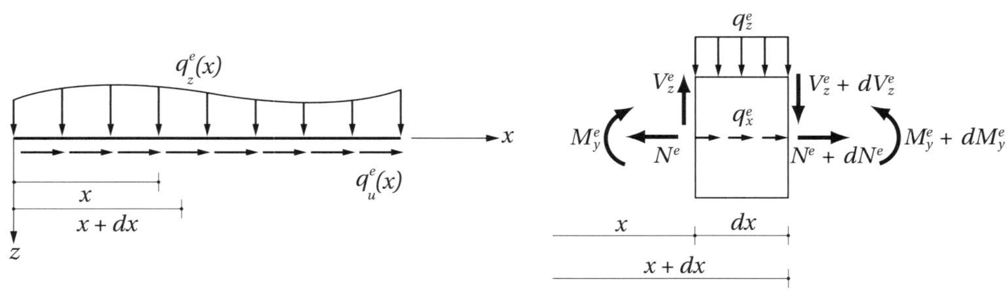

FIG. 1.9 Esforços em elemento de barra

As distribuições das tensões σ^e_{zx} e σ^e_{zz} dependem da forma da seção transversal. No caso de barra prismática de seção transversal retangular, demonstra-se no Anexo A, a partir das equações diferenciais de equilíbrio (1.2) da teoria linear da elasticidade, que as distribuições de σ^e_{zx} e σ^e_{zz} são dadas por:

$$\begin{aligned} \sigma^e_{xz} &= \frac{3}{2}\frac{V^e_z}{A}\left(1 - \frac{4z^2}{h^2}\right) = \frac{V^e_z \mathcal{M}_y}{bI_y} \\ \sigma^e_{zz} &= -\frac{q^e_z}{b}\left(\frac{1}{2} - \frac{3}{2}\frac{z}{h} + \frac{2z^3}{h^3}\right) \end{aligned} \tag{1.26}$$

onde $\mathcal{M}_y$ é o momento estático em relação ao eixo central de inércia y, da parte da seção transversal compreendida entre a ordenada z e uma face extrema da seção.

Na Resistência dos Materiais, admite-se que $\sigma_{zz} = 0$, e é clássica a dedução no estudo do cisalhamento na flexão normal simples de barras prismáticas, que também conduz a

$$\sigma_{xz} = \frac{V_z \mathcal{M}_y}{bI_y} \tag{1.27}$$

Com essas considerações, as Eqs. (1.22) a (1.26) definem um campo de tensões estaticamente admissíveis na teoria elementar de barra de Bernoulli-Euler.

Assim, definem-se esforços estaticamente admissíveis na teoria de barra de Bernoulli-Euler como os sistemas de esforços externos autoequilibrados e de esforços solicitantes $N^e(x)$, $M_y^e(x)$ e $V_z^e(x)$ que satisfaçam às equações diferenciais de equilíbrio (1.25).

Ao considerar-se esforços estaticamente admissíveis, pode-se determinar o campo de tensões pelas relações (1.24) e (1.27). Utilizando-se a lei de Hooke, pode-se, em seguida, determinar o campo de deformações. Finalmente, por integração das relações deformações-deslocamentos, pode-se obter o campo de deslocamentos. A solução assim obtida, como se mostra na Fig. 1.10, é chamada de solução equilibrada da teoria de barra.

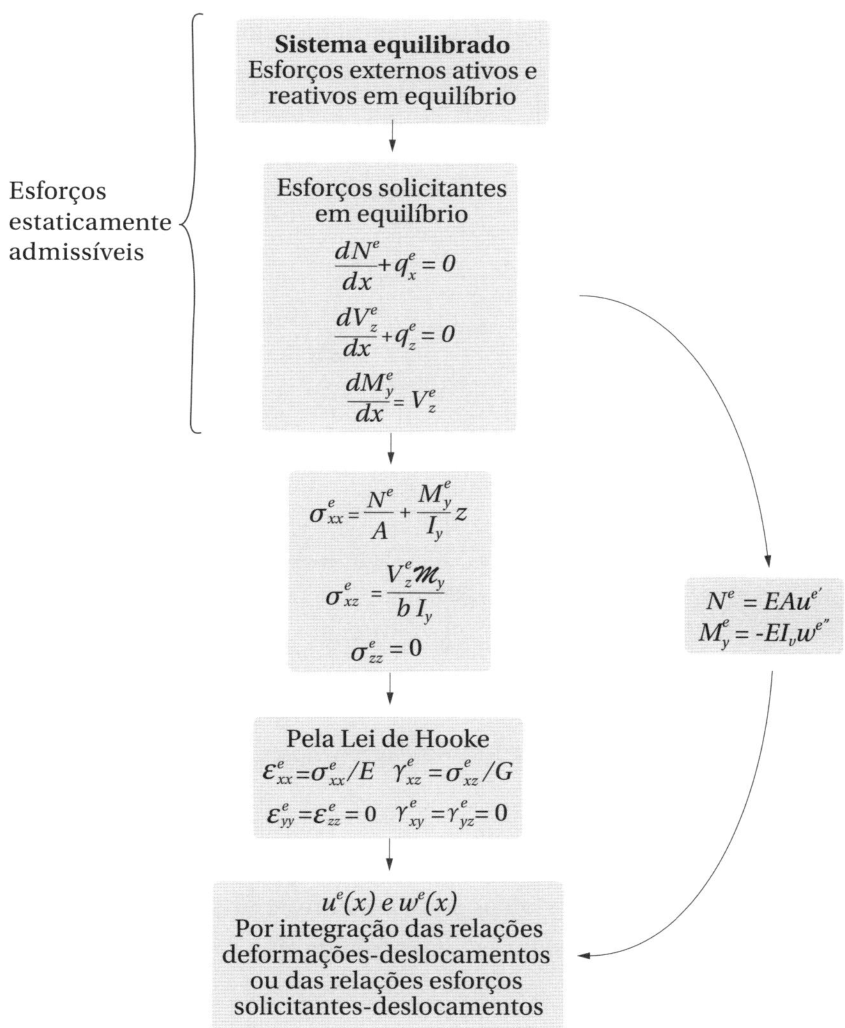

FIG. 1.10 Solução equilibrada

Convém destacar que os esforços externos, ativos e reativos, e os esforços solicitantes em estruturas isostáticas atendem à condição de esforços estaticamente admissíveis e a solução correspondente é equilibrada.

Assim, uma técnica importante para gerar esforços estaticamente admissíveis em uma estrutura hiperestática consiste em considerar os esforços externos ativos aplicados a uma estrutura isostática derivada da hiperestática pela supressão de vínculos internos ou externos em número igual ao grau de hiperestaticidade. Usualmente, essa estrutura isostática derivada é chamada de isostática fundamental.

Apresentam-se a seguir alguns exemplos ilustrativos de esforços estaticamente admissíveis em barras.

Exemplo 1.4

Propor esforços estaticamente admissíveis em viga engastada-apoiada com carga distribuída.

Solução

A viga engastada-apoiada tem grau de hiperestaticidade igual a 1. Assim, para gerar com facilidade esforços estaticamente admissíveis, basta considerar os esforços ativos e reativos e os esforços solicitantes em vigas isostáticas derivadas da viga original pela supressão arbitrária de um vínculo, conforme se mostra nas Figs. 1.11a e 1.11b.

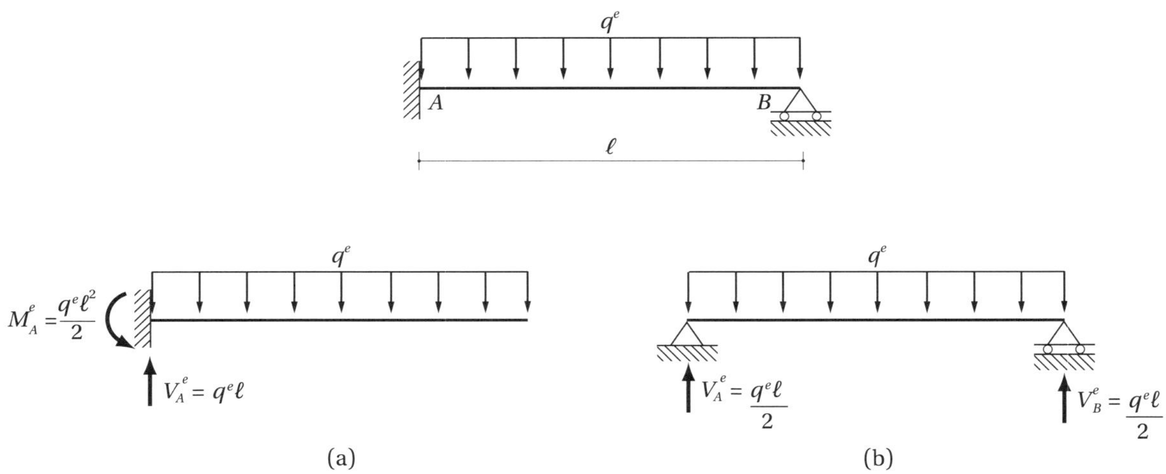

FIG. 1.11 Esforços estaticamente admissíveis em viga engastada-apoiada

Na Fig. 1.11a, os esforços estaticamente admissíveis estão definidos na isostática fundamental, viga engastada, obtida com a supressão do vínculo em B, $w_B = 0$. Na Fig. 1.11b, os esforços estaticamente admissíveis estão definidos na isostática fundamental, viga biapoiada, obtida com a supressão do vínculo que impede rotação em A, $\varphi_A = 0$.

Podem-se obter novos esforços estaticamente admissíveis nas isostáticas fundamentais pela introdução de esforços externos adicionais, como os correspondentes aos vínculos retirados, conforme se verá nos capítulos que tratam da resolução de estruturas hiperestáticas pelo método dos esforços e do cálculo de deslocamentos em estruturas isostáticas e hiperestáticas.

Exemplo **1.5**

Propor esforços estaticamente admissíveis em viga biengastada com carga distribuída.

Solução

A viga biengastada tem grau de hiperestaticidade igual a 3. Com o mesmo procedimento do exemplo 1.4, estabelecem-se dois sistemas (entre infinitas possibilidades) de esforços estaticamente admissíveis, como se mostra nas Figs. 1.12a e 1.12b.

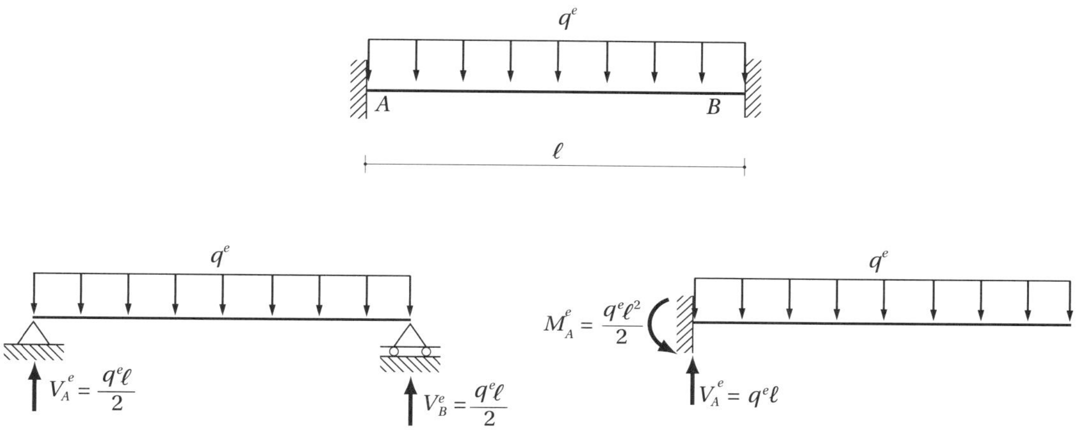

(a) (b)

FIG. 1.12 Esforços estaticamente admissíveis em viga biengastada

Na Fig. 1.12a, os esforços estaticamente admissíveis estão definidos na isostática fundamental, viga biapoiada, obtida com a supressão dos vínculos $\varphi_A = 0$, $\varphi_B = 0$ e $u_B = 0$. Na Fig. 1.12b, os esforços estaticamente admissíveis estão definidos na isostática fundamental, viga engastada, obtida com a supressão dos vínculos $u_B = 0$, $w_B = 0$ e $\varphi_B = 0$.

Observa-se que o sistema de esforços na estrutura original também constitui um sistema de esforços estaticamente admissíveis, mas a sua determinação é mais trabalhosa em relação às outras duas, por envolver a resolução de uma estrutura hiperestática.

1.2.4 Teorema do trabalho na teoria elementar de barra de Bernoulli-Euler

Sejam os campos arbitrários de deslocamentos e de deformações cinematicamente admissíveis e um campo arbitrário de esforços estaticamente admissíveis, definidos numa barra.

Como, conforme (1.18), $\varepsilon^c_{yy} = \varepsilon^c_{zz} = \gamma^c_{xy} = \gamma^c_{yz} = \gamma^c_{zx} = 0$, a expressão (1.6) do trabalho interno pode ser posta na forma:

$$\mathcal{T}_i = \int_V \{\sigma^e\}^T \{\varepsilon^c\}\, dV = \int_V \left(\sigma^e_{xx}\varepsilon^c_{xx}\right) dV \tag{1.28}$$

ou, de (1.18) e (1.24), obtém-se:

$$\mathcal{T}_i = \int_V \left(\frac{N^e}{A} + \frac{M^e_y}{I_y} z\right)\left(u^{c'} - z w^{c''}\right) dV \tag{1.29}$$

que conduz a:

$$\mathcal{T}_i = \int_0^\ell \left(N^e u^{c'} + M^e_y\left(-w^{c''}\right)\right) dx \tag{1.30}$$

que é o trabalho interno dos esforços estaticamente admissíveis pelos deslocamentos cinematicamente admissíveis.

Uma vez que as forças externas de volume e de superfície podem ser reduzidas ao eixo da barra e introduzindo-se eventuais esforços concentrados, pode-se calcular o trabalho externo dos esforços estaticamente admissíveis pelos deslocamentos cinematicamente admissíveis pela expressão:

$$\mathcal{T}_e = \int_0^\ell q^e_x u^c\, dx + \int_0^\ell q^e_z w^c\, dx + \sum_{i=1}^n E^e_i d^c_i \tag{1.31}$$

onde E^e_i são esforços externos concentrados estaticamente admissíveis e d^c_i são os deslocamentos cinematicamente admissíveis nos pontos de aplicação e nas direções de E^e_i. Esses pares E^e_i e d^c_i são denominados energeticamente conjugados ou, simplesmente, conjugados.

Assim, a expressão do teorema do trabalho particularizada para a teoria elementar de barra de Bernoulli-Euler tem a seguinte forma:

$$\underbrace{\int_0^\ell N^e u^{c'}\, dx + \int_0^\ell M^e_y\left(-w^{c''}\right) dx}_{\mathcal{T}_i} = \underbrace{\int_0^\ell q^e_x u^c\, dx + \int_0^\ell q^e_z w^c\, dx + \sum_{i=1}^n E^e_i d^c_i}_{\mathcal{T}_e} \tag{1.32}$$

e o teorema pode ser assim enunciado:

> *O trabalho interno e o trabalho externo dos esforços estaticamente admissíveis pelos deslocamentos cinematicamente admissíveis são iguais e observam (1.32) na teoria de barra de Bernoulli-Euler.*

A expressão do trabalho interno (1.30) poderia ser obtida diretamente em um elemento de barra ao considerar-se o trabalho dos esforços solicitantes da solução equilibrada pelos deslocamentos da solução compatível nas direções desses esforços. Esses esforços e deslocamentos são representados num elemento da barra da Fig. 1.13.

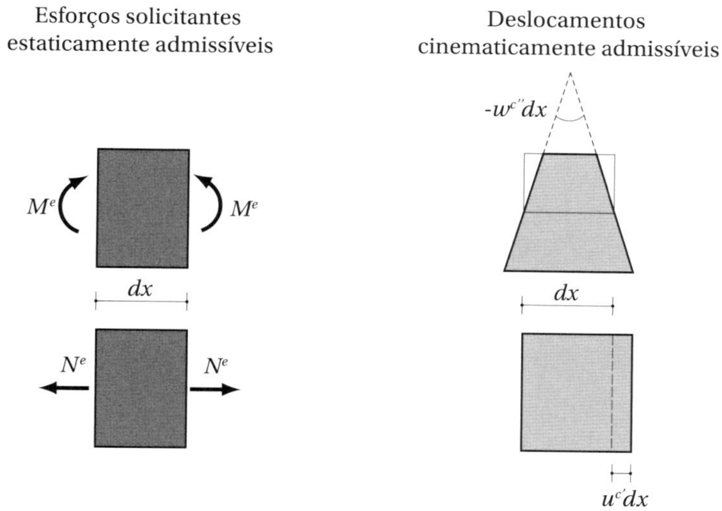

FIG. 1.13 Esforços solicitantes e deslocamentos internos em um elemento de barra

Ressalta-se, novamente, que a expressão (1.32) do teorema do trabalho independe da equação constitutiva. Trata-se de uma identidade matemática. No caso de se considerar a hipótese de material elástico linear, e no caso de ações externas caracterizadas exclusivamente por esforços, estabelecem-se as seguintes relações:

$$u^{c'} = \frac{N^c}{EA} \qquad w^{c''} = -\frac{M_y^c}{EI_y} \tag{1.33}$$

e ainda:

$$N^e = EAu^{e'} \qquad M_y^e = -EI_y w^{e''} \tag{1.34}$$

A consideração de (1.33) ou (1.34) permite estabelecer as seguintes formas alternativas para o trabalho interno:

$$\mathcal{T}_i = \int_0^{\ell} N^e \frac{N^c}{EA} dx + \int_0^{\ell} M_y^e \frac{M_y^c}{EI_y} dx \tag{1.35}$$

e

$$\mathcal{T}_i = \int_0^{\ell} EAu^{e'} u^{c'} dx + \int_0^{\ell} EI_y w^{e''} w^{c''} dx \tag{1.36}$$

que somente são válidas para sistemas elásticos lineares submetidos a esforços externos ativos. Ao enunciar-se que as ações externas são exclusivamente aquelas correspondentes aos esforços externos, excluem-se todas as ações externas que somente provocam deformação em estruturas isostáticas, como é o caso da variação de temperatura.

Exemplo **1.6**

Verificar a identidade matemática do teorema do trabalho para a barra engastada-apoiada submetida ao carregamento indicado na Fig. 1.14.

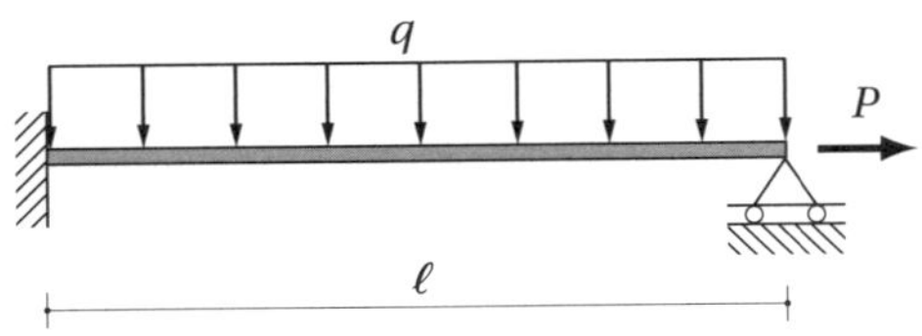

FIG. 1.14 Viga engastada-apoiada com carga uniforme

Solução

Da solução para a viga engastada-apoiada da Fig. 1.14, sabe-se que:

$$u(x) = \frac{Px}{EA}$$

$$w(x) = \frac{q\ell^4}{48EI}\left(\frac{3x^2}{\ell^2} - \frac{5x^3}{\ell^3} + \frac{2x^4}{\ell^4}\right)$$

$$M(x) = q\ell^2\left(-\frac{1}{8} + \frac{5x}{8\ell} - \frac{x^2}{2\ell^2}\right)$$

Considerem-se, agora, os esforços estaticamente admissíveis arbitrariamente definidos na Fig. 1.15, que não correspondem à solução dessa viga. Para proporcionar alívio na notação, sem prejuízo para a clareza do raciocínio, faz-se aqui $q^e = q$ e $P^e = P$.

Esforços externos

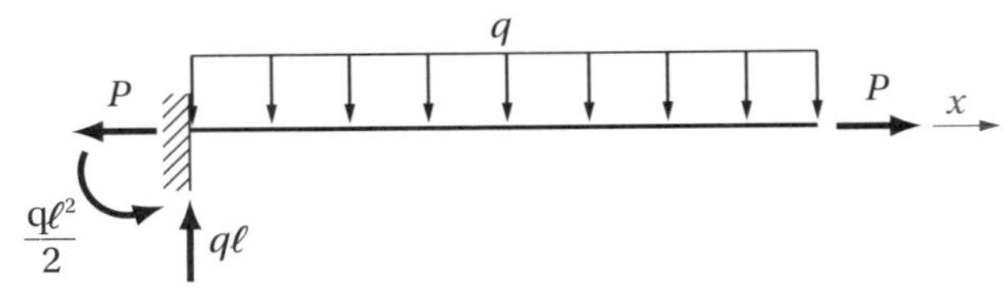

Esforços solicitantes

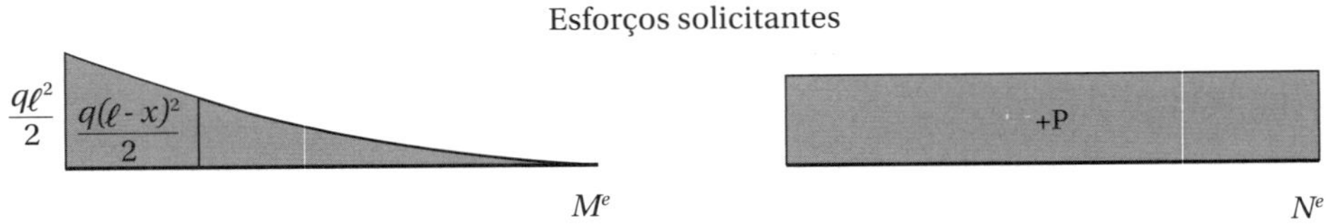

FIG. 1.15 Esforços estaticamente admissíveis

Para deslocamentos cinematicamente admissíveis, adotam-se as funções:

$$u^c = \alpha\frac{x^2}{\ell^2} \qquad w^c = \beta\frac{x^2}{\ell^2}\left(1 - \frac{x}{\ell}\right)$$

$$u^{c'} = 2\alpha\frac{x}{\ell^2} \qquad w^{c'} = \beta\left(\frac{2x}{\ell^2} - \frac{3x^2}{\ell^3}\right) \tag{a}$$

$$w^{c''} = \beta\left(\frac{2}{\ell^2} - \frac{6x}{\ell^3}\right)$$

que caracterizam uma solução compatível, mas que não é a solução para essa viga.

O trabalho interno é dado, então, por

$$\mathcal{T}_i = \int_0^\ell N^e u^{c'} dx - \int_0^\ell M^e w^{c''} dx = P\alpha + \frac{q\ell\beta}{12} \tag{b}$$

e o trabalho externo é expresso por:

$$\mathcal{T}_e = P\,(u^c)_{x=\ell} + \int_0^\ell q w^c dx = P\alpha + \frac{q\ell\beta}{12} \tag{c}$$

Assim, verifica-se a identidade matemática $\mathcal{T}_i = \mathcal{T}_e$.

Exemplo 1.7

Verificar a identidade matemática do teorema do trabalho para barra engastada-apoiada submetida ao carregamento indicado na Fig. 1.16.

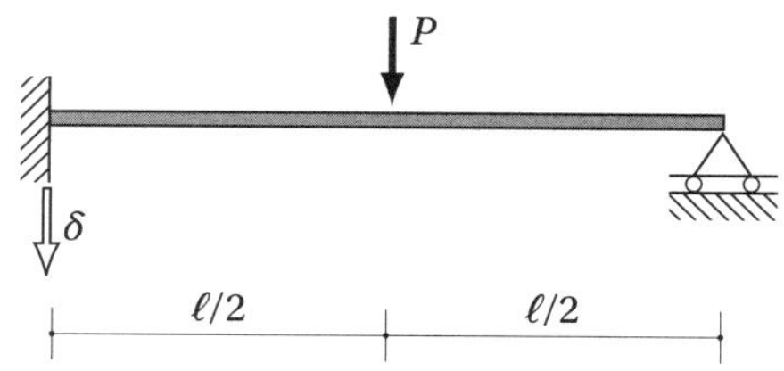

FIG. 1.16 Viga engastada-apoiada sob a ação de carga concentrada e de recalque de apoio

Solução

Considerem-se os esforços estaticamente admissíveis da Fig. 1.17, que produzem a seguinte distribuição de esforços solicitantes:

$$
\begin{aligned}
&N^e = 0 && 0 \leqslant x \leqslant \ell \\
&M^e = -\frac{P\ell}{2} + Px && 0 \leqslant x \leqslant \tfrac{\ell}{2} \\
&M^e = 0 && \tfrac{\ell}{2} \leqslant x \leqslant \ell
\end{aligned} \quad \text{(a)}
$$

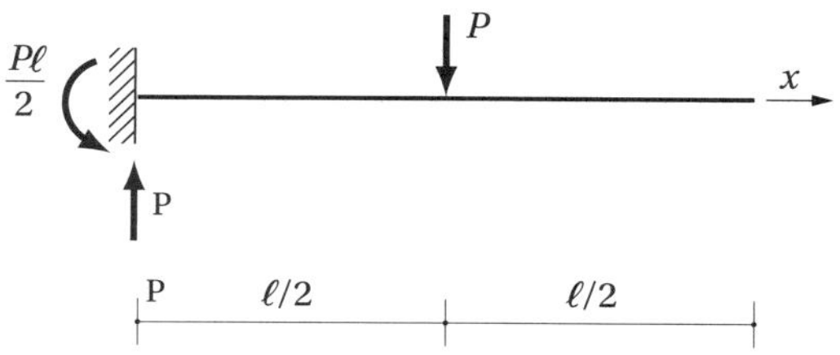

FIG. 1.17 Esforços estaticamente admissíveis

Por outro lado, considerem-se os deslocamentos cinematicamente admissíveis:

$$
\begin{aligned}
u^c = 0 \qquad & w^c = \delta - \delta\frac{x^2}{\ell^2} \\
& w^{c'} = -2\delta\frac{x}{\ell^2} \\
& w^{c''} = -2\frac{\delta}{\ell^2}
\end{aligned} \quad \text{(b)}
$$

O trabalho interno é dado por:

$$\mathcal{T}_i = \int_0^{\ell} N^e u^{c'}\,dx - \int_0^{\ell} M^e w^{c''}\,dx = -\int_0^{\ell/2}\left(-\frac{P\ell}{2} + Px\right)\left(-\frac{2\delta}{\ell^2}\right)dx = -\frac{P\delta}{4} \quad \text{(c)}$$

e o trabalho externo será expresso por:

$$\mathcal{T}_e = -P\delta + P(w^c)_{x=\frac{\ell}{2}} = -P\delta + \frac{3}{4}P\delta = -\frac{P\delta}{4} \quad \text{(d)}$$

Assim, verifica-se a identidade matemática do teorema do trabalho.

Exemplo 1.8

Considerem-se as duas condições de carregamento na mesma treliça isostática, conforme se mostra na Fig. 1.18. Mostrar que o deslocamento w_{21}, em B, devido a $P_1 = P$ aplicado em A, é igual ao deslocamento w_{12}, em A, devido a $P_2 = P$ aplicado em B.

Solução

Uma vez que a estrutura é isostática, é simples determinar as forças normais e os alongamentos em cada uma das barras para cada um dos carregamentos propostos. As soluções obtidas são equilibradas e compatíveis. Sejam N_{i1} e $\Delta\ell_{i1} = \dfrac{N_{i1}\ell_i}{E_i A_i}$ as forças normais e os alongamentos na treliça sob a ação de

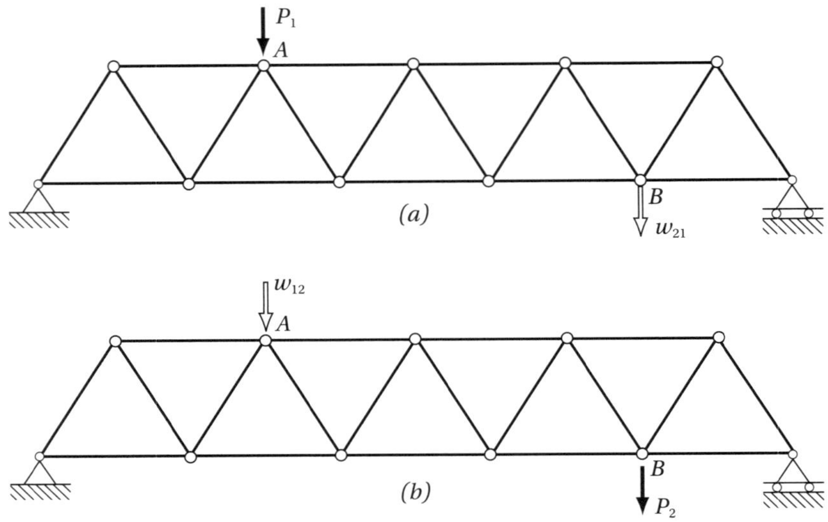

FIG. 1.18 Treliça isostática sob duas condições distintas de carregamentos

P_1, e N_{i2} e $\Delta \ell_{i2} = \dfrac{N_{i2} \ell_i}{E_i A_i}$ as forças normais e os alongamentos na treliça sob a ação de P_2.

Considere-se, inicialmente, a aplicação do teorema do trabalho com os esforços estaticamente admissíveis para o carregamento P_1 e os deslocamentos cinematicamente admissíveis para o carregamento P_2. Assim, pode-se escrever:

$$\mathcal{T}_i = \mathcal{T}_e \quad \Rightarrow \quad \sum_{i=1}^{n_b} N_{i1} \Delta \ell_{i2} = P_1 w_{12} \quad \Rightarrow \quad \sum_{i=1}^{n_b} N_{i1} \frac{N_{i2} \ell_i}{E_i A_i} = P_1 w_{12} \tag{a}$$

onde n_b é igual ao número de barras da treliça.

De forma análoga, ao considerar-se os esforços estaticamente admissíveis para o carregamento P_2 e os deslocamentos cinematicamente admissíveis para o carregamento P_1, obtém-se:

$$\mathcal{T}_i = \mathcal{T}_e \quad \Rightarrow \quad \sum_{i=1}^{n_b} N_{i2} \Delta \ell_{i1} = P_2 w_{21} \quad \Rightarrow \quad \sum_{i=1}^{n_b} N_{i2} \frac{N_{i1} \ell_i}{E_i A_i} = P_2 w_{21} \tag{b}$$

Ao comparar-se as expressões (a) e (b), pode-se concluir que:

$$P_1 w_{12} = P_2 w_{21} \tag{c}$$

e, portanto, como $P_1 = P_2 = P$,

$$w_{12} = w_{21} \tag{d}$$

Essa é a expressão do teorema da reciprocidade, obtida em sua forma mais simples por Maxwell, que pode ser enunciado por:

> *O deslocamento w_{12}, no ponto de aplicação e na direção de P_1, devido a $P_2 = P$, é igual ao deslocamento w_{21}, no ponto de aplicação e na direção de P_2, devido a $P_1 = P$.*

De acordo com S. P. Timoshenko (Timoshenko, 1983) em *History of Strength of Materials*, O. Mohr (1835-1918) redescobriu os trabalhos de J. C. Maxwell (1831-1879) e utilizou o teorema da reciprocidade para várias aplicações na análise estrutural. Como problema básico para essas aplicações, demonstrou a expressão $P_1 w_{12} = P_2 w_{21}$ que corresponde à aplicação do teorema da reciprocidade a uma viga biapoiada nas condições da Fig. 1.19.

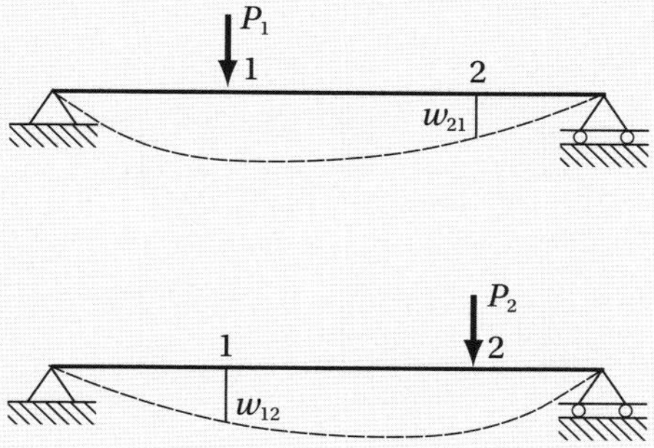

FIG. 1.19 Viga biapoiada submetida a dois sistemas de esforços

Em 1872, Enrico Betti (1823-1892) apresentou na publicação *Nuovo Cimento* (Betti, 1872) a demonstração da generalização do teorema da reciprocidade considerando dois sistemas de esforços aplicados independentemente sobre um sólido homogêneo e elástico linear, cujo enunciado pode ser posto na forma:

> Se, em um sólido elástico linear e homogêneo, são aplicados dois sistemas de esforços independentes, então o trabalho caracterizado pela soma dos produtos dos esforços do primeiro sistema pelos deslocamentos do segundo definidos nos pontos de aplicação e nas direções dos esforços do primeiro, é igual ao trabalho caracterizado pela soma dos produtos dos esforços do segundo sistema pelos deslocamentos do primeiro definidos nos pontos de aplicação e nas direções dos esforços do segundo.

Esse teorema é usualmente referido como teorema da reciprocidade de Betti-Maxwell.

Reproduz-se, a seguir, trecho que contém o enunciado original do teorema da reciprocidade apresentado por E. Betti (Betti, 1872, p. 89).

> e abbiamo il seguente teorema:
>
> se in un corpo solido elastico omogeneo, due sistemi di spostamenti fanno equilibrio a due sistemi di forze applicate alle superficie, la somma dei prodotti delle componenti delle forze del primo sistema per le componenti degli spostamenti negli stessi punti del secondo, è uguale alla somma dei prodotti delle componenti delle forze del secondo sistema per le componenti degli spostamenti nei medesimi punti del primo.

Em 1966, E. R. A. Oliveira, em *Introdução à teoria das estruturas de comportamento linear* (Oliveira, 1966), apresentou o teorema do trabalho na teoria linear da elasticidade tridimensional.

Conforme apresentado no exemplo 1.8, basta aplicar duas vezes o teorema do trabalho para dois sistemas independentes de esforços sobre sólido elástico linear, em que sejam válidas relações deformações-deslocamentos lineares, para chegar com muita simplicidade e clareza conceitual ao teorema da reciprocidade. É essa constatação que sugere que as raízes do teorema do trabalho estejam associadas ao teorema da reciprocidade de Betti-Maxwell.

No Anexo B, apresentam-se demonstrações desses teoremas baseadas no teorema do trabalho.

1.2.5 Solução da teoria elementar de barra de Bernoulli-Euler

Na teoria linear da elasticidade tridimensional, a solução do problema estrutural é equilibrada e compatível, ou seja, satisfaz em V às Eqs. (1.2), (1.5) e à lei de Hooke generalizada:

$$\begin{aligned} \varepsilon_x &= \frac{1}{E}\left(\sigma_{xx} - \nu\sigma_{yy} - \nu\sigma_{zz}\right) & \gamma_{xy} &= \frac{\sigma_{xy}}{G} \\ \varepsilon_y &= \frac{1}{E}\left(\sigma_{yy} - \nu\sigma_{zz} - \nu\sigma_{xx}\right) & \gamma_{yz} &= \frac{\sigma_{yz}}{G} \\ \varepsilon_z &= \frac{1}{E}\left(\sigma_{zz} - \nu\sigma_{xx} - \nu\sigma_{yy}\right) & \gamma_{zx} &= \frac{\sigma_{zx}}{G} \end{aligned} \tag{1.37}$$

e às condições de contorno (1.3) em S_f e (1.4) em S_u. Pode-se demonstrar que essa solução é única. Na expressão (1.37), $G = \dfrac{E}{2(1+\nu)}$ é o módulo de elasticidade transversal do material.

Anteriormente, apresentou-se uma solução compatível e uma solução equilibrada para a teoria de barra de Bernoulli-Euler, ambas derivadas da teoria tridimensional, obedecendo às hipóteses estabelecidas na seção 1.2.1.

Entretanto, pode-se observar que, partindo de uma solução compatível, não se garantirá o equilíbrio, pois $\sigma^c_{xz} = 0$ e $\gamma^c_{xz} = 0$, e o equilíbrio exige $\sigma_{xz} \neq 0$ em presença da força cortante V_z. Da mesma forma, partindo de uma solução equilibrada, não se garantirá a compatibilidade, pois, em virtude de $\gamma^e_{xz} \neq 0$, ocorrerá distorção na seção transversal. Somente na ocorrência de flexão pura é que se poderá derivar uma solução equilibrada a partir de uma solução compatível, e vice-versa.

Assim, torna-se necessário estabelecer as equações básicas próprias da teoria elementar de barra de Bernoulli-Euler, com as correções necessárias que conduzam a uma solução dessa teoria, a qual será aproximada da teoria da elasticidade tridimensional. Por conveniência didática, essa solução será chamada de solução real.

Na teoria elementar de barra de Bernoulli-Euler, as componentes não nulas do tensor das tensões são definidas pelas relações:

$$\sigma_{xx} = \frac{N}{A} + \frac{M_y}{I_y} z \qquad \sigma_{xz} = \frac{V_z \mathcal{M}_y}{b I_y} \tag{1.38}$$

nas quais os esforços solicitantes devem satisfazer às seguintes equações diferenciais de equilíbrio:

$$\frac{dN}{dx} + q_x = 0 \qquad \frac{dM_y}{dx} = V_z \qquad \frac{dV_z}{dx} + q_z = 0 \tag{1.39}$$

Admitindo-se que o coeficiente de Poisson seja nulo, $\nu = 0$, a lei de Hooke permite estabelecer a expressão das deformações:

$$\varepsilon_{xx} = \frac{\sigma_{xx}}{E} \qquad \gamma_{xz} = \frac{\sigma_{xz}}{G} \tag{1.40}$$

As relações entre esforços solicitantes e deslocamentos no eixo da barra são obtidas a partir de

$$\varepsilon_{xx} = u' - zw'' \tag{1.41}$$

Ao substituir-se as primeiras equações de (1.38) e (1.40) na Eq. (1.41), obtém-se

$$\frac{N}{EA} + \frac{M_y}{EI_y} z = u' - w''z \tag{1.42}$$

o que conduz a

$$N = EAu' \qquad M_y = -EI_y w'' \tag{1.43}$$

Essas expressões constituem uma forma alternativa de apresentar as equações constitutivas em termos das denominadas "tensões generalizadas" (N e M_y) e "deformações generalizadas" (u' e w''), para barras de material elástico linear nesta teoria de barra.

As Eqs. (1.38) a (1.41) e (1.43) são as equações básicas da teoria elementar de barra de Bernoulli-Euler para a solução de estruturas reticuladas no plano, a ser obtida usualmente por formulação em esforços ou em deslocamentos.

Na formulação em esforços, a solução é estabelecida pela determinação de esforços reativos e solicitantes. Obtêm-se, em seguida, os deslocamentos por integração de (1.43), os quais devem satisfazer, adicionalmente, às condições de vínculos. Completa-se a solução com a determinação das tensões e das deformações por (1.38) e (1.40).

Na formulação em deslocamentos, a solução é estabelecida pela determinação das funções $u(x)$ e $w(x)$. Em seguida, os esforços solicitantes são obtidos por (1.43) e as tensões e deformações, por (1.38) e (1.40).

A Fig. 1.20 indica esquematicamente a obtenção da solução real por formulações em esforços e em deslocamentos. Observa-se que a componente γ_{xz} somente pode ser determinada pela segunda equação de (1.40).

1.3 Teorema do trabalho na teoria elementar de barra no espaço

1.3.1 Introdução

Na análise de estruturas reticuladas no espaço submetidas a ações quaisquer, ou de estruturas reticuladas planas submetidas a ações que provoquem deformações fora do plano da estrutura, podem ocorrer torção e flexão (normal ou composta, simples ou oblíqua).

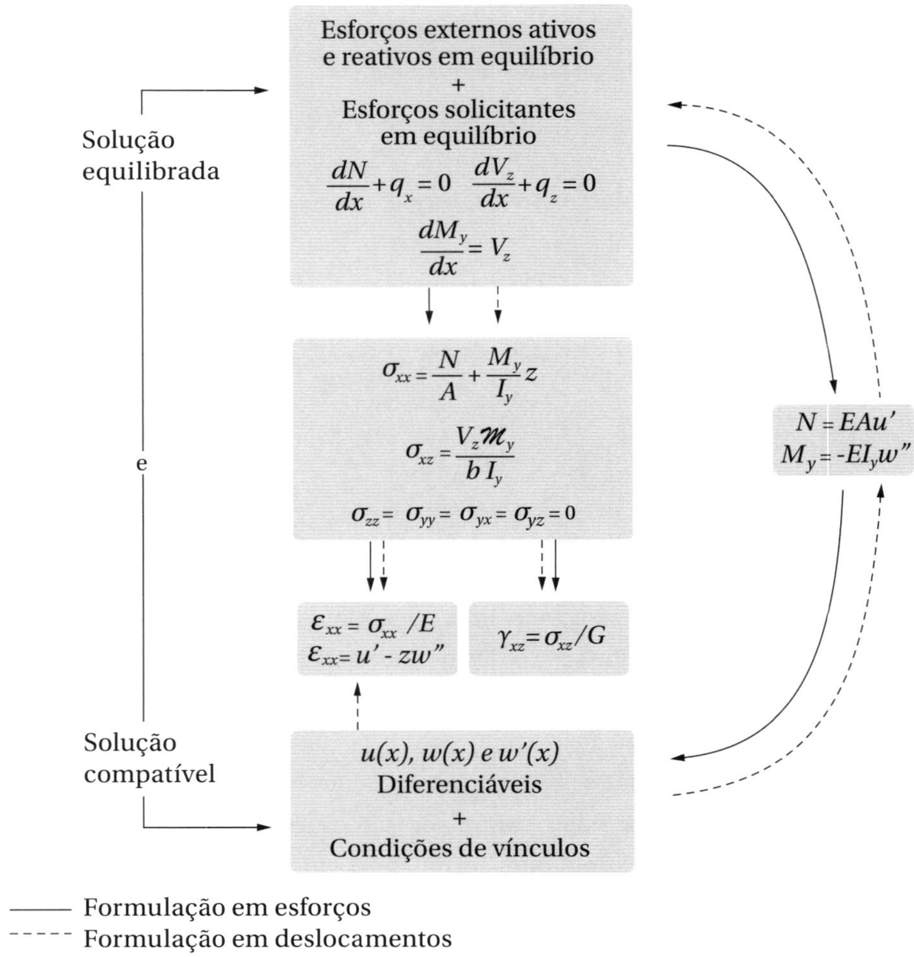

FIG. 1.20 Solução real da teoria elementar de barra

Uma teoria unidimensional simples, válida para barras de eixo reto ou de pequena curvatura e que permite essa análise, é aquela resultante da combinação da teoria de barra de Bernoulli-Euler com a teoria de torção uniforme de Saint-Venant.

O estudo da torção uniforme foi apresentado por Barré de Saint-Venant à Academia Francesa em 1853, como parte de estudos que impressionaram o comitê constituído por Cauchy, Poncelet, Piobert e Lamé (Timoshenko, 1983). O método utilizado para estabelecer os resultados empregados na Resistência dos Materiais e derivados da Teoria da Elasticidade foi denominado *semi-inverso* e tinha como hipóteses centrais:

H6 a rotação específica, ou taxa de variação do ângulo de rotação em torno do eixo da barra, é constante, ou seja, $\theta' = \frac{d\theta}{dx} = cte$;

H7 as componentes de deslocamentos são definidas por $u = \theta'\psi(y,z)$, $v = \theta' xz$ e $w = \theta' xy$, onde $\psi(y,z)$ é denominada *função empenamento*;

H8 as ações externas são exclusivamente as forças aplicadas nas extremidades da barrra e são estaticamente equivalentes ao momento de torção T.

Saint-Venant resolveu esse problema para diversas formas de seção transversal e estabeleceu a expressão $\theta' = \dfrac{T}{GI_T}$, válida para a elasticidade linear, onde GI_T é o produto de rigidez à torção e I_T é o momento de inércia à torção. Essa grandeza geométrica depende da forma da seção transversal e é estabelecida em cada caso pela teoria da torção uniforme.

Essa teoria, chamada de *teoria elementar de barra no espaço*, pode ser formulada admitindo-se as hipóteses H1 a H3 da teoria de barra de Bernoulli--Euler e as hipóteses H6 a H8 da teoria de torção uniforme de Saint-Venant para a barra solicitada (Fig. 1.21). Nessa figura, z e y são os eixos centrais de inércia e q_x, q_y, q_z e m_x são, respectivamente, as componentes segundo x, y e z de forças externas e da componente segundo x de momentos externos, distribuídas ao longo do eixo da barra.

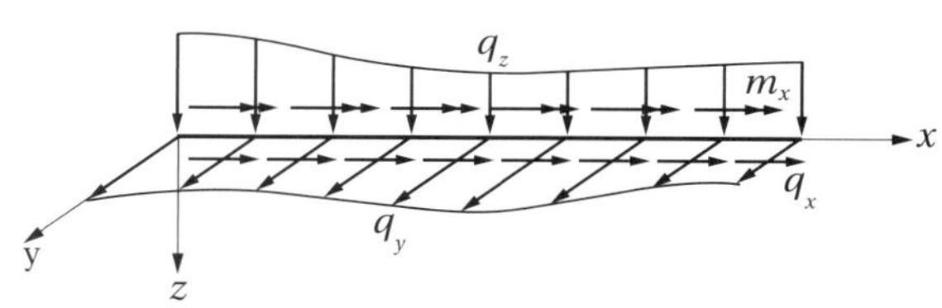

Fig. 1.21 Barra no espaço

A seguir, apresentam-se alguns conceitos que são úteis no estabelecimento dos teoremas de trabalhos virtuais e de energia na teoria elementar de barra no espaço.

1.3.2 Solução da teoria elementar de barra no espaço

Considerem-se, numa particular seção transversal, os esforços solicitantes, isto é, momentos fletores, forças cortantes, força normal e momento de torção. Apresentam-se na Fig. 1.22 os seus sentidos positivos, com normal externa coincidente com o sentido positivo do eixo x. Os sinais que aparecem nas diversas expressões da teoria de barra deste texto respeitam essa convenção.

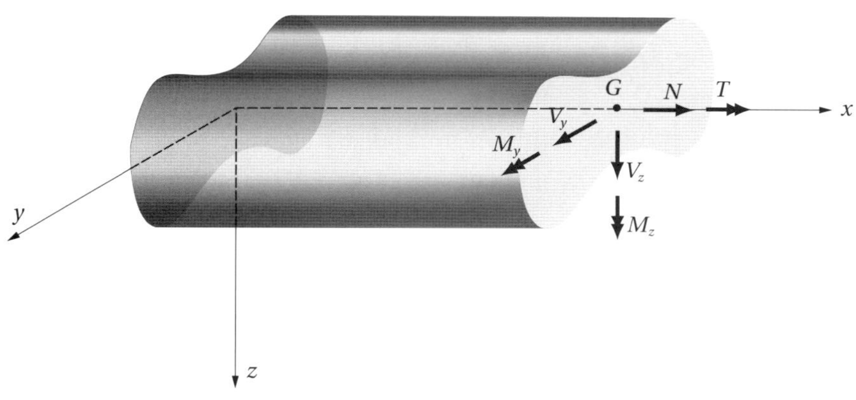

Fig. 1.22 Esforços solicitantes em barra espacial

O tensor das tensões fica então definido pelas componentes:

$$\begin{aligned}
\sigma_{xx} &= \frac{N}{A} + \frac{M_y}{I_y} z - \frac{M_z}{I_z} y \\
\sigma_{zx} &= \frac{V_z \mathcal{M}_y}{b I_y} + T f(y,z) \\
\sigma_{yx} &= \frac{V_y \mathcal{M}_z}{b I_z} + T g(y,z) \\
\sigma_{yy} &= \sigma_{zz} = \sigma_{yz} = 0
\end{aligned} \tag{1.44}$$

onde $\mathcal{M}_y$ é o momento estático, em relação ao eixo central de inércia y, da parte da seção transversal compreendida entre a ordenada z e uma face superior ou inferior da viga; $\mathcal{M}_z$ é o momento estático, em relação ao eixo central de inércia z, da parte da seção transversal compreendida entre a ordenada y e a face anterior ou posterior da viga; $f(y,z)$ e $g(y,z)$ são funções definidas para cada tipo de seção transversal pela teoria de torção uniforme de Saint-Venant.

As equações diferenciais de equilíbrio são dadas por:

$$\begin{aligned}
&\frac{dN}{dx} + q_x = 0 \quad && \frac{dM_y}{dx} - V_z = 0 \quad && \frac{dV_z}{dx} + q_z = 0 \\
&\frac{dT}{dx} + m_x = 0 \quad && \frac{dM_z}{dx} + V_y = 0 \quad && \frac{dV_y}{dx} + q_y = 0
\end{aligned} \tag{1.45}$$

Admitindo-se que o coeficiente de Poisson seja nulo, $\nu = 0$, as expressões da lei de Hooke para material elástico linear permitem estabelecer as deformações:

$$\varepsilon_{xx} = \frac{\sigma_{xx}}{E} \qquad \gamma_{xz} = \frac{\sigma_{xz}}{G} \qquad \gamma_{xy} = \frac{\sigma_{xy}}{G} \tag{1.46}$$

As relações entre esforços solicitantes e deslocamentos no eixo da barra são definidas a partir de

$$\varepsilon_{xx} = u' - z w'' - y v'' \tag{1.47}$$

e da teoria de torção uniforme de barra de Saint-Venant, de forma que:

$$N = EAu' \quad M_y = -EI_y w'' \quad M_z = EI_z v'' \quad T = GI_T \theta' \tag{1.48}$$

As relações (1.48) constituem uma forma alternativa de apresentar as equações constitutivas para um material elástico linear na teoria elementar de barra no espaço.

As Eqs. (1.44) a (1.48) constituem as equações básicas da teoria elementar de barra no espaço para a análise de estruturas reticuladas no espaço.

A Fig. 1.23 apresenta esquematicamente a obtenção de solução, por conveniência denominada *solução real*, por formulação em esforços e por formulação em deslocamentos para a teoria elementar de barra no espaço.

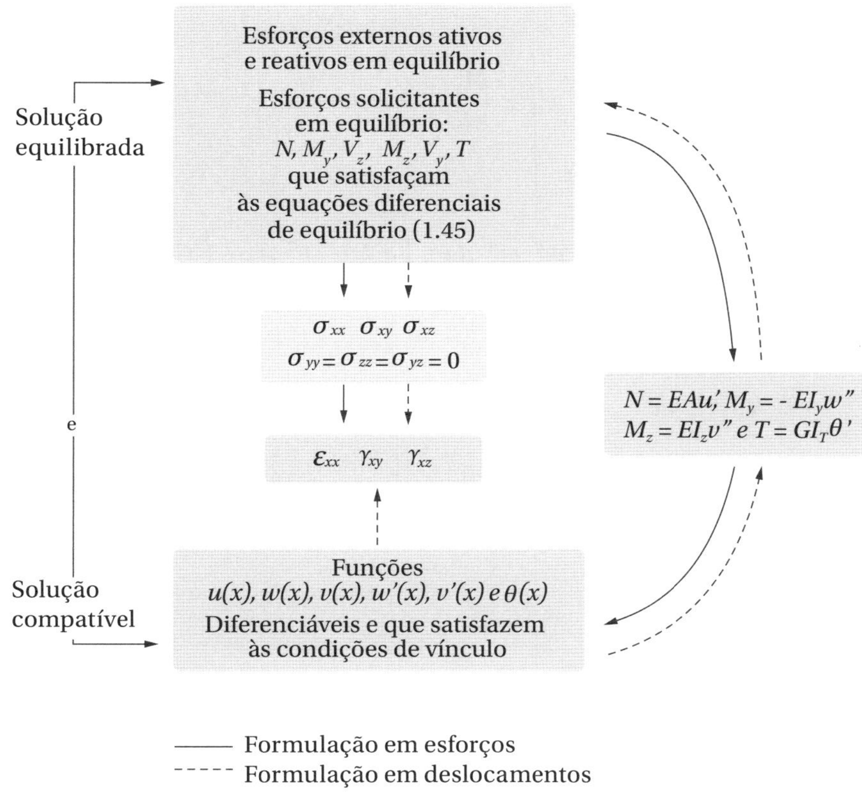

FIG. 1.23 Solução real da teoria elementar de barra no espaço

1.3.3 Teorema do Trabalho na teoria elementar de barra no espaço

Em vista do exposto e não havendo dificuldade conceitual adicional, apresentam-se as expressões do trabalho interno $\mathcal{T}_i$ e do trabalho externo $\mathcal{T}_e$ do teorema do trabalho, $\mathcal{T}_i = \mathcal{T}_e$, na teoria elementar de barra no espaço:

$$\begin{aligned} \mathcal{T}_i &= \int_0^\ell N^e u^{c'}\,dx + \int_0^\ell M_y^e\left(-w^{c''}\right)dx + \int_0^\ell M_z^e v^{c''}\,dx + \int_0^\ell T^e \theta^{c'}\,dx \\ \mathcal{T}_e &= \int_0^\ell q_x^e u^c\,dx + \int_0^\ell q_z^e w^c\,dx + \int_0^\ell q_y^e v^c\,dx + \int_0^\ell m_x^e \theta^c\,dx \end{aligned} \tag{1.49}$$

Aqui também é importante apresentar as formas alternativas da expressão para o cálculo de $\mathcal{T}_i$ no teorema do trabalho quando se consideram ações externas caracterizadas exclusivamente por esforços externos ativos (portanto, sem variação de temperatura) e material elástico linear.

Com base nas expressões (1.48), pode-se escrever:

$$\mathcal{T}_i = \int_0^\ell N^e \frac{N^c}{EA}dx + \int_0^\ell M_y^e \frac{M_y^c}{EI_y}dx + \int_0^\ell M_z^e \frac{M_z^c}{EI_z}dx + \int_0^\ell T^e \frac{T^c}{GI_T}dx \tag{1.50}$$

visto que

$$u^{c'} = \frac{N^c}{EA} \qquad -w^{c''} = \frac{M_y^c}{EI_y} \qquad v^{c''} = \frac{M_z^c}{EI_z} \qquad \theta^{c'} = \frac{T^c}{GI_T} \tag{1.51}$$

ou

$$\mathcal{T}_i = \int_0^\ell EAu^{e'}u^{c'}\,dx + \int_0^\ell EI_y w^{e''}w^{c''}\,dx + \int_0^\ell EI_z v^{e''}v^{c''}\,dx + \int_0^\ell GI_T\theta^{e'}\theta^{c'}\,dx \tag{1.52}$$

considerando que

$$N^e = EAu^{e'} \quad M_y^e = -EI_y w^{e''} \quad M_z^e = EI_z v^{e''} \quad T^e = GI_T\theta^{e'} \tag{1.53}$$

ANEXO A – EQUAÇÕES DE EQUILÍBRIO DE BARRA DERIVADAS DA TEORIA TRIDIMENSIONAL DA ELASTICIDADE

Considere-se uma barra de seção transversal retangular e solicitada por forças de volume $f_x^B = \dfrac{q_x}{A}$ e de superfície, aplicada na face superior da barra, $f_z^S = -\dfrac{q_z}{b}$, ambas funções exclusivas de x, conforme se ilustra na Fig. A.1.

Seja o campo de tensões definido por:

$$\sigma_{xx} = \frac{N}{A} + \frac{M_y}{I_y} z \tag{A.1}$$
$$\sigma_{yy} = 0 \quad \sigma_{xy} = \sigma_{yx} = 0 \quad \sigma_{yz} = \sigma_{zy} = 0$$

nada se afirmando sobre $\sigma_{zx} = \sigma_{xz}$ e σ_{zz}.

Para que esse campo de tensões seja estaticamente admissível, ele deve satisfazer às equações de equilíbrio (1.2), em V, e (1.3), em S_f.

Inicialmente, observa-se que a segunda equação de (1.2) é identicamente satisfeita.

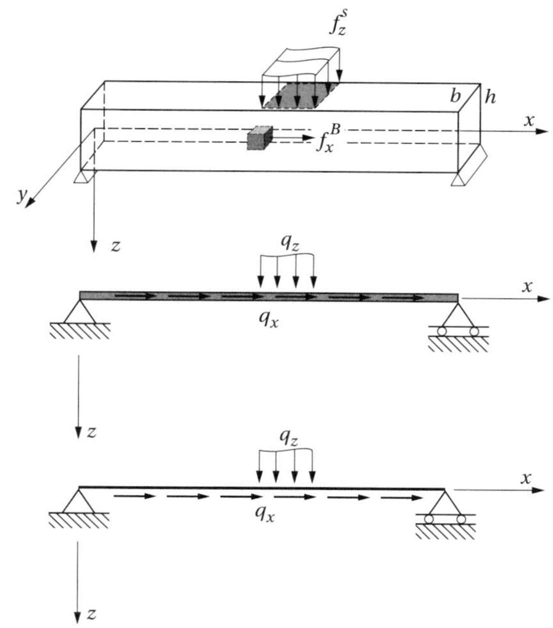

FIG. A.1 Viga simples de seção retangular

Expressão de σ_{xz}

Considere-se agora a primeira equação de (1.2):

$$\frac{\partial \sigma_{xx}}{\partial x} + \frac{\partial \sigma_{xy}}{\partial y} + \frac{\partial \sigma_{xz}}{\partial z} + f_x^B = 0 \tag{A.2}$$

Substituindo-se (A.1) em (A.2), obtém-se:

$$\frac{1}{A}\frac{dN}{dx} + \frac{1}{I_y}\frac{dM_y}{dx} z + \frac{\partial \sigma_{xz}}{\partial z} + \frac{q_x}{A} = 0 \tag{A.3}$$

Integrando-se (A.3) em relação a z, resulta:

$$\frac{1}{A}\frac{dN}{dx} z + \frac{1}{I_y}\frac{dM_y}{dx}\frac{z^2}{2} + \sigma_{xz} + \frac{q_x}{A} z + f(x,y) = 0 \tag{A.4}$$

Como, no caso em estudo, a distribuição de σ_{xz} independe de y, pode-se escrever:

$$\sigma_{xz} = -\frac{1}{A}\left(\frac{dN}{dx} + q_x\right) z - \frac{1}{I_y}\frac{dM_y}{dx}\frac{z^2}{2} - f(x) \tag{A.5}$$

que deve satisfazer às seguintes condições de contorno:

$$\begin{aligned} (\sigma_{xz})_{z=\frac{h}{2}} = 0 \quad &\Rightarrow \quad -\frac{1}{A}\left(\frac{dN}{dx} + q_x\right)\frac{h}{2} - \frac{1}{I_y}\frac{dM_y}{dx}\frac{h^2}{8} - f(x) = 0 \\ (\sigma_{xz})_{z=-\frac{h}{2}} = 0 \quad &\Rightarrow \quad \frac{1}{A}\left(\frac{dN}{dx} + q_x\right)\frac{h}{2} - \frac{1}{I_y}\frac{dM_y}{dx}\frac{h^2}{8} - f(x) = 0 \end{aligned} \tag{A.6}$$

de onde se conclui que:

$$\frac{dN}{dx} + q_x = 0$$

$$f(x) = -\frac{1}{I_y}\frac{dM_y}{dx}\frac{h^2}{8} \qquad \textbf{(A.7)}$$

Substituindo-se (A.7) em (A.5), obtém-se:

$$\sigma_{xz} = \sigma_{zx} = \frac{1}{I_y}\frac{dM_y}{dx}\frac{h^2}{8}\left(1 - \frac{4z^2}{h^2}\right) \qquad \textbf{(A.8)}$$

A expressão (A.8) mostra que a tensão de cisalhamento σ_{xz} se distribui parabolicamente na seção transversal com valores nulos para $z = \pm\frac{h}{2}$ e máximo para $z = 0$, no centro de gravidade da seção transversal.

A resultante de σ_{xz} no centro de gravidade da seção transversal se reduz à força:

$$V_z = \int_A \sigma_{xz}\,dA = \int_{-\frac{h}{2}}^{\frac{h}{2}} \frac{1}{I_y}\frac{dM_y}{dx}\frac{h^2}{8}\left(1 - \frac{4z^2}{h^2}\right)b\,dz = \frac{dM_y}{dx}$$

$$V_z = \frac{dM_y}{dx} \qquad \textbf{(A.9)}$$

que é chamada força cortante.

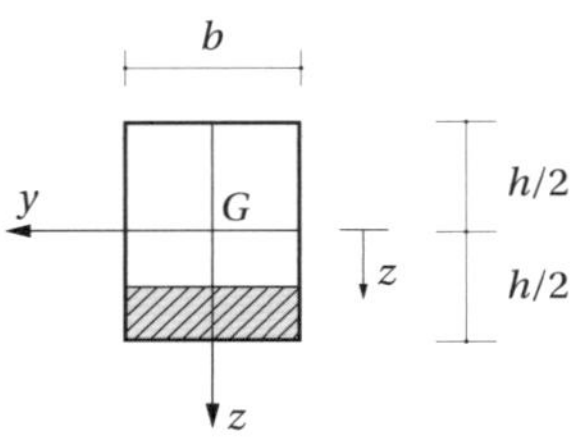

$$\mathcal{M} = b\left(\frac{h}{2} - z\right)\frac{1}{2}\left(\frac{h}{2} + z\right) = \frac{bh^2}{8}\left(1 - \frac{4z^2}{h^2}\right)$$

Fig. A.2 Momento estático em seção retangular

A expressão de σ_{xz}, que define o seu valor na ordenada z da seção transversal, pode ser posta na forma:

$$\sigma_{xz} = \sigma_{zx} = \frac{3}{2}\frac{V_z}{A}\left(1 - \frac{4z^2}{h^2}\right) \qquad \textbf{(A.10)}$$

ou

$$\sigma_{xz} = \sigma_{zx} = \frac{V_z \mathcal{M}_y}{b I_y} \qquad \textbf{(A.11)}$$

onde $\mathcal{M}$ é o momento estático da área hachurada, conforme se mostra na Fig. A.2.

Expressão de σ_{zz}

Considere-se agora a terceira equação de (1.2):

$$\frac{\partial \sigma_{zx}}{\partial x} + \frac{\partial \sigma_{zy}}{\partial y} + \frac{\partial \sigma_{zz}}{\partial z} + f_z^B = 0 \qquad \textbf{(A.12)}$$

Substituindo-se (A.10) em (A.12), obtém-se:

$$\frac{3}{2A}\frac{dV_z}{dx}\left(1 - \frac{4z^2}{h^2}\right) + \frac{\partial \sigma_{zz}}{\partial z} = 0 \qquad \textbf{(A.13)}$$

Integrando-se (A.13) em relação a z, resulta:

$$\frac{3}{2A}\frac{dV_z}{dx}\left(z - \frac{4z^3}{3h^2}\right) + \sigma_{zz} + g(x,y) = 0 \qquad \textbf{(A.14)}$$

Como, neste caso, a distribuição de σ_{zz} independe de y, pode-se escrever:

$$\sigma_{zz} = -\frac{3}{2b}\frac{dV_z}{dx}\left(\frac{z}{h} - \frac{4z^3}{3h^3}\right) - g(x) \qquad \textbf{(A.15)}$$

que deve satisfazer às seguintes condições de contorno:

$$\begin{aligned} (\sigma_{zz})_{z=\frac{h}{2}} = 0 \quad &\Rightarrow \quad -\frac{1}{2b}\frac{dV_z}{dx} - g(x) = 0 \\ (\sigma_{zz})_{z=-\frac{h}{2}} = -\frac{q_z}{b} \quad &\Rightarrow \quad \frac{1}{2b}\frac{dV_z}{dx} - g(x) = -\frac{q_z}{b} \end{aligned} \qquad \text{(A.16)}$$

de onde se conclui que:

$$g(x) = \frac{q_z}{2b} \qquad \frac{dV_z}{dx} + q_z = 0 \qquad \text{(A.17)}$$

Substituindo-se (A.17) em (A.15), obtém-se, após algumas transformações:

$$\sigma_{zz} = -\frac{q_z}{b}\left(\frac{1}{2} - \frac{3}{2}\frac{z}{h} + 2\frac{z^3}{h^3}\right) \qquad \text{(A.18)}$$

Distribuição das tensões ao longo da altura na seção transversal

Apresentam-se na Fig. A.3 as distribuições de σ_{xx}, σ_{xz} e σ_{zz} ao longo da altura de uma seção transversal retangular.

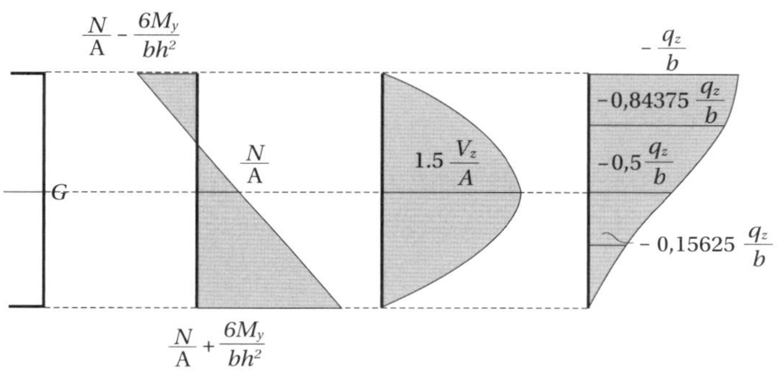

Fig. A.3 Distribuição das tensões σ_{xx}, σ_{xz} e σ_{zz} na seção retangular

Campo de tensões estaticamente admissíveis na barra em estudo

O campo de tensões definido por (A.1), (A.10) e (A.18) satisfaz às equações de equilíbrio (1.2), em V, e as equações de equilíbrio (1.3), em S_f, conforme se pode verificar nas seguintes expressões:

$$\begin{aligned} z = -\frac{h}{2} \quad &\Rightarrow \quad \sigma_{zz} = -\frac{q_z}{b} \quad \sigma_{zx} = 0 \quad \sigma_{zy} = 0 \\ z = +\frac{h}{2} \quad &\Rightarrow \quad \sigma_{zz} = 0 \quad \sigma_{zx} = 0 \quad \sigma_{zy} = 0 \\ y = \pm\frac{b}{2} \quad &\Rightarrow \quad \sigma_{yy} = 0 \quad \sigma_{yx} = 0 \quad \sigma_{yz} = 0 \end{aligned}$$

$$\begin{aligned} x = 0 \quad &\Rightarrow \quad \sigma_{xx} = \frac{N(0)}{A} + \frac{M_y(0)}{I_y}z \quad \sigma_{xy} = 0 \quad \sigma_{xz} = \frac{3}{2A}\left(1 - \frac{4z^2}{h^2}\right)V_z(0) \\ x = \ell \quad &\Rightarrow \quad \sigma_{xx} = \frac{N(\ell)}{A} + \frac{M_y(\ell)}{I_y}z \quad \sigma_{xy} = 0 \quad \sigma_{xz} = \frac{3}{2A}\left(1 - \frac{4z^2}{h^2}\right)V_z(\ell) \end{aligned} \qquad \text{(A.19)}$$

Portanto, esse é um campo de tensões estaticamente admissíveis.

A resultante das tensões σ_{xx} e σ_{zz} nas seções das extremidades, ($N(0)$, $M_y(0)$, $V_z(0)$) e ($N(\ell)$, $M_y(\ell)$, $V_z(\ell)$), são iguais às reações de apoio e, consequentemente, as equações globais de equilíbrio da viga são satisfeitas. Assim, os esforços externos ativos na viga, q_x e q_z, os esforços externos reativos e os esforços solicitantes, $N(x)$, $M_y(x)$ e $V_z(x)$, definidos pelas equações de equilíbrio:

$$\frac{dN}{dx} + q_x = 0 \qquad \frac{dM_y}{dx} = V_z \qquad \frac{dV_z}{dx} + q_z = 0 \tag{A.20}$$

estabelecem esforços estaticamente admissíveis, correspondentes a um campo de tensões estaticamente admissíveis.

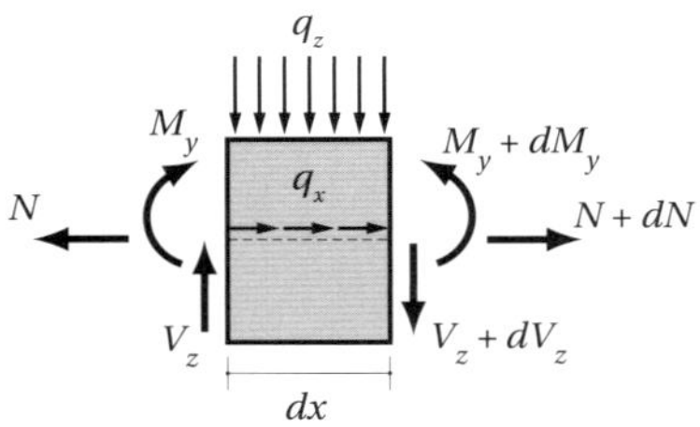

Fig. A.4 Esforços internos e externos no elemento de barra

As equações de equilíbrio (A.20) poderiam ser obtidas diretamente do estudo do equilíbrio dos esforços que atuam em um elemento de barra, apresentado na Fig. A.4, e que não depende da forma da seção transversal. Entretanto, nada se poderia afirmar a respeito das distribuições das tensões $\sigma_{xz} = \sigma_{zx}$ e σ_{zz}, que dependem da forma da seção transversal e devem ser obtidas para cada caso de carregamento pela aplicação das equações de equilíbrio (1.2) e (1.3) da teoria da elasticidade tridimensional.

Análise de valores extremos das tensões σ_{xx} e σ_{zz}

Para a viga biapoiada da Fig. A.1 de seção retangular com q_x e q_z uniformemente distribuídos, sabe-se que:

$$N(x) = q_x(\ell - x) \qquad M_y(x) = \frac{1}{2}q_z(\ell - x)x \qquad V_z(x) = \frac{1}{2}q_z(\ell - 2x) \tag{A.21}$$

Para $q_x = 0$, a relação

$$\frac{|\sigma_{zz}|_{\text{máx}}}{|\sigma_{xx}|_{\text{máx}}} = \frac{q_z/b}{(6/bh^2)q_z(\ell^2/8)} = \frac{4}{3}\frac{h^2}{\ell^2} \tag{A.22}$$

mostra que, nas condições normais de barras nas quais $h \ll \ell$, o valor de $|\sigma_{zz}|_{\text{máx}}$ é muito menor do que $|\sigma_{xx}|_{\text{máx}}$, o que justifica o procedimento usual de se desprezar o efeito de σ_{zz} na teoria unidimensional de barras.

ANEXO B – TEOREMAS DA RECIPROCIDADE DE BETTI E DE MAXWELL

Seja um sólido deformável em equilíbrio submetido a dois sistemas de esforços externos ativos $Q_{i(i=1,n)}$ e $P_{j(j=1,m)}$, aplicados isoladamente. Os deslocamentos conjugados a P_j e decorrentes do sistema de esforços externos ativos Q_i são indicados por U_{jQ}, e os deslocamentos conjugados a Q_i e decorrentes do sistema de esforços externos ativos P_j são indicados por U_{iP}, conforme se mostra na Fig. B.1.

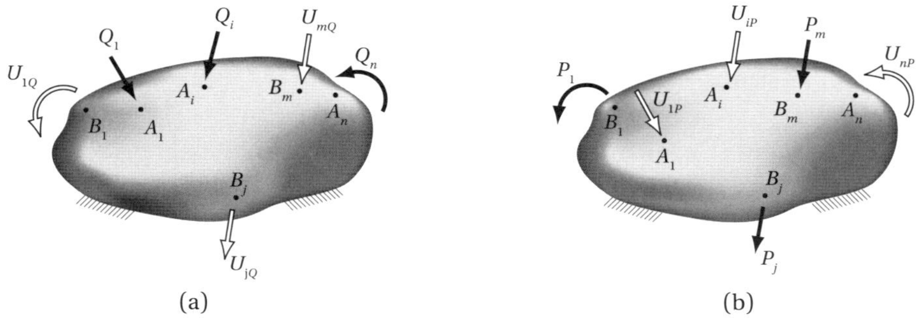

FIG. B.1 Sólido em equilíbrio submetido a dois sistemas de esforços ativos

Os campos de tensões e de deformações correspondentes à solução do problema estrutural quando o sólido deformável está submetido a cada um dos sistemas de esforços são representados por $(\boldsymbol{\sigma}^Q, \boldsymbol{\varepsilon}^Q)$ e $(\boldsymbol{\sigma}^P, \boldsymbol{\varepsilon}^P)$. Como essas soluções são compatíveis e equilibradas, pode-se estabelecer, pela aplicação do teorema do trabalho:

$$\begin{aligned} \int_V \{\boldsymbol{\sigma}^Q\}^T \{\boldsymbol{\varepsilon}^P\}\, dV &= \sum_{i=1}^{n} Q_i U_{iP} \\ \int_V \{\boldsymbol{\sigma}^P\}^T \{\boldsymbol{\varepsilon}^Q\}\, dV &= \sum_{i=1}^{m} P_j U_{jQ} \end{aligned} \tag{B.1}$$

No caso de material elástico linear, é válida a igualdade:

$$\int_V \{\boldsymbol{\sigma}^Q\}^T \{\boldsymbol{\varepsilon}^P\}\, dV = \int_V \{\boldsymbol{\sigma}^P\}^T \{\boldsymbol{\varepsilon}^Q\}\, dV \tag{B.2}$$

visto que $\{\boldsymbol{\sigma}\} = [\boldsymbol{C}]\{\boldsymbol{\varepsilon}\}$ e $\{\boldsymbol{\varepsilon}\} = [\boldsymbol{D}]\{\boldsymbol{\sigma}\}$ com as matrizes $[\boldsymbol{C}]$ e $[\boldsymbol{D}]$ simétricas e tais que $[\boldsymbol{C}][\boldsymbol{D}] = [\boldsymbol{I}]$ e, assim:

$$\begin{aligned} \int_V \{\boldsymbol{\sigma}^Q\}^T \{\boldsymbol{\varepsilon}^P\}\, dV &= \int_V \{\boldsymbol{\varepsilon}^Q\}^T [\boldsymbol{C}]^T [\boldsymbol{D}] \{\boldsymbol{\sigma}^P\}\, dV \\ = \int_V \{\boldsymbol{\varepsilon}^Q\}^T [\boldsymbol{C}][\boldsymbol{D}] \{\boldsymbol{\sigma}^P\}\, dV &= \int_V \{\boldsymbol{\varepsilon}^Q\}^T \{\boldsymbol{\sigma}^P\}\, dV \\ &= \int_V \{\boldsymbol{\sigma}^P\}^T \{\boldsymbol{\varepsilon}^Q\}\, dV \end{aligned} \tag{B.3}$$

Portanto, considerando-se (B.1) e (B.2), resulta:

$$\sum_{i=1}^{n} Q_i U_{iP} = \sum_{i=1}^{m} P_j U_{jQ} \tag{B.4}$$

que é a expressão do teorema de Betti e que pode ser enunciado por:

> Se, em um sólido elástico linear, são aplicados dois sistemas de esforços independentes, então o trabalho caracterizado pela soma dos produtos dos esforços do primeiro sistema pelos deslocamentos conjugados do segundo sistema é igual ao trabalho caracterizado pela soma dos produtos dos esforços do segundo sistema pelos deslocamentos conjugados do primeiro sistema.

Considere-se agora que cada um dos dois sistemas de esforços se reduza a um único esforço, conforme se mostra na Fig. B.2.

Fig. B.2 Sólido em equilíbrio submetido a dois esforços externos ativos

É imediato, então, estabelecer, pelo teorema de Betti, que:

$$Q_1 U_{1P} = P_1 U_{1Q} \tag{B.5}$$

e, no caso de $Q_1 = P_1 = F$, pode-se escrever:

$$U_{1P} = U_{1Q} \tag{B.6}$$

expressão que permite estabelecer o teorema da reciprocidade de Maxwell:

> "Em um sólido elástico linear, o deslocamento U_{1P} conjugado de Q_1 e decorrente de $P_1 = F$ é igual ao deslocamento U_{1Q} conjugado de P_1 e decorrente de $Q_1 = F$".

Considere-se agora que $Q_1 = P_1 = 1$ e que os dois sistemas sejam reapresentados na Fig. B.3 com esses esforços, com os seus deslocamentos conjugados e com a notação própria do método dos esforços.

Nessas condições, e de acordo com (B.6), tem-se:

$$F_{ij} = F_{ji} \tag{B.7}$$

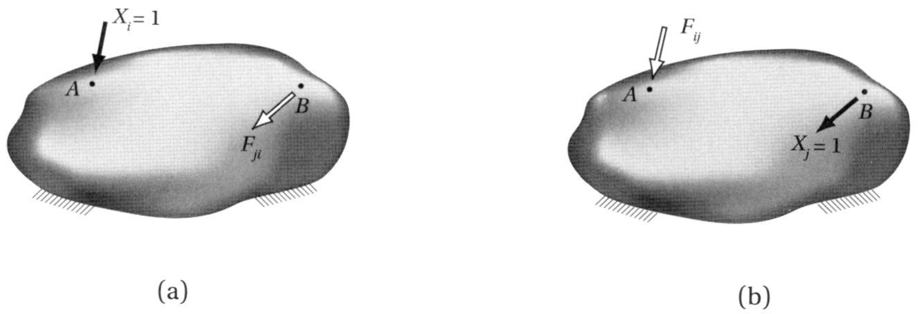

FIG. B.3 Sólido em equilíbrio submetido a dois esforços externos ativos unitários

onde F_{ij} é o deslocamento conjugado de X_i e decorrente de $X_j = 1$, e F_{ji} é o deslocamento conjugado de X_j e decorrente de $X_i = 1$. É imediato reconhecer que F_{ij} e F_{ji} podem ser interpretados como elementos de uma matriz de flexibilidade, que é simétrica.

Uma segunda aplicação interessante do teorema de Betti consiste em demonstrar a simetria da matriz de rigidez $[\boldsymbol{K}]$. Para isso, basta interpretar a igualdade (B.5) considerando os sólidos da Fig. B.4 submetidos aos recalques de apoio $U_i = 1$ e $U_j = 1$.

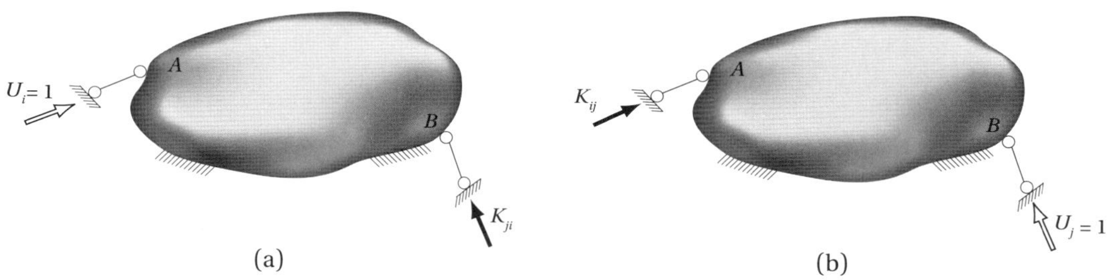

FIG. B.4 Sólido em equilíbrio submetido a dois recalques de apoio unitários

A reação de apoio K_{ji} é o esforço conjugado de U_j e decorrente de $U_i = 1$, e a reação de apoio K_{ij} é o esforço conjugado de U_i e decorrente de $U_j = 1$, e podem ser imediatamente reconhecidos como elementos de uma matriz de rigidez. Decorre imediatamente de (B.5) que $K_{ij} = K_{ji}$ e, assim, que a matriz de rigidez é simétrica.

Pont du Gard *(40DC – 60DC)*

sistema estrutural: **arco**

2 Teoremas dos trabalhos virtuais

O uso do conceito de trabalho virtual para analisar o equilíbrio de sistemas mecânicos é bem antigo. Leonardo da Vinci (1452-1519) já utilizava o princípio dos deslocamentos virtuais para analisar o equilíbrio de sistemas de polias e alavancas. Galileu Galilei (1564-1642), utilizando o princípio dos deslocamentos virtuais, resolveu vários problemas de equilíbrio estático, relatados em *Della Scienza Meccanica*, e o problema de equilíbrio em plano inclinado, relatado em seu livro *Discorsi e Dimostrazioni Matematiche, intorno à Due Nuove Scienze* (Galilei, 1638). Esses trabalhos são anteriores aos de Newton (1643-1727).

Ⓐ

DISCORSI
E
DIMOSTRAZIONI
MATEMATICHE,
intorno à due nuove scienze
Attenenti alla
MECANICA & I MOVIMENTI LOCALI,
del Signor
GALILEO GALILEI LINCEO,
Filosofo e Matematico primario del Sereniſsimo Grand Duca di Toſcana.
Con una Appendice del centro di grauità d'alcuni Solidi.
IN LEIDA,
Appreſſo gli Elſevirii. M. D. C. XXXVIII.

Ⓑ

Ⓒ

(A) Capa do livro original de Galileu de 1638; (B) capa da versão traduzida para o inglês por H. Crew e A. de Salvio, de 1914, na qual se representam os interlocutores dos diálogos: Salviati, Sagredo e Simplicio; (C) a viga engastada de Galileo

Credita-se a Johann Bernoulli I (1667-1748) a formulação do princípio dos deslocamentos virtuais em carta dirigida a Pierre Varignon (1654-1722) e que foi relatada em trecho da p. 174 de seu livro *Nouvelle Mecanique* ou *Statique*, v. 2, (Varignon, 1725).

NOUVELLE MECANIQUE OU STATIQUE, DONT LE PROJET FUT DONNÉ EN M. DC. LXXXVII.

Ouvrage posthume de M. VARIGNON, *des Académies Royales des Sciences de France, d'Angleterre & de Prusse, Lecteur du Roy en Philosophie au College Royal, & Professeur des Mathématiques au College Mazarin.*

TOME SECOND.

A PARIS, Chez CLAUDE JOMBERT, ruë S. Jacques, au coin de la ruë des Mathurins, à l'Image Notre-Dame.

M. DCC. XXV.

Avec Approbation & Privilege du Roy.

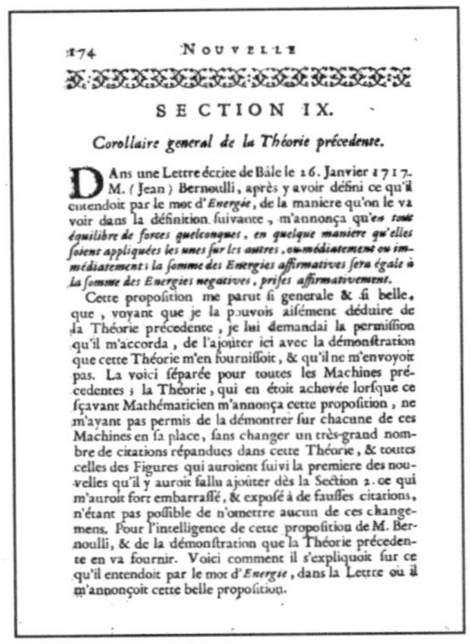

174 NOUVELLE

SECTION IX.

Corollaire general de la Théorie précedente.

DAns une Lettre écrite de Bâle le 26. Janvier 1717. M. (Jean) Bernoulli, après y avoir défini ce qu'il entendoit par le mot d'*Energie*, de la maniere qu'on le va voir dans la définition suivante, m'annonça qu'*en tout équilibre de forces quelconques, en quelque maniere qu'elles soient appliquées les unes sur les autres, ou médiatement ou immédiatement; la somme des Energies affirmatives sera égale à la somme des Energies negatives, prises affirmativement.*

Cette proposition me parut si generale & si belle, que, voyant que je la pouvois aisément déduire de la Théorie précedente, je lui demandai la permission qu'il m'accorda, de l'ajoûter ici avec la démonstration que cette Théorie m'en fournissoit, & qu'il ne m'envoyoit pas. La voici séparée pour toutes les Machines précedentes; la Théorie, qui en étoit achevée lorsque ce sçavant Mathématicien m'annonça cette proposition, ne m'ayant pas permis de la démontrer sur chacune de ces Machines en sa place, sans changer un très-grand nombre de citations répandues dans cette Théorie, & toutes celles des Figures qui auroient suivi la premiere des nouvelles qu'il y auroit fallu ajoûter dès la Section 2. ce qui m'auroit fort embarrassé, & exposé à de fausses citations, n'étant pas possible de n'omettre aucun de ces changemens. Pour l'intelligence de cette proposition de M. Bernoulli, & de la démonstration que la Théorie précedente en va fournir. Voici comment il s'expliquoit sur ce qu'il entendoit par le mot d'*Energie*, dans la Lettre où il m'annonçoit cette belle proposition.

Capa e pág. 174 do livro *Nouvelle Mecanique ou Statique*, Pierre Varignon, v. 2, 1725, Paris.

A palavra "virtual" significa ser em essência ou efeito, mas não de fato.

No estabelecimento dos teoremas de trabalhos virtuais, utilizam-se as definições de trabalho virtual, $\delta\mathcal{T} = F\delta u$ – produto de uma força real F por um deslocamento virtual δu, no ponto de aplicação e na direção da força F –, e de trabalho virtual complementar, $\delta\mathcal{T}^* = \delta F u$ – produto de uma força virtual δF por um deslocamento u, no ponto de aplicação e na direção de δF. Essas duas definições de trabalho não têm necessariamente um significado físico associado.

Nos capítulos seguintes, o símbolo δ à frente de uma grandeza indica que se trata de uma grandeza virtual.

2.1 Teorema dos deslocamentos virtuais

2.1.1 Na teoria da elasticidade

Considere um sólido deformável em equilíbrio estático (Fig. 2.1), sujeito à ação de forças de volume $\boldsymbol{f}^B$, definidas em V, e de forças de superfície $\boldsymbol{f}^S$, especificadas em uma parte S_f de S. Na parte restante, S_u de S, são impostos os deslocamentos.

Define-se campo de deslocamentos virtuais $\delta\boldsymbol{u}$ como qualquer campo de deslocamentos que gera um campo de deformações virtuais pelas relações deformações-deslocamentos lineares:

$$\delta\varepsilon_{xx} = \frac{\partial\delta u}{\partial x} \quad \delta\varepsilon_{yy} = \frac{\partial\delta v}{\partial y} \quad \delta\varepsilon_{zz} = \frac{\partial\delta w}{\partial z}$$

$$\delta\gamma_{xy} = \frac{\partial\delta u}{\partial y} + \frac{\partial\delta v}{\partial x} \quad \delta\gamma_{yz} = \frac{\partial\delta v}{\partial z} + \frac{\partial\delta w}{\partial y} \tag{2.1}$$

$$\delta\gamma_{zx} = \frac{\partial\delta w}{\partial x} + \frac{\partial\delta u}{\partial z}$$

e satisfaz às seguintes condições em S:

$$\{\delta \boldsymbol{u}\} = \{\delta \hat{\boldsymbol{u}}\} \text{ em } S_u \qquad \{\delta \boldsymbol{u}\} \text{ arbitrário em } S_f \tag{2.2}$$

Considere agora o campo de tensões $\boldsymbol{\sigma}$ correspondente a uma solução equilibrada do problema, que pode ser a própria solução real. O teorema do trabalho permite escrever:

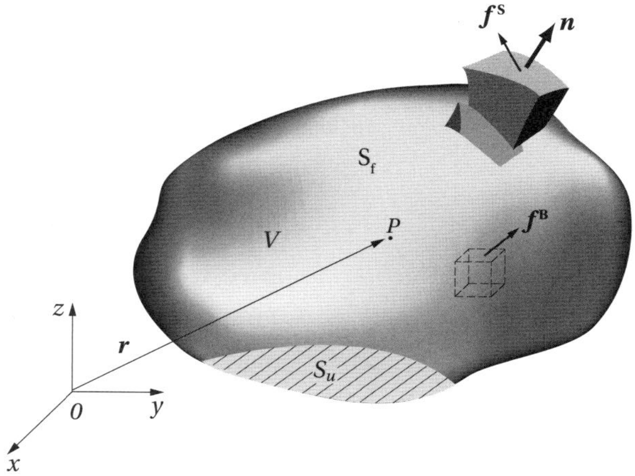

FIG. 2.1 Sólido deformável em equilíbrio estático

$$\underbrace{\int_V \{\boldsymbol{\sigma}\}^T \{\delta\boldsymbol{\varepsilon}\}\, dV}_{\delta\mathcal{T}_i} = \underbrace{\int_V \left\{\boldsymbol{f}^B\right\}^T \{\delta\boldsymbol{u}\}\, dV + \int_S \left\{\boldsymbol{f}^s\right\}^T \{\delta\boldsymbol{u}\}\, dS}_{\delta\mathcal{T}_e} \tag{2.3}$$

que é a expressão generalizada do teorema dos deslocamentos virtuais.

Uma forma restrita desse teorema é obtida ao considerar-se um campo de deslocamentos virtuais $\delta\boldsymbol{u}$ tal que, se $\boldsymbol{u}$ é o campo de deslocamentos reais, então $\boldsymbol{u} + \delta\boldsymbol{u}$ é um campo de deslocamentos cinematicamente admissíveis. Nessas condições, valem as Eqs. (2.1), $\delta\boldsymbol{u}$ é arbitrário em S_f e $\{\delta\boldsymbol{u}\} = \{\boldsymbol{0}\}$ em S_u. Assim, o teorema do trabalho passa a ser expresso por:

$$\underbrace{\int_V \{\boldsymbol{\sigma}\}^T \{\delta\boldsymbol{\varepsilon}\}\, dV}_{\delta\mathcal{T}_i} = \underbrace{\int_V \left\{\boldsymbol{f}^B\right\}^T \{\delta\boldsymbol{u}\}\, dV + \int_{S_f} \left\{\boldsymbol{f}^s\right\}^T \{\delta\boldsymbol{u}\}\, dS}_{\delta\mathcal{T}_e} \tag{2.4}$$

que é a expressão restrita e a mais usual do teorema dos deslocamentos virtuais.

Para qualquer das expressões, (2.3) ou (2.4), o teorema do trabalho pode ser enunciado:

> *Se um sólido deformável estiver em equilíbrio, então o trabalho virtual interno, $\delta\mathcal{T}_i$, será igual ao trabalho virtual externo, $\delta\mathcal{T}_e$, para qualquer campo de deslocamentos virtuais.*

Pode-se demonstrar que o teorema recíproco é verdadeiro, ou seja,

> *Se em um sólido deformável o trabalho virtual interno $\delta\mathcal{T}_i$ for igual ao trabalho externo $\delta\mathcal{T}_e$, para qualquer campo de deslocamentos virtuais, então o sistema estará em equilíbrio.*

A igualdade estabelecida é uma condição necessária e suficiente para o equilíbrio, o que pode ser representado de forma esquemática por:

$$\text{equilíbrio} \quad \Leftrightarrow \quad \delta\mathcal{T}_i = \delta\mathcal{T}_e, \quad \forall \delta\boldsymbol{u}$$

2.1.2 Teorema dos deslocamentos virtuais para estruturas reticuladas

Em estruturas reticuladas planas, modeladas pela teoria de barra de Bernoulli-Euler, os deslocamentos virtuais no eixo da barra $\delta u(x)$ e $\delta w(x)$ são tais que, se $u(x)$ e $w(x)$ forem os deslocamentos reais, então $u(x)+\delta u(x)$ e $w(x)+\delta w(x)$ serão cinematicamente admissíveis.

Considere agora uma estrutura reticulada plana solicitada por esforços externos aplicados no plano da estrutura ao longo dos eixos de suas barras, q_x e q_z, e outros concentrados, P_i, e seja a distribuição de esforços solicitantes, $M(x)$ e $N(x)$, correspondente a uma solução equilibrada do problema estrutural, que pode ser a solução real.

Nessas condições, o teorema do trabalho permite estabelecer:

$$\underbrace{\int_{\text{estr}} N\delta u' ds + \int_{\text{estr}} M_y\left(-\delta w''\right) ds}_{\delta\mathcal{T}_i} = \underbrace{\int_{\text{estr}} q_x \delta u ds + \int_{\text{estr}} q_z \delta w ds + \sum_i P_i \delta U_i}_{\delta\mathcal{T}_e} \tag{2.5}$$

onde $P_i\delta U_i$ é o trabalho virtual da força P_i decorrente do deslocamento virtual δU_i, no ponto de aplicação e na direção de P_i. A expressão (2.5) exprime a equação do teorema dos deslocamentos virtuais para estruturas reticuladas planas.

Ressalta-se que esse resultado independe das propriedades reológicas do material da estrutura. No caso de material elástico linear e estrutura submetida exclusivamente a esforços externos, tem-se:

$$N = EAu' \qquad M_y = -EI_y w'' \tag{2.6}$$

e a expressão (2.5) do teorema dos deslocamentos virtuais pode ser apresentada na forma:

$$\begin{aligned} \int_{\text{estr}} EAu'\delta u' ds + \int_{\text{estr}} EI_y w''\delta w'' ds = \int_{\text{estr}} q_x \delta u ds \\ + \int_{\text{estr}} q_z \delta w ds + \sum_i P_i \delta U_i \end{aligned} \tag{2.7}$$

No caso de estruturas espaciais e com base em (1.49), a expressão do trabalho virtual externo é dada por:

$$\begin{aligned} \delta\mathcal{T}_e = \int_{\text{estr}} q_x \delta u dx + \int_{\text{estr}} q_z \delta w dx + \int_{\text{estr}} q_y \delta v dx \\ + \int_{\text{estr}} m_x \delta\theta dx + \sum_i P_i \delta U_i \end{aligned} \tag{2.8}$$

e a expressão do trabalho virtual interno é dada por:

$$\delta T_i = \int\limits_{\text{estr}} N\delta u' ds + \int\limits_{\text{estr}} M_y(-\delta w'') ds + \int\limits_{\text{estr}} M_z \delta v'' ds + \int\limits_{\text{estr}} T\delta\theta' ds \tag{2.9}$$

No caso de material elástico linear e estrutura submetida exclusivamente a esforços externos, o trabalho virtual interno vale:

$$\begin{aligned}\delta T_i = &\int\limits_{\text{estr}} EAu'\delta u' ds + \int\limits_{\text{estr}} EI_y w''\delta w'' ds + \int\limits_{\text{estr}} EI_z v''\delta v'' ds \\ &+ \int\limits_{\text{estr}} GI_T\theta'\delta\theta' ds\end{aligned} \tag{2.10}$$

2.1.3 Aplicações do teorema dos deslocamentos virtuais

As diversas aplicações do teorema dos deslocamentos virtuais na análise estrutural resultam de uma interpretação cuidadosa e conveniente de sua expressão e, certamente, contempla o estabelecimento de uma ou mais equações de equilíbrio. Citam-se como aplicações possíveis a determinação de: reações de apoio em estruturas isostáticas; relações de dependência entre reações de apoio em estruturas hiperestáticas; configuração de equilíbrio de sistemas articulados de barras rígidas (mecanismos); e a resolução de estruturas pelo método dos deslocamentos.

É de particular relevância a aplicação que conduz à resolução de estruturas isostáticas ou hiperestáticas pelo método dos deslocamentos, cujas equações básicas são equações de equilíbrio, denominadas equações reduzidas de equilíbrio. No caso de estruturas reticuladas com carregamentos nodais, elas podem ser apresentadas na forma:

$$\{\boldsymbol{R}\} = [\boldsymbol{K}]\{\boldsymbol{U}\} \tag{2.11}$$

onde $[\boldsymbol{K}]$ é a matriz de rigidez da estrutura.

O estabelecimento dessas equações pode ser conduzido de várias maneiras, conforme as leituras feitas do teorema dos deslocamentos virtuais ou de seu recíproco. A seguir, apresenta-se aquela que se considera a mais simples e a mais empregada na literatura.

Inicialmente, estabelece-se um conjunto de soluções compatíveis que contêm a solução real. Isso é realizado introduzindo-se n vínculos, internos ou externos, que transformam a estrutura reticulada original numa estrutura bloqueada que pode ser interpretada como uma associação de vigas simples hiperestáticas. Os "recalques de apoio" e as "reações" correspondentes aos vínculos introduzidos são representados por $\{\boldsymbol{U}\}^T = \{U_1, ..., U_n\}$ e por $\{\boldsymbol{R}\}^T = \{R_1, ..., R_n\}$, respectivamente.

As soluções compatíveis são obtidas a partir das soluções correspondentes à estrutura bloqueada submetida aos recalques de apoio caracterizados por $\{\boldsymbol{U}\}$. A cada conjunto de valores $\{\boldsymbol{U}\}$ corresponderá um conjunto de reações

$\{\boldsymbol{R}\}$ de uma solução compatível da estrutura real ou da solução compatível e equilibrada da estrutura bloqueada.

Elegem-se n campos de deslocamentos virtuais, convenientemente definidos na estrutura bloqueada por $\delta U_i = 1$ com $(i = 1$ a $n)$ e $\delta U_j = 0$ com $(j = 1$ a n e $j \neq i)$. Para cada campo de deslocamentos virtuais, aplica-se o teorema dos deslocamentos virtuais na estrutura bloqueada e impõe-se que os esforços R_i sejam iguais aos esforços efetivamente aplicados na estrutura original.

As equações resultantes são as equações reduzidas de equilíbrio que, uma vez resolvidas, fornecem a solução do problema. Portanto,

> *Entre todas as soluções compatíveis, aquela que também for equilibrada será a solução real do problema.*

Esta é a base conceitual do método dos deslocamentos.

Apresentam-se, a seguir, exemplos resolvidos pela aplicação do procedimento apresentado.

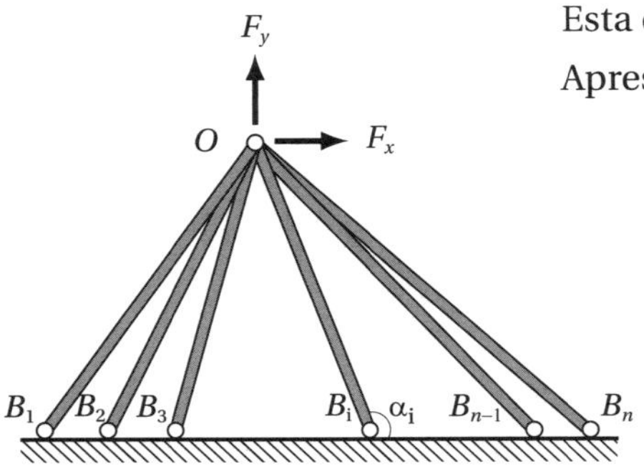

FIG. 2.2 Treliça hiperestática

Exemplo **2.1**

Analisar a treliça da Fig. 2.2 pelo método dos deslocamentos. A barra genérica i tem comprimento ℓ_i, área de seção transversal A_i, módulo de elasticidade E_i e faz com a horizontal um ângulo α_i. A cada barra corresponde um coeficiente de rigidez axial, dado por $k_i = \dfrac{E_i A_i}{\ell_i}$.

Em 1862, Alfred Clebsch (1833-1872) publicou o livro *Theorie der Elasticität fester Körper* (apud Timoshenko, 1983). No último artigo do livro, Clebsch apresenta, pela primeira vez, uma formulação em que as incógnitas de um problema estrutural são os deslocamentos nodais, ou seja, uma formulação do método dos deslocamentos.

Clebsch apresentou essa formulação em dois problemas simples: uma viga reforçada por um sistema de três barras e uma treliça como na Fig. 2.2. Este último caso tornou-se um exemplo clássico na introdução à resolução de estruturas reticuladas pelo método dos deslocamentos.

Solução

1. SOLUÇÕES COMPATÍVEIS

O conjunto de soluções compatíveis fica definido pelo par (U_1, U_2) correspondente aos deslocamentos dos dois vínculos introduzidos, que transformam a estrutura original na estrutura bloqueada, conforme mostra a Fig. 2.3.

Os esforços externos reativos, H_i, V_i, R_1, R_2, as forças normais, N_i, e os alongamentos das barras, $\Delta\ell_i$, na treliça bloqueada podem ser expressos em função dos deslocamentos U_1 e U_2 do ponto O.

Ao observar-se a Fig. 2.4, pode-se estabelecer o alongamento da barra genérica i:

$$\Delta \ell_i = U_1 \cos \alpha_i + U_2 \operatorname{sen} \alpha_i$$

e, portanto, a força normal da barra i é dada por:

$$N_i = \frac{E_i A_i}{\ell_i} \Delta \ell_i = k_i (U_1 \cos \alpha_i + U_2 \operatorname{sen} \alpha_i)$$

Ressalta-se que U_1 e U_2 definem univocamente os alongamentos e as forças normais. Assim, a cada par de valores (U_1, U_2) corresponde uma solução compatível na treliça hiperestática, e uma solução compatível e equilibrada na estrutura bloqueada.

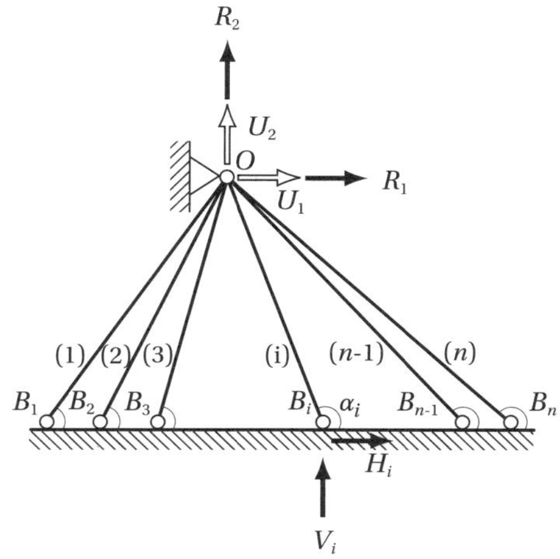

FIG. 2.3 Treliça bloqueada

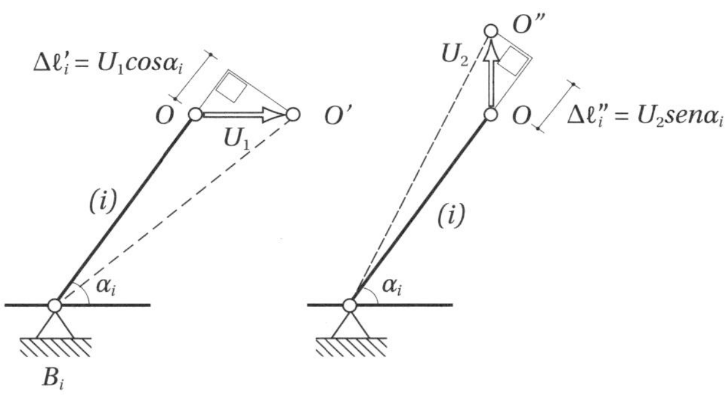

FIG. 2.4 Alongamento na barra genérica i devido a U_1 e U_2

2. PRIMEIRA EQUAÇÃO DE EQUILÍBRIO $R_1 = F_x$

Apresentam-se na Fig. 2.5 os deslocamentos virtuais $(\delta U_1 = 1, \delta U_2 = 0)$ na estrutura bloqueada, necessários para estabelecer a primeira equação de equilíbrio $R_1 = F_x$.

Ao observar-se as Figs. 2.4 e 2.5, pode-se determinar o alongamento virtual da barra genérica i:

$$\delta \Delta \ell_i = \cos \alpha_i \, \delta U_1 = \cos \alpha_i$$

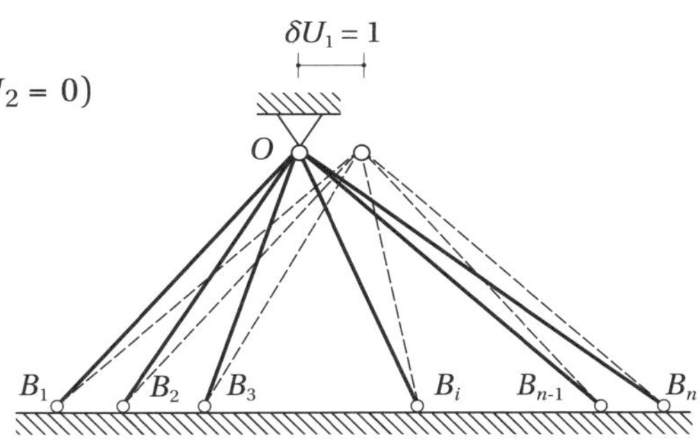

FIG. 2.5 Estrutura bloqueada submetida ao recalque de apoio $\delta U_1 = 1$

Ao considerar-se os esforços da estrutura bloqueada e os deslocamentos virtuais que resultam da análise da estrutura da Fig. 2.5, calculam-se:

$$\delta \mathcal{T}_e = R_1 \delta U_1 = R_1$$

e

$$\delta \mathcal{T}_i = \sum_{i=1}^{n} \int_0^{\ell_i} N_i \delta u_i' \, dx = \sum_{i=1}^{n} \int_0^{\ell_i} N_i \frac{\delta \Delta \ell_i}{\ell_i} dx = \sum_{i=1}^{n} N_i \delta \Delta \ell_i$$

$$\delta \mathcal{T}_i = \sum_{i=1}^{n} k_i (U_1 \cos \alpha_i + U_2 \operatorname{sen} \alpha_i) \cos \alpha_i$$

Assim, com base no teorema dos deslocamentos virtuais, $\delta\mathcal{T}_i = \delta\mathcal{T}_e$, obtém-se:

$$\left(\sum_{i=1}^{n} k_i \cos^2 \alpha_i\right) U_1 + \left(\sum_{i=1}^{n} k_i \cos\alpha_i \operatorname{sen}\alpha_i\right) U_2 = R_1$$

Para se obter a primeira equação de equilíbrio reduzida, impõe-se na equação anterior, $R_1 = F_x$ ou seja:

$$\left(\sum_{i=1}^{n} k_i \cos^2 \alpha_i\right) U_1 + \left(\sum_{i=1}^{n} k_i \cos\alpha_i \operatorname{sen}\alpha_i\right) U_2 = F_x$$

Observa-se que essa é a equação de equilíbrio das forças que atuam no nó O, projetadas na direção de F_x, escrita em função dos deslocamentos U_1 e U_2.

3. Segunda equação de equilíbrio

Na Fig.2.6, apresentam-se os deslocamentos virtuais ($\delta U_1 = 0$, $\delta U_2 = 1$) na estrutura bloqueada, necessários para estabelecer a segunda equação de equilíbrio $R_2 = F_y$.

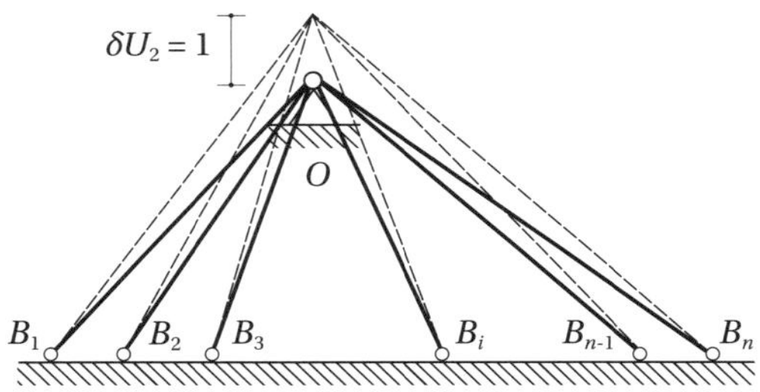

Fig. 2.6 Estrutura bloqueada submetida ao recalque de apoio $\delta U_2 = 1$

Pelas Figs. 2.4 e 2.6, pode-se estabelecer o alongamento virtual da barra genérica i:

$$\delta\Delta_i = \operatorname{sen}\alpha_i \delta U_2$$

Considerando-se os esforços da estrutura bloqueada e os deslocamentos virtuais que resultam da análise da estrutura da Fig. 2.6, calculam-se:

$$\delta\mathcal{T}_e = R_2 \delta U_2 = R_2$$

e

$$\delta\mathcal{T}_i = \sum_{i=1}^{n} \int_0^{\ell_i} N_i \delta u_i' dx = \sum_{i=1}^{n} N_i \delta\Delta\ell_i$$

$$\delta\mathcal{T}_i = \sum_{i=1}^{n} k_i (U_1 \cos\alpha_i + U_2 \operatorname{sen}\alpha_i) \operatorname{sen}\alpha_i$$

Assim, com base no teorema dos deslocamentos virtuais, $\delta\mathcal{T}_i = \delta\mathcal{T}_e$ obtém-se:

$$\left(\sum_{i=1}^{n} k_i \cos\alpha_i \operatorname{sen}\alpha_i\right) U_1 + \left(\sum_{i=1}^{n} k_i \operatorname{sen}^2 \alpha_i\right) U_2 = R_2$$

Para se obter a segunda equação de equilíbrio reduzida, impõe-se na equação anterior, $R_2 = F_y$, ou seja:

$$\left(\sum_{i=1}^{n} k_i \cos\alpha_i \operatorname{sen}\alpha_i\right) U_1 + \left(\sum_{i=1}^{n} k_i \operatorname{sen}^2 \alpha_i\right) U_2 = F_y$$

Observa-se que essa é a equação de equilíbrio das forças que atuam no nó O, projetadas na direção de F_y, escrita em função dos deslocamentos U_1 e U_2.

4. SOLUÇÃO REAL

Assim, entre todas as soluções compatíveis obtidas ao atribuir-se distintos valores ao par (U_1, U_2), será a solução real aquela que satisfizer às duas equações reduzidas de equilíbrio, que podem ser postas na forma matricial:

$$\begin{bmatrix} K_{11} & K_{12} \\ K_{21} & K_{22} \end{bmatrix} \begin{bmatrix} U_1 \\ U_2 \end{bmatrix} = \begin{bmatrix} R_1 \\ R_2 \end{bmatrix}$$

onde:

$K_{11} = \sum_{i=1}^{n} k_i \cos^2 \alpha_i \quad K_{12} = K_{21} = \sum_{i=1}^{n} k_i \cos \alpha_i \operatorname{sen} \alpha_i \quad K_{22} = \sum_{i=1}^{n} k_i \operatorname{sen}^2 \alpha_i$

$R_1 = F_x \quad R_2 = F_y$

Nota-se que a matriz de rigidez $[\boldsymbol{K}]$ é sempre simétrica. Essa afirmação pode ser verificada pela aplicação do teorema da reciprocidade de Betti--Maxwell.

A solução das equações reduzidas de equilíbrio conduz aos valores de U_1 e U_2, o que permite obter quaisquer outras informações em tensões, deformações e deslocamentos na treliça hiperestática.

É importante observar que as equações de equilíbrio estabelecidas são aquelas das forças que atuam no nó O. Todas as demais condições de equilíbrio são intrinsecamente satisfeitas e, por esse motivo, essas equações são chamadas de equações reduzidas de equilíbrio.

Observa-se que nada mudaria nesse procedimento se a treliça fosse constituída de duas barras apenas e, portanto, isostática. O método aplica-se às estruturas isostáticas e hiperestáticas.

Exemplo **2.2**

Obter a distribuição de momentos fletores na estrutura formada por barras prismáticas concorrentes em um nó comum A, em que se aplica momento externo (Fig. 2.7). As barras são prismáticas, engastadas ou apoiadas nas suas extremidades B_k, e têm comprimento ℓ_k, momento de inércia I_k e módulo de elasticidade E_k. Admite-se que as barras sejam inextensíveis.

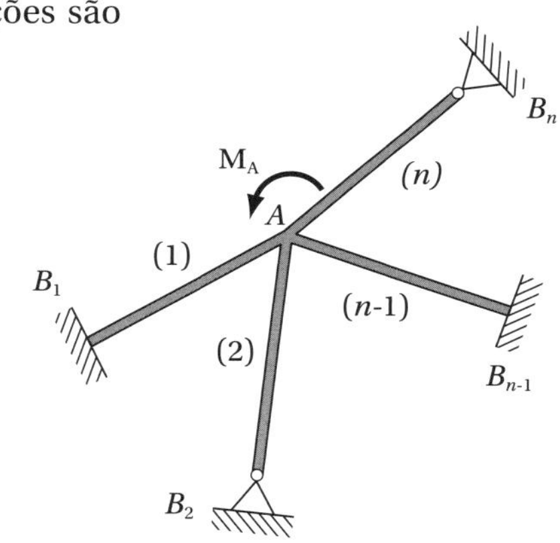

FIG. 2.7 O problema fundamental do método de Cross

O problema enunciado, denominado problema fundamental, é um ponto de partida para o método de Cross, ou método da distribuição de momentos, proposto por Hardy Cross (1885-1959) em *Transactions of ASCE*, v. 96 (Cross, 1932).

Esse método propicia a resolução de estruturas reticuladas (vigas contínuas, pórticos planos, grelhas) pelo método dos deslocamentos com engenhosa resolução de caráter físico das equações reduzidas de equilíbrio para estruturas indeslocáveis ou tornadas indeslocáveis (nesses casos, as extremidades das barras não apresentam deslocamentos lineares).

Nessas estruturas, as incógnitas das equações reduzidas de equilíbrio são apenas rotações e a engenhosa resolução mencionada corresponde à solução numérica de um sistema de equações algébricas lineares pelo método da relaxação.

A resolução de estruturas deslocáveis pelo método de Cross é possível ao aplicar-se a superposição de efeitos nas estruturas tornadas indeslocáveis, inicialmente submetidas às ações externas e, em seguida, aos recalques de apoio nos vínculos introduzidos para tornar a estrutura indeslocável.

Solução

A hipótese de barras inextensíveis, que é central no método de Cross, garante que o ponto A não sofre deslocamentos lineares. Assim, para a análise pelo método dos deslocamentos, a única incógnita do problema é a rotação em A.

Consideram-se conhecidos os resultados das análises das vigas simples hiperestáticas submetidas a carregamentos externos e recalques de apoio, o que é próprio do método dos deslocamentos.

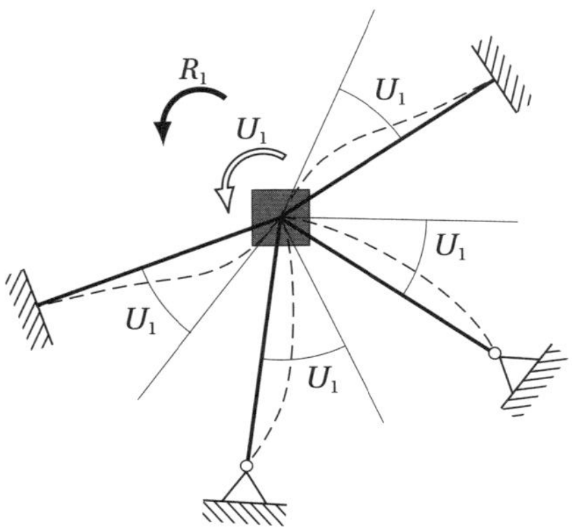

FIG. 2.8 Soluções compatíveis

1. SOLUÇÕES COMPATÍVEIS

O conjunto de todas as soluções compatíveis fica definido pela variável U_1, que é a rotação no nó A da estrutura. Como as barras são inextensíveis, basta introduzir um vínculo que impeça a rotação em A para obter a estrutura bloqueada. Assim, a cada valor de "recalque" U_1 fica associada uma solução compatível (Fig. 2.8).

A distribuição de momentos fletores é indicada na Fig. 2.9 para as barras i e j, com extremidade B_i engastada ou B_j articulada e submetidas a recalque angular de apoio $U_1 = 1$, em A.

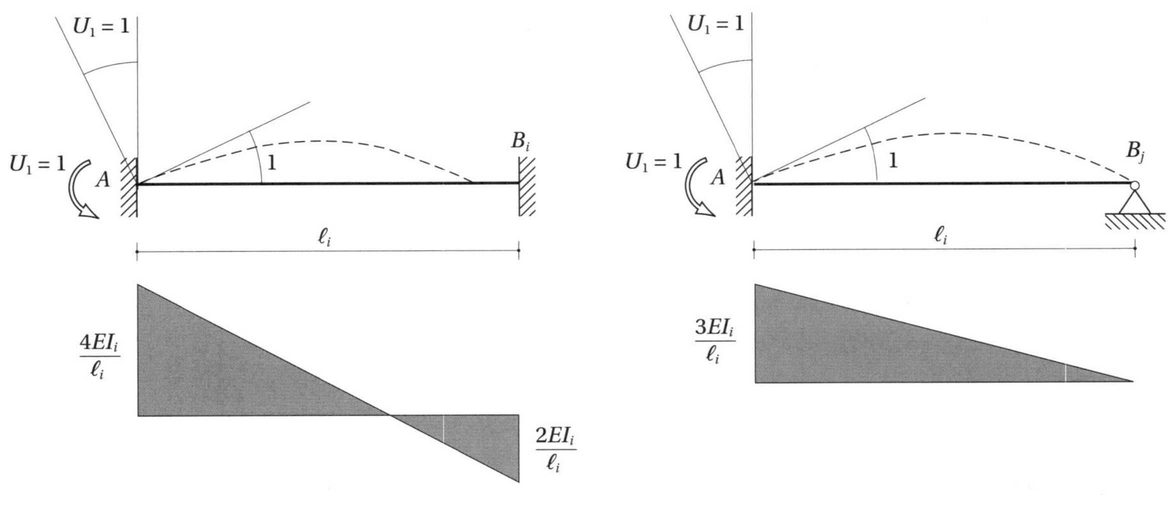

FIG. 2.9 Vigas simples hiperestáticas submetidas a recalque angular de apoio

Apresenta-se na Fig. 2.10 o deslocamento virtual δU_1 na estrutura bloqueada, arbitrariamente escolhido com valor unitário, necessário para estabelecer a equação de equilíbrio $R_1 = M_A$.

A distribuição das deformações $\delta w''$ é facilmente obtida a partir da distribuição de momentos virtuais δM, pois $(-\delta w'') = \dfrac{\delta M}{EI}$, e está está representada na Fig. 2.11.

Ao considerar-se os esforços da estrutur abloqueada e os deslocamentos virtuais que resultam da análise da estrutura, conforme indicam as Figs. 2.10 e 2.11, pode-se escrever:

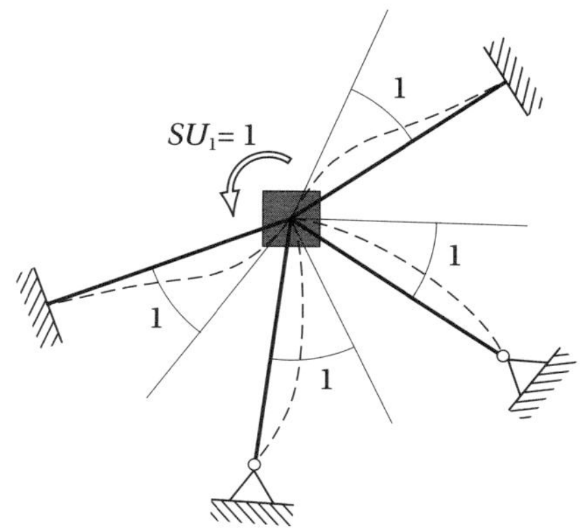

FIG. 2.10 Deslocamentos virtuais

$$\delta\mathcal{T}_e = R_1 \delta U_1 = R_1$$

e

$$\delta\mathcal{T}_i = \int_{\text{estr}} M(-\delta w'')\,ds = \sum_{i=1}^{n_e} \int_0^{\ell_i} M_i(-\delta w_i'')\,dx + \sum_{j=1}^{n_a} \int_0^{\ell_j} M_j\left(-\delta w_j''\right) dx$$

ou, efetuando-se as integrais:

$$\delta\mathcal{T}_i = \sum_{i=1}^{n_e} \frac{4EI_i}{\ell_i} U_1 + \sum_{j=1}^{n_a} \frac{3EI_j}{\ell_j} U_1 = \left(\sum_{i=1}^{n_e} k_{e_i} + \sum_{j=1}^{n_a} k_{a_j} \right) U_1 = K_{11} U_1$$

onde:

$ke_i = \dfrac{4EI_i}{\ell_i}$ é o coeficiente de rigidez à rotação na extremidade A da barra engastada em B_i;

$ka_j = \dfrac{3EI_j}{\ell_j}$ é o coeficiente de rigidez à rotação na extremidade A da barra apoiada em B_j;

$K_{11} = \sum_{i=1}^{ne} ke_i + \sum_{j=1}^{na} ka_j$ é o coeficiente de rigidez à rotação do nó A;

n_e e n_a são os números de barras engastadas e articuladas, respectivamente.

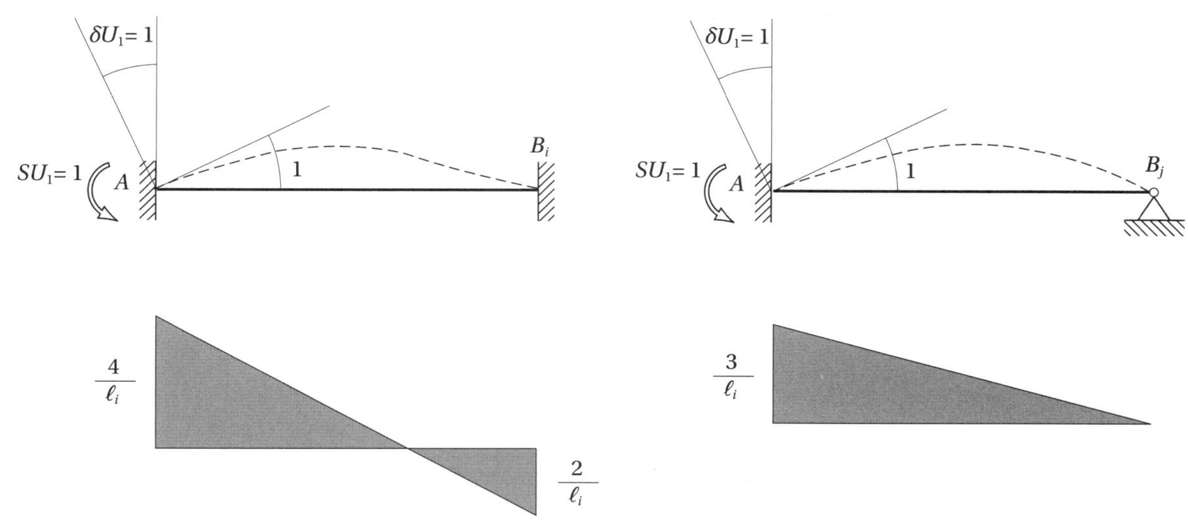

FIG. 2.11 Distribuição das deformações virtuais $(-\delta w'')$ para $\delta U_1 = 1$

Assim, com base no teorema dos deslocamentos virtuais, $\delta\mathcal{T}_i = \delta\mathcal{T}_e$ com $\delta U_1 = 1$, obtém-se:

$$K_{11}\, U_1 = R_1$$

Observa-se que essa é a equação de equilíbrio de momentos que atuam no ponto A, estabelecida em função da rotação U_1.

3. Solução real

Assim, entre todas as soluções compatíveis obtidas ao atribuir distintos valores a U_1, será a solução real do problema aquela que satisfizer à equação reduzida de equilíbrio $R_1 = M_A$, ou seja:

$$K_{11} U_1 = M_A$$

o que conduz a $U_1 = \dfrac{M_A}{K_{11}}$.

Observa-se que a determinação de U_1 resolve o problema e permite obter a distribuição de momentos fletores da solução real, conforme se mostra na Fig. 2.12 para a estrutura e para as barras genéricas com extremidades engastadas e articuladas.

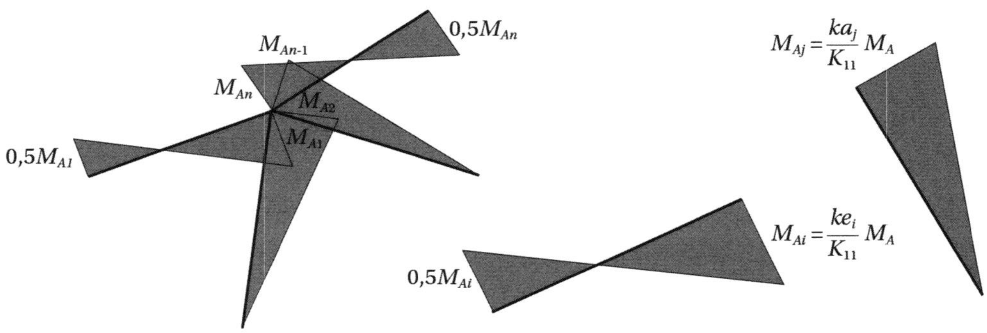

Fig. 2.12 **Momentos fletores da solução real**

O momento externo M_A é equilibrado por momentos aplicados pelas barras ao nó A com $M_{A_i} = \dfrac{ke_i}{K_{11}} M_A$ e $M_{A_j} = \dfrac{ka_j}{K_{11}} M_A$. Na aplicação do Método de Cross, diz-se que M_A se distribui para as barras de maneira proporcional à sua rigidez relativa à rotação do nó A, $\mu_{ei} = \dfrac{ke_i}{K_{11}}$ ou $\mu_{aj} = \dfrac{ka_j}{K_{11}}$; os coeficientes μ_{ei} e μ_{aj} são apropriadamente denominados coeficientes de distribuição.

Obtêm-se os momentos nas extremidades B_i e B_j com as expressões

$$M_{B_i} = \alpha_{AB_i} M_{A_i}$$

e

$$M_{B_j} = \alpha_{AB_j} M_{A_j}$$

onde α_{AB_i} e α_{AB_j} são chamados de coeficientes de transmissão, com valores iguais a 0,5 e 0 para barras prismáticas, conforme a extremidade B_k seja engastada ou articulada, respectivamente.

2.1.4 Método dos deslocamentos derivado do teorema dos deslocamentos virtuais

Os exemplos da treliça hiperestática e do problema fundamental de Cross serviram para ilustrar a aplicação do teorema dos deslocamentos virtuais na resolução de estruturas reticuladas pelo método dos deslocamentos.

O procedimento adotado pode ser estendido a outros tipos de estruturas e assim resumido:

- definir as soluções compatíveis em função de um número finito n de deslocamentos nodais, que constituem as incógnitas do problema;
- escolher n campos de deslocamentos virtuais com $\delta U_k = 1$ para $(k = 1 \text{ a } n)$ e $\delta U_j = 0$ para $(j = 1 \text{ a } n)$ e $(j \neq k)$;
- pela aplicação do teorema dos deslocamentos virtuais, estabelecer tantas equações de equilíbrio, chamadas de equações reduzidas de equilíbrio, quantas forem as incógnitas do problema;
- determinar os deslocamentos incógnitos pela resolução das equações reduzidas de equilíbrio que se apresentam na forma geral

$$[\boldsymbol{K}]\,\{\boldsymbol{U}\} = \{\boldsymbol{R}\}$$

onde:

$[\boldsymbol{K}]$ é a matriz de rigidez da estrutura;

$\{\boldsymbol{U}\}$ é o vetor dos deslocamentos incógnitos;

$\{\boldsymbol{R}\}$ é o vetor dos esforços externos aplicados aos nós.

No caso de esforços externos aplicados fora dos nós, as equações reduzidas de equilíbrio tomam a forma:

$$[\boldsymbol{K}]\,\{\boldsymbol{U}\} + \{\boldsymbol{R_0}\} = \{\boldsymbol{R}\}$$

onde $\{\boldsymbol{R_0}\}$ é o vetor das forças nodais equivalentes ao carregamento externo aplicado às barras.

A sistematização desse método na análise de estruturas reticuladas realiza-se da mesma forma como se faz usualmente em análise matricial de estruturas. A diferença está somente no modo como se estabelecem as equações reduzidas de equilíbrio. Aqui foram obtidas pela aplicação do teorema dos deslocamentos virtuais, com grandezas escalares – trabalhos virtuais –, enquanto na análise matricial são usualmente obtidas diretamente, com grandezas vetoriais – deslocamentos e esforços.

Pode-se aplicar também o teorema dos deslocamentos virtuais para estabelecer o método dos deslocamentos na análise de outros modelos estruturais. Entretanto, nem sempre é possível definir todas as soluções compatíveis. Nesse caso, busca-se uma solução aproximada num conjunto de soluções compatíveis, que pode ou não conter a solução real, satisfazendo também às equações de equilíbrio. Esse é o procedimento adotado quando se faz, por exemplo, a análise de chapas pelo método dos elementos finitos.

2.2 Teorema dos esforços virtuais

2.2.1 Na teoria da elasticidade

Considere um sólido deformável em equilíbrio estático, conforme se indica na Fig. 2.1, sujeito à ação de forças de volume $\boldsymbol{f}^B$, definidas em V, e de forças de superfície $\boldsymbol{f}^s$, especificadas em uma parte S_f de S. Na parte restante, S_u de S, são impostos os deslocamentos.

Neste texto, define-se o campo de tensões virtuais $\delta\boldsymbol{\sigma}$ como qualquer campo de tensões estaticamente admissíveis que equilibram forças de volume, $\delta\boldsymbol{f}^B$, arbitrárias em V, e de forças de superfície, $\delta\boldsymbol{f}^s$, arbitrárias em S_f; ou seja, esse campo é tal que, se $\boldsymbol{\sigma}$ é o campo de tensões reais que equilibram forças de volume $\boldsymbol{f}^B$, em V, e forças de superfície $\boldsymbol{f}^s$, em S_f, então o campo de tensões $\boldsymbol{\sigma}+\delta\boldsymbol{\sigma}$ é estaticamente admissível, equilibrando forças de volume $\boldsymbol{f}^B+\delta\boldsymbol{f}^B$, em V, e forças de superfície $\boldsymbol{f}^s+\delta\boldsymbol{f}^s$, em S_f. Nessas condições, pode-se escrever:

$$
\left.
\begin{aligned}
&\frac{\partial\delta\sigma_{xx}}{\partial x}+\frac{\partial\delta\sigma_{xy}}{\partial y}+\frac{\partial\delta\sigma_{xz}}{\partial z}+\delta f_x^B=0\\
&\frac{\partial\delta\sigma_{yx}}{\partial x}+\frac{\partial\delta\sigma_{yy}}{\partial y}+\frac{\partial\delta\sigma_{yz}}{\partial z}+\delta f_y^B=0\\
&\frac{\partial\delta\sigma_{zx}}{\partial x}+\frac{\partial\delta\sigma_{zy}}{\partial y}+\frac{\partial\delta\sigma_{zz}}{\partial z}+\delta f_z^B=0
\end{aligned}
\right\}\quad \text{em V} \tag{2.12}
$$

e

$$
\left.
\begin{aligned}
&\delta\sigma_{xx}n_x+\delta\sigma_{xy}n_y+\delta\sigma_{xz}n_z=\delta f_x^s\\
&\delta\sigma_{yx}n_x+\delta\sigma_{yy}n_y+\delta\sigma_{yz}n_z=\delta f_y^s\\
&\delta\sigma_{zx}n_x+\delta\sigma_{zy}n_y+\delta\sigma_{zz}n_z=\delta f_z^s
\end{aligned}
\right\}\quad \text{em } S_f \tag{2.13}
$$

Considere agora o campo de deformações $\boldsymbol{\varepsilon}$, gerado pelo campo de deslocamentos $\boldsymbol{u}$ correspondente a uma solução compatível do problema, que poder ser a própria solução real.

O teorema do trabalho permite afirmar que

$$
\underbrace{\int_V \{\delta\boldsymbol{\sigma}\}^T\{\boldsymbol{\varepsilon}\}\,dV}_{\delta\mathcal{T}_i^*}=\underbrace{\int_V \{\delta\boldsymbol{f}^B\}^T\{\boldsymbol{u}\}\,dV+\int_S \{\delta\boldsymbol{f}^s\}^T\{\boldsymbol{u}\}\,dS}_{\delta\mathcal{T}_e^*} \tag{2.14}
$$

que é a expressão generalizada do teorema dos esforços virtuais.

Uma forma restrita desse teorema é obtida ao considerar-se, na definição anterior, que o campo de tensões $\boldsymbol{\sigma}+\delta\boldsymbol{\sigma}$ equilibra forças de volume $\boldsymbol{f}^B$, em V, e forças de superfície $\boldsymbol{f}^s$, em S_f. Nessas condições, tem-se $\delta\boldsymbol{f}^B=\boldsymbol{0}$, em V, e $\delta\boldsymbol{f}^s=\boldsymbol{0}$, em S_f, e a Eq. (2.14) toma a forma:

$$
\underbrace{\int_V \{\delta\boldsymbol{\sigma}\}^T\{\boldsymbol{\varepsilon}\}\,dV}_{\delta\mathcal{T}_i^*}=\underbrace{\int_{S_u} \{\delta\boldsymbol{f}^s\}^T\{\boldsymbol{u}\}\,dS}_{\delta\mathcal{T}_e^*} \tag{2.15}
$$

que é a expressão restrita e a mais usual do teorema dos esforços virtuais.

Para qualquer das expressões, (2.14) ou (2.15), o teorema dos esforços virtuais pode ser assim enunciado:

> *Se os campos de deformações e de deslocamentos em um sólido deformável corresponderem a uma solução compatível, então o trabalho virtual complementar interno, $\delta\mathcal{T}_i^*$, será igual ao trabalho virtual complementar externo, $\delta\mathcal{T}_e^*$, para qualquer campo de tensões virtuais.*

Pode-se demonstrar que o teorema recíproco é verdadeiro, ou seja:

> *Se, em um sólido deformável, o trabalho virtual complementar interno, $\delta\mathcal{T}_i^*$, for igual ao trabalho virtual complementar externo, $\delta\mathcal{T}_e^*$, para qualquer campo de tensões virtuais, então os campos de deformações e de deslocamentos corresponderão a uma solução compatível.*

A igualdade estabelecida é uma condição necessária e suficiente para a compatibilidade, o que pode ser representado de forma esquemática por:

$$\text{compatibilidade} \quad \Leftrightarrow \quad \delta\mathcal{T}_i^* = \delta\mathcal{T}_e^* \qquad \forall\, \delta\boldsymbol{\sigma}$$

2.2.2 Teorema dos esforços virtuais para estruturas reticuladas

De uma maneira simples e muito conveniente, definem-se esforços virtuais em estruturas reticuladas como quaisquer esforços estaticamente admissíveis.

Considera-se que a esforços externos ativos virtuais, caracterizados por carregamentos contínuos, δq_x e δq_z, e concentrados, δP_i, correspondam esforços externos reativos, δR_i, e esforços solicitantes, δM, δN e δT. Em uma estrutura isostática, é muito simples gerar um campo de esforços estaticamente admissíveis: basta aplicar a ela esforços ativos virtuais e determinar os correspondentes esforços reativos e solicitantes virtuais, impondo as condições de equilíbrio. Em uma estrutura hiperestática, pode-se, convenientemente, proceder de forma semelhante, e escolher, antes de tudo, uma estrutura isostática fundamental derivada da estrutura hiperestática pela supressão arbitrária de vínculos externos ou internos. Como exemplos, apresentam-se na Fig. 2.13 esforços virtuais externos em uma viga engastada e em uma viga biengastada.

Considere agora uma estrutura reticulada plana, solicitada por esforços externos, e sejam as funções diferenciáveis $u(x)$, $w(x)$ e $w'(x)$, que definem os deslocamentos dos pontos do eixo da barra e satisfazem às condições especificadas de vínculos, $\hat{D}_i$, correspondentes a uma solução compatível do problema estrutural, que pode ser a própria solução real da teoria elementar de barra de Bernoulli-Euler.

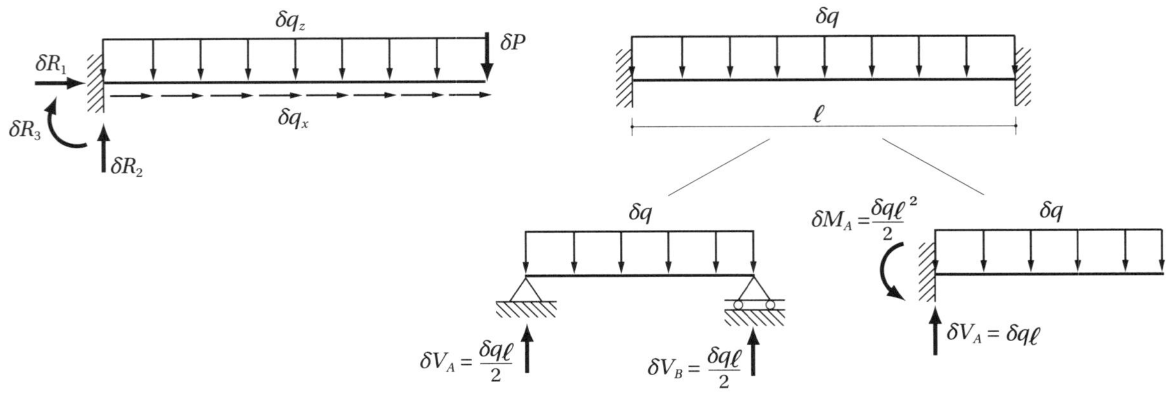

FIG. 2.13 Esforços virtuais externos em vigas engastada e biengastada

Nessas condições, o teorema do trabalho permite escrever a expressão do teorema dos esforços virtuais para estruturas reticuladas planas na forma generalizada:

$$\underbrace{\int_{\text{estr}} \delta N u' ds + \int_{\text{estr}} \delta M_y (-w'') ds}_{\delta \mathcal{T}_i^*} = \underbrace{\int_{\text{estr}} \delta q_x u ds + \int_{\text{estr}} \delta q_z w ds + \sum_i \delta P_i U_i + \sum_j \delta R_j \hat{D}_j}_{\delta \mathcal{T}_e^*} \tag{2.16}$$

onde U_i é o deslocamento no ponto de aplicação e na direção da força ativa virtual δP_i e, $\hat{D}_j$ é o deslocamento no ponto de aplicação e na direção da reação virtual δR_j.

Na forma restrita, quando se consideram como esforços virtuais externos apenas as reações virtuais δR_i, o teorema do trabalho apresenta-se na forma:

$$\underbrace{\int_{\text{estr}} \delta N u' ds + \int_{\text{estr}} \delta M_y (-w'') ds}_{\delta \mathcal{T}_i^*} = \underbrace{\sum_j \delta R_j \hat{D}_j}_{\delta \mathcal{T}_e^*} \tag{2.17}$$

As Eqs. (2.16) e (2.17) caracterizam matematicamente as formas generalizada e restrita do teorema dos esforços virtuais para estruturas reticuladas planas, que pode ser enunciado da seguinte forma:

> *Se o campo de deslocamentos em uma estrutura corresponder a uma solução compatível, então o trabalho virtual complementar interno, $\delta \mathcal{T}_i^*$, será igual ao trabalho virtual complementar externo, $\delta \mathcal{T}_e^*$, para quaisquer esforços virtuais.*

No caso de estrutura elástica linear não submetida a variação de temperatura, valem as relações

$$u' = \frac{N}{EA} \qquad w'' = -\frac{M_y}{EI_y} \tag{2.18}$$

e pode-se escrever

$$\delta \mathcal{T}_i^* = \int\limits_{\text{estr}} \delta N \frac{N}{EA} ds + \int\limits_{\text{estr}} \delta M_y \frac{M_y}{EI_y} ds \tag{2.19}$$

onde N e M_y são as distribuições de esforços solicitantes correspondentes a uma solução compatível, que pode ser a própria solução real.

No caso de estrutura reticulada no espaço, estendem-se as considerações estabelecidas para a estrutura reticulada no plano. A expressão do trabalho virtual complementar interno é dada, então, por

$$\delta \mathcal{T}_i^* = \int\limits_{\text{estr}} \delta N u' ds + \int\limits_{\text{estr}} \delta M_y (-w'') ds + \int\limits_{\text{estr}} \delta M_z v'' ds + \int\limits_{\text{estr}} \delta T \theta' ds \tag{2.20}$$

ou, ao considerar-se a estrutura elástica linear não submetida a variação de temperatura,

$$\delta \mathcal{T}_i^* = \int\limits_{\text{estr}} \delta N \frac{N}{EA} ds + \int\limits_{\text{estr}} \delta M_y \frac{M_y}{EI_y} ds + \int\limits_{\text{estr}} \delta M_z \frac{M_z}{EI_z} ds + \int\limits_{\text{estr}} \delta T \frac{T}{GI_T} ds \tag{2.21}$$

Como no caso do teorema dos deslocamentos virtuais, interpretações acuradas e convenientes do teorema dos esforços virtuais propiciam diversas aplicações na análise de estruturas. No caso de estruturas reticuladas, apresenta especial interesse a sua utilização no cálculo de deslocamentos em estruturas isostáticas, na resolução de estruturas hiperestáticas pelo método dos esforços e no cálculo dos deslocamentos em estruturas hiperestáticas.

Essas aplicações são apresentadas com as expressões generalizadas do teorema dos esforços virtuais e ilustradas por exemplos conceituais e exercícios nos Caps. 3 a 6. Os exemplos conceituais em vigas simples têm como objetivo ilustrar as ideias apresentadas de modo bem simples. Os outros exemplos que se seguem têm como objetivo desenvolver a técnica de análise para as diversas aplicações.

3 Cálculo de deslocamento em estruturas isostáticas

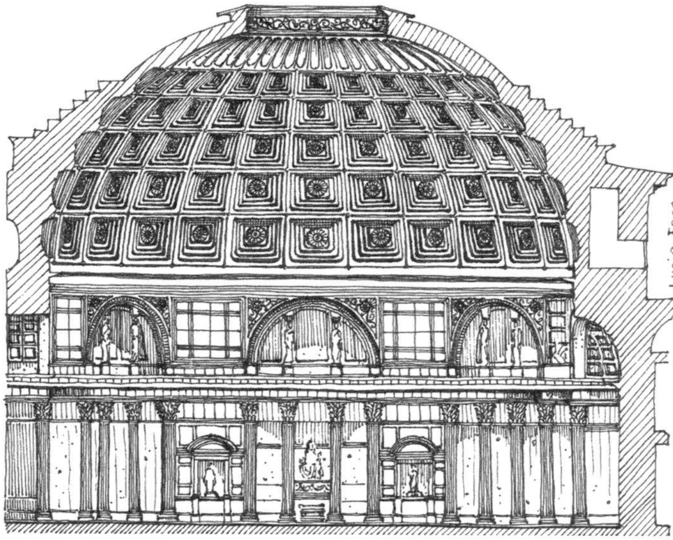

Panteon de Roma *(118 DC - 125 DC)*

sistema estrutural: **cúpula**

A ideia básica para o cálculo de deslocamentos em estruturas isostáticas pela aplicação do teorema dos esforços virtuais é muito simples e de fácil aplicação. Basta considerar o teorema na forma generalizada e eleger como deslocamentos cinematicamente admissíveis os correspondentes à solução real e, como esforços virtuais, os resultantes da aplicação de um esforço virtual externo ativo, δE_j, em geral unitário, tal que a parcela do trabalho virtual externo, $\delta \mathcal{T}_e^*$, decorrente de δE_j, seja igual a $\delta E_j U_j$, onde U_j é o deslocamento que se deseja calcular, ou seja, δE_j é energeticamente conjugado ao deslocamento que se quer calcular, U_j. Evidentemente, outras parcelas poderão contribuir para $\delta \mathcal{T}_e^*$ caso haja recalques de apoio, conforme se verá adiante. Como, em geral, δE_j é unitário, o procedimento descrito tem a denominação de método da carga unitária para a determinação de deslocamentos.

Nessas condições, da igualdade $\delta \mathcal{T}_e^* = \delta \mathcal{T}_i^*$ resultará o valor do deslocamento U_j que se deseja calcular.

Em vista do exposto e com base em (2.16), é conveniente expressar a equação geral para o cálculo de deslocamento em estrutura reticulada plana por:

$$\delta \mathcal{T}_e^* = \underbrace{\int_{\text{estr}} \delta N \, u' \, ds + \int_{\text{estr}} \delta M_y \left(-w''\right) ds}_{\delta \mathcal{T}_i^*} \tag{3.1}$$

e a expressão geral para o cálculo de deslocamento em estrutura reticulada no espaço por:

$$\delta\mathcal{T}_e^* = \underbrace{\int_{\text{estr}} \delta N\, u'\, ds + \int_{\text{estr}} \delta M_y \left(-w''\right) ds + \int_{\text{estr}} \delta M_z\, v''\, ds + \int_{\text{estr}} \delta T\, \theta'\, ds}_{\delta\mathcal{T}_i^*} \tag{3.2}$$

Para a estrutura elástica linear não submetida a variação térmica, as expressões (3.1) e (3.2) tomam as formas:

$$\delta\mathcal{T}_e^* = \underbrace{\int_{\text{estr}} \delta N \frac{N}{EA}\, ds + \int_{\text{estr}} \delta M_y \frac{M_y}{EI_y}\, ds}_{\delta\mathcal{T}_i^*} \tag{3.3}$$

e

$$\delta\mathcal{T}_e^* = \underbrace{\int_{\text{estr}} \delta N \frac{N}{EA}\, ds + \int_{\text{estr}} \delta M_y \frac{M_y}{EI_y}\, ds + \int_{\text{estr}} \delta M_z \frac{M_z}{EI_z}\, ds + \int_{\text{estr}} \delta T \frac{T}{GI_T}\, ds}_{\delta\mathcal{T}_i^*} \tag{3.4}$$

observando-se que as deformações reais u', w'', v'' e θ' ficam, neste caso, univocamente definidas pelas distribuições de forças normais, momentos fletores e momentos torçores da solução real na estrutura. Evidentemente, outras parcelas poderão contribuir para $\delta\mathcal{T}_i^*$ caso haja variação de temperatura, conforme se verá adiante.

3.1 Exemplos

Apresenta-se a seguir um conjunto de exemplos conceituais em viga simples isostática, a viga engastada, constituída de material elástico linear, com o objetivo de ilustrar com simplicidade o cálculo de deslocamentos em estruturas isostáticas sob as ações de cargas externas, da variação de temperatura e de recalques de apoio.

Qualquer que seja o deslocamento que se deseje calcular, estabelecem-se, inicialmente, os deslocamentos e as deformações reais, que são definidas por relações que existem com os esforços solicitantes reais e com as variações de temperatura reais. Em seguida, trata-se do cálculo do deslocamento U_j com a definição apropriada dos esforços virtuais e com a aplicação do teorema dos esforços virtuais. Para maior clareza, esses dois passos estão assinalados na resolução dos exemplos conceituais que se apresentam.

Exemplo **3.1**

Calcular o deslocamento U_1 na extremidade livre B da viga engastada solicitada por força concentrada, conforme se indica na Fig. 3.1. A viga é prismática, com seção transversal de momento de inércia I, e constituída de material com módulo de elasticidade E.

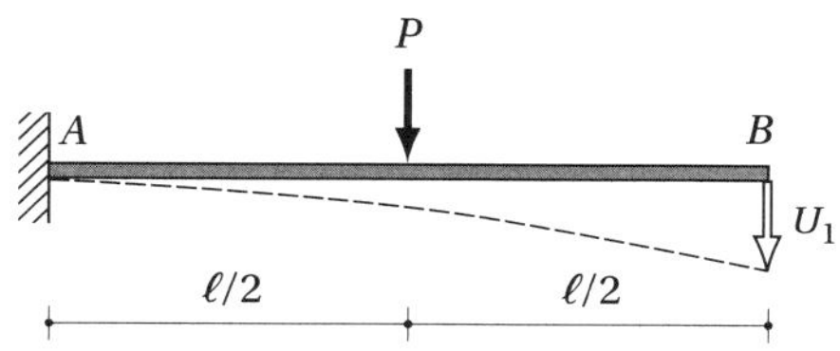

FIG. 3.1 Viga engastada sob a ação de carga concentrada

Solução

1. DESLOCAMENTOS E DEFORMAÇÕES REAIS

Na Fig. 3.2, representam-se os deslocamentos e os esforços solicitantes da solução real. As deformações reais são definidas a partir dos esforços solicitantes pelas relações $w'' = -\dfrac{M}{EI}$ e $u' = \dfrac{N}{EA}$.

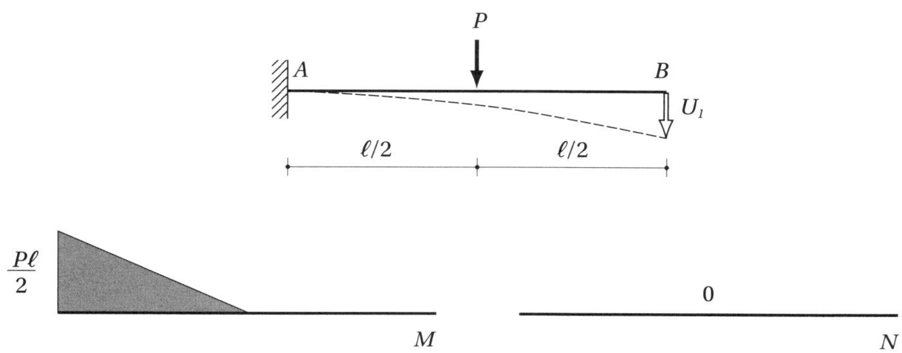

FIG. 3.2 Deslocamentos e esforços solicitantes na solução real

2. CÁLCULO DE U_1

O esforço externo ativo virtual, δE_1, para o cálculo de U_1, é a força unitária aplicada no ponto B e na direção de U_1. Na Fig. 3.3, apresentam-se todos os esforços virtuais decorrentes de $\delta E_1 = 1$.

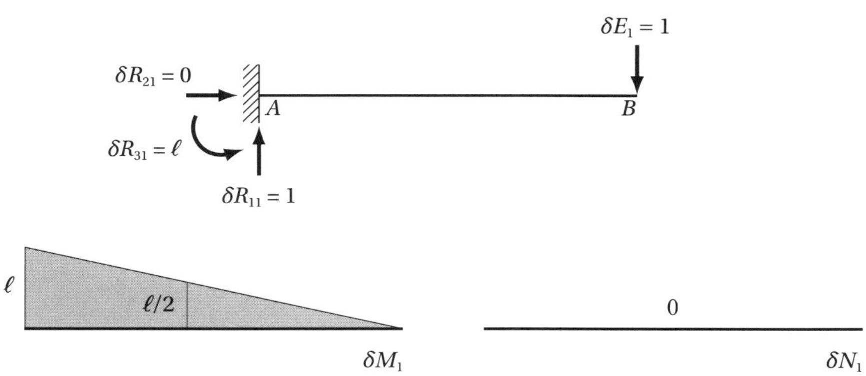

FIG. 3.3 Esforços virtuais

Para a determinação de U_1, consideram-se os deslocamentos e os esforços solicitantes reais da Fig. 3.2 e os esforços virtuais da Fig. 3.3. Nessas condições, pode-se escrever:

$$\delta\mathcal{T}_e^* = \delta E_1 U_1 = U_1$$

$$\delta\mathcal{T}_i^* = \int_0^\ell \delta M_1 \frac{M}{EI} dx + \int_0^\ell \delta N_1 \frac{N}{EA} dx$$

Assim, com base no teorema dos esforços virtuais, $\delta\mathcal{T}_e^* = \delta\mathcal{T}_i^*$, obtém-se:

$$U_1 = \int_0^\ell \delta M_1 \frac{M}{EI} dx + \int_0^\ell \delta N_1 \frac{N}{EA} dx \qquad \text{(a)}$$

Considerando-se que

$$\int_0^\ell \delta M_1 \frac{M}{EI} dx = \frac{1}{EI} \int_0^{\ell/2} \left(-P\left(\frac{\ell}{2} - x\right)\right)(-(\ell - x))\, dx = \frac{5}{48}\frac{P\ell^3}{EI} \quad \text{e} \quad \int_0^\ell \delta N \frac{N}{EA} dx = 0$$

obtém-se:

$$U_1 = \frac{5P\ell^3}{48EI}$$

A expressão (a) foi desenvolvida para uma viga engastada submetida a carga concentrada. Entretanto, o desenvolvimento realizado é geral e válido para qualquer estrutura reticulada plana submetida exclusivamente a esforços externos ativos que atuam no plano da estrutura, sem considerar a variação térmica ou os recalques de apoio, bastando para isso que a integral seja estendida a todas as barras da estrutura.

Assim, pode-se calcular qualquer deslocamento U_j em uma estrutura reticulada plana isostática submetida a esforços externos ativos coplanares diretamente pela expressão

$$U_j = \int_{\text{estr}} \delta M_j \frac{M}{EI} ds + \int_{\text{estr}} \delta N_j \frac{N}{EA} ds \qquad \text{(b)}$$

onde:

M e N são as distribuições de momentos fletores e forças normais na estrutura decorrentes dos esforços externos ativos efetivamente aplicados à estrutura;

δM_j e δN_j são as distribuições de momentos fletores e forças normais na estrutura decorrentes da aplicação de $\delta E_j = 1$, no ponto e na direção do deslocamento U_j que se quer calcular.

Observa-se que o cálculo de $\int_0^\ell \delta M \frac{M}{EI} dx = \frac{1}{EI}\int_0^\ell \delta M M dx$ para barras prismáticas recai no cálculo da integral do produto de duas funções lineares, $\delta M(x)$ e $M(x)$.

Como esse cálculo ocorre repetidas vezes, é conveniente apresentar o resultado analítico dessa integral, o que se faz no Quadro 3.1. A sua aplicação no exemplo em estudo permite escrever diretamente:

$$\int_0^\ell \delta M M dx = \frac{\ell/2}{6}\left[\frac{P\ell}{2}\left(2\ell + \frac{\ell}{2}\right)\right] = \frac{5}{48}P\ell^3$$

Tal procedimento simplifica e torna mais seguro o cálculo das integrais.

Quadro 3.1 CÁLCULO DA INTEGRAL DO PRODUTO DE DUAS FUNÇÕES LINEARES, $f(x)$ e $g(x)$:

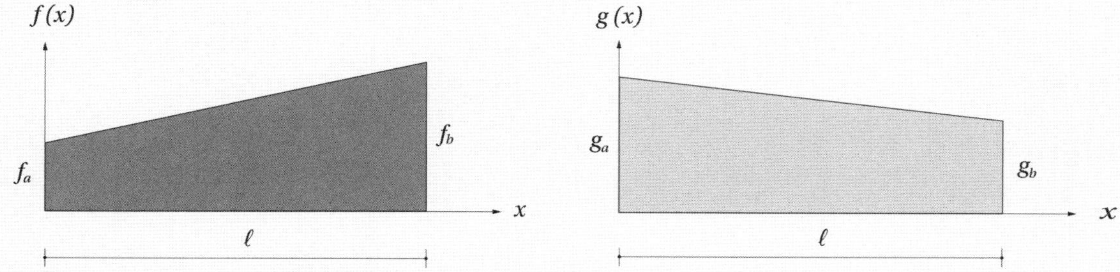

$$f(x) = f_a + (f_b - f_a)\frac{x}{\ell} \qquad g(x) = g_a + (g_b - g_a)\frac{x}{\ell}$$

$$\int_0^{\ell} f(x)\,g(x)\,dx = \frac{\ell}{6}\left[f_a(2g_a + g_b) + f_b(g_a + 2g_b)\right]$$

Exemplo 3.2

Calcular as componentes vertical e horizontal do deslocamento linear na extremidade livre B da viga engastada sob a ação de variação de temperatura, conforme se indica na Fig. 3.4. A viga é prismática, com seção transversal simétrica em relação ao plano vertical, com área A e momento de inércia I em relação ao eixo baricêntrico ortogonal ao plano de simetria, e constituída de material com módulo de elasticidade E e coeficiente de dilatação térmica α.

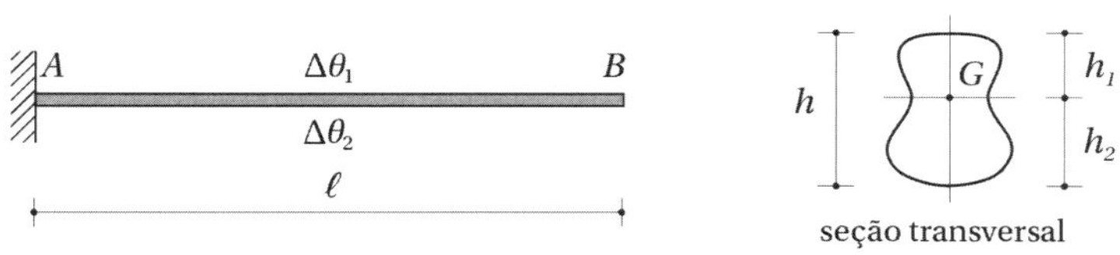

FIG. 3.4 **Viga engastada sob a ação da variação de temperatura**

1. DESLOCAMENTOS E DEFORMAÇÕES REAIS

Representam-se na Fig. 3.5 os deslocamentos na solução real.

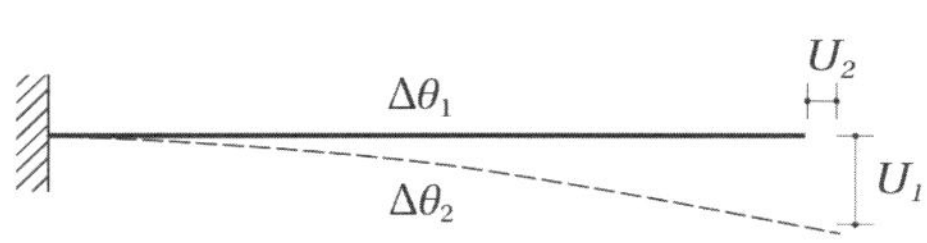

FIG. 3.5 **Deslocamentos reais**

Neste caso, as expressões das deformações reais $w''(x)$ e $u'(x)$ são estabelecidas com o estudo do efeito das variações de temperatura $\Delta\theta_1$ e $\Delta\theta_2$ num elemento de barra de comprimento Δx. Admite-se como linear a variação de temperatura ao longo da altura.

Ao observar-se a Fig. 3.6, obtém-se:

$$tg(\Delta\varphi) = -\frac{\alpha(\Delta\theta_2 - \Delta\theta_1)\,\Delta x}{h} \qquad \Delta u = \alpha\Delta\theta_0\Delta x$$

Adicionalmente, com base na hipótese de deformações e deslocamentos pequenos, pode-se fazer:

$$tg(\Delta\varphi) \approx \Delta\varphi$$

e

$$w'' = \frac{dw'}{dx} = \frac{d\varphi}{dx} = \lim_{\Delta x \to 0} \frac{\Delta\varphi}{\Delta x} = -\frac{\alpha(\Delta\theta_2 - \Delta\theta_1)}{h}$$

$$u' = \lim_{\Delta x \to 0} \frac{\Delta u}{\Delta x} = \alpha\Delta\theta_0$$

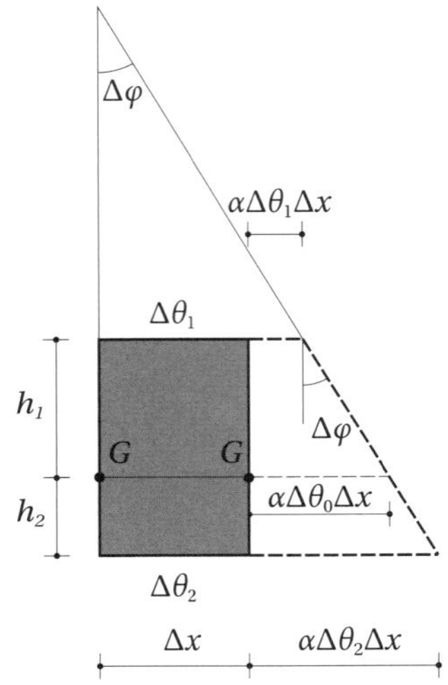

Fig. 3.6 Variação de temperatura em elemento de barra

Portanto, as deformações da solução real são definidas por:

$$w'' = -\frac{\alpha(\Delta\theta_2 - \Delta\theta_1)}{h}$$
$$u' = \alpha\Delta\theta_0 \qquad \text{(a)}$$

onde $\Delta\theta_0 = \frac{h_1}{h}\Delta\theta_2 + \frac{h_2}{h}\Delta\theta_1$ é igual à variação da temperatura no centro de gravidade.

2. Cálculo de U_1

O esforço externo ativo virtual, δE_1, para o cálculo de U_1, é a força unitária aplicada no ponto B e na direção de U_1. Apresentam-se na Fig. 3.7 todos os esforços virtuais decorrentes de $\delta E_1 = 1$.

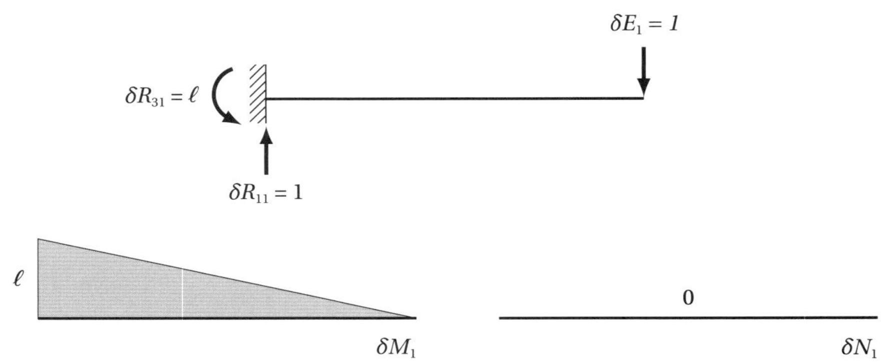

Fig. 3.7 Esforços virtuais para o cálculo de U_1

Para determinar U_1, consideram-se os deslocamentos e as deformações reais da Fig. 3.5 e os esforços virtuais da Fig. 3.7. Nessas condições, pode-se escrever:

$$\delta\mathcal{T}_e^* = \delta E_1 U_1 = U_1$$

$$\delta\mathcal{T}_i^* = \int_0^\ell \delta M_1(-w'')\,dx + \int_0^\ell \delta N_1\, u'\,dx$$
$$= \int_0^\ell \delta M_1 \frac{\alpha(\Delta\theta_2 - \Delta\theta_1)}{h}\,dx + \int_0^\ell \delta N_1 \alpha\Delta\theta_0\,dx$$

Assim, com base no teorema dos esforços virtuais, $\delta\mathcal{T}_e^* = \delta\mathcal{T}_i^*$, obtém-se:

$$U_1 = \int_0^\ell \delta M_1 \frac{\alpha(\Delta\theta_2 - \Delta\theta_1)}{h} dx + \int_0^\ell \delta N_1 \alpha \Delta\theta_0 dx \qquad \text{(b)}$$

Considerando-se que:

$$\int_0^\ell \delta M_1 \frac{\alpha(\Delta\theta_2 - \Delta\theta_1)}{h} dx = \frac{\alpha(\Delta\theta_2 - \Delta\theta_1)}{h} \int_0^\ell \delta M_1 dx = \frac{\alpha(\Delta\theta_2 - \Delta\theta_1)}{h}\left(-\frac{\ell^2}{2}\right)$$

$$\int_0^\ell \delta N_1 \alpha \Delta\theta_0 dx = 0$$

chega-se a:

$$U_1 = \frac{1}{2}\alpha(\Delta\theta_1 - \Delta\theta_2)\frac{\ell^2}{h}$$

Observa-se que o sinal negativo de $\int_0^\ell \delta M_1 dx$ resulta do fato de o momento fletor tracionar as fibras superiores da viga e, portanto, ser negativo.

Para $\Delta\theta_1 > \Delta\theta_2$, o deslocamento U_1 é positivo, conforme se espera de uma interpretação física da deformada da estrutura. A aplicação desse procedimento para estruturas isostáticas mais complexas deve observar as convenções estabelecidas em cada uma de suas barras.

Para evitar a fixação das convenções estabelecidas de sinais na dedução de $(-w'')$ e de δM, recomenda-se um procedimento prático para determinar o sinal do deslocamento, que consiste em considerar os valores de $(-w'')$ e δM em módulo e adotar o sinal do trabalho interno $d(\delta\mathcal{T}_i^*) = \delta M(-w'')dx$ ao longo do comprimento de cada barra. A Fig. 3.8 ilustra os sinais dos produtos $\delta M(-w'')$ nas diversas situações possíveis em um elemento de barra.

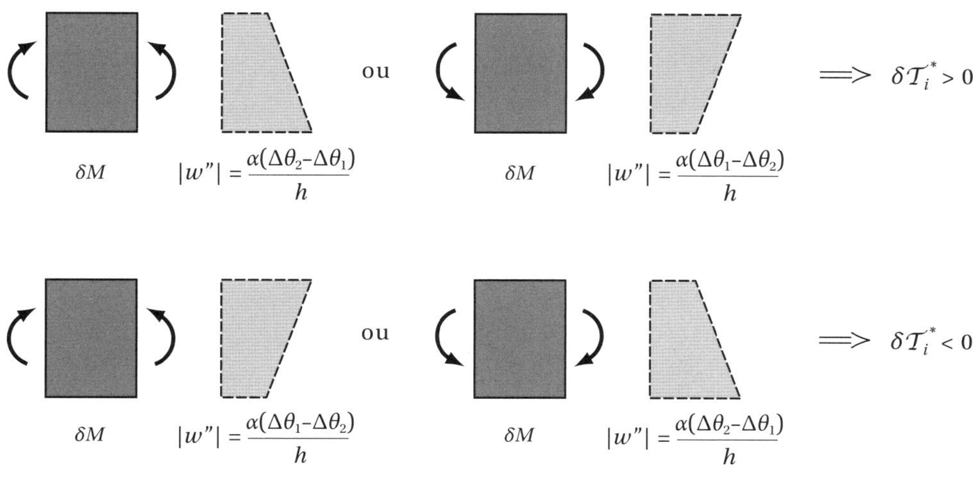

FIG. 3.8 Sinais do produto $\delta M(-w'')$ num elemento de barra

No caso em estudo, pode-se observar que $\delta M(-w'') < 0$ ao longo de toda a barra. Assim, pode-se escrever diretamente que $U_1 = -\left(\frac{\alpha(\Delta\theta_2 - \Delta\theta_1)}{h}\right)\left(\frac{\ell^2}{2}\right)$.

3. Cálculo de U_2

O esforço externo ativo virtual, δE_2, para o cálculo de U_2 é a força unitária aplicada no ponto B e na direção de U_2. Apresentam-se na Fig. 3.9 todos os esforços virtuais decorrentes de $\delta E_2 = 1$.

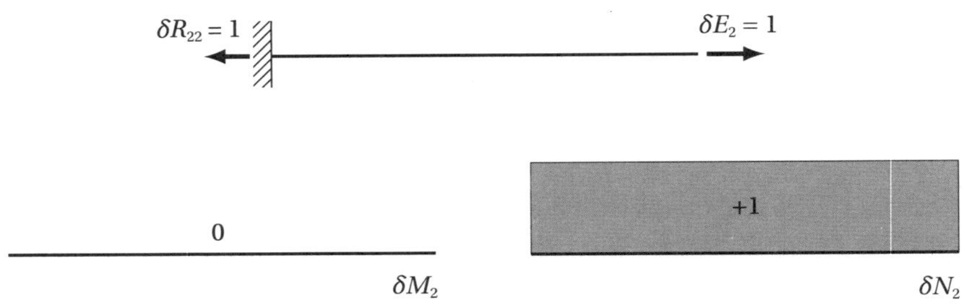

Fig. 3.9 Esforços virtuais para o cálculo de U_2

Para determinar U_2, consideram-se os deslocamentos e as deformações reais da Fig. 3.5 e os esforços virtuais da Fig. 3.9. Nessas condições, pode-se escrever:

$$\delta\mathcal{T}_e^* = \delta E_2 U_2 = U_2$$

$$\begin{aligned}\delta\mathcal{T}_i^* &= \int_0^\ell \delta M_2(-w'')\,dx + \int_0^\ell \delta N_2\, u'\,dx \\ &= \int_0^\ell \delta M_2 \frac{\alpha(\Delta\theta_2 - \Delta\theta_1)}{h} dx + \int_0^\ell \delta N_2 \alpha\Delta\theta_0 dx\end{aligned}$$

Assim, com base no teorema dos esforços virtuais, $\delta\mathcal{T}_e^* = \delta\mathcal{T}_i^*$, obtém-se:

$$U_2 = \int_0^\ell \delta M_2 \frac{\alpha(\Delta\theta_2 - \Delta\theta_1)}{h} dx + \int_0^\ell \delta N_2(\alpha\Delta\theta_0)\,dx \qquad \text{(c)}$$

Considerando-se que:

$$\int_0^\ell \delta N_2(\alpha\Delta\theta_0)dx = \alpha\Delta\theta_0\ell \qquad \int_0^\ell \delta M_2 \frac{\alpha(\Delta\theta_2 - \Delta\theta_1)}{h} dx = 0$$

chega-se a:

$$U_2 = \alpha\Delta\theta_0\ell$$

Observa-se que o sinal de U_2 é obtido com simplicidade ao se aplicar as convenções usuais para o sinal da força normal δN, positivo se de tração, e negativo se de compressão, e para o sinal da variação de temperatura $\Delta\theta_0$, positivo se acréscimo, e negativo se decréscimo de temperatura.

As expressões (b) e (c) foram desenvolvidas para o cálculo dos deslocamentos U_1 e U_2 na viga engastada sob a ação da variação da temperatura. Entretanto, o desenvolvimento realizado é geral para qualquer estrutura reticulada plana submetida a variação de temperatura no plano da estrutura, bastando para isso que a integral seja estendida a todas as barras da estrutura.

Assim, pode-se calcular um deslocamento U_j em uma estrutura reticulada plana isostática submetida a variação de temperatura no plano da estrutura diretamente pela expressão

$$U_j = \int_{\text{estr}} \delta N_j \,(\alpha \Delta\theta_0)\, ds + \int_{\text{estr}} \delta M_j \left(\frac{\alpha\,(\Delta\theta_2 - \Delta\theta_1)}{h} \right) ds \qquad \textbf{(d)}$$

onde δN_j e δM_j são as distribuições de momentos fletores e forças normais na estrutura decorrentes da aplicação de $\delta E_j = 1$ no ponto e na direção do deslocamento U_j que se quer calcular.

Exemplo 3.3

Calcular o deslocamento transversal U_1 na extremidade livre B da viga engastada solicitada pelos recalques de apoio indicados na Fig. 3.10.

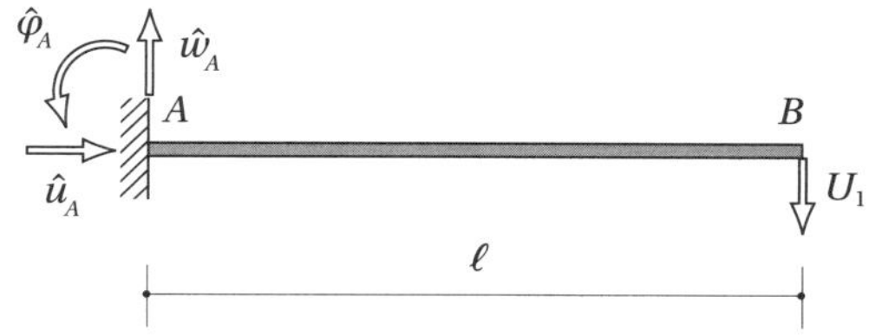

FIG. 3.10 Viga engastada sob a ação de recalques de apoio

Solução

1. DESLOCAMENTOS E DEFORMAÇÕES REAIS

Na Fig. 3.11, representam-se os deslocamentos da solução real. Como uma estrutura isostática submetida exclusivamente à ação de recalques de apoio não se deforma e, portanto, os esforços solicitantes são nulos, resulta que as deformações reais w'' e u' são nulas, ou seja, $w'' = -\dfrac{M}{EI} = 0$ e $u' = \dfrac{N}{EA} = 0$.

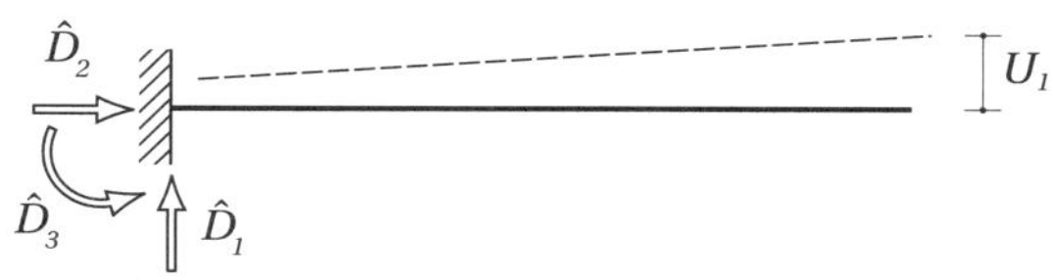

FIG. 3.11 Deslocamentos reais

2. CÁLCULO DE U_1

O esforço externo ativo virtual, δE_1, para o cálculo de U_1, é a força unitária aplicada no ponto B e na direção de U_1. Apresentam-se na Fig. 3.12 todos os esforços virtuais decorrentes de $\delta E_1 = 1$.

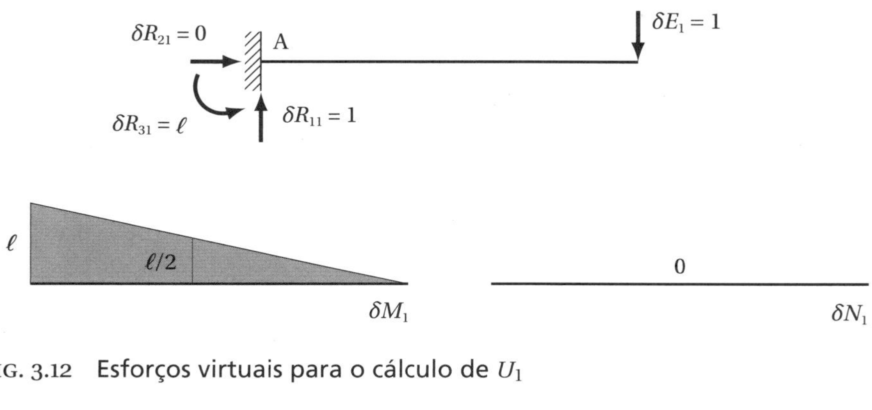

FIG. 3.12 Esforços virtuais para o cálculo de U_1

Para determinar U_1, consideram-se os deslocamentos reais da Fig. 3.11 e os esforços virtuais da Fig. 3.12.

Nessas condições, pode-se escrever:

$$\delta\mathcal{T}_e^* = \delta E_1 U_1 + \delta R_{11}\hat{D}_1 + \delta R_{21}\hat{D}_2 + \delta R_{31}\hat{D}_3$$

$$\delta\mathcal{T}_i^* = \int_0^\ell \delta M\left(-w''\right)dx + \int_0^\ell \delta N\, u'dx = 0$$

Assim, com base no teorema dos esforços virtuais, $\delta\mathcal{T}_e^* = \delta\mathcal{T}_i^*$, obtém-se:

$$U_1 = -\left(\delta R_{11}\hat{D}_1 + \delta R_{21}\hat{D}_2 + \delta R_{31}\hat{D}_3\right) = -\sum_{k=1}^{3}\delta R_{k1}\hat{D}_k \qquad \text{(a)}$$

Considerando-se que:

$$\hat{D}_1 = \hat{w}_A \qquad \hat{D}_2 = \hat{u}_A \qquad \hat{D}_3 = \hat{\varphi}_A$$

$$\delta R_{11} = 1 \qquad \delta R_{21} = 0 \qquad \delta R_{31} = \ell$$

chega-se a:

$$U_1 = -\hat{w}_A - \hat{\varphi}_A\ell$$

observando-se que os sinais negativos nas parcelas do resultado de U_1 indicam que o deslocamento tem sentido oposto ao convencionado para U_1, conforme se pode observar na Fig. 3.11.

A expressão (a) foi desenvolvida para o cálculo do deslocamento U_1 na viga engastada sob a ação de recalques de apoio. Entretanto, o desenvolvimento realizado é geral para qualquer estrutura reticulada plana submetida a recalques de apoio, bastando para isso que o somatório seja estendido a todos os vínculos da estrutura.

Assim, pode-se calcular um deslocamento U_j em uma estrutura reticulada plana isostática submetida a recalques de apoio diretamente pela expressão

$$U_j = -\sum_k \delta R_{kj}\hat{D}_k \qquad \text{(f)}$$

onde δR_{kj} são as reações de apoio decorrentes da aplicação de $\delta E_j = 1$ no ponto e na direção do deslocamento U_j que se quer calcular.

Os exemplos apresentados a seguir consideram diversas estruturas reticuladas no plano e no espaço em regime elástico linear, em diversas situações de solicitação, e visam ao aprofundamento do tratamento conceitual do cálculo de deslocamentos em estruturas isostáticas pela aplicação do teorema dos esforços virtuais.

Exemplo 3.4

Calcular a componente vertical de deslocamento na extremidade B da viga engastada solicitada por carga transversal uniformemente distribuída (Fig. 3.13).

A viga é prismática, com seção transversal simétrica em relação ao plano vertical, com momento de inércia I com relação ao eixo baricêntrico ortogonal ao plano de simetria e constituída de material com módulo de elasticidade E.

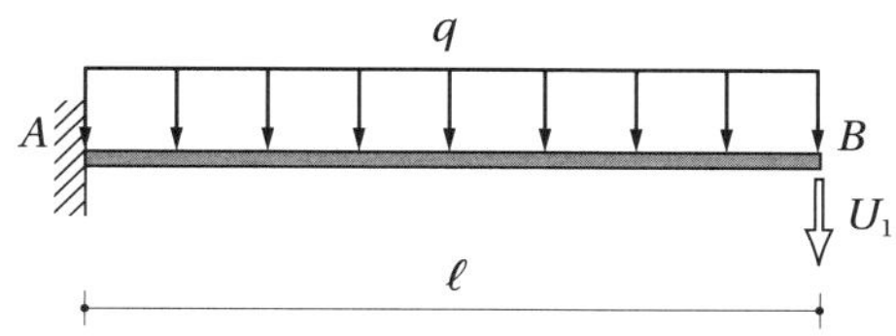

FIG. 3.13 Viga engastada sob carregamento transversal uniformemente distribuído

Solução

1. DESLOCAMENTOS E DEFORMAÇÕES REAIS

Representam-se na Fig. 3.14 os deslocamentos e o diagrama de momentos fletores da solução real. As deformações reais são definidas pela relação $w'' = -\dfrac{M}{EI}$.

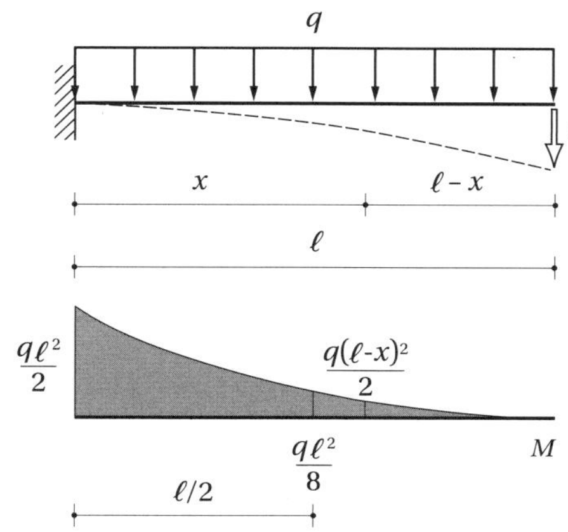

FIG. 3.14 Deslocamentos e momentos fletores na solução real

2. CÁLCULO DE U_1

O esforço externo ativo virtual, δE_1, para o cálculo de U_1, é a força unitária aplicada no ponto B e na direção de U_1. Apresentam-se na Fig. 3.15 os esforços virtuais de interesse decorrentes de $\delta E_1 = 1$.

Para determinar U_1, consideram-se os deslocamentos e os esforços solicitantes reais da Fig. 3.14 e os esforços virtuais da Fig. 3.15. Nessas condições, pode-se escrever:

$$\delta\mathcal{T}_e^* = \delta E_1 U_1 = U_1 \qquad \delta\mathcal{T}_i^* = \int_0^\ell \delta M_1 \frac{M}{EI} dx$$

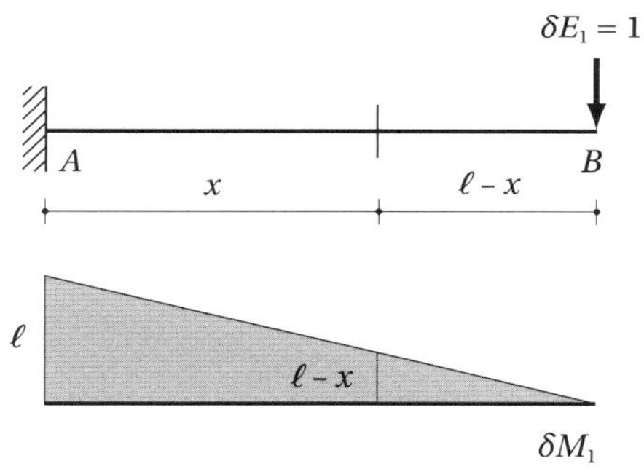

FIG. 3.15 Esforços virtuais para o cálculo de w_B

Assim, com base no teorema dos esforços virtuais, $\delta\mathcal{T}_e^* = \delta\mathcal{T}_i^*$, obtém-se:

$$U_1 = \int_0^\ell \delta M_1 \frac{M}{EI} dx = \frac{1}{EI}\int_0^\ell (\ell - x)\,\frac{q\,(\ell - x)^2}{2EI} dx = \frac{q\ell^4}{8EI}$$

A avaliação de $\int_0^\ell \delta M_1 M dx$ neste exemplo envolve o cálculo da integral do produto de uma função linear por uma função quadrática. Como ele ocorre com certa frequência, é conveniente utilizar diretamente o resultado apresentado no Quadro 3.2.

A utilização da expressão apresentada no Quadro 3.2 permite concluir de forma simples que:

$$U_1 = \frac{1}{EI}\int_0^\ell \delta M_1 M dx = \frac{1}{EI}\frac{\ell}{6}\left[\ell\left(\frac{q\ell^2}{2} + 2\frac{q\ell^2}{8}\right)\right] = \frac{q\ell^4}{8EI}$$

Exemplo 3.5

Calcular o deslocamento horizontal no ponto A da viga em L solicitada por força concentrada, conforme se mostra na Fig. 3.16. As barras são prismáticas, com seção transversal retangular de largura b e altura h, e constituídas de material com módulo de elasticidade E.

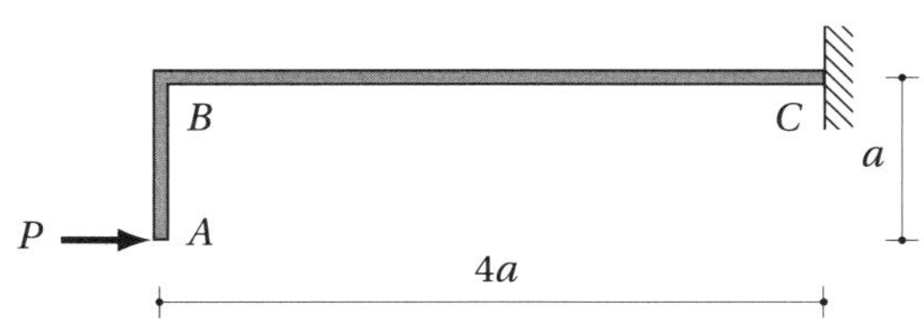

FIG. 3.16 Viga em L sob a ação de força concentrada

Quadro 3.2 INTEGRAL DO PRODUTO DE UMA FUNÇÃO LINEAR $f(x)$ POR UMA FUNÇÃO QUADRÁTICA $h(x)$

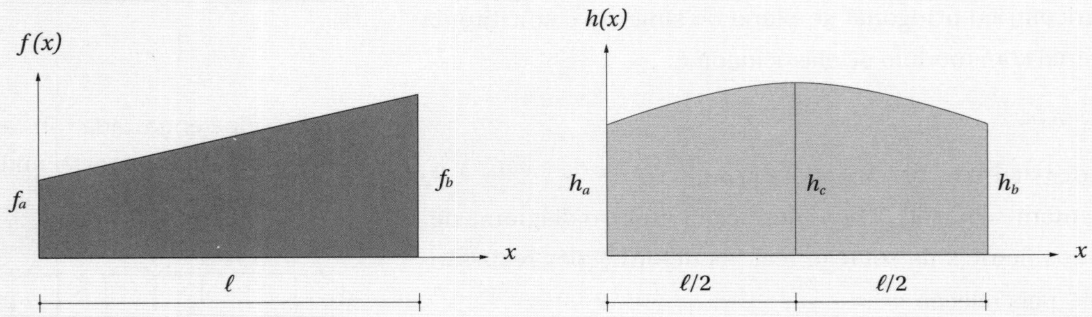

$$f(x) = f_a + (f_b - f_a)\frac{x}{\ell}$$

$$h(x) = h_a + (4h_c - 3h_a - h_b)\frac{x}{\ell} + (-4h_c + 2h_a + 2h_b)\frac{x^2}{\ell^2}$$

$$\int_0^\ell f(x)\,h(x)\,dx = \frac{\ell}{6}\left[f_a(h_a + 2h_c) + f_b(h_b + 2h_c)\right]$$

Solução

1. DESLOCAMENTOS E DEFORMAÇÕES REAIS

Representam-se na Fig. 3.17 os deslocamentos e os diagramas de esforços solicitantes da solução real. As deformações reais são definidas pelas relações $w'' = -\dfrac{M}{EI}$ e $u' = \dfrac{N}{EA}$.

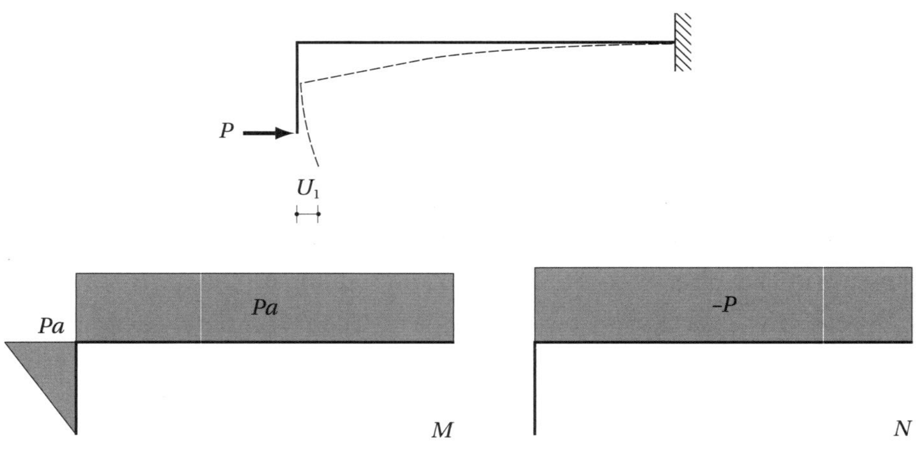

FIG. 3.17 Deslocamentos e esforços solicitantes na solução real

2. CÁLCULO DE U_1

O esforço externo ativo virtual, δE_1, para o cálculo de U_1, é a força unitária aplicada no ponto A e na direção de U_1. Apresentam-se na Fig. 3.18 os esforços virtuais de interesse decorrentes de $\delta E_1 = 1$.

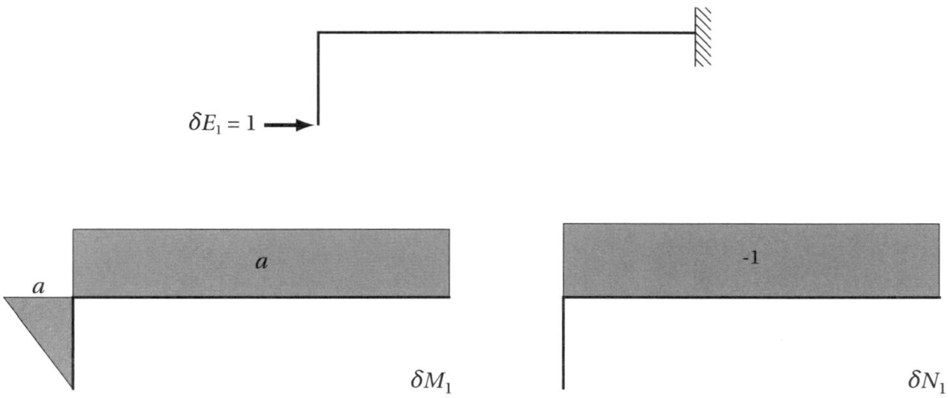

FIG. 3.18 Esforços virtuais para o cálculo de U_1

Com base nos deslocamentos reais da Fig. 3.17 e nos esforços virtuais da Fig. 3.18, pode-se escrever:

$$\delta \mathcal{T}_e^* = \delta E_1 U_1 = U_1 \qquad \delta \mathcal{T}_i^* = \int_{\text{estr}} \delta M_1 \frac{M}{EI} ds + \int_{\text{estr}} \delta N_1 \frac{N}{EA} dx$$

Assim, com base no teorema dos esforços virtuais, $\delta \mathcal{T}_e^* = \delta \mathcal{T}_i^*$, obtém-se:

$$U_1 = \int_{\text{estr}} \delta M_1 \frac{M}{EI} ds + \int_{\text{estr}} \delta N_1 \frac{N}{EA} ds$$

e, ao efetuar-se o cálculo das integrais, chega-se a:

$$U_1 = 4\frac{Pa}{EA} + \frac{13}{3}\frac{Pa^3}{EI}$$

Para analisar o efeito da força normal no cálculo do deslocamento U_1, é conveniente colocar a expressão de U_1 na forma:

$$U_1 = \frac{13}{3}\frac{Pa^3}{EI}\left(1 + \frac{12}{13}\frac{I}{Aa^2}\right)$$

onde $\frac{13}{3}\frac{Pa^3}{EI}$ é a parcela de U_1 decorrente da flexão; o segundo termo entre parênteses representa a relação entre as parcelas de U_1 decorrentes da força normal e do momento fletor.

Como a seção transversal é retangular, de altura h, e ao admitir-se uma relação $\frac{h}{a} = \frac{1}{6}$, constata-se que:

$$\frac{12I}{13Aa^2} = \frac{1}{13}\frac{h^2}{a^2} \approx 0{,}002 \ll 1$$

Assim, nos casos em que predomina o efeito de flexão, é aceitável desprezar a parcela do deslocamento decorrente da força normal. No caso presente, pode-se adotar $U_1 = \frac{13}{3}\frac{Pa^3}{EI}$.

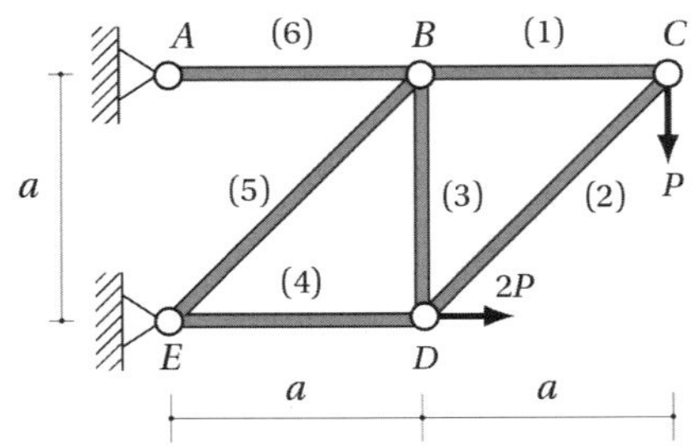

FIG. 3.19 Treliça isostática sob a ação de forças concentradas

Exemplo 3.6

Calcular o deslocamento vertical do ponto C da treliça isostática solicitada por forças concentradas, conforme a Fig. 3.19. Essa treliça é formada por barras prismáticas de mesma seção transversal A e material com módulo de elasticidade E.

Solução

1. DESLOCAMENTOS E DEFORMAÇÕES REAIS

Na Fig. 3.20, representam-se os deslocamentos e as forças normais da solução real. As deformações reais são definidas pela relação $u' = \dfrac{N}{EA}$, sendo que as forças normais são obtidas diretamente pela aplicação das equações de equilíbrio aos nós da treliça.

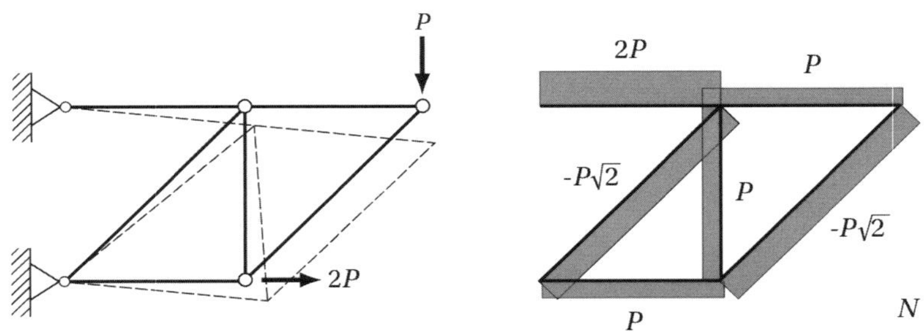

FIG. 3.20 Deslocamentos e forças normais reais

2. CÁLCULO DE U_1

O esforço externo ativo virtual, δE_1, para o cálculo de U_1, é a força unitária aplicada no ponto C e na direção de U_1. Apresentam-se na Fig. 3.21 os esforços virtuais de interesse, δE_1 e δN_1.

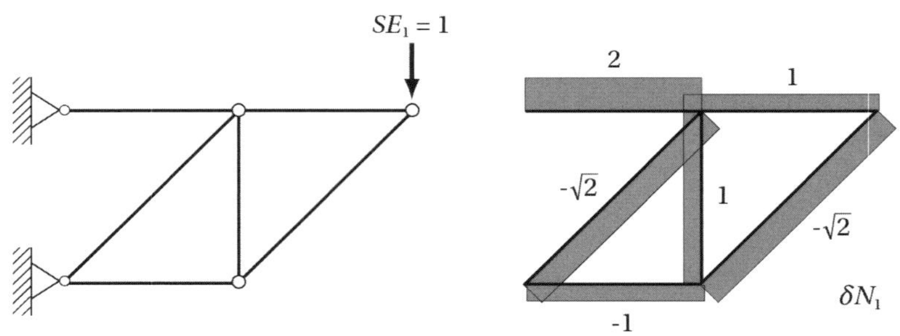

FIG. 3.21 Esforços virtuais para o cálculo de U_1

Com base nos deslocamentos e nas forças normais reais da Fig. 3.20, bem como nos esforços virtuais da Fig. 3.21, pode-se escrever:

$$\delta \mathcal{T}_e^* = \delta E_1 U_1 = U_1 \qquad \delta \mathcal{T}_i^* = \int_{\text{estr}} \delta N_1 \frac{N}{EA} ds = \sum_{i=1}^{6} \int_0^{\ell_i} \delta N_{i1} \frac{N_i}{E_i A_i} ds = \sum_{i=1}^{6} \frac{\delta N_{i1} N_i \ell_i}{E_i A_i}$$

Assim, com base no teorema dos esforços virtuais, $\delta\mathcal{T}_e^* = \delta\mathcal{T}_i^*$, obtém-se:

$$U_1 = \sum_{i=1}^{6} \frac{\delta N_{i1} N_i \ell_i}{E_i A_i}$$

O cálculo de $U_1 = \frac{Pa}{EA}(5+4\sqrt{2})$ é feito com o auxílio da Tab. 3.1.

Tab. 3.1 Cálculo do deslocamento U_1

barra	N_i	δN_i	$\frac{\ell_i}{E_i A_i}$	$\frac{N_i \delta N_i \ell_i}{E_i A_i}$
1	P	1	$\frac{a}{EA}$	$\frac{Pa}{EA}$
2	$-P\sqrt{2}$	$-\sqrt{2}$	$\sqrt{2}\frac{a}{EA}$	$2\sqrt{2}\frac{Pa}{EA}$
3	P	1	$\frac{a}{EA}$	$\frac{Pa}{EA}$
4	P	-1	$\frac{a}{EA}$	$-\frac{Pa}{EA}$
5	$-P\sqrt{2}$	$-\sqrt{2}$	$\sqrt{2}\frac{a}{EA}$	$2\sqrt{2}\frac{Pa}{EA}$
6	$2P$	2	$\frac{a}{EA}$	$4\frac{Pa}{EA}$
	$\sum_{i=1}^{6} \frac{N_i \delta N_i \ell_i}{EA}$			$(5+4\sqrt{2})\frac{Pa}{EA}$

Exemplo **3.7**

Calcular a rotação em B da viga em L sobre apoio elástico em C, solicitada por momento externo (Fig. 3.22). As barras da viga são prismáticas, de mesma seção transversal retangular $(0{,}15 \times 0{,}40)\ m^2$ e mesmo módulo de elasticidade $E = 2{,}0 \times 10^6\,\text{kN/m}^2$. O apoio elástico caracteriza-se pela mola de coeficiente de rigidez $k_a = 2.000\,\text{kN/m}$. Despreza-se o efeito da força normal.

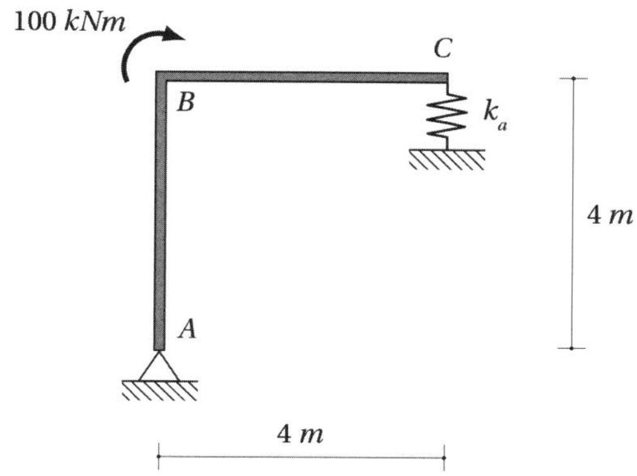

Fig. 3.22 Viga em L sobre apoio elástico submetida a momento concentrado

Solução

1. Deslocamentos e deformações reais

Na Fig. 3.23, representam-se os deslocamentos, o diagrama de momentos fletores e a força na mola da solução real. As deformações reais são definidas pela relação $w'' = -\frac{M}{EI}$ na viga e por $\Delta\ell_a = \frac{S_a}{k_a}$ na mola, onde $\Delta\ell_a$ é a variação do seu comprimento e S_a é a força que nela atua.

2. Cálculo da rotação U_1

O esforço externo ativo virtual, δE_1, para o cálculo de U_1, é o momento aplicado no ponto B e na direção de U_1. Na Fig. 3.24, apresentam-se os esforços virtuais de interesse, δE_1, δM_1 e δS_{a1}.

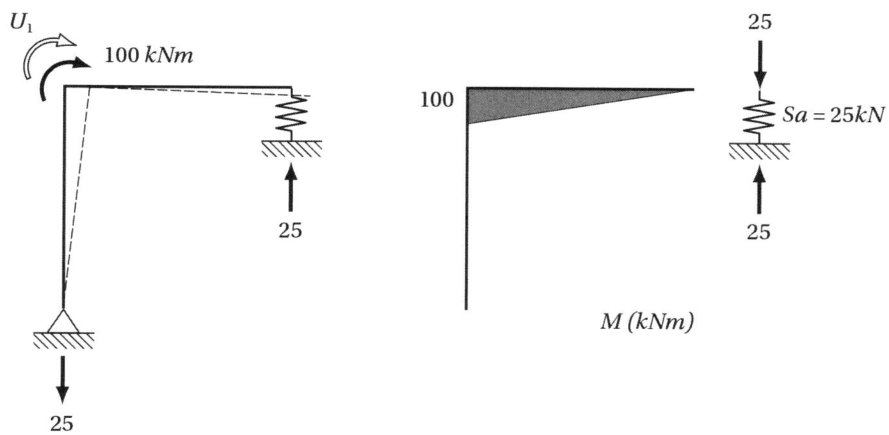

Fig. 3.23 Deslocamentos, momentos fletores e força na mola da solução real

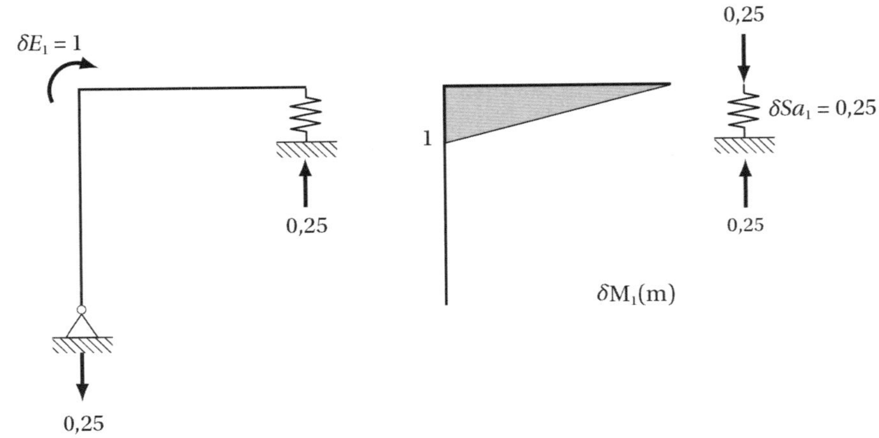

FIG. 3.24 Esforços virtuais para o cálculo de U_1

Considerando-se os deslocamentos, os momentos fletores e a força na mola correspondentes à solução real da Fig. 3.23, e os esforços virtuais da Fig. 3.24, pode-se escrever:

$$\delta \mathcal{T}_e^* = \delta E_1 U_1 = U_1 \qquad \delta \mathcal{T}_i^* = \int_{\text{estr}} \delta M_1 \frac{M}{EI} ds + \delta S_{a1} \Delta \ell_a$$

Assim, com base no teorema dos esforços virtuais, $\delta \mathcal{T}_e^* = \delta \mathcal{T}_i^*$, obtém-se:

$$U_1 = \int_{\text{estr}} \delta M_1 \frac{M}{EI} ds + \delta S_{a1} \frac{S_a}{k_a}$$

e, ao efetuar-se os cálculos, resulta (unidades em kN e m):

$$U_1 = \frac{400}{3EI} + \frac{6{,}25}{k_a} \cong 11{,}5 \times 10^{-3} rad$$

Observa-se que os resultados $\dfrac{400}{3EI}$ e $\dfrac{6{,}25}{k_a}$ representam as parcelas de U_1 decorrentes da flexão da viga e do efeito do apoio elástico.

Exemplo **3.8**

A viga poligonal está contida no plano XY e é solicitada por carregamento fora desse plano (Fig. 3.25). A viga poligonal é formada por barras prismáticas de mesma seção transversal, com produto de rigidez à flexão EI e produto de rigidez à torção $GI_T = EI$. Calcular o deslocamento vertical do ponto C e a rotação em torno do eixo X no ponto D.

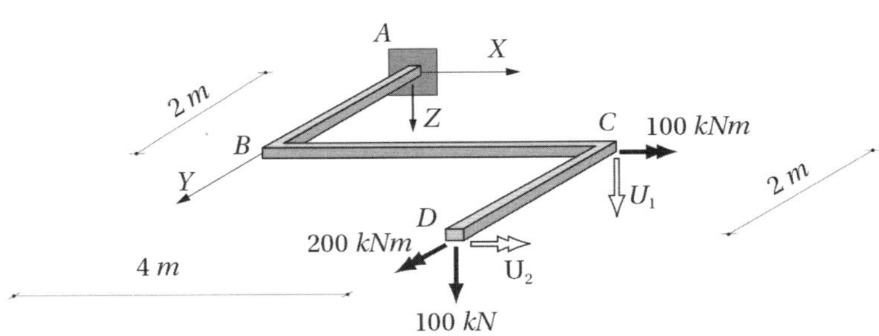

FIG. 3.25 Viga poligonal em balanço com carregamento fora do plano

Solução

1. DESLOCAMENTOS E DEFORMAÇÕES REAIS

Representam-se na Fig. 3.26 os deslocamentos U_1 e U_2 e os diagramas de esforços solicitantes da solução real. As deformações reais são definidas pelas relações $w'' = -\dfrac{M}{EI}$ e $\theta' = \dfrac{T}{GI_T}$.

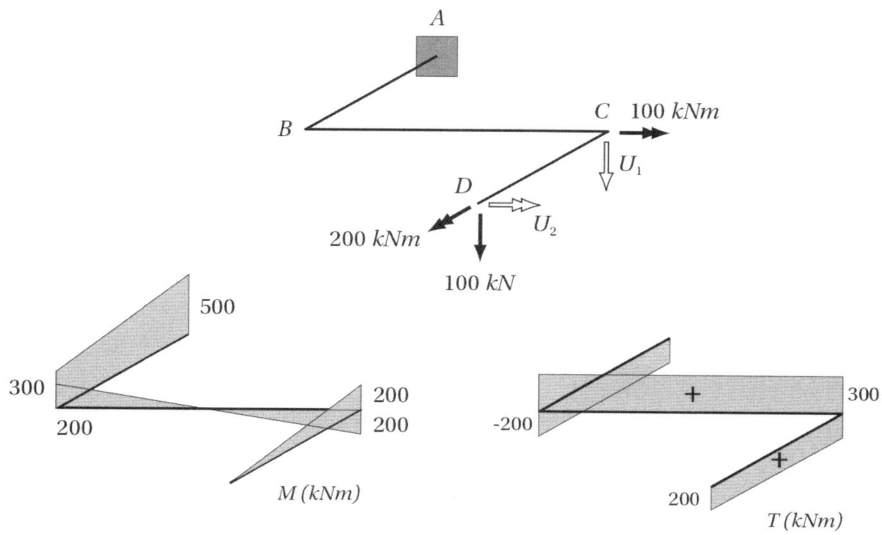

FIG. 3.26 Deslocamentos U_1 e U_2 e esforços solicitantes reais

2. CÁLCULO DE U_1 – DESLOCAMENTO VERTICAL DO PONTO C

O esforço externo ativo virtual, δE_1, para o cálculo de U_1, é a força unitária aplicada no ponto C e na direção de U_1. Apresentam-se na Fig. 3.27 os esforços virtuais necessários para o cálculo de U_1.

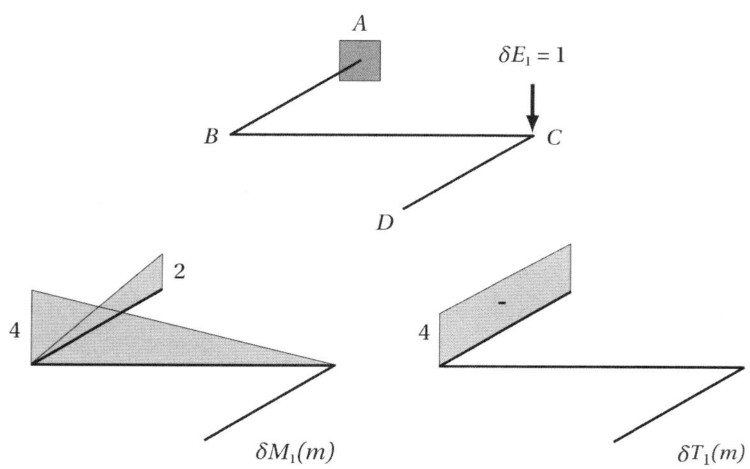

FIG. 3.27 Esforços virtuais para o cálculo de U_1

Considerando-se os esforços virtuais da Fig. 3.27, bem como os deslocamentos e as deformações reais da Fig. 3.26, pode-se escrever:

$$\delta\mathcal{T}_e^* = \delta E_1 U_1 = U_1 \qquad \delta\mathcal{T}_i^* = \int_{\text{estr}} \delta M_1 \frac{M}{EI} ds + \int_{\text{estr}} \delta T_1 \frac{T}{GI_T} ds$$

Assim, com base no teorema dos esforços virtuais, $\delta\mathcal{T}_e^* = \delta\mathcal{T}_i^*$, obtém-se:

$$U_1 = \int_{\text{estr}} \delta M_1 \frac{M}{EI} ds + \int_{\text{estr}} \delta T_1 \frac{T}{GI_T} ds$$

que permite calcular (unidades em kN e m):

$$U_1 = \left(\frac{866,67}{EI} + \frac{533,33}{EI} + \frac{1600}{GI_T} \right) = \frac{3000}{EI}$$

Nota-se que $\frac{866,67}{EI}$, $\frac{533,33}{EI}$ e $\frac{1600}{GI_T}$ correspondem às parcelas de U_1 decorrentes da deformação por flexão das barras AB e BC e da deformação por torção da barra AB, respectivamente.

3. Cálculo de U_2 – rotação em torno do eixo X no ponto D

O esforço externo ativo virtual, δE_2, para o cálculo da rotação U_2, é o momento unitário aplicado no ponto D e na direção de U_2. Representam-se na Fig. 3.28 os esforços virtuais necessários para o cálculo de U_2.

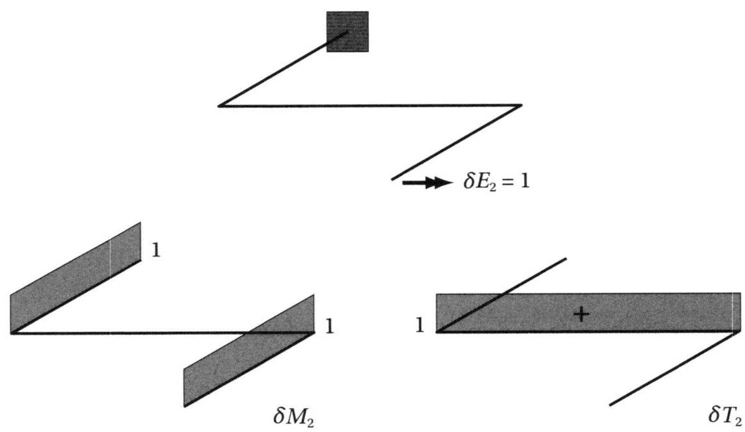

FIG. 3.28 Esforços solicitantes virtuais para o cálculo de U_2

Considerando-se os esforços virtuais da Fig. 3.28, bem como os deslocamentos e as deformações reais da Fig. 3.26, pode-se escrever:

$$\delta\mathcal{T}_e^* = \delta E_2 U_2 = U_2 \qquad \delta\mathcal{T}_i^* = \int_{\text{estr}} \delta M_2 \frac{M}{EI} ds + \int_{\text{estr}} \delta T_2 \frac{T}{GI_T} ds$$

Assim, com base no teorema dos esforços virtuais, $\delta\mathcal{T}_e^* = \delta\mathcal{T}_i^*$, obtém-se:

$$U_2 = \int_{\text{estr}} \delta M_2 \frac{M}{EI} ds + \int_{\text{estr}} \delta T_2 \frac{T}{GI_T} ds$$

e, ao efetuar-se os cálculos, obtém-se (unidades em kN e m):

$$U_2 = \left(\frac{800}{EI} + \frac{200}{EI} + \frac{1200}{GI_T} \right) = \frac{2200}{EI}$$

Nota-se que $\frac{800}{EI}$, $\frac{200}{EI}$ e $\frac{1200}{GI_T}$ correspondem às parcelas de U_2 decorrentes da deformação por flexão das barras AB e CD e da deformação por torção da barra BC, respectivamente.

Exemplo 3.9

Calcular as componentes horizontal e vertical do deslocamento no ponto C na viga em L engastada, sob a ação de variação de temperatura, conforme se indica na Fig. 3.29. As barras da viga são prismáticas, de mesma seção transversal retangular $(0{,}15 \times 0{,}40)\ m$ e mesmo material com módulo de elasticidade $E = 20 \times 10^6 \text{kN/m}^2$ e coeficiente de dilatação térmica $\alpha = 10^{-5}{}^\circ\text{C}^{-1}$.

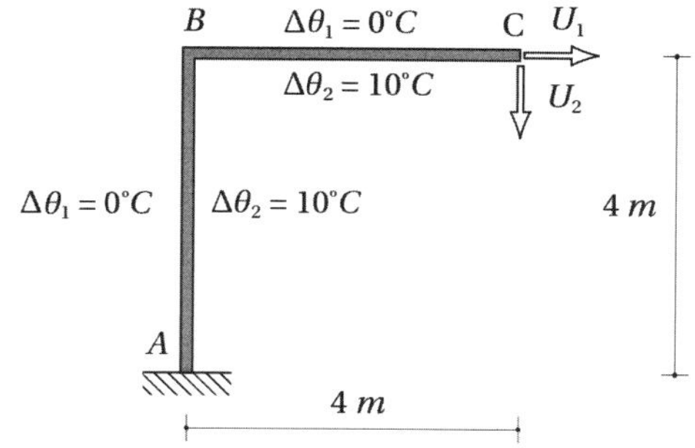

FIG. 3.29 Viga em L sob variação de temperatura

Solução

1. DESLOCAMENTOS E DEFORMAÇÕES REAIS

Representam-se na Fig. 3.30 os deslocamentos U_1 e U_2, e as deformações u' e w''da solução real. As deformações reais são definidas pelas relações

$$u' = \alpha\Delta\theta_0 \qquad -w'' = \frac{\alpha(\Delta\theta_2 - \Delta\theta_1)}{h}$$

com $\Delta\theta_0 = \dfrac{\Delta\theta_2 + \Delta\theta_1}{2}$.

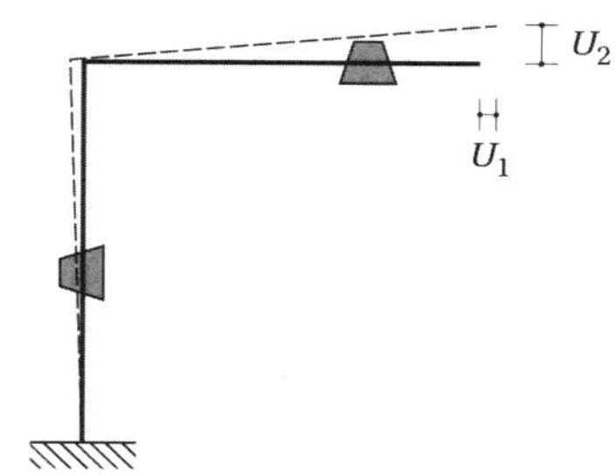

FIG. 3.30 Deslocamentos e deformações reais

2. CÁLCULO DE U_1

O esforço externo ativo virtual, δE_1, para o cálculo de U_1, é a força unitária aplicada no ponto C e na direção de U_1. Apresentam-se na Fig. 3.31 os esforços virtuais necessários para o cálculo de U_1.

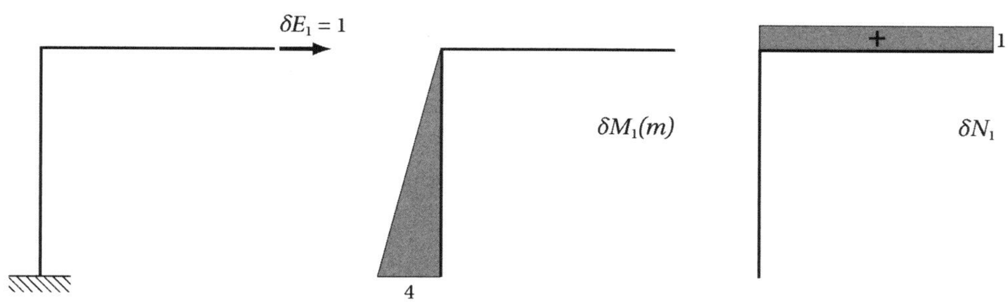

FIG. 3.31 Esforços virtuais para o cálculo de U_1

Considerando-se os esforços virtuais da Fig. 3.31, bem como os deslocamentos e as deformações reais, pode-se escrever:

$$\delta \mathcal{T}_e^* = \delta E_1 U_1 = U_1$$

$$\delta \mathcal{T}_i^* = \int_{\text{estr}} \delta M_1 \left(-w''\right) ds + \int_{\text{estr}} \delta N_1 \left(u'\right) ds$$

$$= \int_{\text{estr}} \delta M_1 \frac{\alpha(\Delta\theta_2 - \Delta\theta_1)}{h} ds + \int_{\text{estr}} \delta N_1\, \alpha\, \Delta\theta_0 ds$$

Assim, com base no teorema dos esforços virtuais, $\delta\mathcal{T}_e^* = \delta\mathcal{T}_i^*$, obtém-se:

$$U_1 = \int_{estr} \delta M_1 \frac{\alpha(\Delta\theta_2 - \Delta\theta_1)}{h} ds + \int_{estr} \delta N_1 \alpha \Delta\theta_0 ds$$

e, ao efetuar-se os cálculos, tem-se:

$$U_1 = -0{,}0020 + 0{,}0002 = -1{,}8 \times 10^{-3}\, m$$

Nota-se que $-0{,}0020\, m$ é a parcela devida à curvatura $w'' = -\dfrac{\alpha(\Delta\theta_2 - \Delta\theta_1)}{h}$. O sinal negativo foi definido conforme procedimento prático apresentado no exemplo 3.2. A segunda parcela, $0{,}0002\, m$, deve-se à deformação $u' = \alpha\Delta\theta_0$ e representa, neste caso, 10% da advinda da curvatura.

3. CÁLCULO DE U_2

O esforço externo ativo virtual, δE_2, para o cálculo de U_2, é a força unitária aplicada no ponto C e na direção de U_2. Apresentam-se na Fig. 3.32 os esforços virtuais necessários para o cálculo de U_2.

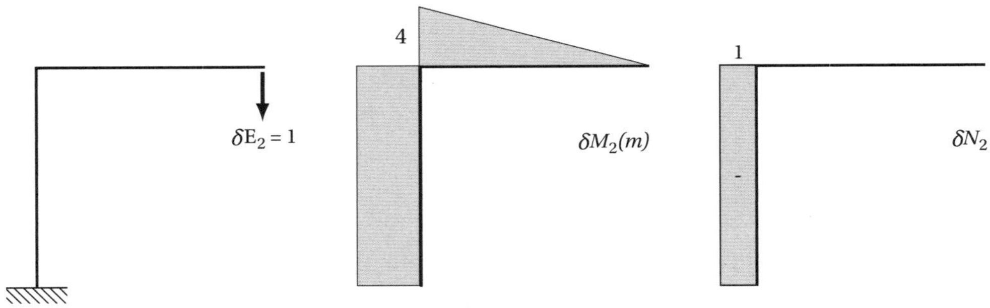

FIG. 3.32 Esforços virtuais para o cálculo de U_2

Considerando-se os esforços virtuais da Fig. 3.32, bem como os deslocamentos e as deformações reais da Fig. 3.30, pode-se escrever:

$$\delta\mathcal{T}_e^* = \delta E_2 U_2 = U_2$$

$$\delta\mathcal{T}_i^* = \int_{estr} \delta M_2 (-w'')\, ds + \int_{estr} \delta N_2 (u')\, ds$$

$$= \int_{estr} \delta M_2 \frac{\alpha(\Delta\theta_2 - \Delta\theta_1)}{h} ds + \int_{estr} \delta N_2\, \alpha\, \Delta\theta_0 ds$$

Assim, com base no teorema dos esforços virtuais, $\delta\mathcal{T}_e^* = \delta\mathcal{T}_i^*$, obtém-se:

$$U_2 = \int_{estr} \delta M_2 \frac{\alpha(\Delta\theta_2 - \Delta\theta_1)}{h} ds + \int_{estr} \delta N_2\, \alpha\, \Delta\theta_0 ds$$

e, ao efetuar-se os cálculos, resulta:

$$U_2 = -0{,}0060 - 0{,}0002 = -6{,}2 \times 10^{-3}\, m$$

Nota-se que $-0{,}0060\, m$ é a parcela devida à curvatura $w'' = -\dfrac{\alpha(\Delta\theta_2 - \Delta\theta_1)}{h}$ e $-0{,}0002\, m$ é a parcela devida à deformação $u' = \alpha\Delta\theta_0$.

Expressões derivadas do teorema dos esforços virtuais para o cálculo de deslocamentos em estruturas reticuladas isostáticas

Os exemplos conceituais apresentados permitem escrever uma expressão para o cálculo de um deslocamento U_j, em uma estrutura reticulada plana sob a ação de esforços externos ativos, variações de temperatura e recalques de apoio, todos atuando no plano da estrutura:

$$\begin{aligned} \delta E_j U_j + \sum_k \delta R_{kj} \hat{D}_k = & \int_{estr} \delta M_j \frac{M}{EI} ds + \int_{estr} \delta N_j \frac{N}{EA} ds \\ & + \int_{estr} \delta M_j \frac{\alpha (\Delta\theta_2 - \Delta\theta_1)}{h} ds + \int_{estr} \delta N_j \alpha \Delta\theta_0 ds \end{aligned} \tag{3.5}$$

No caso de existência de apoios elásticos discretos (molas) na estrutura, a extensão da expressão (3.5) é imediata, ou seja:

$$\begin{aligned} \delta E_j U_j + \sum_k \delta R_{kj} \hat{D}_k = & \int_{estr} \delta M_j \frac{M}{EI} ds + \int_{estr} \delta N_j \frac{N}{EA} ds + \sum_\ell \delta S_{\ell j} \frac{S_\ell}{k_\ell} \\ & + \int_{estr} \delta M_j \frac{\alpha (\Delta\theta_2 - \Delta\theta_1)}{h} ds + \int_{estr} \delta N_j \alpha \Delta\theta_0 ds \end{aligned} \tag{3.6}$$

Igualmente, para o cálculo de um deslocamento U_j em estruturas reticuladas no espaço com apoios elásticos discretos (molas), sob a ação de esforços externos ativos, variações de temperatura e recalques de apoio, infere-se, a partir de (3.6) e do que foi apresentado anteriormente, a seguinte expressão:

$$\begin{aligned} \delta E_j U_j + \sum_k \delta R_{kj} \hat{D}_k = & \int_{estr} \delta M_j \frac{M}{EI} ds + \int_{estr} \delta N_j \frac{N}{EA} ds + \int_{estr} \delta T_j \frac{T}{GI_T} ds \\ & + \sum_\ell \delta S_{\ell j} \frac{S_\ell}{k_\ell} + \int_{estr} \qquad \frac{\alpha (\Delta\theta_2 - \Delta\theta_1)}{h} ds + \int_{estr} \delta N_j \alpha \Delta\theta_0 ds \end{aligned} \tag{3.7}$$

onde, na estrutura isostática analisada:

- U_j é o deslocamento que se deseja calcular;
- δE_j, em geral unitário, é o esforço virtual no ponto de aplicação e na direção do deslocamento U_j;
- $\hat{D}_k$ é o recalque de apoio na direção do vínculo k;
- δR_{kj} é a reação de apoio virtual na direção do vínculo k, decorrente de δE_j;
- δM_j, δN_j e δT_j são as distribuições virtuais de momentos fletores, forças normais e momentos torçores decorrrentes de δE_j;
- $\delta S_{\ell j}$ é a força virtual na mola ℓ decorrente de δE_j;
- S_ℓ é a força na mola ℓ decorrente do carregamento real;
- k_ℓ é o coeficiente de rigidez da mola ℓ;

- M, N e T são as distribuições de momentos fletores, forças normais e momentos torçores decorrentes do carregamento real;
- $\Delta\theta_0$ é a distribuição ao longo do eixo da barra, da variação de temperatura no centro de gravidade da seção transversal;
- $(\Delta\theta_2 - \Delta\theta_1)$ é a distribuição ao longo do eixo da barra, da diferença entre as variações de temperatura em faces opostas da seção transversal.

Na teoria de barra de Bernoulli-Euler, desprezam-se os efeitos de força cortante no cálculo dos deslocamentos. Caso se deseje considerá-los (adotando, por exemplo, a teoria de barras de Timoshenko), tem-se de adicionar a parcela:

$$\int_{\text{estr}} \delta V \frac{V}{GA^*} ds$$

onde:

- δV é a distribuição de forças cortantes virtuais decorrente de δE;
- V é a distribuição de forças cortantes decorrente do carregamento real;
- A^* é a área reduzida da seção transversal com $A^* = \alpha A$, onde α é um fator de correção para levar em conta a distribuição não uniforme da tensão de cisalhamento na seção transversal.

Todos os exemplos que se apresentam neste texto admitem a hipótese H1 da teoria de barra de Bernoulli-Euler e, nessas condições, as parcelas correspondentes ao efeito da força cortante são nulas.

Catedral Notre Dame de Paris *(1177-1240)*

sistema estrutural: **arcobotante e abóbada gótica**

4 Análise de estruturas hiperestáticas pelo método dos esforços

Uma aplicação notável do teorema dos esforços virtuais é aquela que propicia a análise de estruturas hiperestáticas pelo método dos esforços.

A formulação das equações correspondentes ao método dos esforços pode ser conduzida de maneiras conceitualmente distintas, conforme as leituras que se façam do teorema dos esforços virtuais ou do seu teorema recíproco. A seguir, apresenta-se a mais simples e de uso mais corrente na literatura.

Inicialmente, estabelece-se um conjunto de soluções equilibradas que contém a solução real da estrutura hiperestática. Isso é feito suprimindo-se, arbitrária mas convenientemente, vínculos externos ou internos, em número igual ao grau de hiperestaticidade, n, e introduzindo-se os esforços hiperestáticos, ainda incógnitos, correspondentes aos vínculos retirados. Assim, tem-se uma estrutura chamada isostática fundamental, submetida às mesmas ações externas que atuam sobre a estrutura hiperestática e, ainda, aos n esforços hiperestáticos, denominados incógnitas hiperestáticas.

A cada conjunto de n valores das incógnitas hiperestáticas corresponderá uma solução equilibrada, o que permite definir o conjunto de todas as soluções equilibradas associado a uma particular isostática fundamental.

Entre as infinitas soluções equilibradas, definidas na isostática fundamental, a solução real da estrutura hiperestática será aquela que também for compatível, ou seja, a que satisfizer às n condições de contorno impostas pelos vínculos retirados da estrutura hiperestática.

Isto se faz calculando-se, na isostática fundamental, pelo teorema dos esforços virtuais, os n deslocamentos U_i conjugados às incógnitas hiperestáticas X_i, decorrentes das ações externas e das incógnitas hiperestáticas, e estabelecendo-se que sejam iguais aos deslocamentos impostos $\hat{U}_i$ nos vínculos correspondentes da estrutura hiperestática original.

Essas n equações, $U_i = \hat{U}_i$, são chamadas equações reduzidas de compatibilidade e a sua resolução leva à determinação das incógnitas hiperestáticas X_i, ou seja, ao levantamento da indeterminação estática da estrutura original, e, portanto, à solução real do problema, que será equilibrada e compatível.

Como a escolha da isostática fundamental é arbitrária pode-se sintetizar o método dos esforços por:

> *Entre todas as soluções equilibradas, a solução real será aquela também compatível.*

4.1 Exemplos

A seguir, apresenta-se uma série de exemplos conceituais resolvidos pela aplicação do procedimento acima descrito à viga engastada-apoiada em regime elástico linear, submetida a ações externas: esforços externos ativos, variações de temperatura e recalques de apoio.

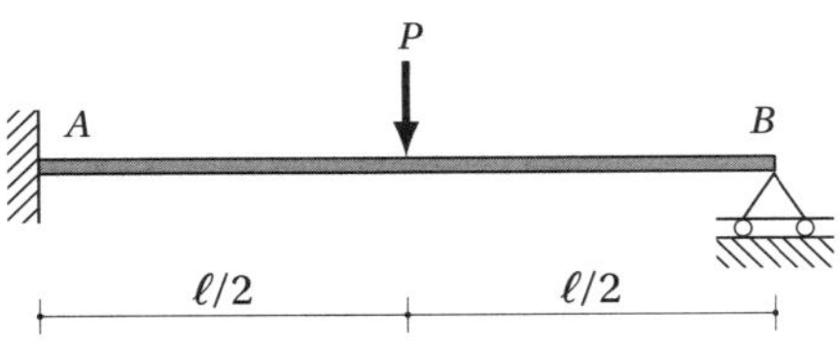

FIG. 4.1 Viga engastada-apoiada submetida a força concentrada

Exemplo 4.1

Resolver a viga engastada-apoiada submetida a força concentrada, conforme se apresenta na Fig. 4.1. A viga é prismática, com seção transversal de momento de inércia I, e constituída de material com módulo de elasticidade E.

Solução

1. Soluções equilibradas

A viga engastada-apoiada tem grau de hiperestaticidade igual a um. A escolha da isostática fundamental é arbitrária, e neste exemplo adota-se a viga engastada que resulta da supressão do vínculo em B da viga engastada-apoiada.

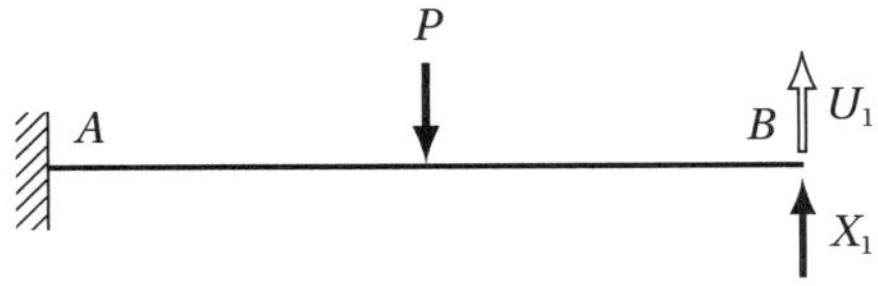

FIG. 4.2 Isostática fundamental sob ações externas

A definição de um conjunto de soluções equilibradas que contém a solução real é feita na viga engastada submetida a carga concentrada e à incógnita hiperestática X_1, conforme se mostra na Fig. 4.2, na qual U_1 representa o deslocamento no ponto de aplicação e na direção de X_1.

Portanto, a cada valor de X_1 está associado um valor de U_1 de uma solução equilibrada. Entre essas soluções equilibradas, a solução real da viga engastada-apoiada será aquela que satisfizer à equação reduzida de compatibilidade $U_1 = \hat{U}_1 = 0$.

O cálculo de U_1 ou de qualquer outro deslocamento na isostática fundamental pode ser feito pela aplicação direta de (3.5) ou pela aplicação conceitual do teorema dos esforços virtuais, que é o procedimento adotado nesta série de exemplos.

Assim, calculam-se as deformações $u' = \dfrac{N}{EA}$ e $w'' = -\dfrac{M}{EI}$ na isostática fundamental submetida a carga concentrada e à incógnita hiperestática X_1. Como, nesse caso, $N = 0$, é necessário obter apenas a distribuição de momentos fletores para a determinação de w''. Essa distribuição é convenientemente definida por $M = M_0 + X_1 M_1$, onde, conforme se mostra na Fig. 4.3:

- M_0 é a distribuição de momentos fletores na isostática fundamental, decorrente da força concentrada;
- M_1 é a distribuição de momentos fletores na isostática fundamental, decorrente de $X_1 = 1$.

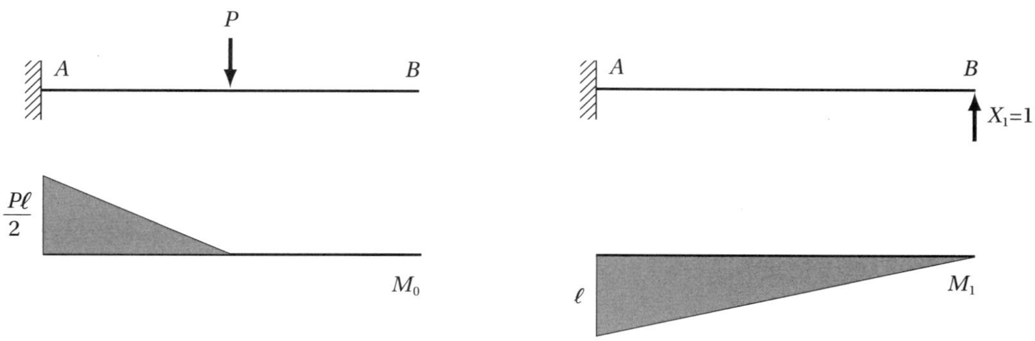

FIG. 4.3 Momentos fletores na isostática fundamental

2. EQUAÇÃO REDUZIDA DE COMPATIBILIDADE $U_1 = 0$

Inicialmente, trata-se do cálculo de U_1.

Na Fig. 4.4, apresentam-se os esforços virtuais para o cálculo de U_1, convenientemente definidos na própria isostática fundamental. Essa conveniência se traduz por selecionar para esforço externo ativo virtual $\delta X_1 = 1$.

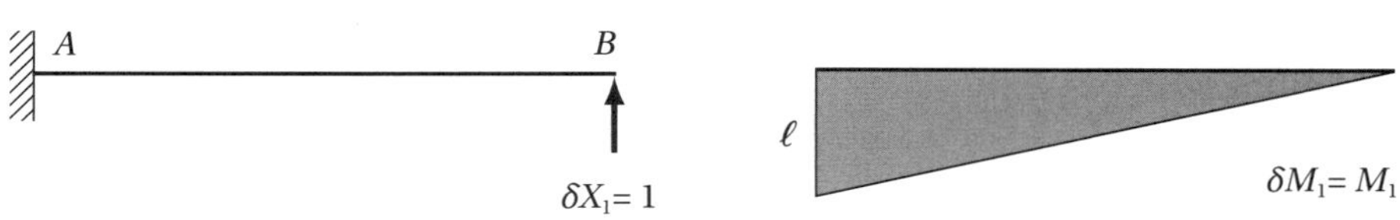

FIG. 4.4 Esforços virtuais para o cálculo de U_1

Para determinar U_1, consideram-se os esforços virtuais da Fig. 4.4 e os deslocamentos e as deformações na isostática fundamental submetida a carga concentrada e à incógnita hiperestática X_1. Assim, pode-se escrever:

$$\delta\mathcal{T}_e^* = \delta X_1 U_1 = U_1$$

$$\delta\mathcal{T}_i^* = \int_0^\ell \delta M_1\left(-w''\right)dx = \int_0^\ell \delta M_1 \frac{M}{EI}dx = \int_0^\ell M_1 \frac{(M_0 + X_1 M_1)}{EI}dx \qquad \textbf{(a)}$$

$$= \int_0^\ell M_1 \frac{M_0}{EI}dx + X_1 \int_0^\ell M_1 \frac{M_1}{EI}dx$$

Observa-se na expressão (a) que se usou a informação $\delta M_1 = M_1$, visto que as distribuições de momentos fletores na isostática fundamental, decorrente do carregamento $\delta X_1 = 1$ e do carregamento $X_1 = 1$, são idênticas.

Assim, com base no teorema dos esforços virtuais, $\delta\mathcal{T}_e^* = \delta\mathcal{T}_i^*$, obtém-se:

$$U_1 = \int_0^\ell \frac{M_1 M_0}{EI}dx + X_1 \int_0^\ell \frac{M_1 M_1}{EI}dx$$

É conveniente colocar a expressão de U_1 na forma:

$$U_1 = U_{10} + X_1 F_{11}$$

com as seguintes interpretações geométricas de seus termos:

- $U_{10} = \int_0^\ell \frac{M_1 M_0}{EI}dx$ é a parcela de U_1, ou do deslocamento no ponto de aplicação e na direção de X_1, decorrente da carga concentrada;
- $F_{11} = \int_0^\ell \frac{M_1 M_1}{EI}dx$ é a parcela de U_1, ou do deslocamento no ponto de aplicação e na direção de X_1, decorrente de $X_1 = 1$.

Pode-se agora escrever a equação reduzida de compatibilidade $U_1 = \hat{U}_1$, ou seja:

$$U_{10} + F_{11} X_1 = 0 \qquad \textbf{(b)}$$

onde $\hat{U}_1 = 0$ é o deslocamento especificado no ponto B, correspondente ao vínculo suprimido da viga engastada-apoiada.

3. Solução real da viga engastada-apoiada

A Eq. (b) permite escolher, entre todas as soluções equilibradas na isostática fundamental, a que satisfaz à equação reduzida de compatibilidade $U_1 = \hat{U}_1$, ou $U_{10} + F_{11} X_1 = 0$, que será a solução equilibrada e compatível e, portanto, a solução real da viga hiperestática engastada-apoiada sob a ação de carga concentrada.

Como

$$U_{10} = \int_0^\ell \frac{M_1 M_0}{EI}dx = -\frac{5P\ell^3}{48EI} \qquad F_{11} = \int_0^\ell \frac{M_1 M_1}{EI}dx = \frac{\ell^3}{3EI}$$

obtém-se o valor da incógnita hiperestática:

$$X_1 = \frac{5P}{16}$$

que conduz à solução real da viga engastada-apoiada submetida a carga concentrada, caracterizada na Fig. 4.5 pela reação do vínculo em B, escolhida como incógnita hiperestática, e pelo diagrama real de momentos fletores.

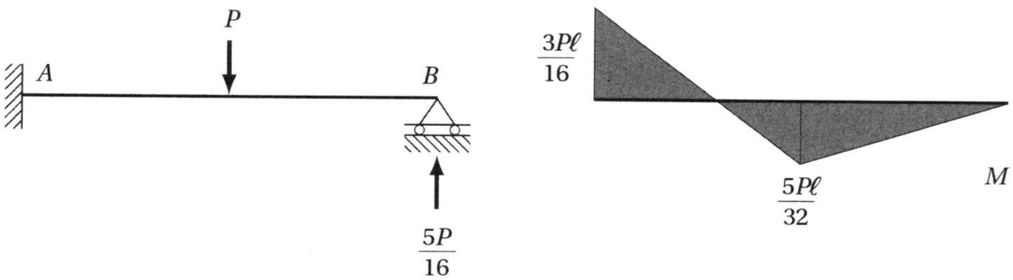

FIG. 4.5 Resultados na viga engastada-apoiada sob a ação de carga concentrada

Apresentam-se na Fig. 4.6 a configuração deformada do eixo da viga, as reações de apoio e o diagrama de momentos fletores de uma viga prismática engastada-apoiada de concreto, com $E = 20 \times 10^6\,\mathrm{kN/m^2}$, comprimento $\ell = 5\,m$, seção transversal retangular de $(0{,}15 \times 0{,}40)\,m^2$ e solicitada por carga concentrada $P = 10\,\mathrm{kN}$. O cálculo dos valores dos deslocamentos apresentados na Fig. 4.6 será objeto de estudo no próximo capítulo; o valor da rotação em B, $4{,}8 \times 10^{-4}$ *rad*, será obtido no exemplo 5.1.

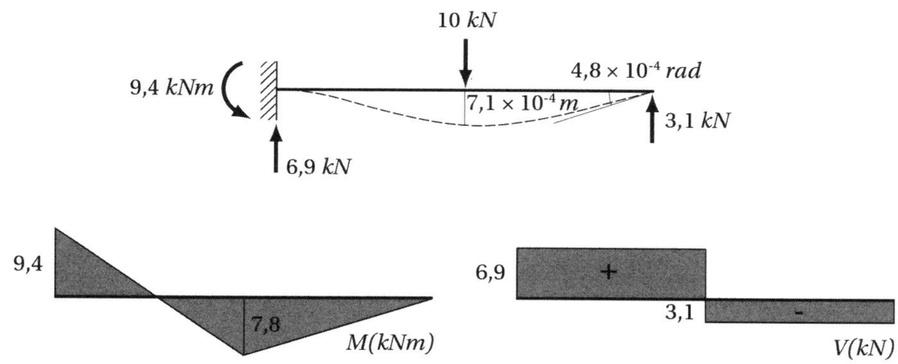

FIG. 4.6 Resultados na viga engastada-apoiada

Exemplo **4.2**

Resolver a viga engastada-apoiada submetida à variação de temperatura indicada na Fig. 4.7. A viga é prismática, com seção transversal de altura h, momento de inércia I, e de material com módulo de elasticidade E e coeficiente de dilatação térmica α.

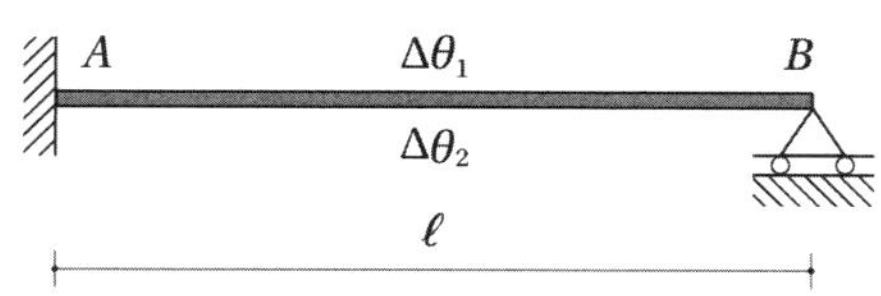

FIG. 4.7 Viga engastada-apoiada sob a ação de variação da temperatura

Solução

1. SOLUÇÕES EQUILIBRADAS

Como se viu no exemplo 4.1, a viga engastada-apoiada tem grau de hiperestaticidade igual a um. Adota-se a mesma isostática fundamental: a viga engastada.

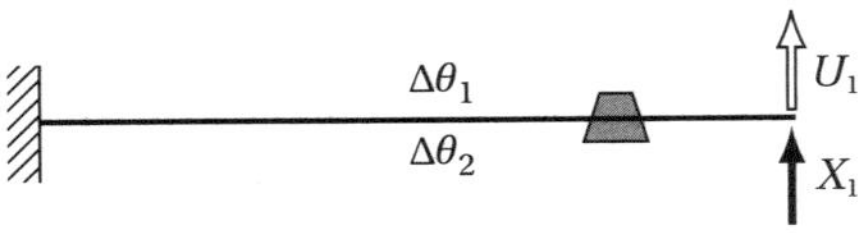

FIG. 4.8 Isostática fundamental sob ações externas

Assim, a definição de um conjunto de soluções equilibradas que contém a solução real é feita na viga engastada submetida à ação de variação de temperatura e da incógnita hiperestática X_1, conforme se mostra na Fig. 4.8.

A cada valor de X_1 está associado um valor de U_1 de uma solução equilibrada. Entre essas soluções equilibradas, a solução real da viga engastada-apoiada será a que satisfizer à equação reduzida de compatibilidade $U_1 = 0$.

Para o cálculo de U_1, ou de qualquer outro deslocamento, é necessário estabelecer as deformações u' e w'' para o conjunto das soluções equilibradas na isostática fundamental, que, sob a ação da variação de temperatura e da incógnita hiperestática, são dadas por:

$$u' = u'_{\Delta\theta_0} + u'_N \qquad w'' = w''_{\Delta\theta} + w''_M \tag{a}$$

com:

$$u'_{\Delta\theta_0} = \alpha\Delta\theta_0 \qquad u'_N = \frac{N}{EA}$$

$$w''_{\Delta\theta} = -\frac{\alpha(\Delta\theta_2 - \Delta\theta_1)}{h} \qquad w''_M = -\frac{M}{EI}$$

Neste caso, tem-se:

$$N = 0 \qquad M = X_1 M_1 \tag{b}$$

e a Fig. 4.9 apresenta o diagrama de momentos fletores M_1.

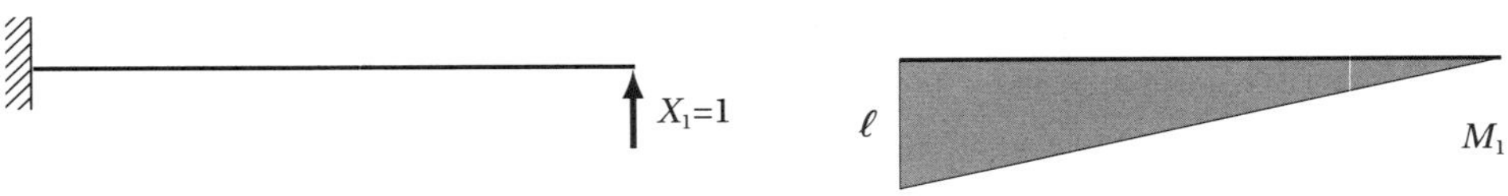

FIG. 4.9 Momentos fletores na isostática fundamental decorrentes de $X_1 = 1$

2. EQUAÇÃO REDUZIDA DE COMPATIBILIDADE $U_1 = 0$

Inicialmente, trata-se do cálculo de U_1.

Na Fig. 4.10 estão os esforços virtuais para o cálculo de U_1.

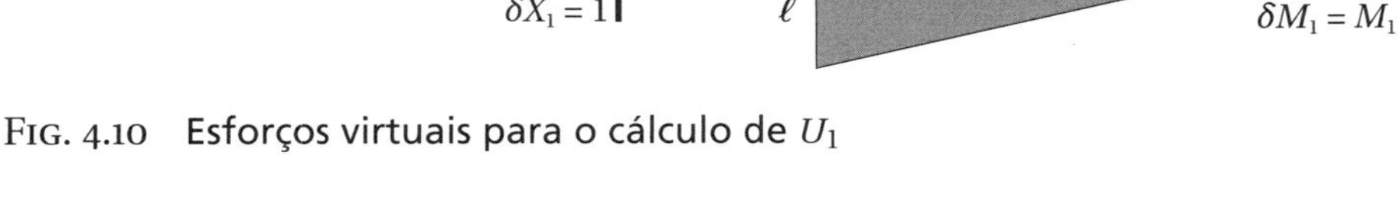

FIG. 4.10 Esforços virtuais para o cálculo de U_1

Como $\delta N_1 = 0$, pode-se escrever:

$$\delta\mathcal{T}_e^* = \delta X_1 U_1 = U_1$$

$$\delta \mathcal{T}_i^* = \int_0^\ell \delta N_1 \left(u'\right) dx + \int_0^\ell \delta M_1 \left(-w''\right) dx = \int_0^\ell \delta M_1 \left(-w''\right) dx$$

ou, introduzindo-se (a) e (b), e como $\delta M_1 = M_1$, obtém-se:

$$\begin{aligned}\delta \mathcal{T}_i^* &= \int_0^\ell \delta M_1 \left(\frac{\alpha\left(\Delta\theta_2 - \Delta\theta_1\right)}{h} + \frac{M}{EI}\right) dx \\ &= \int_0^\ell M_1 \frac{\alpha\left(\Delta\theta_2 - \Delta\theta_1\right)}{h} dx + \int_0^\ell M_1 \frac{X_1 M_1}{EI} dx\end{aligned}$$

Assim, com base no teorema dos esforços virtuais, $\delta \mathcal{T}_e^* = \delta \mathcal{T}_i^*$, tem-se:

$$U_1 = \int_0^\ell M_1 \frac{\alpha\left(\Delta\theta_2 - \Delta\theta_1\right)}{h} dx + X_1 \int_0^\ell M_1 \frac{M_1}{EI} dx$$

É conveniente colocar a expressão de U_1 na forma $U_1 = U_{1\theta} + F_{11} X_1$, com as seguintes interpretações geométricas de seus termos:

- $U_{1\theta} = \int_0^\ell M_1 \frac{\alpha\left(\Delta\theta_2 - \Delta\theta_1\right)}{h} dx$ é a parcela de U_1, ou do deslocamento no ponto de aplicação e na direção de X_1, decorrente da variação de temperatura;
- $F_{11} = \int_0^\ell \frac{M_1 M_1}{EI} dx$ é a parcela de U_1, ou do deslocamento no ponto de aplicação e na direção de X_1, decorrente de $X_1 = 1$, com a mesma interpretação do exemplo 4.1.

Pode-se agora escrever a equação reduzida de compatibilidade $U_1 = \hat{U}_1$, ou seja:

$$U_{1\theta} + F_{11} X_1 = 0 \tag{c}$$

onde $\hat{U}_1 = 0$ é o deslocamento especificado no ponto B, correspondente ao vínculo suprimido na viga engastada-apoiada.

3. Solução real da viga engastada-apoiada

A Eq. (c) permite escolher, entre todas as soluções equilibradas na isostática fundamental, aquela que satisfaz à equação reduzida de compatibilidade $U_{1\theta} + F_{11} X_1 = 0$ e que será a solução equilibrada e compatível e, portanto, a solução real da viga engastada-apoiada sob a ação de variação da temperatura.

Ao considerar-se que:

$$U_{1\theta} = \frac{\alpha\left(\Delta\theta_2 - \Delta\theta_1\right)}{h} \frac{\ell^2}{2}, \quad F_{11} = \frac{\ell^3}{3EI},$$

obtém-se o valor da incógnita hiperestática

$$X_1 = \frac{3}{2} \frac{\alpha\left(\Delta\theta_1 - \Delta\theta_2\right) EI}{\ell h},$$

que conduz à solução real da viga engastada-apoiada sob ação de variação da temperatura, caracterizada na Fig. 4.11 pela reação do vínculo em B, escolhida como incógnita hiperestática, e pelo seu diagrama de momentos fletores.

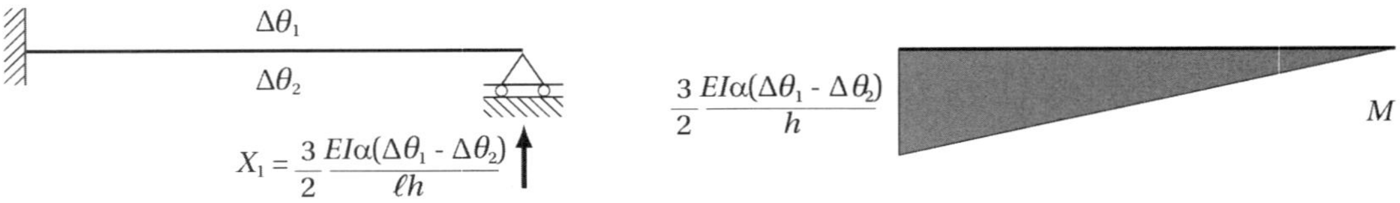

FIG. 4.11 Resultados na viga engastada-apoiada sob a ação de variação da temperatura

Na Fig. 4.12, apresentam-se a configuração deformada do eixo da viga, as reações de apoio e o diagrama de momentos fletores de uma viga prismática engastada-apoiada de concreto, com $E = 20 \times 10^6$ kN/m^2, coeficiente de dilatação térmica $\alpha = 10^{-5}$°C^{-1}, comprimento $\ell = 5\,m$, seção transversal retangular, de $(0{,}15 \times 0{,}40)\;m^2$ e solicitada pela variação da temperatura $\Delta\theta_1 = -10$°C e $\Delta\theta_2 = +10$°C.

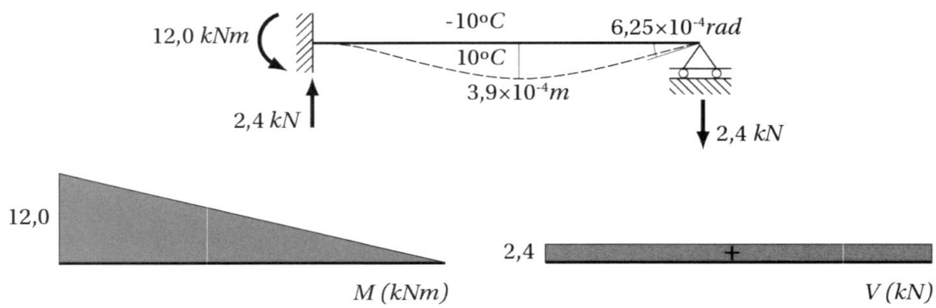

FIG. 4.12 Resultados na viga engastada-apoiada sob a ação de variação da temperatura

Exemplo **4.3**

Resolver a viga engastada-apoiada submetida a recalques de apoio, conforme se indica na Fig. 4.13. A viga é prismática, com momento de inércia I, e de material com módulo de elasticidade E.

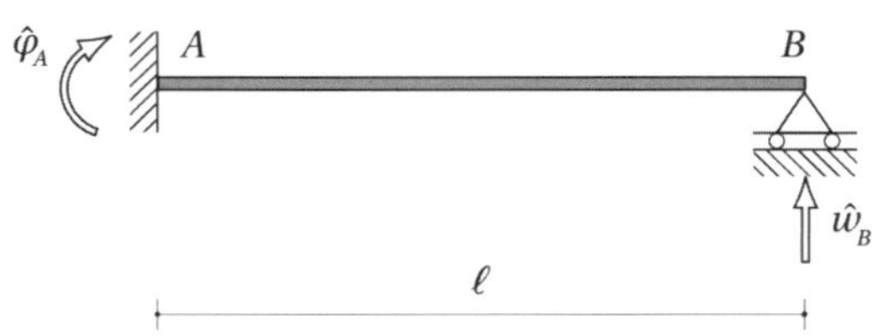

FIG. 4.13 Viga engastada-apoiada submetida a recalques de apoio

Solução

A solução deste exemplo segue o procedimento descrito nos dois exemplos anteriores.

1. SOLUÇÕES EQUILIBRADAS

Adota-se a viga engastada como isostática fundamental. Assim, a definição de um conjunto de soluções equilibradas é efetuada na viga engastada submetida ao recalque de apoio em A, $\hat{\varphi}_A$, e à incógnita hiperestática X_1, conforme se mostra na Fig. 4.14.

FIG. 4.14 Isostática fundamental sob ações externas

A cada valor de X_1 está associado um valor de U_1 de uma solução equilibrada. Entre as soluções equilibradas, será a solução real da viga engastada-apoiada aquela que satisfizer à equação reduzida de compatibilidade $U_1 = \hat{w}_B$.

Para o cálculo de U_1, ou de qualquer outro deslocamento, é necessário explicitar as deformações u' e w'' para o conjunto das soluções equilibradas na isostática fundamental, que, neste caso, tomam a forma:

$$u' = u'_R + u'_N \qquad w'' = w''_R + w''_M$$

com

$$u'_R = 0 \quad u'_N = \frac{N}{EA}$$
$$w''_R = 0 \quad w''_M = -\frac{M}{EI}$$

Os recalques de apoio não provocam deformação em estruturas isostáticas, condição caracterizada por $u'_R = 0$ e $w''_R = 0$.

As distribuições de esforços solicitantes são expressas por $N = 0$, $M = X_1 M_1$ e o diagrama de M_1, em conjunto com as reações de apoio, são apresentados na Fig. 4.15.

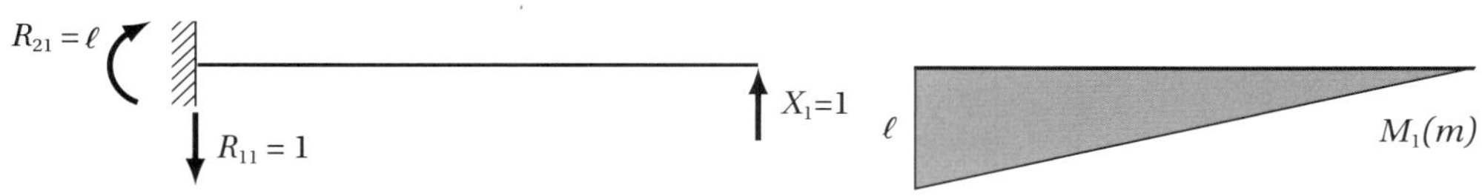

FIG. 4.15 Diagrama de momentos fletores M_1 e reações de apoio R_{i1} na isostática fundamental, decorrentes de $X_1 = 1$

2. EQUAÇÃO REDUZIDA DE COMPATIBILIDADE $U_1 = \hat{w}_B$

Inicialmente, trata-se do cálculo de U_1.

Apresentam-se na Fig. 4.16 os esforços virtuais na isostática fundamental para o cálculo de U_1.

FIG. 4.16 Esforços virtuais na isostática fundamental para o cálculo de U_1

Como $\delta R_{i1} = R_{i1}$ e $\delta M_1 = M_1$, pode-se escrever:

$$\delta \mathcal{T}_e^* = \delta X_1 U_1 + \sum_{i=1}^{3} \delta R_{i1} \hat{D}_i = U_1 + \sum_{i=1}^{3} R_{i1} \hat{D}_i$$

$$\delta \mathcal{T}_i^* = \int_0^\ell \delta M_1 \frac{M}{EI} dx = \int_0^\ell M_1 \frac{X_1 M_1}{EI} dx$$

onde $\hat{D}_i$ são os recalques de apoio nos vínculos da isostática fundamental.

Com base no teorema dos esforços virtuais, $\delta \mathcal{T}_e^* = \delta \mathcal{T}_i^*$, obtém-se:

$$U_1 + \sum_{i=1}^{3} R_{i1} \hat{D}_i = X_1 \int_0^\ell M_1 \frac{M_1}{EI} dx$$

É conveniente colocar a expressão de U_1 na forma:

$$U_1 = U_{1R} + F_{11} X_1$$

com a seguinte interpretação geométrica de seus termos:

- $U_{1R} = -\sum_{i=1}^{3} R_{i1} \hat{D}_i$ é a parcela de U_1, ou do deslocamento no ponto de aplicação e na direção de X_1, decorrente dos recalques de apoio;
- $F_{11} = \int_0^\ell \frac{M_1 M_1}{EI} dx$ é a parcela de U_1, ou do deslocamento no ponto de aplicação e na direção de X_1, decorrente de $X_1 = 1$, com a mesma interpretação do exemplo 4.1.

Pode-se agora se estabelecer a equação reduzida de compatibilidade $U_1 = \hat{U}_1$, ou seja:

$$U_{1R} + F_{11} X_1 = \hat{w}_B \tag{a}$$

onde $\hat{U}_1 = \hat{w}_B$ é o deslocamento especificado no ponto B, correspondente ao vínculo suprimido na viga engastada-apoiada.

Observa-se que o efeito do recalque $\hat{\varphi}_A$ manifesta-se em $U_{1R} = -\sum_{i=1}^{3} R_{i1} \hat{D}_i$, definido na isostática fundamental, e o efeito do recalque $\hat{w}_B$ manifesta-se em $\hat{U}_1$, que é a condição de contorno em B, na viga engastada-apoiada.

3. Solução real na viga engastada-apoiada

A Eq. (a) permite escolher, entre todas as soluções equilibradas na isostática fundamental, aquela que satisfaz à equação reduzida de compatibilidade $U_{1R} + F_{11} X_1 = \hat{w}_B$, e que será a solução equilibrada e compatível e, portanto, a solução real da viga engastada-apoiada sob a ação de recalques de apoio.

Considerando-se que

$$U_{1R} = -\ell \hat{\varphi}_A \qquad F_{11} = \frac{\ell^3}{3EI} \qquad \hat{U}_1 = \hat{w}_B$$

obtém-se:

$$X_1 = \frac{3EI}{\ell^2} \hat{\varphi}_A + \frac{3EI}{\ell^3} \hat{w}_B,$$

o que levanta a indeterminação estática da viga engastada-apoiada. As duas parcelas de X_1, $\frac{3EI}{\ell^2} \hat{\varphi}_A$ e $\frac{3EI}{\ell^3} \hat{w}_B$, resultam da superposição dos efeitos recalque angular de apoio em A e recalque linear de apoio em B, respectivamente.

Na Fig. 4.17 estão alguns resultados da solução real da viga engastada--apoiada sob a ação de recalques de apoio.

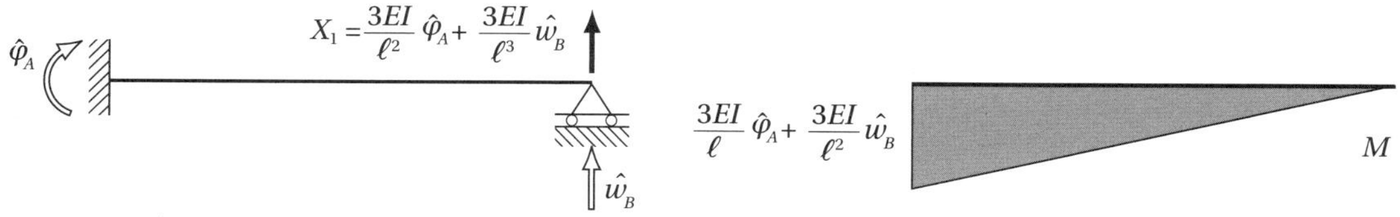

FIG. 4.17 Resultados na viga engastada-apoiada sob a ação de recalques de apoio

Na Fig. 4.18, apresentam-se a configuração deformada do eixo da viga, as reações de apoio e o diagrama de momentos fletores de uma viga prismática engastada-apoiada de concreto, com $E = 20 \times 10^6\,\mathrm{kN/m^2}$, comprimento $\ell = 5\,m$, seção transversal retangular, de $(0{,}15 \times 0{,}40)\,m^2$ e solicitada por recalques de apoio com $\hat{\varphi}_A = 0{,}001\,\mathrm{rd}$ e $\hat{w}_\mathrm{B} = 0{,}002\,m$.

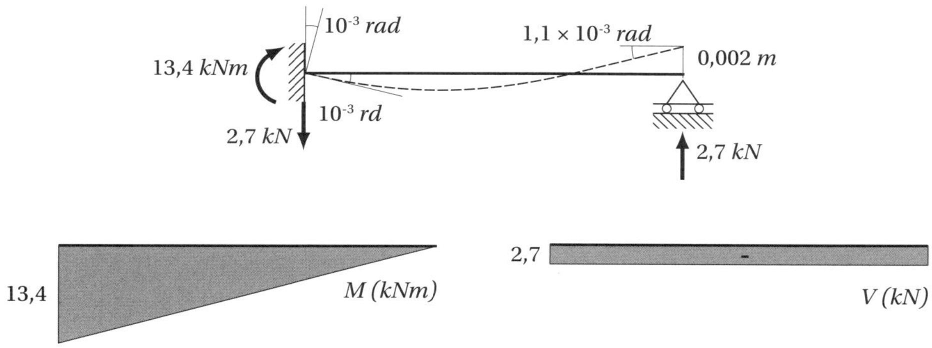

FIG. 4.18 Resultados em viga engastada-apoiada de concreto submetida a recalques de apoio

Os exemplos apresentados a seguir consideram diversas estruturas reticuladas no plano e no espaço, em regime elástico linear e em diversas situações de solicitação, e visam ao aprofundamento do tratamento conceitual do método dos esforços na resolução de estruturas hiperestáticas, pela aplicação do teorema dos esforços virtuais.

Exemplo 4.4

Traçar os diagramas dos esforços solicitantes no pórtico "em L" solicitado por esforços externos ativos, variação de temperatura e recalques de apoio, conforme se mostra na Fig. 4.19. As barras da viga são prismáticas, com mesma seção transversal retangular $(b \times h)$ e mesmo material com módulo de elasticidade E e coeficiente de dilatação térmica α.

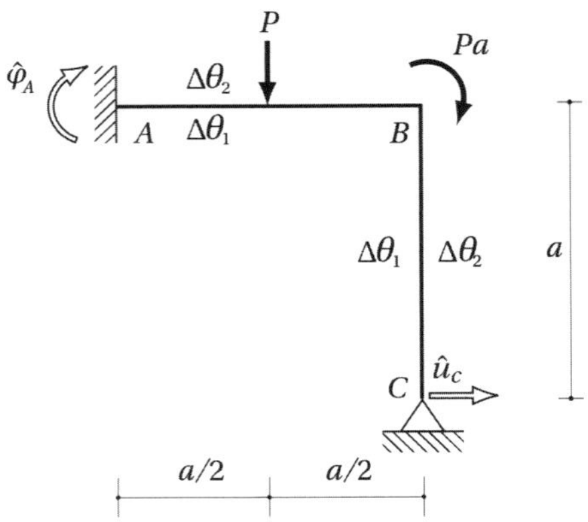

FIG. 4.19 Pórtico "em L" submetido a esforços externos ativos, variações de temperatura e recalques de apoio

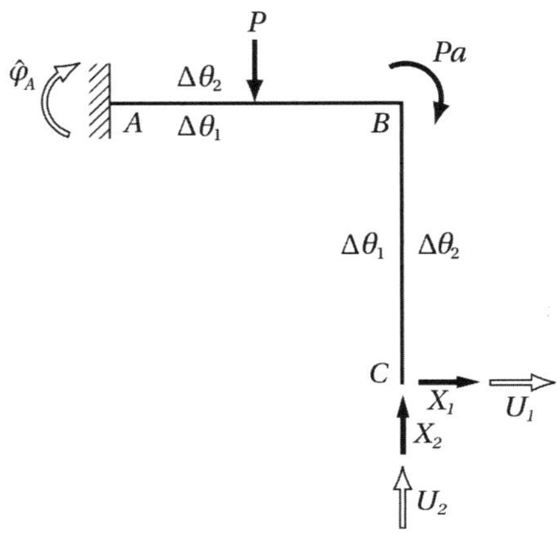

FIG. 4.20 Isostática fundamental: ações externas do pórtico e incógnitas hiperestáticas

Solução

1. SOLUÇÕES EQUILIBRADAS

O pórtico apresenta grau de hiperestaticidade igual a dois. Assim, para definir a isostática fundamental, retiram-se, por escolha arbitrária, os dois vínculos que impedem o deslocamento linear em C. Representam-se na Fig. 4.20 a isostática fundamental, as mesmas ações externas do pórtico, as incógnitas hiperestáticas, X_1 e X_2, e os deslocamentos, U_1 e U_2, nos pontos de aplicação e nas direções de X_1 e X_2.

Assim, a cada par de valores (X_1, X_2) está associado um par de valores (U_1, U_2) de uma solução equilibrada. A solução real do pórtico "em L" será a solução equilibrada que satisfizer às equações reduzidas de compatibilidade:

$$U_1 = \hat{u}_c \quad \text{e} \quad U_2 = 0$$

Para o cálculo de qualquer deslocamento na isostática fundamental, é necessário estabelecer as expressões das deformações para o conjunto das soluções equilibradas, ou seja:

$$\begin{aligned} -w'' &= -w''_{\Delta\theta} - w''_M = \frac{\alpha(\Delta\theta_2 - \Delta\theta_1)}{h} + \frac{M}{EI} \\ u' &= u'_{\Delta\theta_0} + u'_N = \alpha\frac{(\Delta\theta_2 + \Delta\theta_1)}{2} + \frac{N}{EA} \end{aligned} \qquad \text{(a)}$$

com as distribuições de esforços solicitantes convenientemente decompostas nas parcelas decorrentes dos esforços externos ativos e de cada uma das incógnitas hiperestáticas, ou seja:

$$\begin{aligned} M &= M_0 + M_1X_1 + M_2X_2 \\ N &= N_0 + N_1X_1 + N_2X_2 \end{aligned} \qquad \text{(b)}$$

As Figs. 4.21 a 4.23 apresentam as distribuições de momentos fletores e forças normais na isostática fundamental, decorrente dos esforços externos ativos, da incógnita hiperestática $X_1 = 1$ e da incógnita hiperestática $X_2 = 1$.

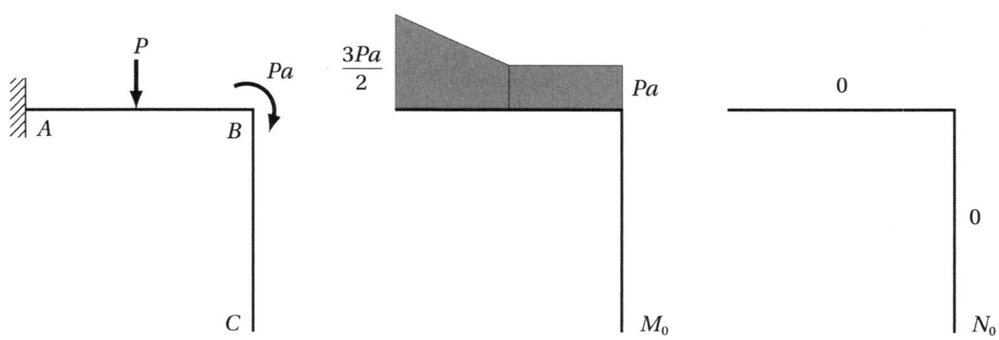

FIG. 4.21 Diagramas de esforços solicitantes decorrentes dos esforços externos ativos na isostática fundamental

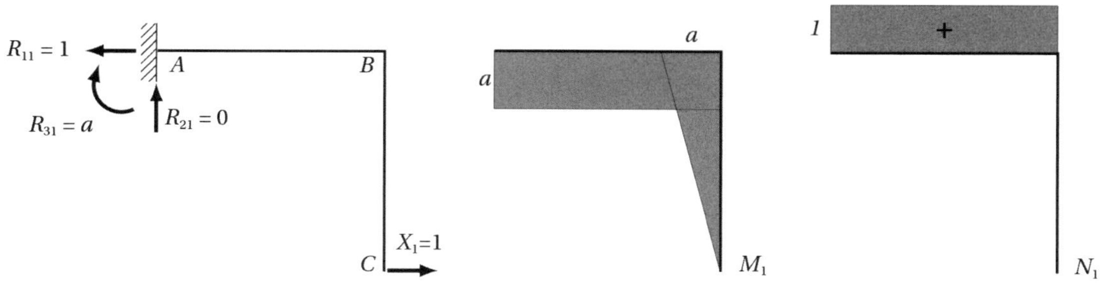

FIG. 4.22 Reações de apoio e diagramas de esforços solicitantes decorrentes de $X_1 = 1$ na isostática fundamental

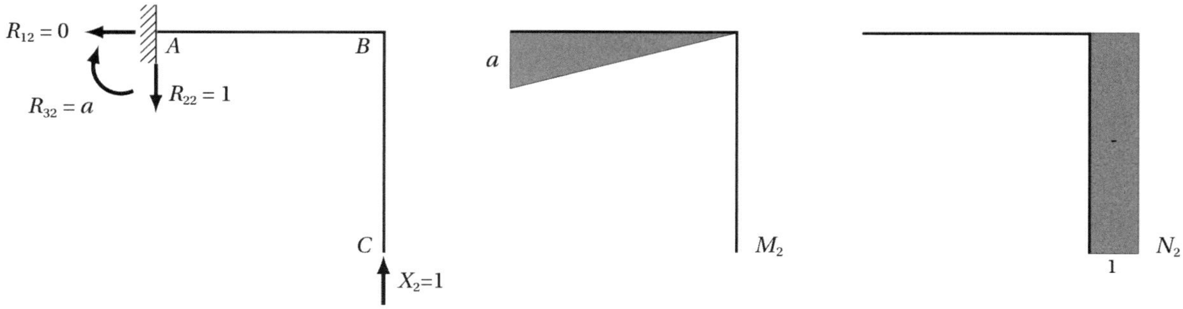

FIG. 4.23 Reações de apoio e diagramas de esforços solicitantes decorrentes de $X_2 = 1$ na isostática fundamental

Apresentam-se na Fig. 4.24 as distribuições nas barras das temperaturas e das deformações $w''_{\Delta\theta}$ e $u'_{\Delta\theta_0}$. Observa-se que as curvaturas estão indicadas de modo que se permita identificar o sinal dos produtos $\left(-w''_{\Delta\theta}\right)\delta M$, conforme se estudou no exemplo 3.2.

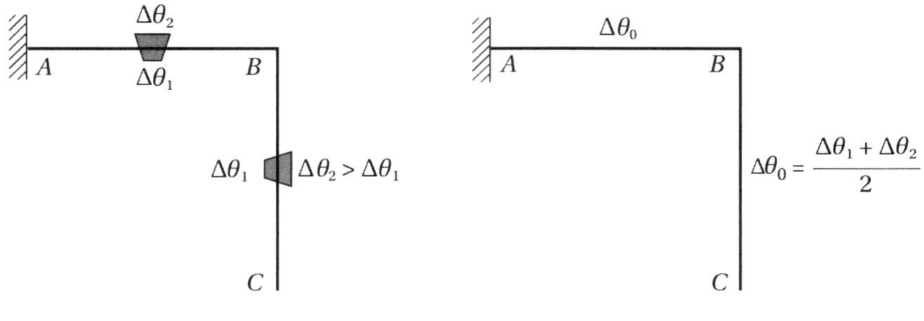

FIG. 4.24 Distribuição das temperaturas e das deformações $w''_{\Delta\theta}$ na isostática fundamental

2. PRIMEIRA EQUAÇÃO REDUZIDA DE COMPATIBILIDADE $U_1 = \hat{u}_c$

Representam-se na Fig. 4.25 os esforços virtuais na isostática fundamental necessários para o cálculo de U_1.

Assim, considerando-se os esforços virtuais da Fig. 4.25 e os deslocamentos e as deformações das soluções equilibradas, pode-se escrever:

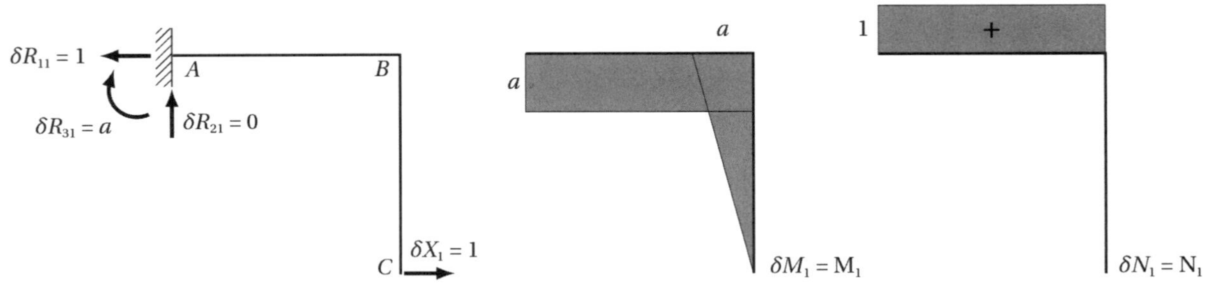

FIG. 4.25 **Esforços virtuais para o cálculo de U_1 na isostática fundamental**

$$\delta\mathcal{T}_e^* = \delta X_1 U_1 + \sum_{i=1}^{3} \delta R_{i1} \hat{D}_i$$

$$\delta\mathcal{T}_i^* = \int_{\text{estr}} \delta M_1 \left(-w''\right) ds + \int_{\text{estr}} \delta N_1 \left(u'\right) ds$$

ou, com base nas expressões (a) e (b), e como $\delta M_1 = M_1$, $\delta N_1 = N_1$ e $\delta R_{i1} = R_{i1}$, obtém-se, após algumas transformações:

$$\delta\mathcal{T}_e^* = U_1 + \sum_{i=1}^{3} R_{i1} \hat{D}_i$$

$$\delta\mathcal{T}_i^* = \int_{\text{estr}} M_1 \frac{\alpha\left(\Delta\theta_2 - \Delta\theta_1\right)}{h} ds + \int_{\text{estr}} N_1 \alpha \Delta\theta_0 ds + \int_{\text{estr}} M_1 \frac{M_0}{EI} ds + \int_{\text{estr}} M_1 \frac{X_1 M_1}{EI} ds$$
$$+ \int_{\text{estr}} M_1 \frac{X_2 M_2}{EI} ds + \int_{\text{estr}} N_1 \frac{N_0}{EA} ds + \int_{\text{estr}} N_1 \frac{X_1 N_1}{EA} ds + \int_{\text{estr}} N_1 \frac{X_2 N_2}{EA} ds$$

Assim, considerando-se o teorema dos esforços virtuais, $\delta\mathcal{T}_e^* = \delta\mathcal{T}_i^*$, obtém-se:

$$U_1 + \sum_{i=1}^{3} R_{i1} \hat{D}_i = \left[\int_{\text{estr}} M_1 \frac{\alpha\left(\Delta\theta_2 - \Delta\theta_1\right)}{h} ds + \int_{\text{estr}} N_1 \alpha \Delta\theta_0 ds\right]$$
$$+ \left[\int_{\text{estr}} M_1 \frac{M_0}{EI} ds + \int_{\text{estr}} N_1 \frac{N_0}{EA} ds\right]$$
$$+ \left[\int_{\text{estr}} M_1 \frac{M_1}{EI} ds + \int_{\text{estr}} N_1 \frac{N_1}{EA} ds\right] X_1$$
$$+ \left[\int_{\text{estr}} M_1 \frac{M_2}{EI} ds + \int_{\text{estr}} N_1 \frac{N_2}{EA} ds\right] X_2$$

É conveniente colocar a expressão de U_1 na forma:

$$U_1 = U_{10} + U_{1\theta} + U_{1R} + F_{11} X_1 + F_{12} X_2$$

com a seguinte interpretação de seus termos:

- $U_{10} = \int_{\text{estr}} M_1 \frac{M_0}{EI} ds + \int_{\text{estr}} N_1 \frac{N_0}{EA} ds$ é a parcela de U_1, ou do deslocamento no ponto de aplicação e na direção de X_1, decorrente dos esforços externos ativos;

- # $U_{1\theta} = \int\limits_{estr} M_1 \dfrac{\alpha(\Delta\theta_2 - \Delta\theta_1)}{h} ds + \int\limits_{estr} N_1 \alpha \Delta\theta_0 ds$ é a parcela de U_1, ou do deslocamento no ponto de aplicação e na direção de X_1, decorrente da variação de temperatura;
- # $U_{1R} = -\sum\limits_{i=1}^{3} R_{i1} \hat{D}_i$ é a parcela de U_1, ou do deslocamento no ponto de aplicação e na direção de X_1, decorrente do recalque de apoio;
- # $F_{11} = \int\limits_{estr} M_1 \dfrac{M_1}{EI} ds + \int\limits_{estr} N_1 \dfrac{N_1}{EA} ds$ é a parcela de U_1, ou do deslocamento no ponto de aplicação e na direção de X_1, decorrente de $X_1 = 1$;
- # $F_{12} = \int\limits_{estr} M_2 \dfrac{M_1}{EI} ds + \int\limits_{estr} N_2 \dfrac{N_1}{EA} ds$ é a parcela de U_1, ou do deslocamento no ponto de aplicação e na direção de X_1, decorrente de $X_2 = 1$.

Observa-se que nos cálculos de U_{10}, F_{11} e F_{12} as parcelas devidas à força normal podem eventualmente ser desprezadas quando comparadas com as parcelas devidas à flexão. Neste exemplo, elas são consideradas. Assim, ao efetuar-se os cálculos, obtêm-se:

$$U_{10} = -\frac{9}{8}\frac{Pa^3}{EI} \qquad U_{1\theta} = -\frac{3}{2}\frac{\alpha(\Delta\theta_2 - \Delta\theta_1)a^2}{h} + \frac{1}{2}\alpha(\Delta\theta_1 + \Delta\theta_2)a \qquad U_{1R} = -a\hat{\varphi}_A$$

$$F_{11} = \frac{4}{3}\frac{a^3}{EI} + \frac{a}{EA} \qquad F_{12} = \frac{1}{2}\frac{a^3}{EI}$$

Pode-se agora escrever a primeira equação reduzida de compatibilidade $U_1 = \hat{U}_1$, ou seja:

$$U_{10} + U_{1\theta} + U_{1R} + F_{11}X_1 + F_{12}X_2 = \hat{u}_C$$

onde $\hat{U}_1 = \hat{u}_C$ é o deslocamento especificado no ponto C, correspondente ao vínculo retirado no ponto de aplicação e na direção de X_1.

3. Segunda equação de compatibilidade $U_2 = 0$

Apresentam-se na Fig. 4.26 os esforços virtuais na isostática fundamental necessários para o cálculo de U_2.

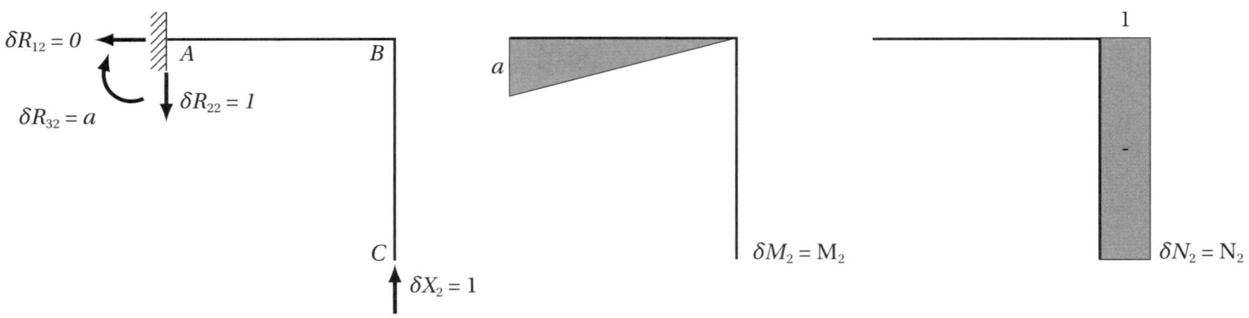

Fig. 4.26 Esforços virtuais para o cálculo de U_2 na isostática fundamental

Considerando-se os esforços virtuais da Fig. 4.26 e os deslocamentos e as deformações das soluções equilibradas, pode-se escrever:

$$\delta \mathcal{T}_e^* = \delta X_2 U_2 + \sum_{i=1}^{3} \delta R_{i2} \hat{D}_i$$

$$\delta \mathcal{T}_i^* = \int_{\text{estr}} \delta M_2 \left(-w''\right) ds + \int_{\text{estr}} \delta N_2 \left(u'\right) ds$$

ou, com base nas expressões (a) e (b), e como $\delta M_2 = M_2$, $\delta N_2 = N_2$ e $\delta R_{i2} = R_{i2}$, obtém-se, após algumas transformações:

$$\delta \mathcal{T}_e^* = U_2 + \sum_{i=1}^{3} R_{i2} \hat{D}_i$$

$$\begin{aligned}\delta \mathcal{T}_i^* = & \int_{\text{estr}} M_2 \frac{\alpha\left(\Delta\theta_2 - \Delta\theta_1\right)}{h} ds + \int_{\text{estr}} N_2 \alpha \Delta\theta_0 ds + \int_{\text{estr}} M_2 \frac{M_0}{EI} ds + \int_{\text{estr}} M_2 \frac{X_1 M_1}{EI} ds \\ & + \int_{\text{estr}} M_2 \frac{X_2 M_2}{EI} ds + \int_{\text{estr}} N_2 \frac{N_0}{EA} ds + \int_{\text{estr}} N_2 \frac{X_1 N_1}{EA} ds + \int_{\text{estr}} N_2 \frac{X_2 N_2}{EA} ds\end{aligned}$$

Assim, considerando-se o teorema dos esforços virtuais, $\delta \mathcal{T}_e^* = \delta \mathcal{T}_i^*$, obtém-se:

$$\begin{aligned}U_2 + \sum_{i=1}^{3} R_{i2} \hat{D}_i = & \left[\int_{\text{estr}} M_2 \frac{\alpha\left(\Delta\theta_2 - \Delta\theta_1\right)}{h} ds + \int_{\text{estr}} N_2 \alpha \Delta\theta_0 ds\right] \\ & + \left[\int_{\text{estr}} M_2 \frac{M_0}{EI} ds + \int_{\text{estr}} N_2 \frac{N_0}{EA} ds\right] \\ & + \left[\int_{\text{estr}} M_2 \frac{M_1}{EI} ds + \int_{\text{estr}} N_2 \frac{N_1}{EA} ds\right] X_1 \\ & + \left[\int_{\text{estr}} M_2 \frac{M_2}{EI} ds + \int_{\text{estr}} N_2 \frac{N_2}{EA} ds\right] X_2\end{aligned}$$

É conveniente colocar a expressão de U_2 na forma:

$$U_2 = U_{20} + U_{2\theta} + U_{2R} + F_{21} X_1 + F_{22} X_2$$

com a seguinte interpretação de seus termos:

- $U_{20} = \int_{\text{estr}} M_2 \frac{M_0}{EI} ds + \int_{\text{estr}} N_2 \frac{N_0}{EA} ds$ é a parcela de U_2, ou do deslocamento no ponto de aplicação e na direção de X_2, decorrente dos esforços externos ativos;
- $U_{2\theta} = \int_{\text{estr}} M_2 \frac{\alpha\left(\Delta\theta_2 - \Delta\theta_1\right)}{h} ds + \int_{\text{estr}} N_2 \alpha \Delta\theta_0 ds$ é a parcela de U_2, ou do deslocamento no ponto de aplicação e na direção de X_2, decorrente da variação de temperatura;
- $U_{2R} = -\sum_{i=1}^{3} R_{i2} \hat{D}_i$ é a parcela de U_2, ou do deslocamento no ponto de aplicação e na direção de X_2, decorrente do recalque de apoio;
- $F_{21} = \int_{\text{estr}} M_2 \frac{M_1}{EI} ds + \int_{\text{estr}} N_2 \frac{N_1}{EA} ds$ é a parcela de U_2, ou do deslocamento no ponto de aplicação e na direção de X_2, decorrente de $X_1 = 1$;

$F_{22} = \int_{\text{estr}} M_2 \frac{M_2}{EI} ds + \int_{\text{estr}} N_2 \frac{N_2}{EA} ds$ é a parcela de U_2, ou do deslocamento no ponto de aplicação e na direção de X_2, decorrente de $X_2 = 1$.

Observa-se que nos cálculos de U_{20}, F_{21} e F_{22}, as parcelas devidas à força normal podem eventualmente ser desprezadas quando comparadas com as parcelas devidas à flexão e que, neste exemplo, elas são consideradas. Assim, ao efetuar-se os cálculos, obtêm-se:

$$U_{20} = -\frac{29}{48}\frac{Pa^3}{EI} \qquad U_{2\theta} = -\frac{1}{2}\frac{\alpha\,(\Delta\theta_2 - \Delta\theta_1)\,a^2}{h} - \frac{1}{2}\alpha\,(\Delta\theta_1 + \Delta\theta_2)\,a \qquad U_{2R} = -a\hat{\varphi}_A$$

$$F_{21} = \frac{1}{2}\frac{a^3}{EI} \qquad F_{22} = \frac{1}{3}\frac{a^3}{EI} + \frac{a}{EA}$$

Pode-se agora escrever a segunda equação reduzida de compatibilidade $U_2 = \hat{U}_2$, ou seja

$$U_{20} + U_{2\theta} + U_{2R} + F_{21}X_1 + F_{22}X_2 = 0$$

onde $\hat{U}_2 = 0$ é o deslocamento especificado no ponto C, correspondente ao vínculo retirado no ponto de aplicação e na direção de X_2.

4. Solução real

A solução da estrutura hiperestática da Fig. 4.19 fica definida com a determinação das incógnitas hiperestáticas, X_1 e X_2, o que se faz com a resolução das equações reduzidas de compatibilidade:

$$U_{10} + U_{1\theta} + U_{1R} + F_{11}X_1 + F_{12}X_2 = \hat{U}_1$$
$$U_{20} + U_{2\theta} + U_{2R} + F_{21}X_1 + F_{22}X_2 = \hat{U}_2$$

Observa-se que U_{i0}, $U_{i\theta}$, U_{iR}, F_{i1} e F_{i2} representam os deslocamentos na isostática fundamental, no ponto de aplicação e na direção de X_i, decorrentes dos esforços externos ativos, da variação de temperatura, do recalque de apoio $\hat{\varphi}_A$, da incógnita hiperestática $X_1 = 1$ e da incógnita hiperestática $X_2 = 1$, respectivamente, e $\hat{U}_i$ representa o deslocamento especificado na estrutura hiperestática no ponto de aplicação e na direção de X_i.

As equações reduzidas de compatibilidade podem ser postas na forma matricial

$$\{\boldsymbol{U}_0\} + \{\boldsymbol{U}_\theta\} + \{\boldsymbol{U}_R\} + \{\boldsymbol{F}\}\{\boldsymbol{X}\} = \{\hat{\boldsymbol{U}}\}$$

onde:

$\{\boldsymbol{U}_0\}$ é o vetor dos deslocamentos devidos aos esforços externos ativos;

$\{\boldsymbol{U}_\theta\}$ é o vetor dos deslocamentos devidos à variação da temperatura;

$\{\boldsymbol{U}_R\}$ é o vetor dos deslocamentos devidos aos recalques de apoio;

$[\boldsymbol{F}]$ é a matriz de flexibilidade, simétrica $(F_{ij} = F_{ji})$ e positiva definida, e o seu termo genérico F_{ij} é o deslocamento no ponto de aplicação e na direção de X_i, decorrente de $X_j = 1$;

$\{\boldsymbol{X}\}$ é o vetor das incógnitas hiperestáticas;

$\hat{U}$ é o vetor dos deslocamentos especificados nos vínculos removidos, onde se definem as incógnitas hiperestáticas.

Considere agora os seguintes dados numéricos: $P = 10\,\text{kN}$, $a = 2\,m$, $b = 0,12\,m$, $h = 0,20\,m$, $\Delta\theta_1 = +10°C$, $\Delta\theta_2 = +20°C$, $\hat{u}_c = 0,01\,m$, $\hat{\varphi}_A = 0{,}001\,rad$, $E = 20 \times 10^6\,\text{kN/m}^2$ e $\alpha = 10^{-5}°\text{C}^{-1}$.

Ao introduzi-los nos diversos termos das equações reduzidas de compatibilidade, obtém-se:

$$10^{-6}\begin{bmatrix} -56250 \\ -30208 \end{bmatrix} + 10^{-6}\begin{bmatrix} -2700 \\ -1300 \end{bmatrix} + 10^{-6}\begin{bmatrix} -2000 \\ -2000 \end{bmatrix}$$

$$+\,10^{-6}\begin{bmatrix} 6671 & 2500 \\ 2500 & 1671 \end{bmatrix}\begin{bmatrix} X_1 \\ X_2 \end{bmatrix} = 10^{-6}\begin{bmatrix} 10000 \\ 0 \end{bmatrix}$$

ou

$$\begin{bmatrix} 6671 & 2500 \\ 2500 & 1671 \end{bmatrix}\begin{bmatrix} X_1 \\ X_2 \end{bmatrix} = \begin{bmatrix} 70950 \\ 33508 \end{bmatrix}$$

o que conduz à determinação das incógnitas hiperestáticas

$$\begin{bmatrix} X_1 \\ X_2 \end{bmatrix} = \begin{bmatrix} 7{,}1\,kN \\ 9{,}4\,kN \end{bmatrix}$$

A obtenção dos valores das incógnitas hiperestáticas levanta a indeterminação estática do pórtico e permite traçar os diagramas de esforços solicitantes, conforme se mostra na Fig. 4.27.

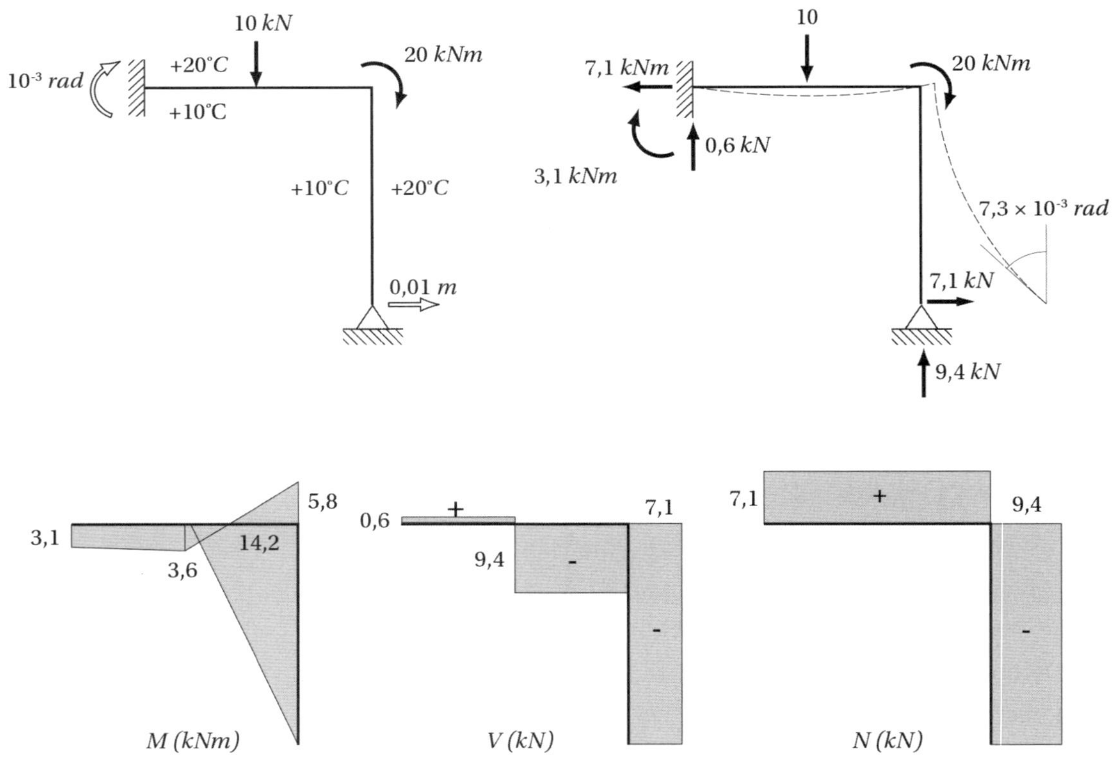

FIG. 4.27 Resultados no pórtico "em L"

Exemplo **4.5**

Resolver a treliça hiperestática solicitada por forças concentradas, conforme se mostra na Fig. 4.28. As barras da treliça são prismáticas, com seção transversal A_i, comprimento ℓ_i e módulo de elasticidade E_i.

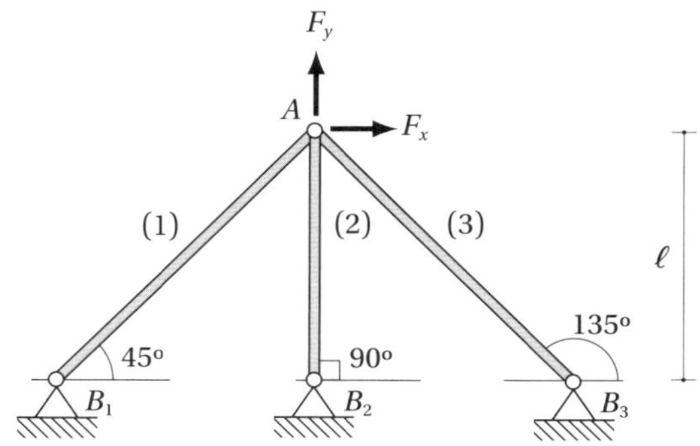

FIG. 4.28 Treliça hiperestática sob a ação de forças concentradas

Solução

1. Soluções equilibradas

A treliça tem grau de hiperestaticidade igual a um.

A isostática fundamental, escolhida arbitrariamente, resulta da supressão do vínculo interno, que impede o deslocamento relativo U_1 entre o ponto A_1 das barras 1 e 3 e o ponto A_2 da barra 2, conforme mostra a Fig. 4.29a. Representam-se na Fig. 4.29b a isostática fundamental sob a ação das forças concentradas e da incógnita hiperestática e, para não sobrecarregar a figura, as duas partes da estrutura são destacadas.

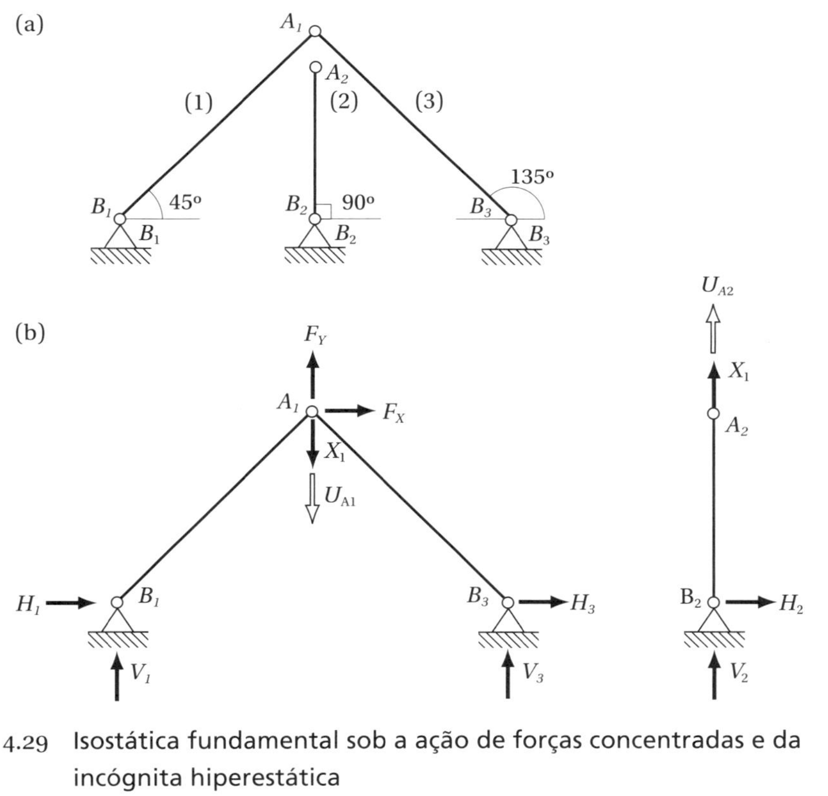

FIG. 4.29 Isostática fundamental sob a ação de forças concentradas e da incógnita hiperestática

A cada valor da incógnita hiperestática X_1 corresponde uma solução equilibrada. Entre as infinitas soluções equilibradas, aquela que satisfizer à equação reduzida de compatibilidade $U_1 = U_{A1} + U_{A2} = 0$ será a solução real da treliça hiperestática.

Para o cálculo de qualquer deslocamento na isostática fundamental, é necessário estabelecer as deformações para o conjunto das soluções equilibradas:

$$w'' = 0 \qquad u' = \frac{N}{EA} \tag{a}$$

com a distribuição de forças normais convenientemente decomposta nas parcelas devidas às forças concentradas e à incógnita hiperestática, ou seja:

$$N_i = N_{i0} + N_{i1} X_1 \tag{b}$$

A Tab. 4.1 apresenta os valores das forças normais N_{i0}, N_{i1} e N_i na isostática fundamental.

Tab. 4.1 FORÇAS NORMAIS NA ISOSTÁTICA FUNDAMENTAL

barra	N_{i0}	N_{i1}	N_i
1	$\frac{\sqrt{2}}{2}F_x + \frac{\sqrt{2}}{2}F_y$	$-\frac{\sqrt{2}}{2}$	$\left(\frac{\sqrt{2}}{2}F_x + \frac{\sqrt{2}}{2}F_y\right) + \left(-\frac{\sqrt{2}}{2}\right) X_1$
2	0	1	X_1
3	$-\frac{\sqrt{2}}{2}F_x + \frac{\sqrt{2}}{2}F_y$	$-\frac{\sqrt{2}}{2}$	$\left(-\frac{\sqrt{2}}{2}F_x + \frac{\sqrt{2}}{2}F_y\right) + \left(-\frac{\sqrt{2}}{2}\right) X_1$

Observa-se que o alongamento de uma barra é dado por:

$$\Delta \ell_i = \int_0^{\ell_i} u' dx = \int_0^{\ell_i} \frac{N}{EA} dx = \frac{N_i \ell_i}{E_i A_i} = N_i f_i \quad \text{com} \quad f_i = \frac{\ell_i}{E_i A_i}$$

2. EQUAÇÃO DE COMPATIBILIDADE $U_1 = 0$

Apresentam-se na Fig. 4.30 os esforços virtuais na isostática fundamental selecionada, necessários para o cálculo de U_1. Observa-se que $\delta N_{i1} = N_{i1}$.

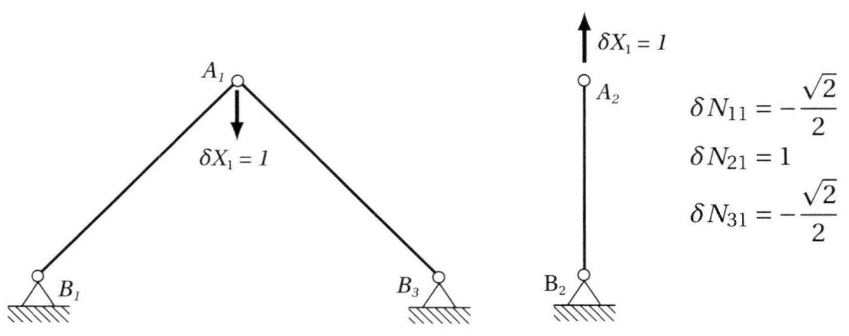

FIG. 4.30 Esforços virtuais na isostática fundamental para o cálculo de U_1

Assim, considerando-se os esforços virtuais da Fig. 4.30 e os deslocamentos e as deformações das soluções equilibradas, pode-se escrever:

$$\delta\mathcal{T}_e^* = \delta X_1 U_{A1} + \delta X_1 U_{A2} = \delta X_1 (U_{A1} + U_{A2}) = \delta X_1 U_1$$

$$\delta\mathcal{T}_i^* = \int_{\text{estr}} \delta N\, u'\, ds = \int_{\text{estr}} \delta N \frac{N}{EA} ds = \sum_{i=1}^{3} \delta N_{i1} \frac{N_i}{E_i A_i} \ell_i = \sum_{i=1}^{3} \delta N_{i1} N_i f_i \qquad \text{(c)}$$

note que $U_1 = (U_{A1} + U_{A2})$ é o deslocamento relativo entre o ponto A das barras 1 e 3 e o ponto A da barra 2.

Considerando-se (b) e que $\delta N_{i1} = N_{i1}$ em (c), após algumas transformações, chega-se a:

$$\delta\mathcal{T}_i^* = \left(\sum_{i=1}^{3} N_{i1} N_{i0} f_i\right) + \left(\sum_{i=1}^{3} N_{i1} N_{i1} f_i\right) X_1$$

Com base no teorema dos esforços virtuais, $\delta\mathcal{T}_e^* = \delta\mathcal{T}_i^*$, obtém-se:

$$U_1 = \left(\sum_{i=1}^{3} N_{i1} N_{i0} f_i\right) + \left(\sum_{i=1}^{3} N_{i1} N_{i1} f_i\right) X_1.$$

É conveniente colocar a expressão de U_1 na forma

$$U_1 = U_{10} + F_{11} X_1$$

com a seguinte interpretação de seus termos:

- $U_{10} = \sum_{i=1}^{3} N_{i1} N_{i0} f_i$ é a parcela de U_1, ou do deslocamento relativo no ponto de aplicação e na direção de X_1, decorrente das forças concentradas;
- $F_{11} = \sum_{i=1}^{3} N_{i1} N_{i1} f_i$ é a parcela de U_1, ou do deslocamento relativo no ponto de aplicação e na direção de X_1, decorrente de $X_1 = 1$.

Pode-se agora escrever a equação de compatibilidade $U_1 = \hat{U}_1$, ou seja:

$$U_{10} + F_{11} X_1 = 0 \qquad \text{(d)}$$

onde $\hat{U}_1 = 0$ é o deslocamento relativo especificado no ponto A, correspondente ao vínculo interno que o impede de ocorrer e que foi suprimido na treliça hiperestática, ao se escolher a isostática fundamental.

3. Solução real

A Eq. (d) permite escolher, entre todas as soluções equilibradas na isostática fundamental, aquela que satisfaz à equação reduzida de compatibilidade $U_1 = \hat{U}_1$, ou $U_{10} + F_{11} X_1 = 0$, que será a solução equilibrada e compatível e, portanto, a solução real da treliça hiperestática sob a ação das forças concentradas.

Ao observar-se que

$$f_1 = f_3 = \frac{\ell\sqrt{2}}{EA} \qquad f_2 = \frac{\ell}{EA}$$

pode-se calcular

$$U_{10} = -\sqrt{2}\frac{F_y \ell}{EA} \qquad F_{11} = \left(1 + \sqrt{2}\right)\frac{\ell}{EA}$$

o que permite determinar

$$X_1 = \left(2 - \sqrt{2}\right) F_y$$

A incógnita hiperestática X_1 independe de F_x portanto, se $F_y = 0$, a incógnita hiperestática será nula e a treliça hiperestática se comportará como se fosse a treliça isostática fundamental.

Apresentam-se na Fig. 4.31 o equilíbrio de forças no nó A e as forças normais da solução real.

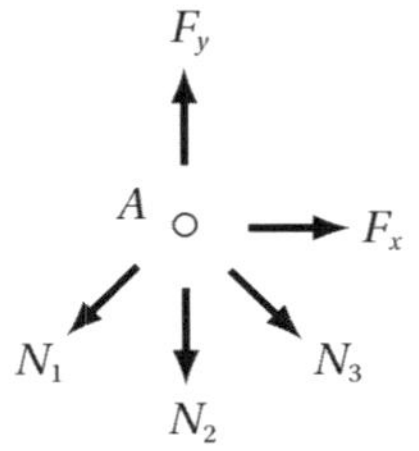

$$N_1 = \frac{\sqrt{2}}{2} F_x + \left(1 - \frac{\sqrt{2}}{2}\right) F_y$$

$$N_2 = (2 - \sqrt{2}) F_y$$

$$N_3 = -\frac{\sqrt{2}}{2} F_x + \left(1 - \frac{\sqrt{2}}{2}\right) F_y$$

Fig. 4.31 Equilíbrio de forças no nó A

Os alongamentos reais das barras são dados por:

$$\Delta\ell_1 = f_1 N_1 \qquad \Delta\ell_2 = f_2 N_2 \qquad \Delta\ell_3 = f_3 N_3$$

o que permite estabelecer na Fig. 4.32, por geometria, as componentes horizontal U_2 e vertical U_3 do deslocamento do ponto A.

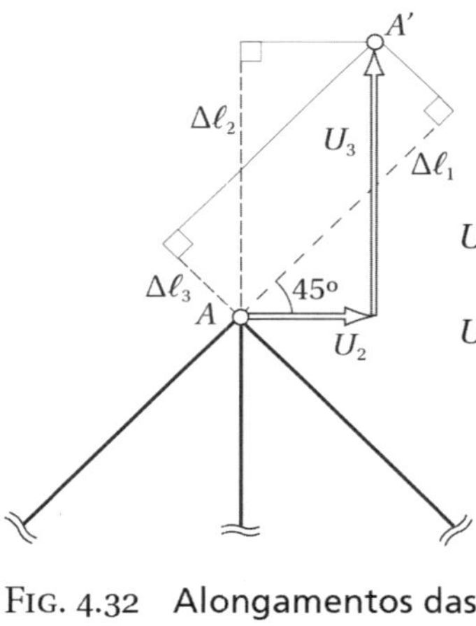

$$U_2 = \Delta\ell_1 \cos 45° - \Delta\ell_3 \operatorname{sen} 45° = \sqrt{2}\frac{F_x \ell}{EA}$$

$$U_3 = \Delta\ell_1 \cos 45° + \Delta\ell_3 \operatorname{sen} 45° = \Delta\ell_2 = (2 - \sqrt{2})\frac{F_y \ell}{EA}$$

Fig. 4.32 Alongamentos das barras e deslocamento do ponto A

Na Fig. 4.33 estão a configuração deformada da treliça, as reações de apoio e o diagrama de forças normais para o caso da treliça hiperestática submetida às forças concentradas $F_x = 10\,\text{kN}$ e $F_y = -12\,\text{kN}$ e formada por tubos de aço (de diâmetro externo de 42,4 mm e espessura de 2,25 mm) com área $A = 2{,}84 \times 10^{-4}\, m^2$, $\ell = 2{,}0\, m$ e com módulo de elasticidade $E = 200 \times 10^6\,\text{kN/m}^2$.

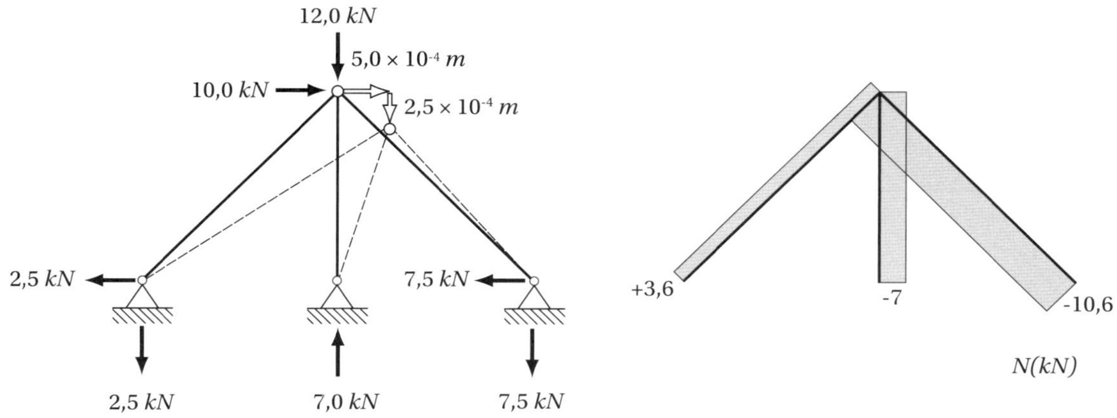

FIG. 4.33 Resultados na treliça hiperestática sob a ação de forças concentradas

Exemplo **4.6**

Resolver o pórtico espacial solicitado por força concentrada, conforme se indica na Fig. 4.34, e traçar os diagramas de esforços solicitantes. As barras são prismáticas, de mesma seção transversal, com duplo eixo de simetria e mesmo material, tais que $EI_y = EI_z = 10.000\,kNm^2$ e $GI_T = 5.000\,kNm^2$. A mola apresenta coeficiente de rigidez $k = 10.000\,\text{kN/m}$. Despreza-se o efeito da força normal.

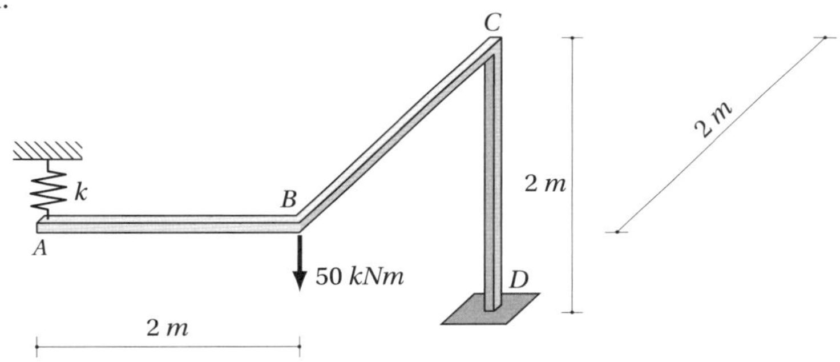

FIG. 4.34 Pórtico espacial sob a ação de força concentrada

Solução

1. SOLUÇÕES EQUILIBRADAS

A estrutura apresenta grau de hiperestaticidade igual a um.

A isostática fundamental é obtida pela supressão arbitrária, que se considera conveniente, do vínculo que impede o deslocamento relativo entre a mola e as barras, conforme mostra a Fig. 4.35a. Representam-se na Fig. 4.35b a isostática fundamental sob a ação da carga concentrada e da incógnita hiperestática X_1 e os deslocamentos do ponto A_1 da mola, U_{A1}, e do ponto A_2 das barras, U_{A2}; para não sobrecarregar a figura, as duas partes da estrutura são mostradas em separado.

Assim, a cada valor de X_1 corresponde uma solução equilibrada. Entre essas infinitas soluções equilibradas, a solução real do pórtico hiperestático

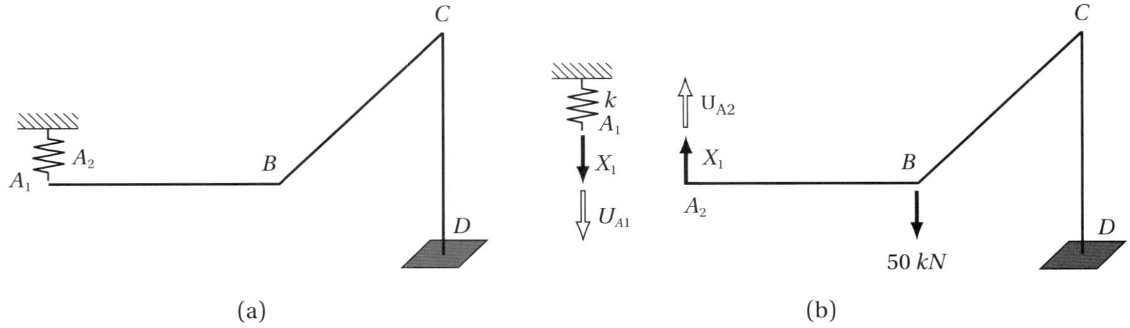

FIG. 4.35 Isostática fundamental sob a ação de força concentrada e da incógnita hiperestática

será aquela que satisfizer à equação reduzida de compatibilidade $U_1 = U_{A1} + U_{A2} = 0$, ou seja, o deslocamento relativo U_1 entre a mola e a extremidade das barras é nulo.

Para o cálculo de qualquer deslocamento na isostática fundamental, é necessário estabelecer as deformações para o conjunto das soluções equilibradas:

$$w'' = -\frac{M_y}{EI_y} \qquad v'' = \frac{M_z}{EI_z} \qquad \theta' = \frac{T}{GI_T} \tag{a}$$

e o alongamento da mola:

$$\Delta\ell = \frac{S}{k} \tag{b}$$

com a distribuição dos esforços internos convenientemente decomposta nas parcelas decorrentes da força concentrada e da incógnita hiperestática:

$$M = M_0 + M_1 X_1 \qquad T = T_0 + T_1 X_1 \qquad S = S_0 + S_1 X_1 \tag{c}$$

As Figs. 4.36 e 4.37 apresentam as forças nas molas e as distribuições de momentos fletores e momentos torçores na isostática fundamental, decorrentes da força concentrada e da incógnita hiperestática $X_1 = 1$.

2. EQUAÇÃO DE COMPATIBILIDADE $U_1 = 0$

Os esforços virtuais na isostática fundamental necessários para o cálculo de U_1 estão na Fig. 4.38.

Considerando-se os esforços virtuais da Fig. 4.38 e os deslocamentos e as deformações das soluções equilibradas, pode-se escrever:

$$\delta\mathcal{T}_e^* = \delta X_1 U_1$$
$$\delta\mathcal{T}_i^* = \int_{\text{estr}} \delta M_{y1} v'' ds + \int_{\text{estr}} \delta M_{z1}\left(-w''\right) ds + \int_{\text{estr}} \delta T_1 \theta' ds + \delta S_1 \Delta\ell \tag{d}$$

ou, como $\delta M_1 = M_1$, $\delta T_1 = T_1$ e $\delta S_1 = S_1$, introduzindo-se (a), (b) e (c) em (d), obtém-se, após algumas transformações:

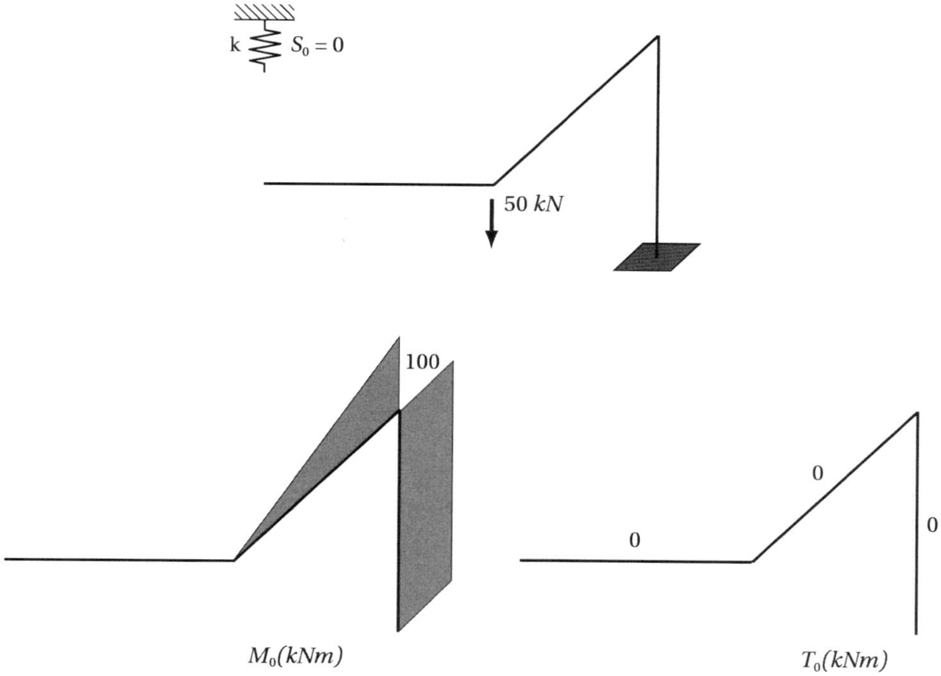

FIG. 4.36 Esforços internos na isostática fundamental decorrentes da carga concentrada

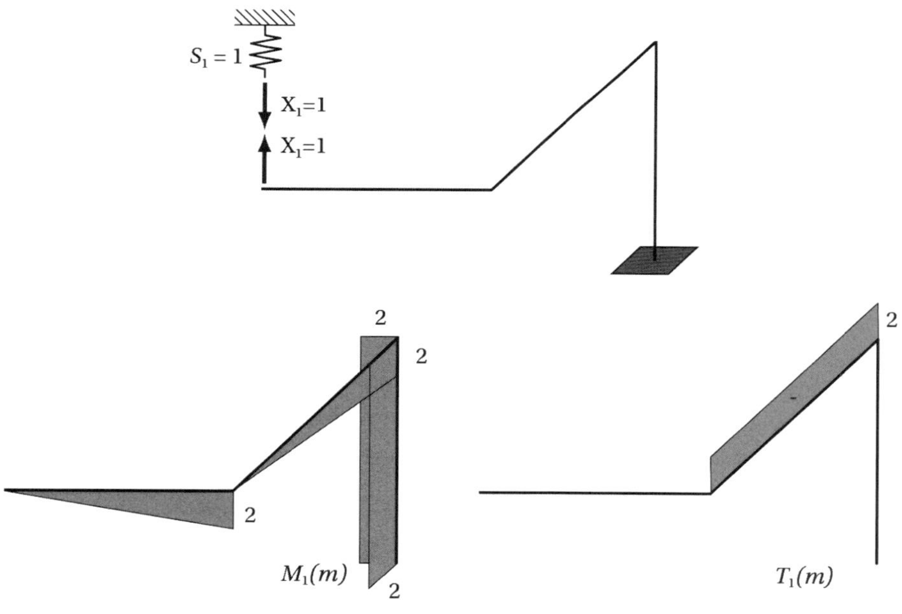

FIG. 4.37 Esforços internos na isostática fundamental decorrentes de $X_1 = 1$

$$\delta \mathcal{T}_i^* = \left(\int_{estr} M_{y1} \frac{M_{y0}}{EI_y} ds + \int_{estr} M_{z1} \frac{M_{z0}}{EI_z} ds + \int_{estr} T_1 \frac{T_0}{GI_T} ds + S_1 \frac{S_0}{k} \right)$$
$$+ \left(\int_{estr} M_{y1} \frac{M_{y1}}{EI_y} ds + \int_{estr} M_{z1} \frac{M_{z1}}{EI_z} ds + \int_{estr} T_1 \frac{T_1}{GI_T} ds + S_1 \frac{S_1}{k} \right) X_1$$

Com base no teorema dos esforços virtuais, $\delta \mathcal{T}_e^* = \delta \mathcal{T}_i^*$, obtém-se:

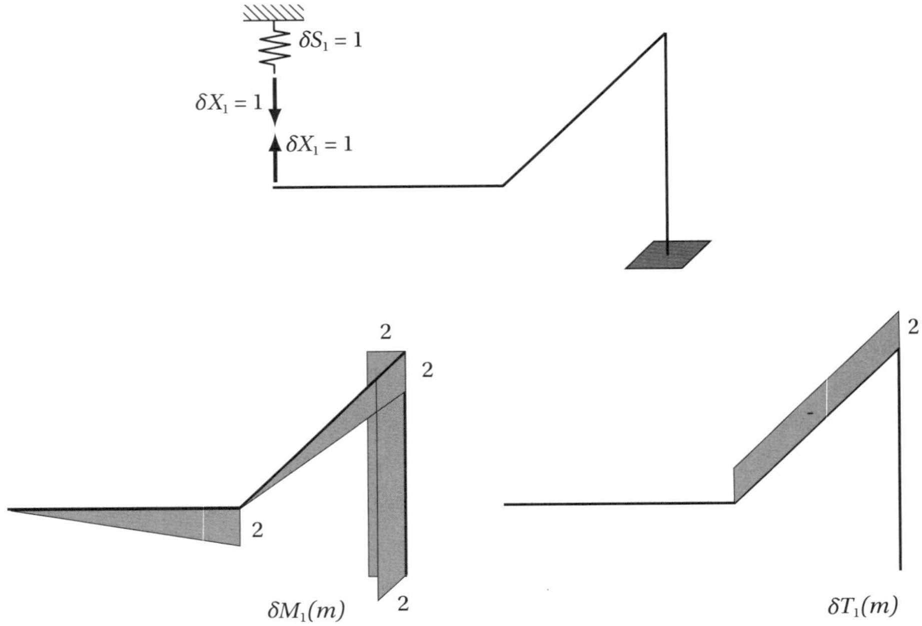

FIG. 4.38 Esforços virtuais para o cálculo de U_1

$$U_1 = \left(\int\limits_{\text{estr}} M_{y1} \frac{M_{y0}}{EI_y} ds + \int\limits_{\text{estr}} M_{z1} \frac{M_{z0}}{EI_z} ds + \int\limits_{\text{estr}} T_1 \frac{T_0}{GI_T} ds + S_1 \frac{S_0}{k} \right)$$
$$+ \left(\int\limits_{\text{estr}} M_{y1} \frac{M_{y1}}{EI_y} ds + \int\limits_{\text{estr}} M_{z1} \frac{M_{z1}}{EI_z} ds + \int\limits_{\text{estr}} T_1 \frac{T_1}{GI_T} ds + S_1 \frac{S_1}{k} \right) X_1$$

É conveniente colocar a expressão de U_1 na forma:

$$U_1 = U_{10} + F_{11} X_1$$

com a seguinte interpretação de seus termos:

- $U_{10} = \int\limits_{\text{estr}} \frac{M_1 M_0}{EI} ds + \int\limits_{\text{estr}} \frac{T_1 T_0}{GI_T} ds + \frac{S_1 S_0}{k}$ é a parcela de U_1, ou do deslocamento relativo no ponto de aplicação e na direção de X_1, decorrente da carga concentrada;
- $F_{11} = \int\limits_{\text{estr}} \frac{M_1 M_1}{EI} ds + \int\limits_{\text{estr}} \frac{T_1 T_1}{GI_T} ds + \frac{S_1 S_1}{k}$ é a parcela de U_1, ou do deslocamento relativo no ponto de aplicação e na direção de X_1, decorrente de $X_1 = 1$;

com a representação compacta:

$$\int\limits_{\text{estr}} \frac{M_1 M_0}{EI} ds = \int\limits_{\text{estr}} \frac{M_{y1} M_{y0}}{EI_y} ds + \int\limits_{\text{estr}} \frac{M_{z1} M_{z0}}{EI_z} ds$$
$$\int\limits_{\text{estr}} \frac{M_1 M_1}{EI} ds = \int\limits_{\text{estr}} \frac{M_{y1} M_{y1}}{EI_y} ds + \int\limits_{\text{estr}} \frac{M_{z1} M_{z1}}{EI_z} ds$$

que será adotada nos exemplos que seguem.

Pode-se agora escrever a equação reduzida de compatibilidade $U_1 = \hat{U}_1$, ou seja:

$$U_{10} + F_{11} X_1 = 0 \qquad \textbf{(e)}$$

onde $\hat{U}_1 = 0$ é o deslocamento relativo no pórtico hiperestático, correspondente ao vínculo suprimido para obter a isostática fundamental.

3. Solução real do pórtico hiperestático

A Eq. (e) permite escolher, entre todas as soluções equilibradas na isostática fundamental, aquela que satisfaz à equação reduzida de compatibilidade e que será a solução equilibrada e compatível e, portanto, a solução real do pórtico hiperestático submetido à carga concentrada.

Ao efetuar-se os cálculos, obtêm-se:

$$U_{10} = -\frac{533,33}{EI} \qquad F_{11} = \frac{21,34}{EI} + \frac{8}{GI_T} + \frac{1}{k}$$

o que permite calcular $X_1 = 13,9\,\mathrm{kN}$ e levantar a indeterminação estática do pórtico hiperestático.

A Fig. 4.39 apresenta a força na mola e os diagramas de esforços solicitantes no pórtico hiperestático.

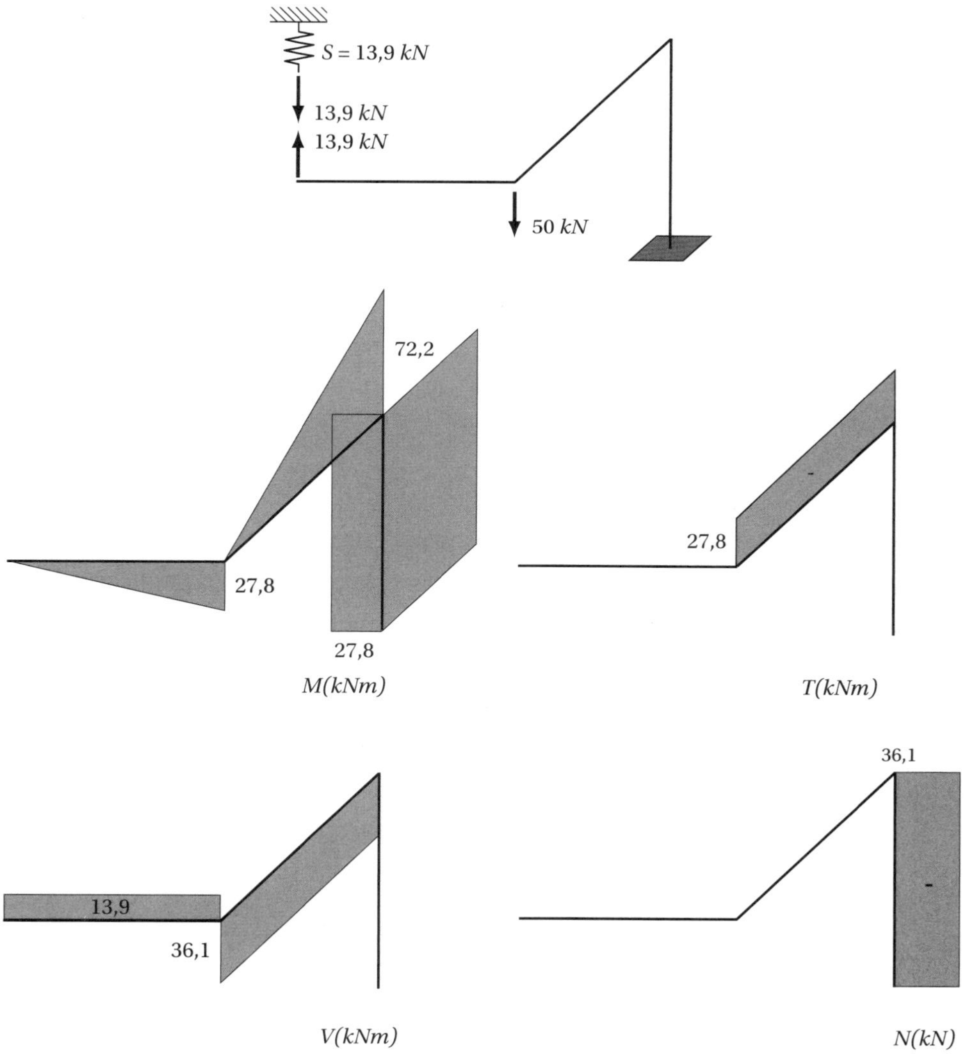

Fig. 4.39 Esforços solicitantes no pórtico hiperestático

ANÁLISE DE ESTRUTURAS RETICULADAS HIPERESTÁTICAS PELO MÉTODO DOS ESFORÇOS COM EXPRESSÕES DERIVADAS DO TEOREMA DOS ESFORÇOS VIRTUAIS

Considere uma estrutura hiperestática com grau de hiperestaticidade n e submetida a esforços externos ativos, variações de temperatura e recalques de apoio.

Os exemplos apresentados ilustraram a aplicação conceitual do teorema dos esforços virtuais na solução de estruturas hiperestáticas pelo método dos esforços e permitem apresentar os principais passos para a aplicação sistemática do procedimento adotado:

- define-se a isostática fundamental pela supressão de n vínculos (arbitrária e convenientemente escolhidos) na estrutura hiperestática de grau n, que é objeto de análise;
- considera-se a isostática fundamental submetida às ações externas (esforços externos ativos, variações de temperatura e recalques de apoio) e às n incógnitas hiperestáticas X_i (esforços correspondentes aos vínculos retirados);
- determinam-se as incógnitas hiperestáticas X_i pela resolução do sistema de n equações reduzidas de compatibilidade:

$$\underbrace{U_{i0} + U_{i\theta} + U_{iR} + \sum_j F_{ij} X_j}_{U_i} = \hat{U}_i \qquad (i, j = 1, \ldots, n) \tag{4.1}$$

onde:

$\hat{U}_i$ é o deslocamento especificado na estrutura original, no ponto de aplicação e na direção de X_i;

U_{i0} é o deslocamento na isostática fundamental, no ponto de aplicação e na direção de X_i, decorrente dos esforços ativos externos;

$U_{i\theta}$ é o deslocamento na isostática fundamental, no ponto de aplicação e na direção de X_i, decorrente das variações de temperatura;

U_{iR} é o deslocamento na isostática fundamental, no ponto de aplicação e na direção de X_i, decorrente dos recalques de apoio;

F_{ij} é o deslocamento na isostática fundamental, no ponto de aplicação e na direção de X_i, decorrente da incógnita hiperestática $X_j = 1$.

As parcelas dos deslocamentos U_i na isostática fundamental, U_{i0}, $U_{i\theta}$, U_{iR} e F_{ij} são definidas pelas seguintes expressões:

$$\begin{aligned} U_{i0} &= \int_{\text{estr}} \frac{M_i M_0}{EI} ds + \int_{\text{estr}} \frac{N_i N_0}{EA} ds + \int_{\text{estr}} \frac{T_i T_0}{GI_T} ds + \sum_{\ell} \frac{S_{\ell i} S_{\ell 0}}{k_\ell} \\ U_{i\theta} &= \int_{\text{estr}} M_i \frac{\alpha \Delta\theta}{h} ds + \int_{\text{estr}} N_i \alpha \Delta\theta_0 ds \end{aligned} \tag{4.2}$$

$$U_{iR} = -\sum_k R_{ki}\hat{D}_k$$

$$F_{ij} = \int_{\text{estr}} \frac{M_i M_j}{EI} ds + \int_{\text{estr}} \frac{N_i N_j}{EA} ds + \int_{\text{estr}} \frac{T_i T_j}{GI_T} ds + \sum_\ell \frac{S_{\ell i} S_{\ell j}}{k_\ell}$$

com a representação compacta:

$$\int_{\text{estr}} \frac{M_i M_0}{EI} ds = \int_{\text{estr}} \frac{M_{yi} M_{y0}}{EI_y} ds + \int_{\text{estr}} \frac{M_{zi} M_{z0}}{EI_z} ds \tag{4.3}$$

onde, definidos na estrutura isostática fundamental:

- M_0, N_0 e T_0 são as distribuições de momentos fletores, forças normais e momentos torçores, decorrente dos esforços ativos externos;
- $S_{\ell 0}$ é a força na mola ℓ decorrente dos esforços externos ativos;
- M_i, N_i e T_i são as distribuições de momentos fletores, forças normais e momentos torçores, decorrentes de $X_i = 1$;
- $S_{\ell i}$ é a força na mola ℓ decorrente de $X_i = 1$;
- R_{ki} é a reação de apoio correspondente ao vínculo k, decorrente de $X_i = 1$;

e

- $\Delta\theta_0$ é a distribuição da variação de temperatura no centro de gravidade das seções transversais das barras;
- $\Delta\theta = \Delta\theta_2 - \Delta\theta_1$ é a distribuição da diferença entre as variações de temperatura em duas faces opostas das barras;
- $\hat{D}_k$ é o recalque de apoio correspondente ao vínculo k.

As equações reduzidas de compatibilidade podem, ainda, ser postas na forma matricial:

$$\underbrace{\{\boldsymbol{U}_0\} + \{\boldsymbol{U}_\theta\} + \{\boldsymbol{U}_R\} + [\boldsymbol{F}]\{\boldsymbol{X}\}}_{\{\boldsymbol{U}\}} = \{\hat{\boldsymbol{U}}\} \tag{4.4}$$

onde:

$\{\boldsymbol{U}_0\}$, $\{\boldsymbol{U}_\theta\}$ e $\{\boldsymbol{U}_R\}$ são os vetores de deslocamentos na isostática fundamental, decorrente dos esforços externos ativos, das variações de temperatura e dos recalques de apoio;

$[\boldsymbol{F}]$ é a matriz de flexibilidade, que é simétrica $(F_{ij} = F_{ji})$ e positiva definida;

$\{\boldsymbol{X}\}$ é o vetor das incógnitas hiperestáticas;

$\{\hat{\boldsymbol{U}}\}$ é o vetor dos deslocamentos especificados na estrutura original, correspondentes aos vínculos suprimidos.

Ironbridge *(1777 – 1779)*

sistema estrutural: **arco**

5 Cálculo de deslocamento em **estruturas** hiperestáticas

A aplicação do teorema dos esforços virtuais para determinar deslocamentos em estruturas hiperestáticas se faz exatamente da mesma forma como no caso de estruturas isostáticas.

Basta considerar esse teorema na sua forma generalizada e eleger como deslocamentos cinematicamente admissíveis os correspondentes à solução real e, como esforços virtuais, os resultantes da aplicação de um esforço virtual externo ativo, δE_j, em geral unitário – daí a clássica denominação de método da carga unitária – e energeticamente conjugado ao deslocamento que se pretende calcular, U_j. Deve-se considerar que δE_j pode ser aplicado a uma estrutura isostática derivada da estrutura hiperestática, pela supressão de vínculos, isto é, a uma estrutura isostática fundamental. Elimina-se, assim, a necessidade de resolver novamente a estrutura hiperestática submetida exclusivamente ao esforço virtual externo δE_j. Essa possibilidade resulta da própria definição de esforços virtuais e será aplicada em todos os exemplos apresentados.

Nessas condições, da igualdade $\delta \mathcal{T}_e^* = \delta \mathcal{T}_i^*$ resulta o valor do deslocamento U_j que se deseja calcular.

Assim, as expressões para o cálculo de deslocamentos em estruturas hiperestáticas são idênticas àquelas para o cálculo de deslocamentos em estruturas isostáticas.

As expressões gerais para o cálculo de deslocamentos em estruturas hiperestáticas planas e no espaço são dadas por:

$$\underbrace{\delta E_j U_j + \sum_k \delta R_{kj} \hat{D}_k}_{\delta \mathcal{T}_e^*} = \underbrace{\int_{\text{estr}} \delta N u' ds + \int_{\text{estr}} \delta M_y (-w'') ds}_{\delta \mathcal{T}_i^*} \tag{5.1}$$

e

$$\underbrace{\delta E_j U_j + \sum_k \delta R_{kj} \hat{D}_k}_{\delta \mathcal{T}_e^*} = \underbrace{\int_{\text{estr}} \delta N u' ds + \int_{\text{estr}} \delta M_y (-w'') ds + \int_{\text{estr}} \delta M_z v'' ds + \int_{\text{estr}} \delta T \theta' ds}_{\delta \mathcal{T}_i^*} \tag{5.2}$$

No caso de estrutura de comportamento linear submetida exclusivamente a esforços externos ativos, as expressões (5.1) e (5.2) tomam, respectivamente, as formas:

$$\underbrace{\delta E_j U_j + \sum_k \delta R_{kj} \hat{D}_k}_{\delta \mathcal{T}_e^*} = \underbrace{\int_{\text{estr}} \delta N \frac{N}{EA} ds + \int_{\text{estr}} \delta M_y \frac{M_y}{EI_y} ds}_{\delta \mathcal{T}_i^*} \tag{5.3}$$

e

$$\underbrace{\delta E_j U_j + \sum_k \delta R_{kj} \hat{D}_k}_{\delta \mathcal{T}_e^*} = \underbrace{\int_{\text{estr}} \delta N \frac{N}{Ea} ds + \int_{\text{estr}} \delta M_y \frac{M_y}{EI_y} ds + \int_{\text{estr}} \delta M_z \frac{M_z}{EI_z} ds + \int_{\text{estr}} \delta T \frac{T}{GI_T} ds}_{\delta \mathcal{T}_i^*} \tag{5.4}$$

e as deformações reais u', w'', v'' e θ' ficam, neste caso, univocamente definidas pelas distribuições de forças normais e de momentos fletores e torçores da solução real na estrutura.

5.1 Exemplos

Apresentam-se, na sequência, alguns exemplos conceituais em viga simples hiperestática, a viga engastada-apoiada, constituída de material elástico linear, com o objetivo de ilustrar o cálculo de deslocamentos em estruturas hiperestáticas sob as ações: esforços externos ativos, variação de temperatura e recalques de apoio.

Qualquer que seja o deslocamento que se deseje calcular, ele será obtido, inicialmente, estabelecendo-se os deslocamentos e as deformações reais. Em seguida, calcula-se o particular deslocamento U_j que se deseja conhecer, com a caracterização dos esforços virtuais apropriados e a aplicação do teorema dos esforços virtuais. Para maior clareza, esses dois passos serão explicitamente assinalados na resolução dos exemplos que se apresentam.

Exemplo **5.1**

Calcular a rotação em B para a viga engastada-apoiada solicitada por carga concentrada, conforme se indica na Fig. 5.1. A viga é prismática, com seção transversal de momento de inércia I e material com módulo de elasticidade E.

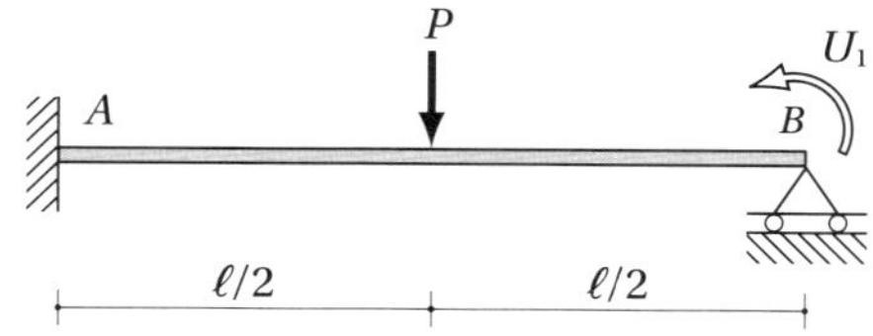

Fig. 5.1 Viga engastada-apoiada sob a ação de carga concentrada no meio do vão

Solução

1. Deslocamentos e deformações reais

Essa viga hiperestática foi analisada no exemplo 4.1 e alguns resultados, tais como o diagrama de momentos fletores e as reações de apoio, estão na Fig. 4.5. Com esses resultados, representam-se na Fig. 5.2 a linha elástica, os esforços da solução real e o deslocamento que se deseja calcular. As deformações reais são definidas a partir de $w'' = -\dfrac{M}{EI}$ e $u' = \dfrac{N}{EA}$, com $N = 0$.

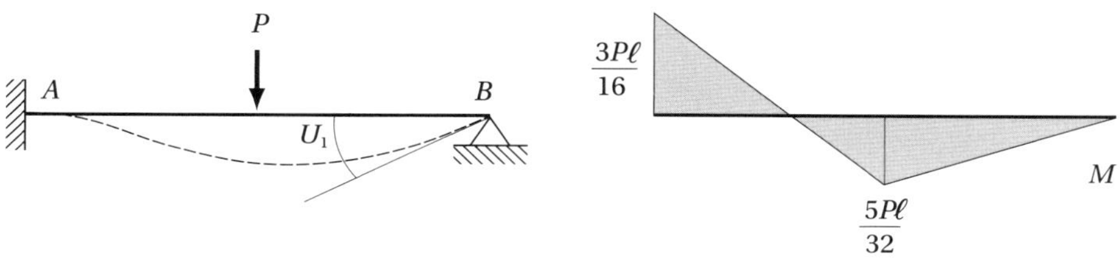

Fig. 5.2 Linha elástica e momentos fletores na viga engastada-apoiada

2. Cálculo de U_1

O esforço externo ativo virtual, δE_1, para o cálculo da rotação em B, é o esforço unitário energeticamente conjugado à rotação U_1 em uma isostática fundamental, derivada da viga engastada-apoiada pela supressão do vínculo em B. Apresentam-se na Fig. 5.3 os esforços solicitantes virtuais decorrentes de $\delta E_1 = 1$.

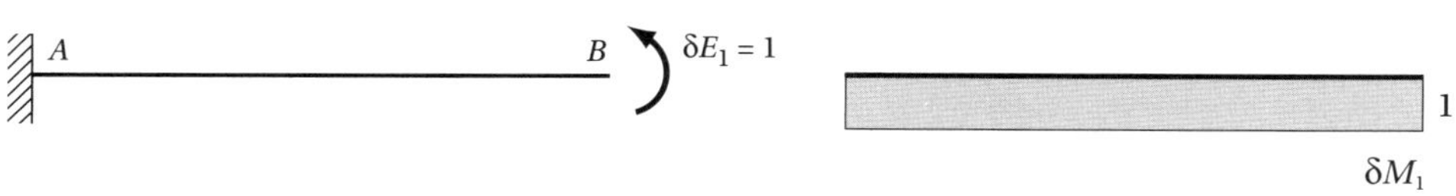

Fig. 5.3 Esforços virtuais para o cálculo de U_1

Para determinar U_1, consideram-se os deslocamentos e os momentos fletores reais da Fig. 5.2 e os esforços virtuais da Fig. 5.3. Nessas condições, pode-se escrever:

$$\delta\mathcal{T}_e^* = \delta E_1 U_1$$

$$\delta\mathcal{T}_i^* = \int_0^\ell \delta M_1 \frac{M}{EI} dx$$

Assim, com base no teorema dos esforços virtuais, $\delta\mathcal{T}_e^* = \delta\mathcal{T}_i^*$, obtém-se:

$$U_1 = \int_0^\ell \delta M_1 \frac{M}{EI} dx = \frac{1}{32}\frac{P\ell^2}{EI} \quad \text{(a)}$$

e, com base nos valores numéricos adotados no exemplo 4.1, obtém-se $U_1 = 4{,}8 \times 10^{-4}\, rad$.

Observação

A escolha da isostática fundamental, derivada da estrutura hiperestática pela supressão de vínculos, é muito conveniente e completamente arbitrária. A justificativa desse procedimento decorre da definição de esforços virtuais e do teorema dos esforços virtuais.

Com o intuito de verificar essa condição, refaz-se o cálculo de U_1 e considera-se como isostática fundamental, derivada da viga hiperestática, a viga biapoiada, obtida pela supressão do vínculo que impede a rotação em A. Para essas condições, apresentam-se na Fig. 5.4 os momentos fletores virtuais para o cálculo de U_1.

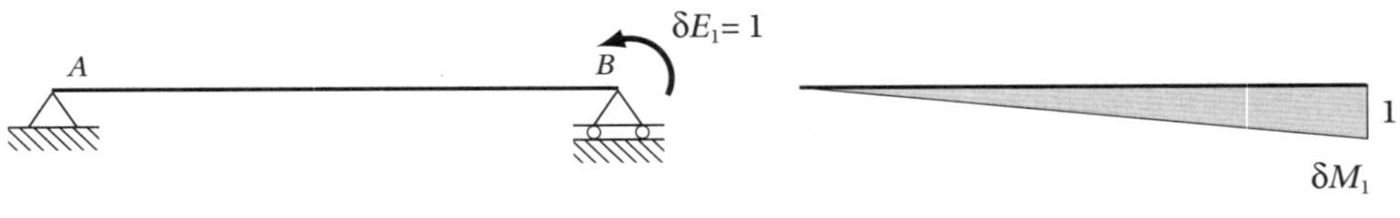

Fig. 5.4 Momentos fletores virtuais para o cálculo de U_1

A expressão (a) continua válida para o cálculo de U_1, mas agora se considera a distribuição de δM_1 da Fig. 5.4, que, como deveria ser, leva ao mesmo resultado $U_1 = \dfrac{P\ell^2}{32EI}$.

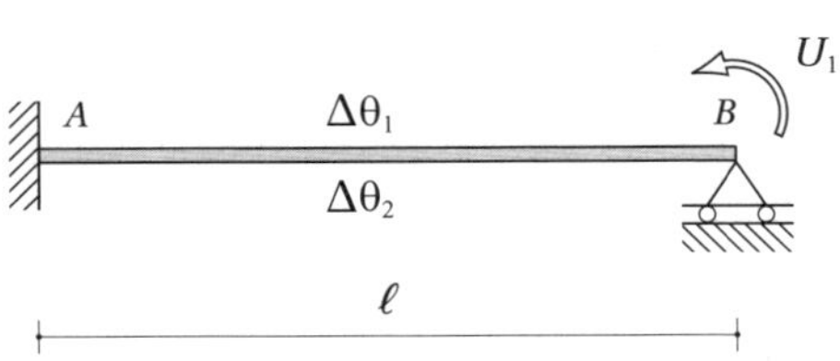

Fig. 5.5 Viga engastada-apoiada sob a ação de variação da temperatura

Exemplo 5.2

Calcular a rotação em B para a viga engastada-apoiada submetida a variação de temperatura, conforme se mostra na Fig. 5.5. A viga é prismática, com seção transversal de área A e momento de inércia I, constituída de material com módulo de elasticidade E e coeficiente de dilatação térmica α.

Solução

1. DESLOCAMENTOS E DEFORMAÇÕES REAIS

Para o cálculo de qualquer deslocamento que inclua variação de temperatura, é necessário recorrer às expressões das deformações reais:

$$u' = u'_{\Delta\theta_0} + u'_N = \alpha\Delta\theta_0 + \frac{N}{EA}$$
$$w'' = w''_{\Delta\theta} + w''_M = -\frac{\alpha(\Delta\theta_2 - \Delta\theta_1)}{h} - \frac{M}{EI}$$

observando-se que as distribuições de esforços solicitantes foram obtidas no exemplo 4.2, com $N = 0$, e o diagrama de momentos fletores reapresentado na Fig. 5.6.

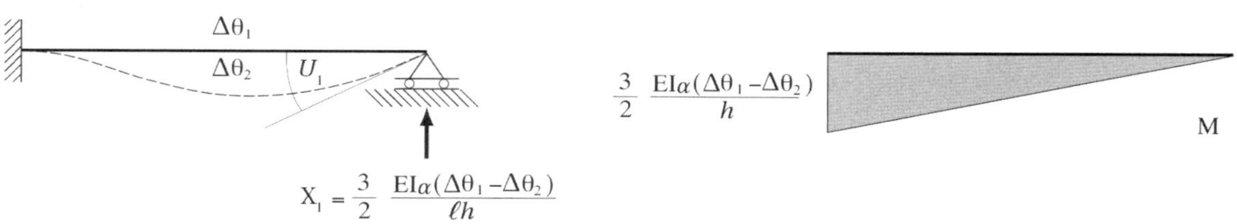

FIG. 5.6 Deslocamento U_1 e momentos fletores na viga engastada-apoiada

2. CÁLCULO DE U_1

O esforço externo ativo virtual, δE_1, para o cálculo da rotação em B, é o momento unitário energeticamente conjugado à rotação U_1. Apresentam-se na Fig. 5.7 os esforços virtuais devidos a $\delta E_1 = 1$, necessários para o cálculo de U_1.

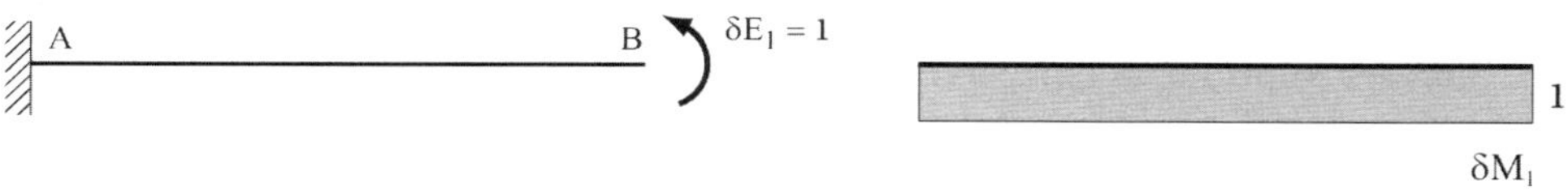

FIG. 5.7 Esforços virtuais para o cálculo de U_1

Para determinar U_1, consideram-se os deslocamentos e as deformações reais que podem ser inferidos da Fig. 5.6 e os esforços virtuais da Fig. 5.7. Nessas condições, como $\delta N_1 = 0$, pode-se estabelecer:

$$\delta\mathcal{T}_e^* = \delta E_1 U_1$$
$$\delta\mathcal{T}_i^* = \int_0^\ell \delta M_1(-w'')dx = \int_0^\ell \delta M_1\left(\frac{\alpha(\Delta\theta_2 - \Delta\theta_1)}{h} + \frac{M}{EI}\right)dx$$

Assim, com base no teorema dos esforços virtuais, $\delta\mathcal{T}_e^* = \delta\mathcal{T}_i^*$, obtém-se:

$$U_1 = \int_0^\ell \delta M_1 \frac{\alpha(\Delta\theta_2 - \Delta\theta_1)}{h}dx + \int_0^\ell \delta M_1 \frac{M}{EI}dx$$

e como:

$$\int_0^\ell \delta M_1 \frac{\alpha\,(\Delta\theta_2 - \Delta\theta_1)}{h} dx = \alpha\,(\Delta\theta_2 - \Delta\theta_1)\,\frac{\ell}{h}$$

$$\int_0^\ell \delta M_1 \frac{M}{EI} dx = -\frac{3}{4}\alpha\,(\Delta\theta_2 - \Delta\theta_1)\,\frac{\ell}{h}$$

resulta:

$$U_1 = \frac{1}{4}\alpha\,(\Delta\theta_2 - \Delta\theta_1)\,\frac{\ell}{h}$$

O sinal do produto $(\delta M_1)\left(\frac{\alpha\,(\Delta\theta_2 - \Delta\theta_1)}{h}\right)$ é positivo para $\Delta\theta_2 > \Delta\theta_1$ e foi definido de acordo com o procedimento discutido no exemplo 3.2. Com os valores numéricos adotados no exemplo 4.2, obtém-se $U_1 = 6{,}25 \times 10^{-4}\,rad$.

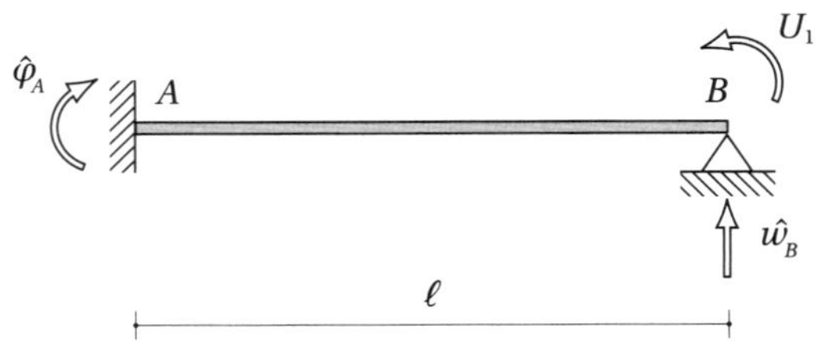

Fig. 5.8 Viga engastada-apoiada sob a ação de recalques de apoio

Exemplo 5.3

Calcular a rotação em B para a viga engastada-apoiada solicitada por recalques de apoio, conforme se mostra na Fig. 5.8. A viga é prismática, com momento de inércia I e módulo de elasticidade E.

1. Deslocamentos e deformações reais

Essa viga hiperestática foi analisada no exemplo 4.3 e alguns resultados, tais como a linha elástica e o diagrama de momentos fletores, estão na Fig. 4.17. A Fig. 5.9 indica os recalques de apoio e o deslocamento U_1 que se deseja determinar, bem como reapresenta a linha elástica e o diagrama de momentos fletores da solução real, do qual podem ser inferidas as correspondentes deformações, recorrendo-se às relações $w'' = -\frac{M}{EI}$ e $u' = \frac{N}{EA}$, com $N = 0$.

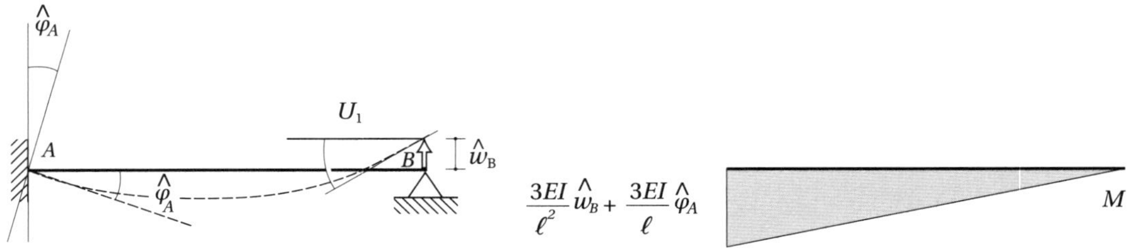

Fig. 5.9 Deslocamentos e momentos fletores na viga engastada-apoiada

2. Cálculo de U_1

O esforço externo ativo virtual, δE_1, para o cálculo da rotação em B, é o momento aplicado unitário energeticamente conjugado à rotação U_1. Apresentam-se na Fig. 5.10 os esforços virtuais devidos a $\delta E_1 = 1$, necessários para o cálculo U_1.

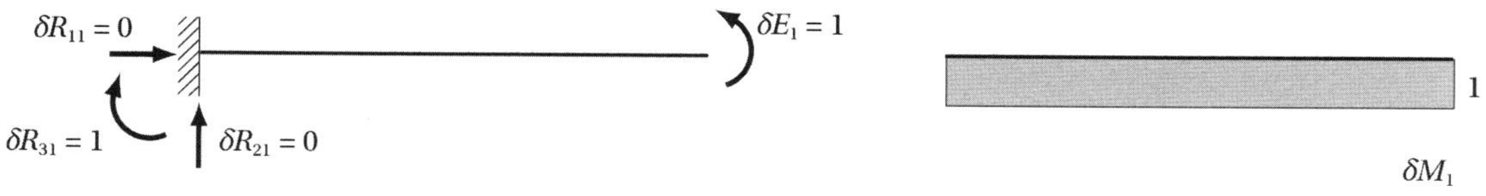

FIG. 5.10 Esforços virtuais para o cálculo de U_1

Para determinar U_1, consideram-se os deslocamentos e os momentos fletores reais da Fig. 5.9 e os esforços virtuais da Fig. 5.10. Nessas condições, como $\delta N_1 = 0$, pode-se escrever:

$$\delta \mathcal{T}_e^* = \delta E_1 U_1 + \sum_{i=1}^{3} \delta R_{i1} \hat{D}_i$$

$$\delta \mathcal{T}_i^* = \int_{\text{estr}} \delta M_1 \frac{M}{EI} ds$$

Com base no teorema dos esforços virtuais, $\delta \mathcal{T}_e^* = \delta \mathcal{T}_i^*$, obtém-se:

$$U_1 = -\sum_{i=1}^{3} \delta R_{i1} \hat{D}_i + \int_{\text{estr}} \delta M_1 \frac{M}{EI} ds = \frac{1}{2}\hat{\varphi}_A + \frac{3}{2}\frac{\hat{w}_B}{\ell}$$

Com os valores numéricos adotados no exemplo 4.3, obtém-se $U_1 = 1{,}1 \times 10^{-3}\ rad$.

Os exemplos apresentados a seguir consideram diversas estruturas reticuladas no plano e no espaço, em regime elástico linear e em diversas situações de solicitação, e visam ao aprofundamento do tratamento conceitual do cálculo de deslocamentos em estruturas hiperestáticas pela aplicação do teorema dos esforços virtuais.

Exemplo **5.4**

Calcular a rotação em C do pórtico "em L" do exemplo 4.4 submetido a esforços externos ativos, variação de temperatura e recalques de apoio, conforme representado na Fig. 5.11.

Solução

1. DESLOCAMENTOS E DEFORMAÇÕES REAIS

As deformações reais são aqui calculadas por:

$$u' = u'_{\Delta\theta_0} + u'_N = \alpha\Delta\theta_0 + \frac{N}{EA}$$
$$-w'' = -w''_{\Delta\theta} - w''_M = \frac{\alpha(\Delta\theta_2 - \Delta\theta_1)}{h} + \frac{M}{EI} \quad \text{(a)}$$

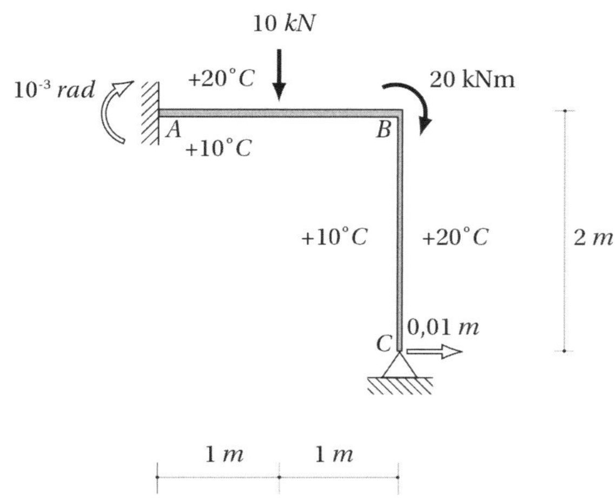

FIG. 5.11 Pórtico "em L" submetido a esforços externos ativos, variação de temperatura e recalques de apoio

onde M e N são as distribuições de momentos fletores e forças normais do pórtico hiperestático obtidas com os dados numéricos do exemplo 4.4 e reproduzidas na Fig. 5.12.

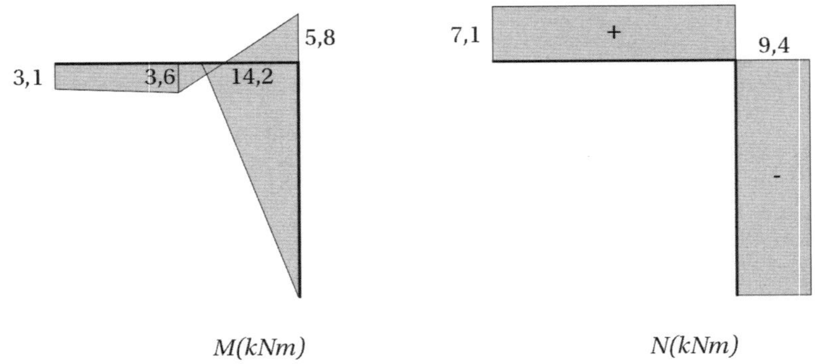

FIG. 5.12 Esforços solicitantes no pórtico "em L"

2. CÁLCULO DE U_1

O esforço externo ativo virtual, δE_1, para o cálculo da rotação em C, é o momento unitário energeticamente conjugado à rotação U_1. Na Fig. 5.13, apresentam-se os esforços virtuais devidos a $\delta E_1 = 1$, necessários para o cálculo de U_1, com $\delta N_1 = 0$

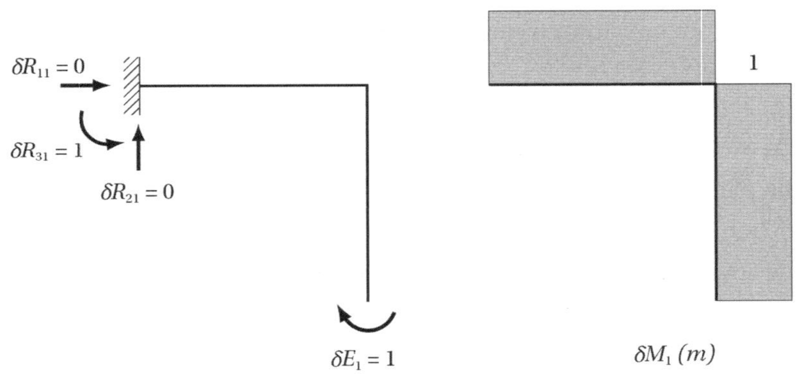

FIG. 5.13 Esforços virtuais para o cálculo de U_1

Para determinar U_1, consideram-se os esforços virtuais da Fig. 5.13 e os deslocamentos e as deformações reais. Nessas condições, pode-se escrever:

$$\delta \mathcal{T}_e^* = \delta E_1 U_1 + \sum_{i=1}^{3} \delta R_{i1} \hat{D}_i$$

$$\delta \mathcal{T}_i^* = \int_{\text{estr}} \delta M_1 \left(-w''\right) ds + \int_{\text{estr}} \delta N_1 \left(-u'\right) ds$$

ou, ao considerar-se (a):

$$\delta \mathcal{T}_i^* = \int_{\text{estr}} \delta M_1 \left(\frac{M}{EI} + \frac{\alpha\left(\Delta\theta_2 - \Delta\theta_1\right)}{h} \right) ds + \int_{\text{estr}} \delta N_1 \left(\frac{N}{EA} + \alpha \Delta\theta_0 \right) ds$$

Assim, com base no teorema dos esforços virtuais, $\delta\mathcal{T}_e^* = \delta\mathcal{T}_i^*$, obtém-se:

$$U_1 = -\sum_{i=1}^{3} \delta R_{i1} \hat{D}_i + \int_{\text{estr}} \delta M_1 \frac{M}{EI} ds + \int_{\text{estr}} \delta N_1 \frac{N}{EA} ds$$
$$+ \int_{\text{estr}} \delta M_1 \frac{\alpha\,(\Delta\theta_2 - \Delta\theta_1)}{h} ds + \int_{\text{estr}} \delta N_1 \alpha \Delta\theta_0 ds$$

Ao calcular-se as integrais, obtêm-se (com unidades em kN e m):

$$\int_{\text{estr}} \delta M_1 \frac{M}{EI} ds = -\frac{16{,}45}{EI} \qquad \int_{\text{estr}} \delta N_1 \frac{N}{EA} ds = 0$$

$$\int_{\text{estr}} \delta M_1 \frac{\alpha(\Delta\theta_2 - \Delta\theta_1)}{h} ds = \frac{\alpha(\Delta\theta_2 - \Delta\theta_1)\,40\,\alpha}{h} \qquad \int_{\text{estr}} \delta N_1 \alpha \Delta\theta_0 ds = 0$$

o que resulta no valor da rotação em C, $U_1 = -7{,}3 \times 10^{-3}\ rad$.

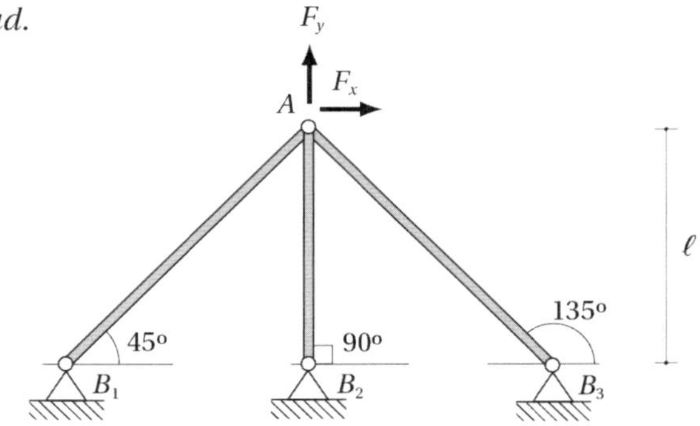

FIG. 5.14 Treliça hiperestática sob a ação de carregamento externo

Exemplo 5.5

Calcular as componentes horizontal e vertical de deslocamento do nó A da treliça hiperestática do exemplo 4.5, conforme representado na Fig. 5.14.

Solução

1. DESLOCAMENTOS E DEFORMAÇÕES REAIS

As deformações reais são definidas por

$$u' = \frac{N}{EA}$$

onde N é a distribuição de forças normais da treliça hiperestática, obtida no exemplo 4.5 e representada na Fig. 5.15, em conjunto com os deslocamentos U_1 e U_2 que se deseja calcular.

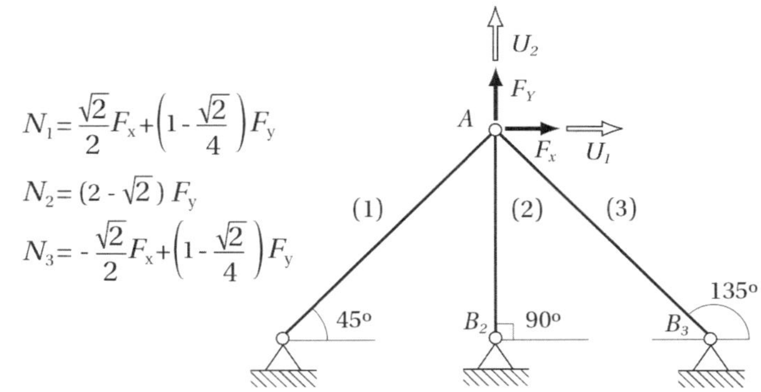

FIG. 5.15 Forças normais e deslocamentos na treliça hiperestática

2. CÁLCULO DE U_1

Apresentam-se na Fig. 5.16 os esforços virtuais para o cálculo da componente horizontal de deslocamento do nó A.

Para determinar U_1, consideram-se os esforços virtuais da Fig. 5.16 e os deslocamentos e as deformações reais. Nessas condições, pode-se escrever:

$$\delta\mathcal{T}_e^* = \delta E_1 U_1$$

$$\delta\mathcal{T}_i^* = \int_{\text{estr}} \delta N_1\, u' dx = \int_{\text{estr}} \delta N_1 \frac{N}{EA} dx = \sum_{i=1}^{3} \delta N_{i1} \frac{N_i \ell_i}{E_i A_i}$$

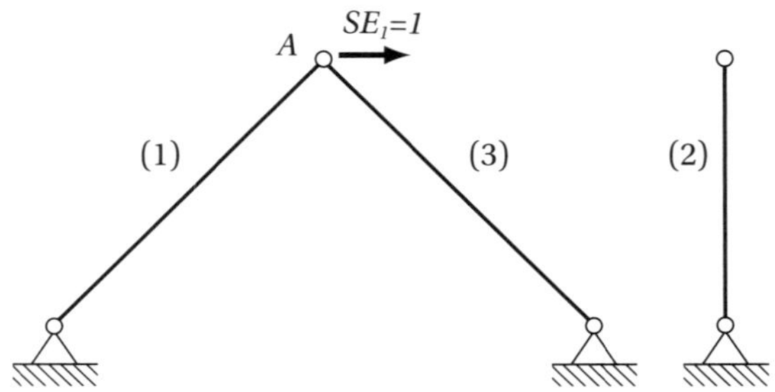

$$\delta N_{11} = \frac{\sqrt{2}}{2}$$

$$\delta N_{21} = 0$$

$$\delta N_{31} = \frac{\sqrt{2}}{2}$$

FIG. 5.16 **Esforços virtuais para o cálculo de U_1**

Com base no teorema dos esforços virtuais, $\delta\mathcal{T}_e^* = \delta\mathcal{T}_i^*$, obtém-se:

$$U_1 = \sum_{i=1}^{3} \delta N_{i1} \frac{N_i \ell_i}{E_i A_i} = \sqrt{2}\frac{F_x \ell}{EA}$$

3. CÁLCULO DE U_2

Os esforços virtuais para o cálculo da componente horizontal de deslocamento do nó A estão na Fig. 5.17.

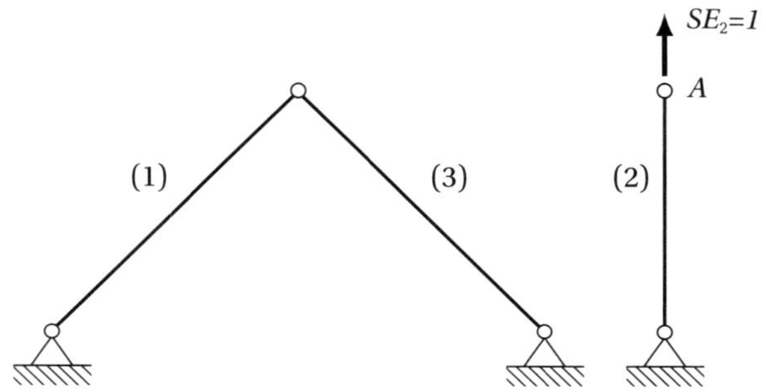

$$\delta N_{12} = 0$$

$$\delta N_{22} = 1$$

$$\delta N_{32} = 0$$

FIG. 5.17 **Esforços virtuais para o cálculo de U_2**

Para a determinação de U_2, consideram-se os esforços virtuais da Fig. 5.17 e os deslocamentos e as deformações reais. Nessas condições, pode--se estabelecer:

$$\delta\mathcal{T}_e^* = \delta E_2 U_2$$

$$\delta\mathcal{T}_i^* = \int_{\text{estr}} \delta N_2 u' dx = \int_{\text{estr}} \delta N_2 \frac{N}{EA} dx = \sum_{i=1}^{3} \delta N_{i2} \frac{N_i \ell_i}{E_i A_i}$$

Assim, com base no teorema dos esforços virtuais, $\delta\mathcal{T}_e^* = \delta\mathcal{T}_i^*$, obtém-se:

$$U_2 = \sum_{i=1}^{3} \delta N_{i2} \frac{N_i \ell_i}{E_i A_i} = \left(2 - \sqrt{2}\right) \frac{F_y \ell}{EA}$$

Os valores obtidos para U_1 e U_2, com a aplicação do teorema dos esforços virtuais, são iguais (como deveriam ser) aos valores obtidos diretamente, por relações geométricas, no exemplo 4.5.

Exemplo 5.6

Calcular a componente segundo Z do deslocamento linear e a rotação em torno de Y do ponto B do pórtico espacial do exemplo 4.6. Desprezar o efeito da força normal.

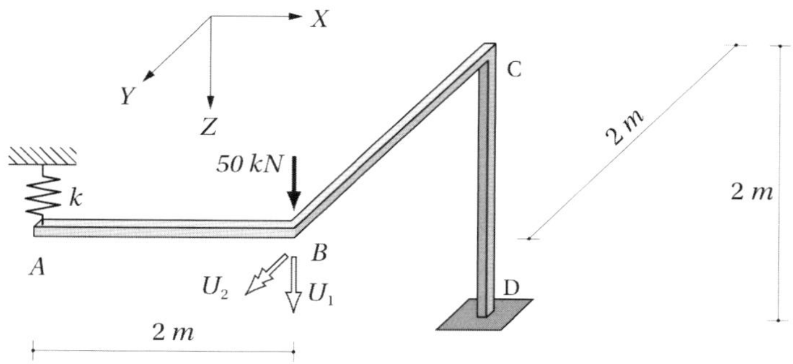

FIG. 5.18 Pórtico espacial sob a ação de força concentrada

Solução

1. Deslocamentos e deformações reais

Os deslocamentos reais que se deseja calcular estão na Fig. 5.18, e as deformações reais são obtidas dos esforços solicitantes pelas expressões:

$$-w'' = \frac{M_y}{EI_y} \qquad v'' = \frac{M_z}{EI_z} \qquad \theta' = \frac{T}{GI_T} \qquad \Delta\ell = \frac{S}{k}$$

A Fig. 5.19 apresenta as distribuições dos esforços solicitantes que foram obtidas no exemplo 4.6, necessárias para a determinação das deformações reais.

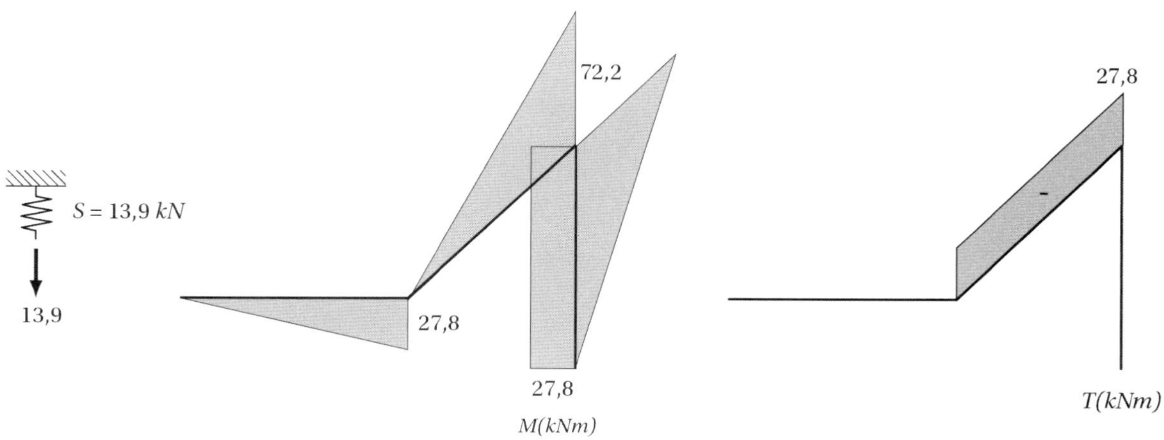

FIG. 5.19 Esforços solicitantes no pórtico espacial

2. Cálculo de U_1

Apresentam-se na Fig. 5.20 os esforços virtuais para o cálculo de U_1.

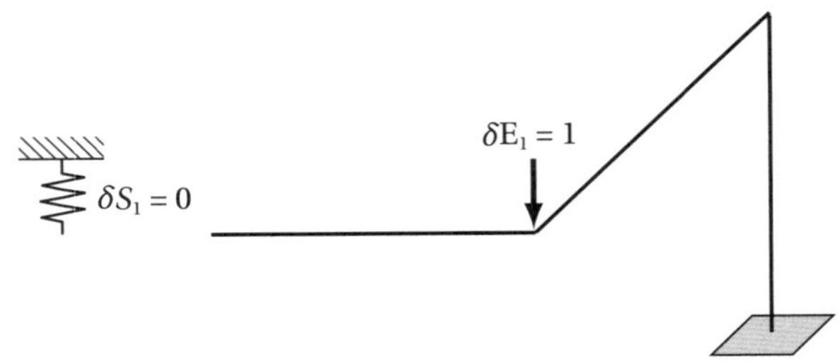

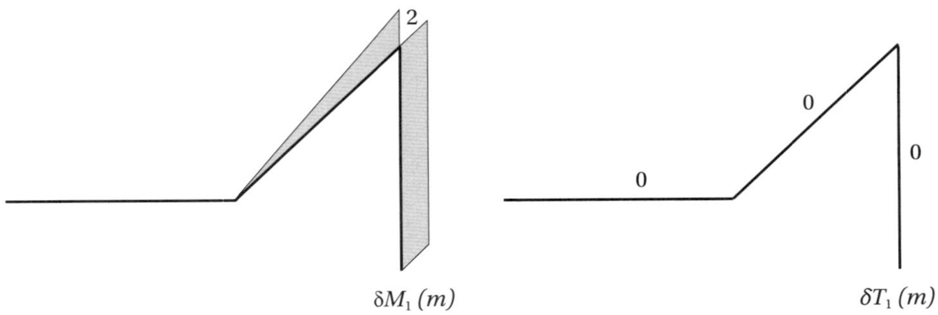

FIG. 5.20 Esforços virtuais para o cálculo de U_1

Com base no teorema dos esforços virtuais, $\delta \mathcal{T}_e^* = \delta \mathcal{T}_i^*$, obtém-se:

$$\delta \mathcal{T}_e^* = \delta E_1 U_1$$

$$\delta \mathcal{T}_i^* = \int_{\text{estr}} \delta M_1 \frac{M}{EI} ds + \int_{\text{estr}} \delta T_1 \frac{T}{GI_T} ds + \delta S_1 \frac{S}{k}$$

onde:

$$\delta M_1 \frac{M}{EI} ds = \int_{\text{estr}} \delta M_{1y} \frac{M_y}{EI_y} ds + \int_{\text{estr}} \delta M_{1z} \frac{M_z}{EI_z} ds$$

Ao efetuar-se os cálculos, obtêm-se, com unidades em kN e m:

$$\int_{\text{estr}} \delta M \frac{M}{EI} ds = \frac{240,63}{EI} \qquad \int_{\text{estr}} \delta T \frac{T}{GI_T} ds = 0 \qquad \delta S \frac{S}{k} = 0$$

e, assim, resulta $U_1 = 0{,}024\ m$.

Observa-se que o deslocamento U_1 decorre exclusivamente da flexão no plano YZ das barras BC e CD.

3. CÁLCULO DE U_2

Na Fig. 5.21, apresentam-se os esforços virtuais para o cálculo de U_2.

Com base no teorema dos esforços virtuais, $\delta \mathcal{T}_e^* = \delta \mathcal{T}_i^*$, obtém-se:

$$\delta \mathcal{T}_e^* = \delta E_2 U_2$$

$$\delta \mathcal{T}_i^* = \int_{\text{estr}} \delta M_2 \frac{M}{EI} ds + \int_{\text{estr}} \delta T_2 \frac{T}{GI_T} ds + \delta S_2 \frac{S}{k}$$

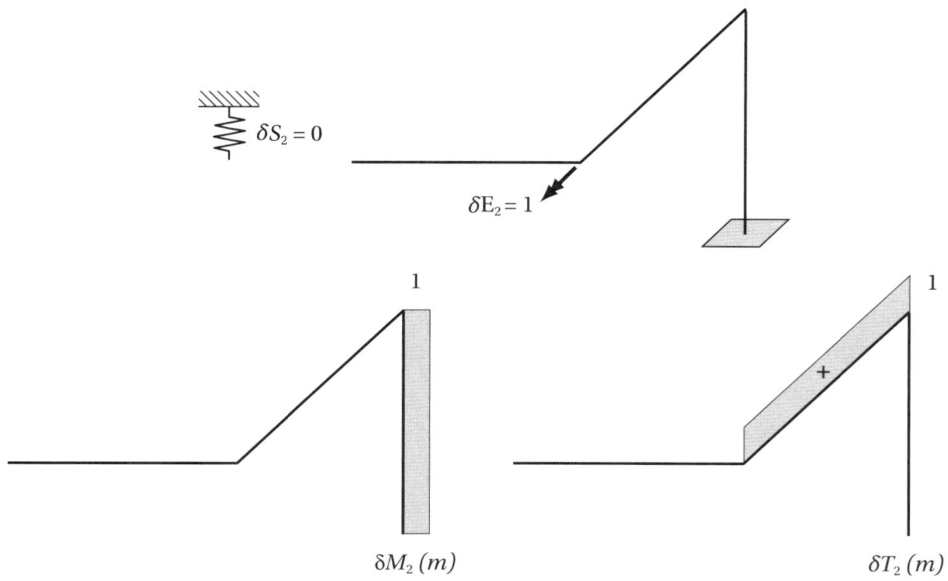

FIG. 5.21 Esforços virtuais para o cálculo de U_2

onde:

$$\int_{estr} \delta M_2 \frac{M}{EI} ds = \int_{estr} \delta M_{y2} \frac{M_y}{EI_y} ds + \int_{estr} \delta M_{z2} \frac{M_z}{EI_z} ds$$

Ao efetuar-se os cálculos, obtêm-se, com unidades em kN e m:

$$\int_{estr} \delta M_2 \frac{M}{EI} ds = -\frac{47,6}{EI} \qquad \int_{estr} \delta T_2 \frac{T}{GI_T} ds = -\frac{55,6}{GI_T} \qquad \delta S_2 \frac{S}{k} = 0$$

e, assim, resulta $U_2 = 0,016\, rad$.

Observa-se que $\left(-\frac{47,6}{EI}\right)$ corresponde à parcela de U_2 decorrente da deformação por flexão da barra CD e $\left(-\frac{55,6}{GI_T}\right)$ corresponde à parcela de U_2 decorrente da torção da barra BC.

EXPRESSÕES DERIVADAS DO TEOREMA DOS ESFORÇOS VIRTUAIS PARA O CÁLCULO DE DESLOCAMENTOS EM ESTRUTURAS RETICULADAS HIPERESTÁTICAS

Os exemplos apresentados ilustraram a aplicação conceitual do teorema dos esforços virtuais no cálculo dos deslocamentos em estruturas hiperestáticas. A análise atenta desses exemplos permite concluir que a expressão para o cálculo de deslocamentos em estruturas hiperestáticas é idêntica àquela empregada no cálculo de deslocamentos em estruturas isostáticas.

Assim, a expressão para o cálculo de um deslocamento U_j, em uma estrutura plana com molas sob a ação de esforços externos ativos, variações de temperatura e recalques de apoio, todos atuando no plano da estrutura, é dada por:

$$\delta E_j U_j + \sum_k \delta R_{kj} \hat{D}_k = \int_{\text{estr}} \delta M_j \frac{M}{EI} ds + \int_{\text{estr}} \delta N_j \frac{N}{EA} ds + \sum_\ell \delta S_{\ell j} \frac{S_\ell}{k_\ell} \int_{\text{estr}} \delta M_j \frac{\alpha(\Delta\theta_2 - \Delta\theta_1)}{h} ds + \int_{\text{estr}} \delta N_j \alpha \Delta\theta_0 ds \tag{5.5}$$

e a expressão para o cálculo de um deslocamento U_j em uma estrutura reticulada no espaço com molas, sob a ação de esforços externos ativos, variações de temperatura e recalques de apoio, é dada por:

$$\delta E_j U_j + \sum_k \delta R_{kj} \hat{D}_k = \int_{\text{estr}} \delta M_j \frac{M}{EI} ds + \int_{\text{estr}} \delta N_j \frac{N}{EA} ds + \int_{\text{estr}} \delta T_j \frac{T}{GI_T} ds + \sum_\ell \delta S_{\ell j} \frac{S_\ell}{k_\ell} + \int_{\text{estr}} \delta M_j \frac{\alpha(\Delta\theta_2 - \Delta\theta_1)}{h} ds + \int_{\text{estr}} \delta N_j \alpha \Delta\theta_0 ds \tag{5.6}$$

Todos os termos de (5.5) e (5.6) têm os mesmos significados físicos das expressões (3.6) e (3.7).

Os esforços virtuais δE_j, δR_{kj}, δM_j, δN_j, δT_j, e $\delta S_{\ell j}$ são definidos, convenientemente, numa isostática arbitrária e derivada da estrutura hiperestática original.

Os demais termos, U_j, $\hat{D}_k$, M, N, T, S_ℓ, $(\Delta\theta_2 - \Delta\theta_1)$ e $\Delta\theta_0$, são definidos na estrutura hiperestática.

Ponte de Menai *(1819-1826)*

sistema estrutural: ponte pênsil completada com trechos em arcos

6 Exemplos resolvidos e estudos de caso

Apresentam-se a seguir diversos exemplos e dois estudos de caso de cálculo de deslocamentos em estruturas reticuladas isostáticas e hiperestáticas e de resolução de estruturas hiperestáticas pelo método dos esforços, com a aplicação direta das expressões estabelecidas nos Caps. 3 a 5.

No caso do cálculo de deslocamentos em estruturas isostáticas ou hiperestáticas, aplica-se diretamente a expressão geral:

$$\begin{aligned} \delta E_j U_j + \sum_k \delta R_{kj} \hat{D}_k = & \int_{\text{estr}} \delta M_j \frac{M}{EI} ds + \int_{\text{estr}} \delta N_j \frac{N}{EA} ds \\ & + \int_{\text{estr}} \delta T_j \frac{T}{GI_T} ds + \sum_\ell \delta S_{\ell j} \frac{S_\ell}{k_\ell} + \int_{\text{estr}} \delta M_j \frac{\alpha(\Delta\theta_2 - \Delta\theta_1)}{h} ds \\ & + \int_{\text{estr}} \delta N_j \alpha \Delta\theta_0 ds \end{aligned} \tag{6.1}$$

idêntica às expressões (3.7) e (5.6) e com a mesma interpretação de seus diversos termos, conforme resumo final do Cap. 3.

No caso de resolução de estruturas hiperestáticas pelo método dos esforços, aplica-se o procedimento apresentado no resumo final do Cap. 4 e que envolve o estabelecimento e a resolução das equações reduzidas de compatibilidade:

$$\underbrace{U_{i0} + U_{i\theta} + U_{iR} + \sum_j F_{ij} X_j}_{U_i} = \hat{U}_i \qquad (i, j = 1, \dots, n) \tag{6.2}$$

com

$$
\begin{aligned}
U_{i0} &= \int_{\text{estr}} \frac{M_i M_0}{EI} ds + \int_{\text{estr}} \frac{N_i N_0}{EA} ds + \int_{\text{estr}} \frac{T_i T_0}{GI_T} ds + \sum_{\ell} \frac{S_\ell S_{\ell 0}}{k_\ell} \\
U_{i\theta} &= \int_{\text{estr}} M_i \frac{\alpha \Delta\theta}{h} ds + \int_{\text{estr}} N_i \alpha \Delta\theta_0 ds \\
U_{iR} &= -\sum_k R_{ki} \hat{D}_k \\
F_{ij} &= \int_{\text{estr}} \frac{M_i M_j}{EI} ds + \int_{\text{estr}} \frac{N_i N_j}{EA} ds + \int_{\text{estr}} \frac{T_i T_j}{GI_T} ds + \sum_{\ell} \frac{S_{\ell i} S_{\ell j}}{k_\ell}
\end{aligned}
\tag{6.3}
$$

e onde $\hat{U}_i$ é o deslocamento imposto ao vínculo, cuja incógnita hiperestática é X_i. As expressões (6.2) e (6.3) são idênticas às expressões (4.1) e (4.2) e a interpretação de seus diversos termos pode ser encontrada no resumo final do Cap. 4.

Os exemplos deste capítulo têm como objetivo desenvolver a técnica de resolução – pela aplicação direta das expressões (6.1) a (6.3) – dessa classe de problemas, em diversas estruturas com comportamento linear submetidas a ações de esforços externos ativos, variações de temperaturas e recalques de apoio.

6.1 Exemplos

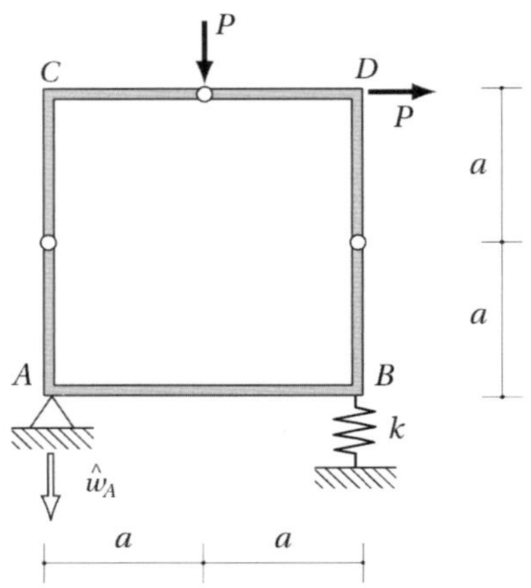

FIG. 6.1 Quadro solicitado por forças concentradas e recalque de apoio

Exemplo 6.1

Calcular a rotação do nó C da estrutura solicitada por forças concentradas e recalque de apoio $\hat{w}_A$, conforme indicado na Fig. 6.1. As barras da viga são prismáticas, com mesma seção transversal de momento de inércia I e mesmo material com módulo de elasticidade E. Desprezar o efeito da força normal.

Solução

A estrutura da Fig. 6.1 é isostática e o cálculo de qualquer deslocamento é efetuado pela aplicação da expressão (6.1), que, nesse caso, se reduz a

$$
\delta E_j U_j + \sum_k \delta R_{kj} \hat{D}_k = \int_{\text{estr}} \delta M_j \frac{M}{EI} ds + \delta S_j \frac{S}{k} \tag{a}
$$

1. Análise do quadro isostático

Para o cálculo de qualquer deslocamento no quadro isostático, é necessário determinar a distribuição de momentos fletores M e a força na mola S, positiva se de tração e negativa se de compressão, que são apresentadas na Fig. 6.2.

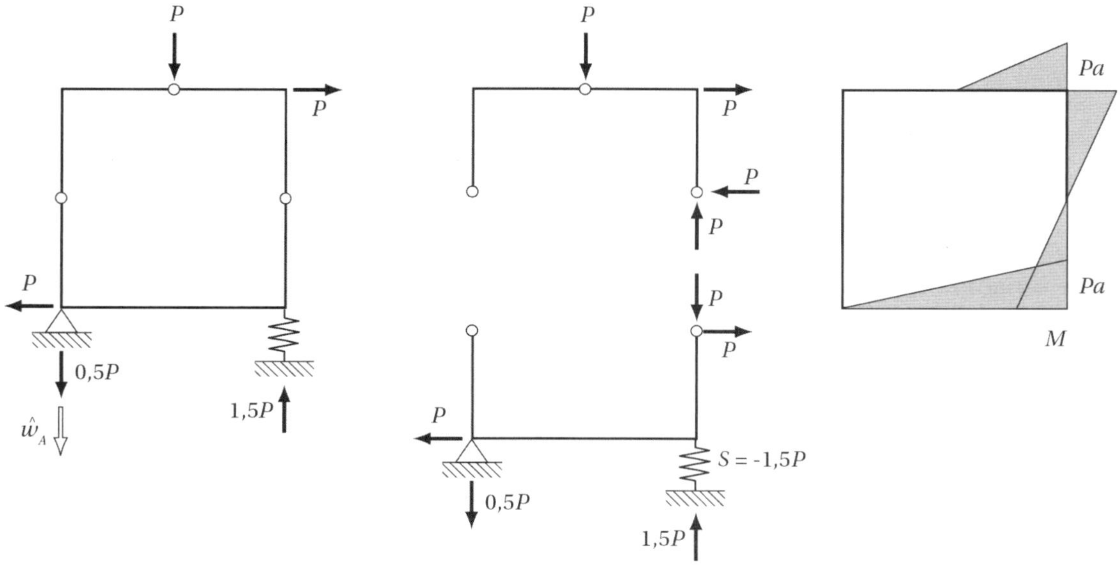

FIG. 6.2 Momentos fletores e força na mola no quadro isostático

2. CÁLCULO DE U_1

Apresentam-se na Fig. 6.3 os esforços virtuais δE_1, δR_{k1}, δM_1 e δS_1 para o cálculo da rotação em C

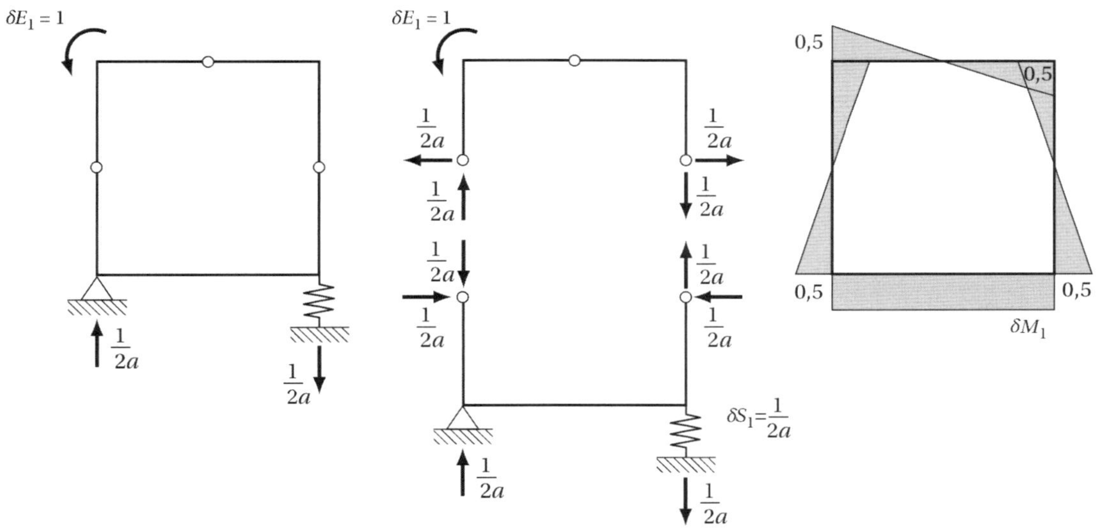

FIG. 6.3 Esforços virtuais para o cálculo de U_1

Calculando-se

$$\int_{\text{estr}} \delta M_1 \frac{M}{EI} ds = -\frac{Pa^2}{EI}$$

e introduzindo-se os valores obtidos em (a), resulta:

$$U_1 + \left(-\frac{1}{2a}\hat{w}_A\right) = -\frac{Pa^2}{EI} - \frac{1}{2a}\left(\frac{1{,}5P}{k}\right)$$

Portanto:

$$U_1 = -\frac{Pa^2}{EI} - \frac{3P}{4ka} + \frac{\hat{w}_A}{2a}$$

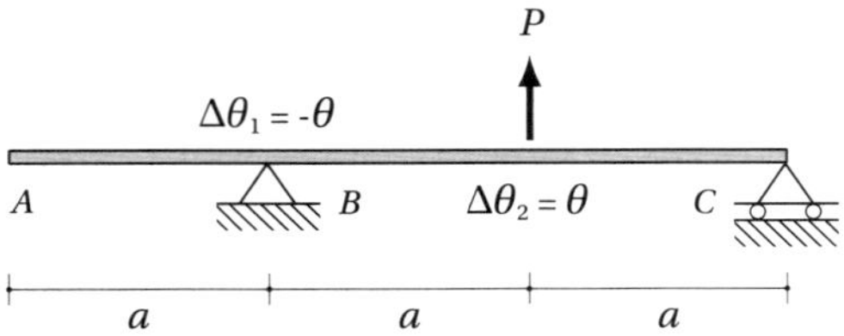

FIG. 6.4 Viga sob a ação de força concentrada e variação de temperatura

Exemplo **6.2**

Determinar o valor da força P, de forma que o deslocamento transversal do ponto A do eixo da viga da Fig. 6.4 seja nulo quando, simultaneamente, ocorrer a variação térmica indicada. Nessas condições, calcular a rotação do apoio B. A barra da viga é prismática, com seção transversal retangular de altura $h = 0{,}2\,m$ e material com módulo de elasticidade E, tal que $EI = 10^6\,\text{Nm}^2$, e coeficiente de dilatação térmica $\alpha = 10^{-5}{}^\circ\text{C}^{-1}$. Sabe-se que $a = 2\,m$ e $\theta = 15^\circ\text{C}$.

Solução

A viga biapoiada com balanço da Fig. 6.4 é isostática. A determinação de P se faz com o cálculo do deslocamento transversal do ponto A, em função de P, impondo-se que ele seja nulo.

Qualquer que seja o deslocamento a ser calculado neste exemplo, a expressão (6.1) se reduz a

$$\delta E_j U_j = \int_{\text{estr}} \delta M_j \frac{M}{EI} ds + \int_{\text{estr}} \delta M_j \frac{\alpha\,(\Delta\theta_2 - \Delta\theta_1)}{h} ds \qquad \text{(a)}$$

1. ANÁLISE DA VIGA BIAPOIADA COM BALANÇO

Como a barra é prismática, $\dfrac{\alpha\,(\Delta\theta_2 - \Delta\theta_1)}{h} = \dfrac{2\alpha\theta}{h}$ é constante e com alongamentos nas fibras inferiores em toda a viga.

Para o cálculo de qualquer deslocamento na viga, é necessário determinar a distribuição de momentos fletores M, apresentada na Fig. 6.5.

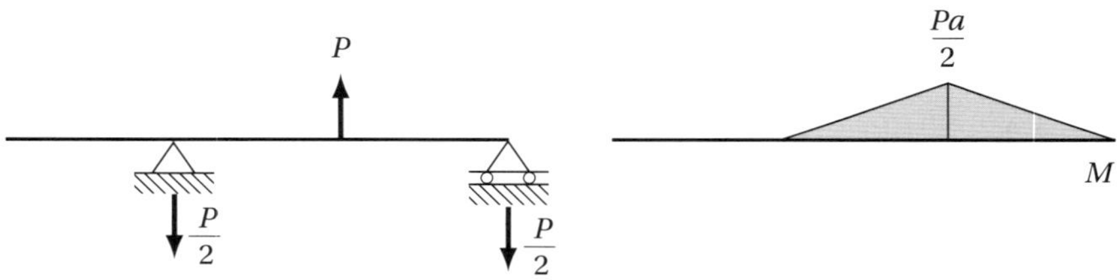

FIG. 6.5 Momentos fletores e reações de apoio na viga

2. CÁLCULO DE U_1

Apresentam-se na Fig. 6.6 os esforços virtuais δE_1 e δM_1 para o cálculo do deslocamento transversal U_1 em A.

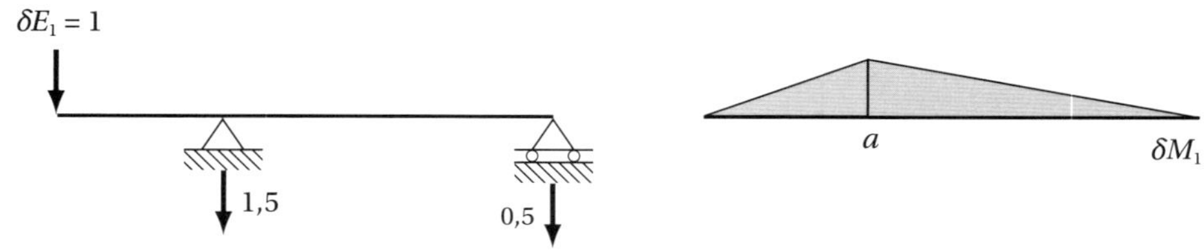

FIG. 6.6 Esforços virtuais para o cálculo de U_1

Ao calcular-se

$$\int_{\text{estr}} \delta M_1 \frac{M}{EI} ds = \frac{1}{4}\frac{Pa^3}{EI} \qquad \int_{\text{estr}} \delta M_1 \frac{\alpha(\Delta\theta_2 - \Delta\theta_1)}{h} ds = -\frac{3\alpha a^2 \theta}{h}$$

e com a introdução dos valores obtidos em (a), resulta:

$$U_1 = \frac{1}{4}\frac{Pa^3}{EI} - \frac{3\alpha a^2\theta}{h}$$

3. Determinação de P

A força P é determinada pela condição $U_1 = 0$, ou seja:

$$P = \frac{12EI\alpha\theta}{ah} = 4.500\,\text{N}$$

4. Cálculo de U_2

Como mencionado no início do exemplo, o cálculo da rotação U_2 em B se faz também com a aplicação da expressão (a).

Apresentam-se na Fig. 6.7 os esforços virtuais δE_2 e δM_2 para o cálculo de U_2.

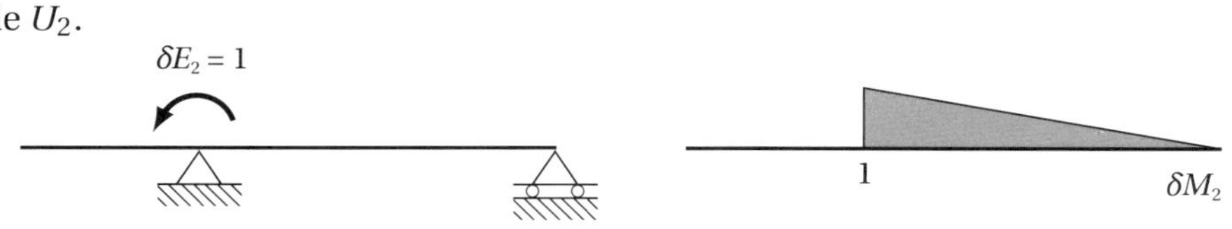

Fig. 6.7 Esforços virtuais para o cálculo de U_2

Calculando-se

$$\int_{\text{estr}} \delta M_2 \frac{M}{EI} ds = \frac{1}{4}\frac{Pa^2}{EI} \qquad \int_{\text{estr}} \delta M_2 \frac{\alpha(\Delta\theta_2 - \Delta\theta_1)}{h} ds = -2\alpha\theta\frac{a}{h}$$

e introduzindo-se esses valores e $P = 4.500$ N em (a), resulta:

$$U_2 = 1{,}5 \times 10^{-3}\,rad$$

Exemplo 6.3

Resolver pelo método dos esforços o pórtico plano da Fig. 6.8 e calcular o deslocamento horizontal do ponto D. As barras do pórtico são prismáticas, com mesma seção transversal retangular $(0{,}15 \times 0{,}40)\ m^2$ e mesmo material com módulo de elasticidade $E = 20 \times 10^6\,\text{kN/m}^2$. A mola tem coeficiente de rigidez $k = 1.600\,\text{kN/m}$. Desprezar o efeito da força normal no cálculo dos deslocamentos.

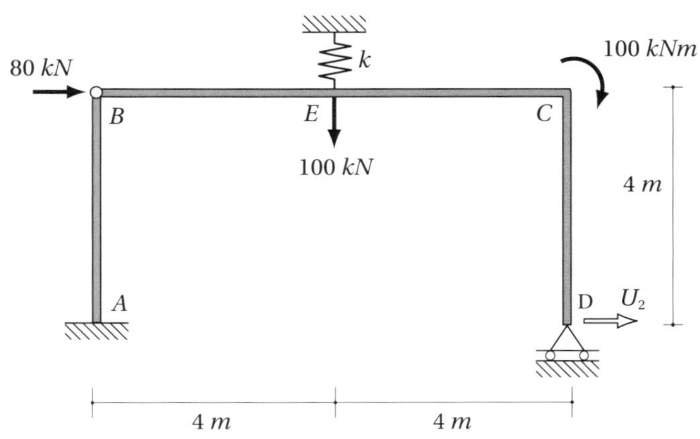

Fig. 6.8 Pórtico com mola sob a ação de esforços externos ativos

Solução

A estrutura é hiperestática, com grau de hiperestaticidade igual a um.

Inicialmente, resolve-se a estrutura pelo método dos esforços, com a aplicação direta das expressões (6.2) e (6.3).

Em seguida, calcula-se o deslocamento horizontal do ponto D com a expressão (6.1).

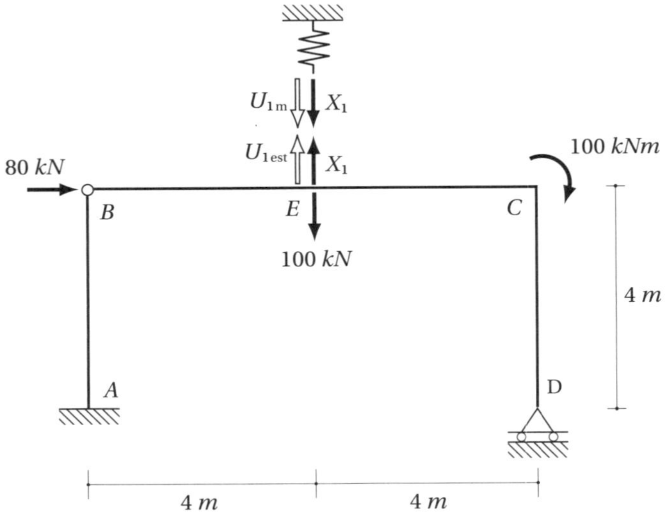

FIG. 6.9 Isostática fundamental, esforços externos ativos e incógnita hiperestática

1. Análise do pórtico pelo método dos esforços

Isostática fundamental e incógnita hiperestática

Adota-se como isostática fundamental a estrutura que resulta da eliminação do vínculo que impede o deslocamento relativo entre a mola e a barra BC, no meio do vão.

Apresenta-se na Fig. 6.9 a isostática fundamental submetida aos esforços externos ativos e à incógnita hiperestática X_1. Observa-se que o deslocamento relativo U_1, entre a mola e o ponto central E da barra CD, é dado por $U_1 = U_{1m} + U_{1\text{est}}$.

Equação reduzida de compatibilidade

Neste caso, as expressões (6.2) e (6.3) se reduzem a:

$$\underbrace{U_{10} + F_{11}X_1}_{U_1} = \hat{U}_1 \quad \text{(a)}$$

com

$$U_{10} = \int_{\text{estr}} \frac{M_1 M_0}{EI} ds + \frac{S_1 S_0}{k}$$

$$F_{11} = \int_{\text{estr}} \frac{M_1 M_1}{EI} ds + \frac{S_1 S_1}{k} \quad \text{(b)}$$

e

$$\hat{U}_1 = 0 \quad \text{(c)}$$

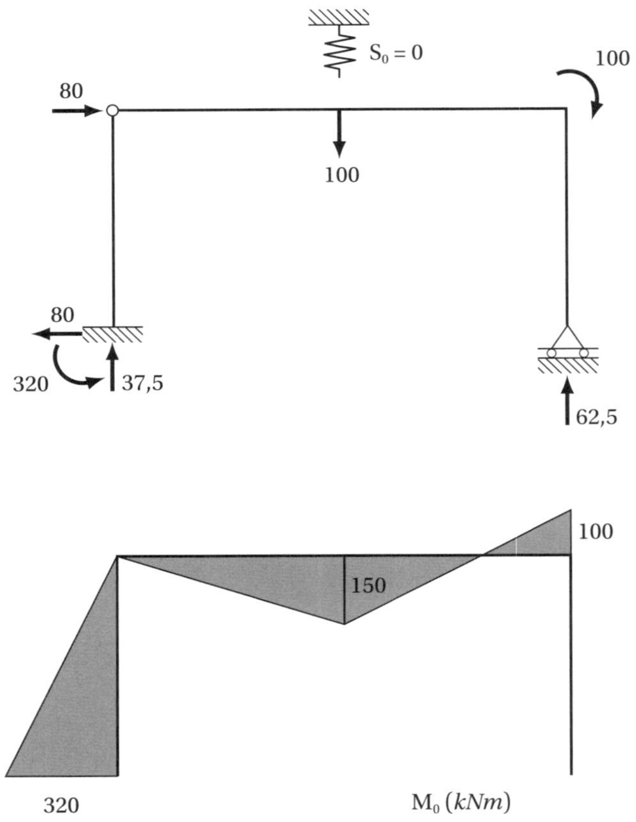

FIG. 6.10 Diagrama de M_0 e S_0

Determinação de M_0 e S_0

Apresentam-se na Fig. 6.10 a isostática fundamental submetida aos esforços externos ativos, o diagrama de momentos fletores M_0 e a força na mola S_0.

Determinação de M_1 e S_1

Na Fig. 6.11, apresentam-se a isostática fundamental submetida a $X_1 = 1$, o diagrama de momentos fletores M_1 e a força na mola S_1.

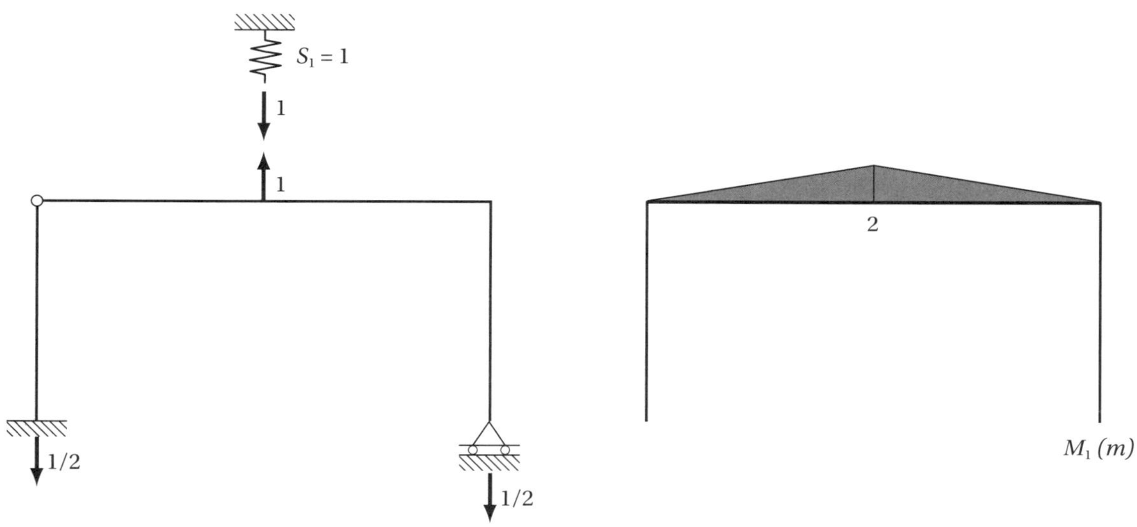

FIG. 6.11 Diagrama de M_1 e S_1

\# Cálculo de U_{10} e F_{11}

Com base nas informações contidas nas Figs. 6.10 e 6.11, e efetuando-se os cálculos indicados em (b), obtêm-se, com unidades em kN e m:

$$U_{10} = -\frac{2000}{3EI} \qquad F_{11} = \frac{32}{3EI} + \frac{1}{k} \tag{d}$$

\# Determinação de X_1

Ao introduzir-se (c) e (d) em (a), determina-se o valor da incógnita hiperestática:

$$X_1 = 32{,}26\,\text{kN}$$

\# Resultados em esforços solicitantes

A determinação da incógnita hiperestática X_1 levanta a indeterminação estática da estrutura e permite traçar os diagramas de esforços solicitantes no pórtico, que se apresentam na Fig. 6.12.

2. CÁLCULO DO DESLOCAMENTO HORIZONTAL DO PONTO D, U_2

Qualquer que seja o deslocamento a ser calculado neste exemplo, a expressão (6.1) se reduz a

$$\delta E_j U_j = \int_{\text{estr}} \delta M_j \frac{M}{EI} ds + \delta S_j \frac{S}{k} \tag{e}$$

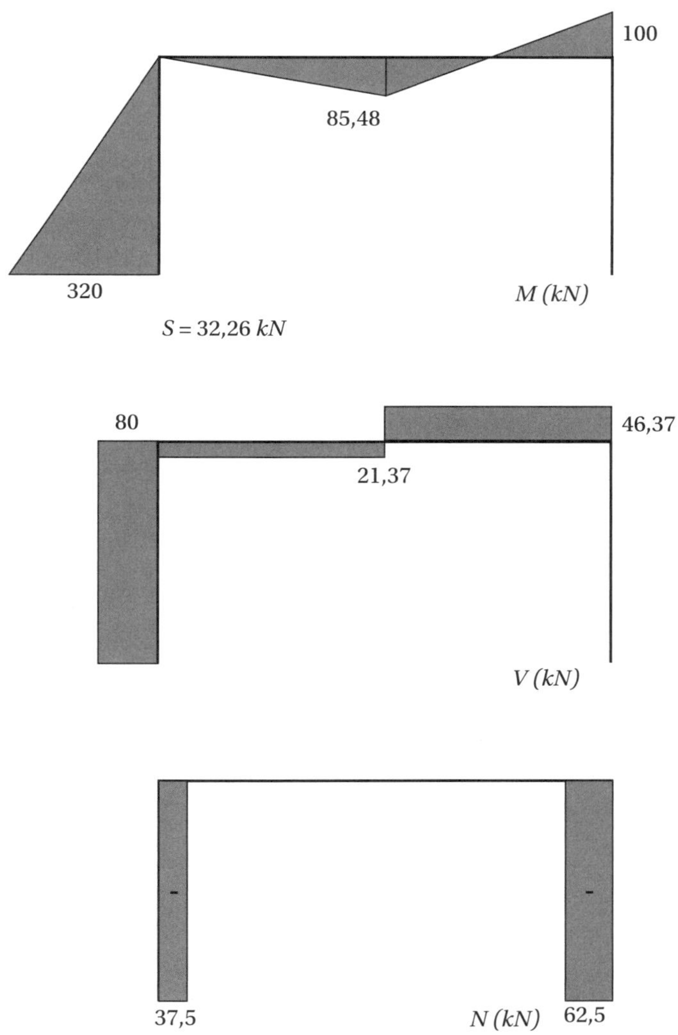

FIG. 6.12 Esforços solicitantes no pórtico e força na mola

A distribuição de momentos fletores M e a força na mola S estão definidas na Fig. 6.12.

Na Fig. 6.13, estão os esforços virtuais δE_2, δM_2 e δS_2, necessários para o cálculo da componente horizontal de deslocamento em D, U_2.

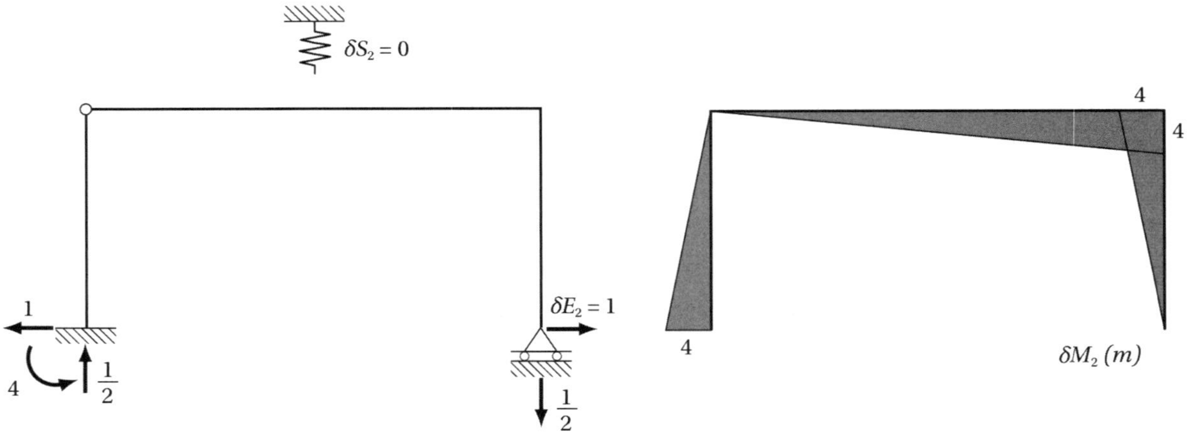

Fig. 6.13 **Esforços virtuais para o cálculo de U_2**

Calculando-se, com unidades em kN e m:

$$\int_{\text{estr}} \delta M_2 \frac{M}{EI} ds = \frac{870{,}51}{EI} \qquad \delta S_2 \frac{S}{k} = 0$$

e, ao introduzir-se esses valores em (e), tem-se:

$$u_D = 0{,}11\, m$$

Exemplo **6.4**

Resolver pelo método dos esforços o pórtico plano solicitado por forças concentradas, variação de temperatura na barra CE e recalques de apoio, conforme se indica na Fig. 6.14. Calcular os deslocamentos horizontais dos pontos E e H. As barras do pórtico são prismáticas, com mesma seção transversal retangular $(0{,}20 \times 0{,}60)\ m^2$ e mesmo material com módulo de elasticidade $E = 20 \times 10^6\,\text{kN/m}^2$ e coeficiente de dilatação térmica $\alpha = 10^{-5}{}^\circ\text{C}^{-1}$. Desprezar o efeito da força normal no cálculo dos deslocamentos.

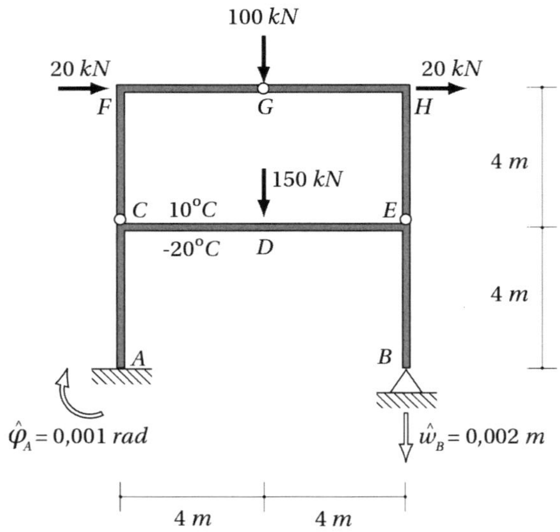

Fig. 6.14 **Pórtico plano sob a ação de forças concentradas, variação de temperatura e recalques de apoio**

Solução

1. Análise inicial

A observação da estrutura permite constatar que a sua parte $CFGHE$ é isostática e a parte $ACDEB$ é hiperestática. Assim, é conveniente estudar as duas partes isoladamente. A parte da estrutura $CFGHE$ é resolvida diretamente pela aplicação das equações de equilíbrio da estática. A parte da estrutura

ACDEB é hiperestática, com grau de hiperestaticidade igual a dois, e é resolvida pelo método dos esforços, com a aplicação direta das expressões (6.2) e (6.3). As duas soluções permitem estabelecer os esforços solicitantes e reativos no pórtico.

Em seguida, calculam-se os deslocamentos horizontais dos pontos E e H pela aplicação direta da expressão (6.1).

2. Análise do pórtico triarticulado *CFGHE*

Como a parte *CFGHE* da estrutura é um pórtico triarticulado, os esforços de interação entre as partes *CFGHE* e *ACDEB*, bem como os esforços solicitantes, são obtidos pela aplicação exclusiva das equações de equilíbrio da estática. Os resultados no trecho isostático e os esforços de interação estão na Fig. 6.15.

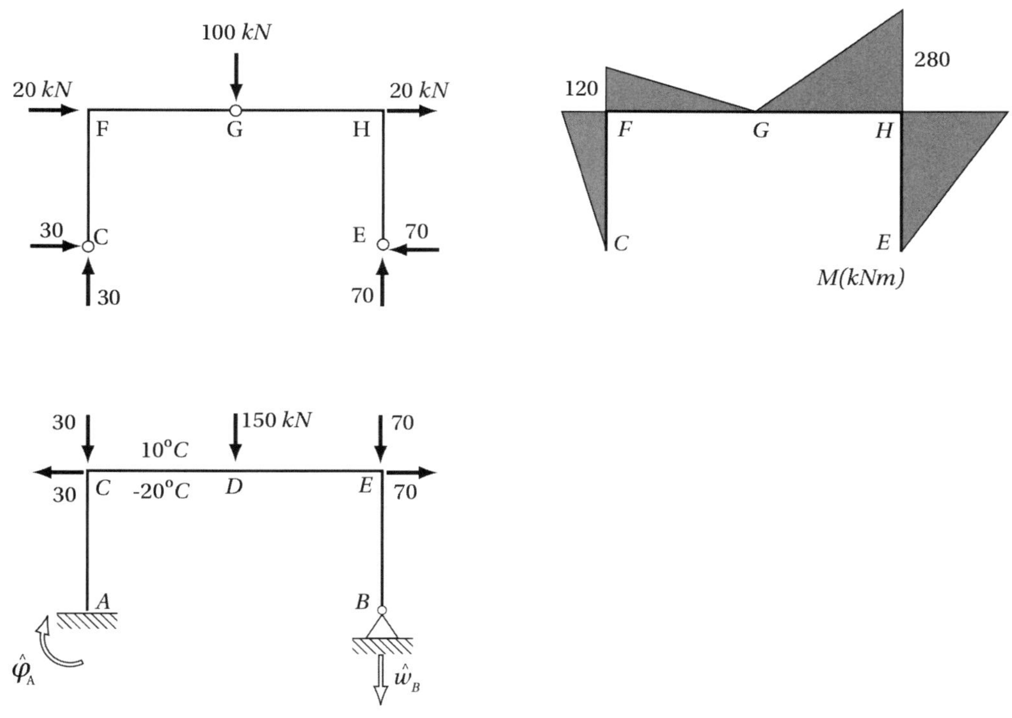

Fig. 6.15 Esforços externos e momentos fletores no pórtico triarticulado e esforços no pórtico *ACDEB*

3. Análise do pórtico hiperestático *ACDEB* pelo método dos esforços

Para resolver o pórtico hiperestático *ACDEB*, consideram-se os esforços de interação e as ações externas definidas, indicados na Fig. 6.16.

Essa estrutura apresenta grau de hiperestaticidade igual a dois e é resolvida pelo método dos esforços, com a aplicação direta das expressões (6.2) e (6.3).

Isostática fundamental e incógnitas hiperestáticas

Seleciona-se como isostática fundamental a estrutura que resulta da eliminação de dois vínculos: um externo, o que impede a rotação em *A*, e outro interno, o que impede a rotação relativa em *D*.

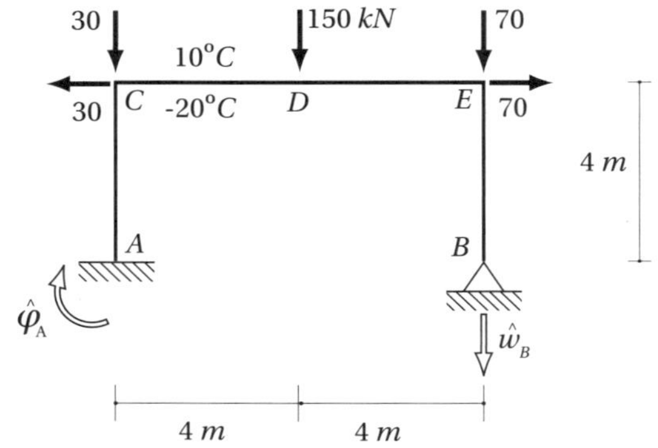

FIG. 6.16 Pórtico *ACDEB* sob a ação de forças concentradas, variação de temperatura e recalques de apoio

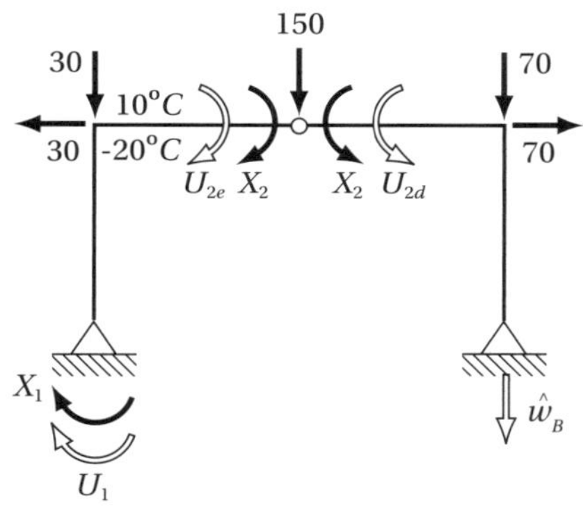

FIG. 6.17 Isostática fundamental submetida às forças concentradas e às incógnitas hiperestáticas

Apresenta-se na Fig. 6.17 a isostática fundamental submetida às forças concentradas e às incógnitas hiperestáticas X_1 e X_2. Observa-se que os momentos X_1 e X_2 estão aplicados às barras e que o deslocamento relativo U_2 em D é dado por $U_2 = U_{2e} + U_{2d}$.

Equações reduzidas de compatibilidade

Neste caso, as expressões (6.2) e (6.3) se reduzem a:

$$\underbrace{U_{10} + U_{1\theta} + U_{1R} + F_{11}X_1 + F_{12}X_2}_{U_1} = \hat{U}_1$$
$$\underbrace{U_{20} + U_{2\theta} + U_{2R} + F_{21}X_1 + F_{22}X_2}_{U_2} = \hat{U}_2 \qquad \text{(a)}$$

com

$$U_{i0} = \int_{\text{estr}} \frac{M_i M_0}{EI} ds$$
$$U_{i\theta} = \int_{\text{estr}} M_i \frac{\alpha \Delta\theta}{h} ds + \int_{\text{estr}} N_i \alpha \Delta\theta_0 ds$$
$$U_{iR} = -\sum_k R_{ki} \hat{D}_k \qquad \text{(b)}$$
$$F_{ij} = \int_{\text{estr}} \frac{M_i M_j}{EI} ds$$

e

$$\hat{U}_1 = \hat{\varphi}_A = 0{,}001 \qquad \hat{U}_2 = 0 \qquad \text{(c)}$$

Determinação de M_0 e N_0

Na Fig. 6.18, apresentam-se a isostática fundamental submetida ao carregamento externo e os diagramas de esforços solicitantes M_0 e N_0.

Variação de temperatura na barra *CDE*

Apresentam-se na Fig. 6.19 a isostática fundamental submetida à variação de temperatura em CDE e a deformação qualitativa de um elemento de comprimento unitário dessa barra, quando submetido a $\Delta\theta = \Delta\theta_2 - \Delta\theta_1 = 30\,°\text{C}$ e a $\Delta\theta_0 = -5°\text{C}$.

Determinação de M_1, N_1 e R_{k1}

Apresentam-se na Fig. 6.20 a isostática fundamental submetida a $X_1 = 1$, os diagramas de esforços solicitantes M_1 e N_1, e as reações de apoio R_{k1}.

Determinação de M_2, N_2 e R_{k2}

Na Fig. 6.21 estão a isostática fundamental submetida a $X_2 = 1$, os diagramas de esforços solicitantes M_2 e N_2 e as reações de apoio R_{k2}.

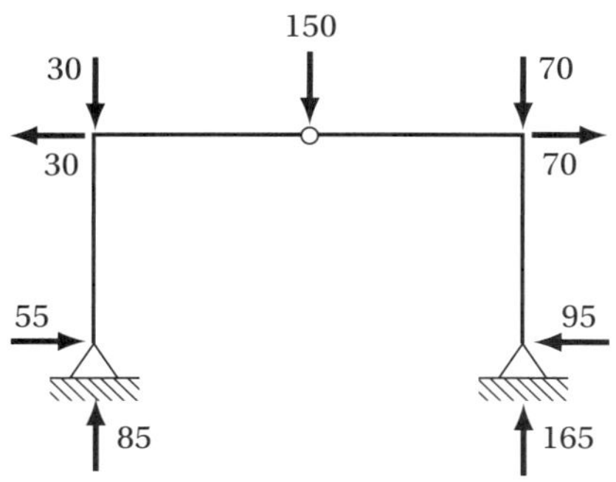

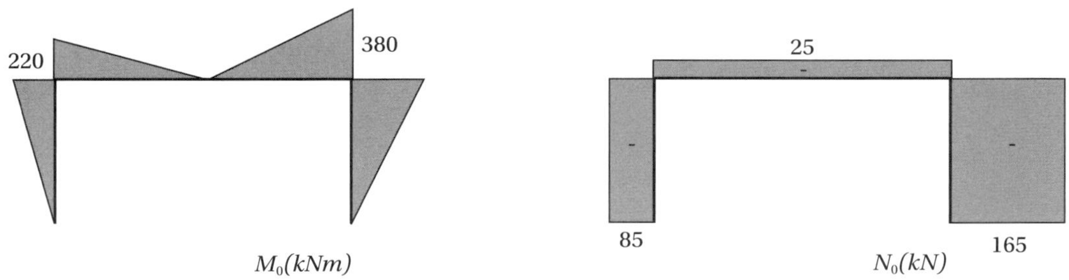

FIG. 6.18 Diagramas de M_0 e N_0

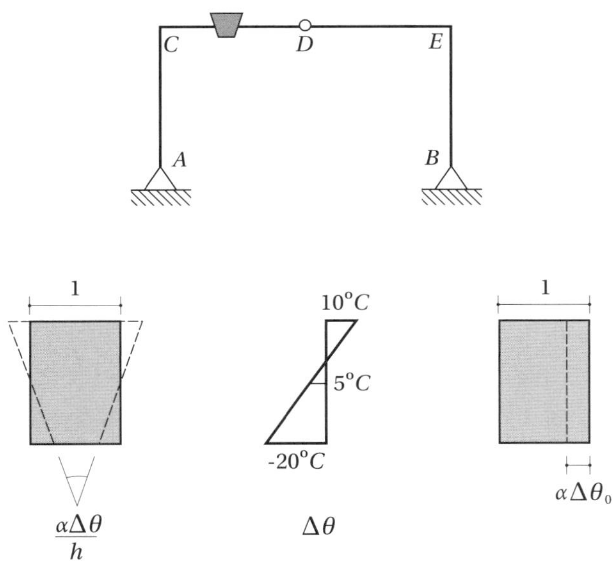

FIG. 6.19 Variação de temperatura na barra CDE

Cálculo de U_{iR}, $U_{i\theta}$, U_{i0} e F_{ij}

Com base nas informações contidas nas Figs. 6.18 a 6.21, e efetuando-se os cálculos indicados em (b), obtêm-se, com unidades em kN e m:

$$
\begin{aligned}
U_{1R} &= -\sum_k R_{k1}\hat{D}_k = 2{,}5 \times 10^{-4} \\
U_{2R} &= -\sum_k R_{k2}\hat{D}_k = 0 \\
U_{1\theta} &= \int_{\text{CDE}} M_1 \frac{\alpha\Delta\theta}{h} ds + \int_{\text{CDE}} N_1 \alpha\Delta\theta_0 ds = 5 \times 10^{-5}
\end{aligned}
\qquad \text{(d)}
$$

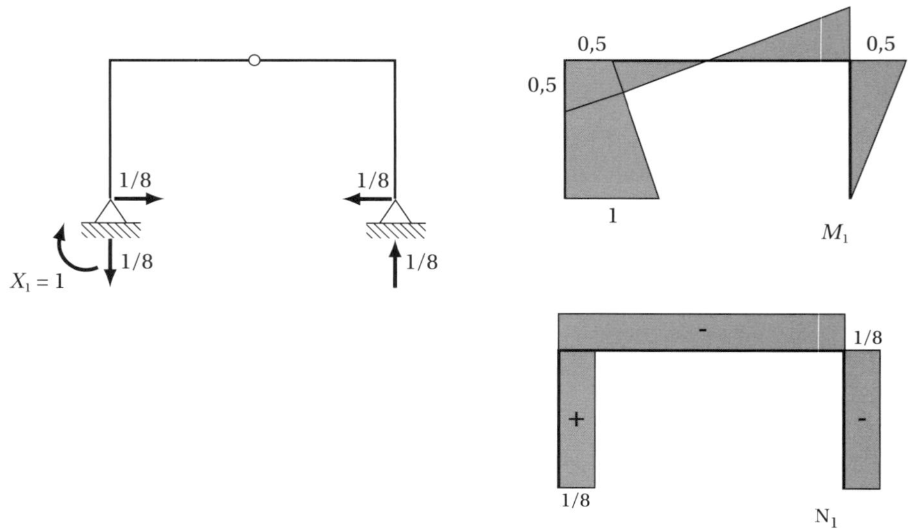

FIG. 6.20 Diagramas de esforços solicitantes M_1 e N_1 e reações de apoio R_{k1}

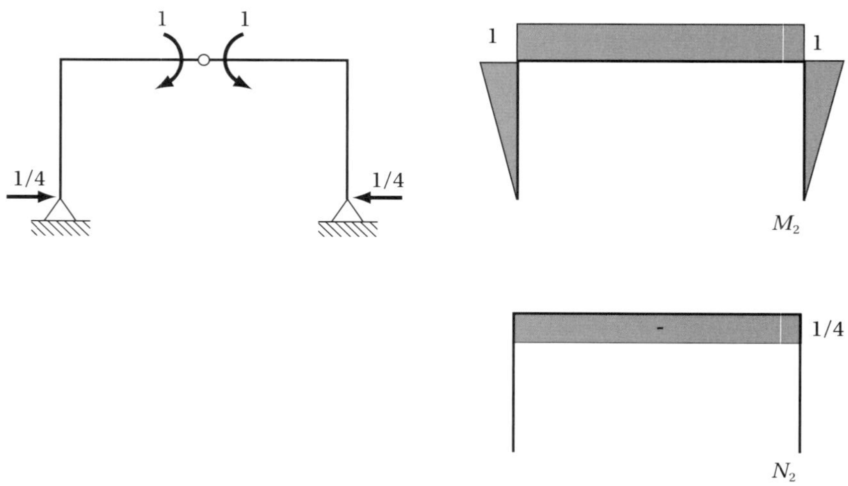

FIG. 6.21 Diagramas de esforços solicitantes M_2 e N_2 e reações de apoio R_{k2}

$$U_{2\theta} = \int_{CDE} M_2 \frac{\alpha \Delta\theta}{h} ds + \int_{CDE} N_2 \alpha \Delta\theta_0 ds = 41 \times 10^{-4} \qquad F_{11} = \int_{estr} \frac{M_1 M_1}{EI} dx = \frac{10}{3EI}$$

$$U_{10} = \int_{estr} \frac{M_1 M_0}{EI} dx = \frac{200}{3EI} \qquad F_{22} = \int_{estr} \frac{M_2 M_2}{EI} dx = \frac{32}{3EI} \qquad \text{(d)}$$

$$U_{20} = \int_{estr} \frac{M_2 M_0}{EI} dx = \frac{2000}{EI} \qquad F_{12} = F_{21} = \int_{estr} \frac{M_1 M_2}{EI} dx = -\frac{2}{3EI}$$

Determinação de X_1 e X_2

Ao introduzir-se (c) e (d) em (a), escrevem-se as equações:

$$10^{-5} \begin{Bmatrix} 25 \\ 0 \end{Bmatrix} + 10^{-5} \begin{Bmatrix} 5 \\ 410 \end{Bmatrix} + \frac{1}{3EI} \begin{Bmatrix} 200 \\ 6000 \end{Bmatrix} + \frac{1}{3EI} \begin{bmatrix} 10 & -2 \\ -2 & 32 \end{bmatrix} \begin{Bmatrix} X_1 \\ X_2 \end{Bmatrix} = 10^{-5} \begin{Bmatrix} 100 \\ 0 \end{Bmatrix}$$

cuja solução conduz à determinação das incógnitas hiperestáticas:

$$\begin{Bmatrix} X_1 \\ X_2 \end{Bmatrix} = \begin{Bmatrix} -48,52 \\ -218,20 \end{Bmatrix} kNm$$

Diagramas de esforços solicitantes

A determinação das incógnitas hiperestáticas X_1 e X_2 levanta a indeterminação estática da estrutura e permite obter a distribuição dos esforços solicitantes na parte hiperestática, seja por superposição de efeitos, seja por análise direta, com os valores obtidos para X_1 e X_2. Apresentam-se na Fig. 6.22 e os diagramas finais de esforços solicitantes no pórtico.

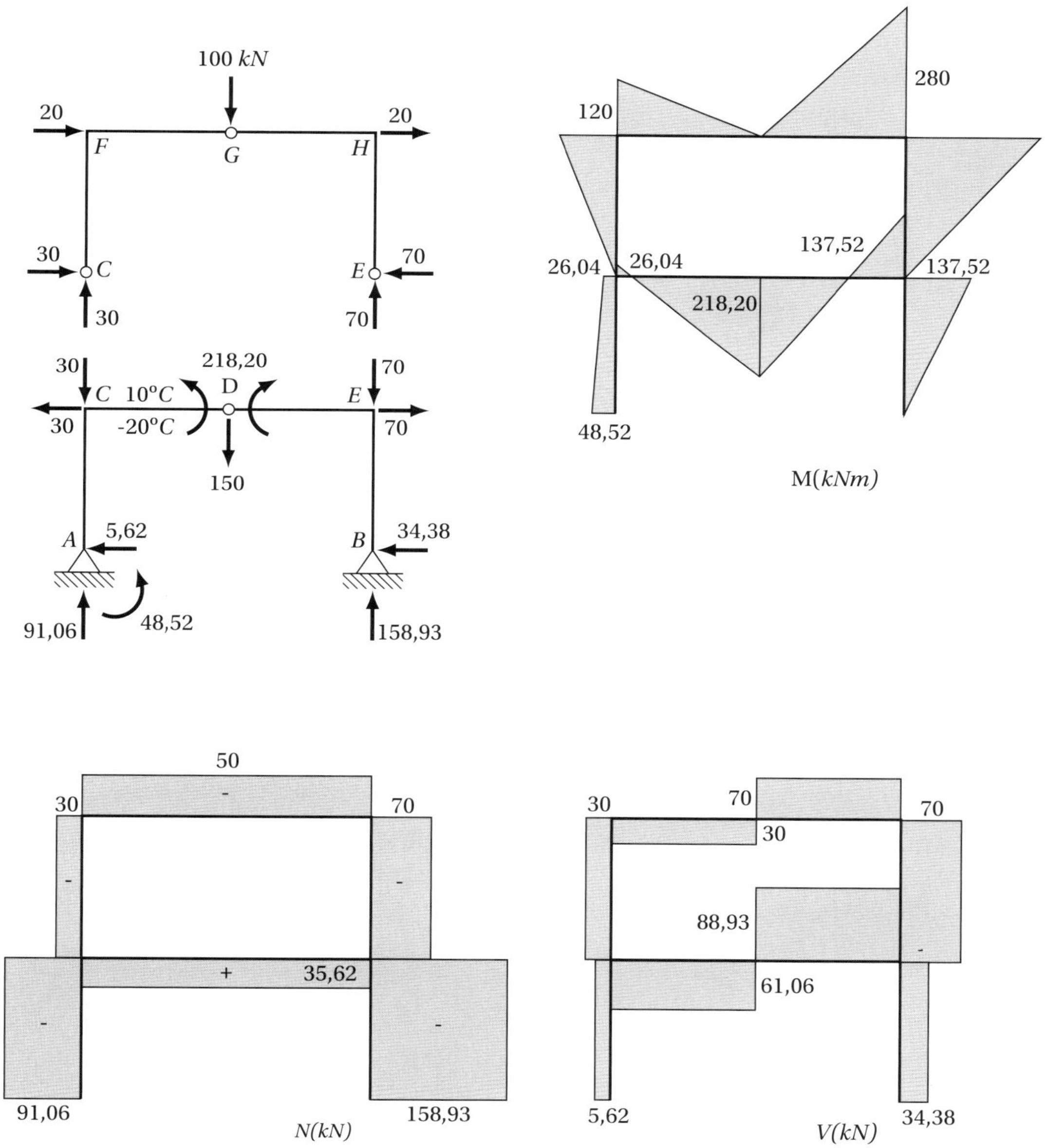

FIG. 6.22 Esforços solicitantes no pórtico

3. Cálculo dos deslocamentos horizontais U_3 do ponto E e U_4 do ponto H

Qualquer que seja o deslocamento a ser calculado neste exemplo, a expressão (6.1) se reduz a

$$\delta E_j U_j + \sum_k \delta R_{kj} \hat{D}_k = \int_{estr} \delta M_j \frac{M}{EI} ds + \int_{estr} \delta M_j \frac{\alpha(\Delta\theta_2 - \Delta\theta_1)}{h} ds + \int_{estr} \delta N_j \alpha \Delta\theta_0 ds \tag{e}$$

com a distribuição de momentos fletores M definida na Fig. 6.22 e com os recalques de apoio $\hat{D}_k$ e as variações de temperatura indicadas na Fig. 6.14.

Cálculo de U_3

Apresentam-se na Fig. 6.23 os esforços virtuais δE_3, δR_{k3}, δM_3 e δN_3, necessários para o cálculo do deslocamento horizontal U_3 do ponto E, obtidos na isostática fundamental.

Ao calcular-se, com unidades em kN e m:

$$\int_{estr} \delta M_3 \frac{M}{EI} ds = \frac{529{,}81}{EI} = 736 \times 10^{-5}$$

$$\int_{CED} \delta M_3 \frac{\alpha(\Delta\theta_2 - \Delta\theta_1)}{h} ds = 0 \qquad \int_{CED} \delta N_3 \alpha \Delta\theta_0 ds = -20 \times 10^{-5}$$

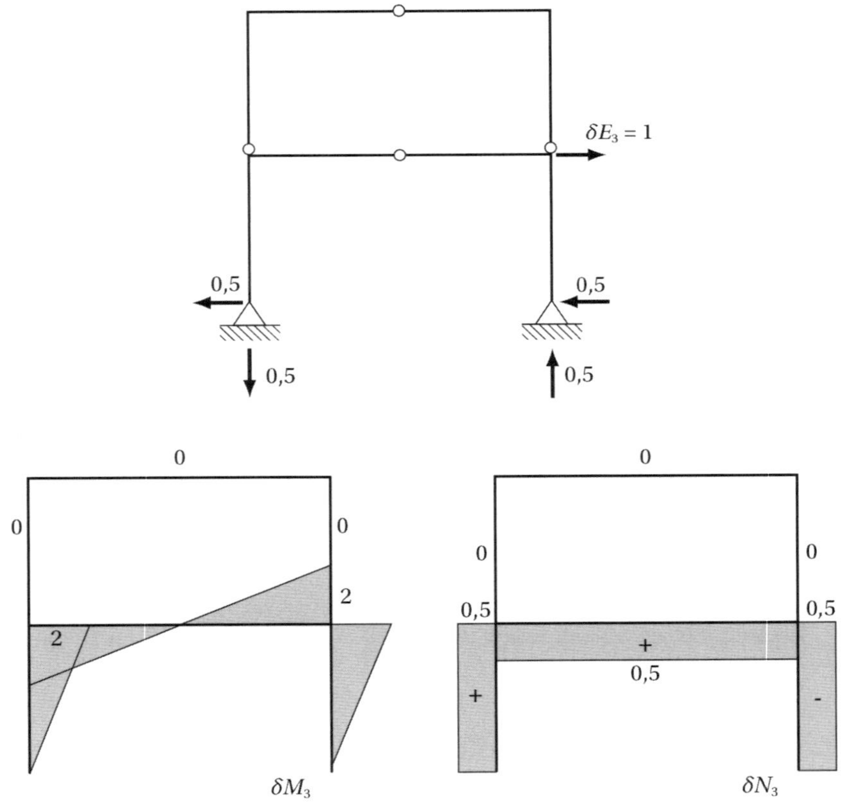

Fig. 6.23 Esforços virtuais para o cálculo de U_3

$$\sum_k \delta R_{k3} \hat{D}_k = -1 \times 10^{-3}$$

e, com a introdução desses valores em (e), resulta $U_3 = 8{,}2 \times 10^{-3}\ m$.

Cálculo de U_4

Apresentam-se na Fig. 6.24 os esforços virtuais δE_4, δR_{k4}, δM_4 e δN_4, necessários para o cálculo do deslocamento horizontal U_4 do ponto H, na isostática fundamental.

Calculando-se, com unidades em kN e m:

$$\int_{\text{estr}} \delta M_4 \frac{M}{EI} ds = \frac{1383}{EI} = 19 \times 10^{-3}$$

$$\int_{CED} \delta M_4 \frac{\alpha(\Delta\theta_2 - \Delta\theta_1)}{h} ds = 0 \qquad \int_{CED} \delta N_4 \alpha \Delta\theta_0 ds = 0$$

$$\sum_k \delta R_{k4} \hat{D}_k = -2 \times 10^{-3}$$

e introduzindo-se esses valores em (e), resulta $U_4 = 21 \times 10^{-3}\ m$.

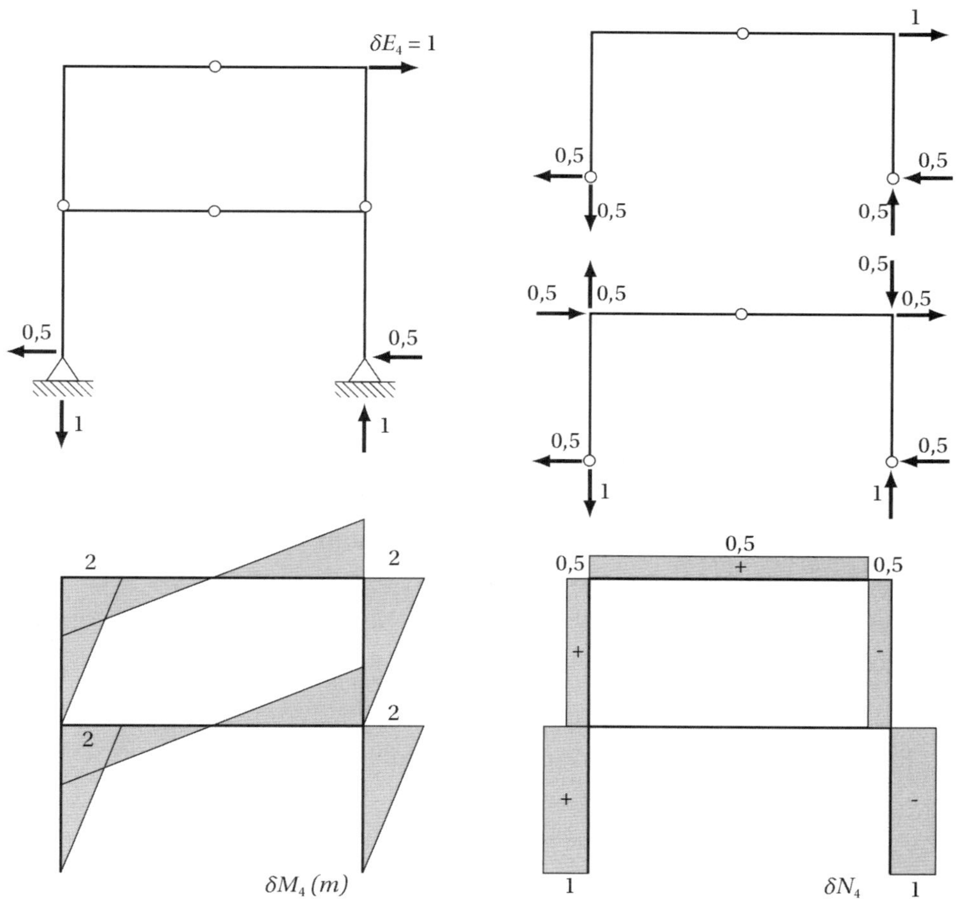

FIG. 6.24 Esforços virtuais para o cálculo de U_4

⋕ Observação

Pode-se calcular um deslocamento conhecido na estrutura hiperestática (por exemplo, w_B) e constatar o resultado ($w_B = \hat{w}_B$) com o único intuito de verificar os resultados obtidos na resolução da estrutura hiperestática.

Exemplo 6.5

A estrutura reticulada espacial é solicitada por esforços externos ativos, conforme se indica na Fig. 6.25. Resolver a estrutura pelo método dos esforços e calcular a componente Z do deslocamento linear no ponto D e a rotação em torno de Y no ponto C. As barras são de aço, com módulo de elasticidade $E = 200$ GPa, coeficiente de Poisson $\nu = 0,25$ e módulo de elasticidade transversal $G = 80$ GPa. Todas as barras têm a mesma seção transversal anelar, com $R_e = 20$ cm e $R_i = 15$ cm. A mola tem coeficiente de rigidez $k = 10^4$ kN/m. Despreza-se o efeito da força normal no cálculo dos deslocamentos.

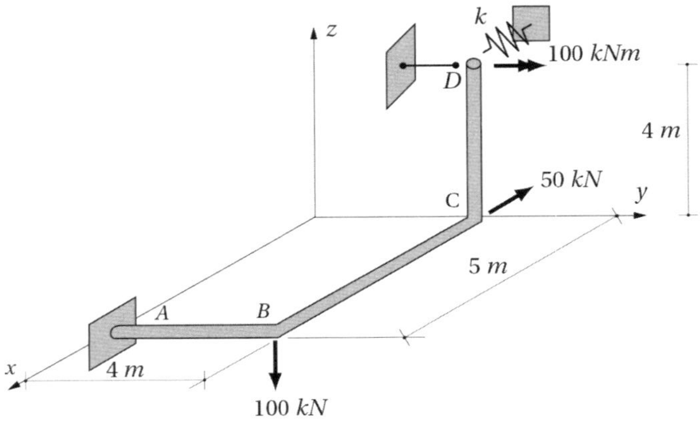

FIG. 6.25 Estrutura espacial sob a ação de esforços externos ativos

Solução

A estrutura é hiperestática, com grau de hiperestaticidade igual a dois. Inicialmente, resolve-se a estrutura pelo método dos esforços, com a aplicação direta das expressões (6.2) e (6.3). Em seguida, calculam-se os deslocamentos com a expressão (6.1).

1. Análise da estrutura espacial pelo método dos esforços

⋕ Isostática fundamental e incógnitas hiperestáticas

Como isostática fundamental, seleciona-se a estrutura que resulta da eliminação de dois vínculos: um externo, que impede o deslocamento segundo Y do ponto D e outro, interno, que impede o deslocamento relativo entre a mola e a extremidade D da estrutura.

Apresentam-se na Fig. 6.26 a isostática fundamental, os esforços externos ativos, as incógnitas hiperestáticas, X_1 e X_2, e os deslocamentos correspondentes aos vínculos retirados, U_1 e U_2. Note que U_1 é um deslocamento relativo definido por $U_1 = U_{1e} + U_{1d}$.

⋕ Equações reduzidas de compatibilidade

Neste caso, as expressões (6.2) e (6.3) se reduzem a:

$$\begin{aligned} \underbrace{U_{10} + F_{11}X_1 + F_{12}X_2}_{U_1} &= \hat{U}_1 \\ \underbrace{U_{20} + F_{21}X_1 + F_{22}X_2}_{U_2} &= \hat{U}_2 \end{aligned} \tag{a}$$

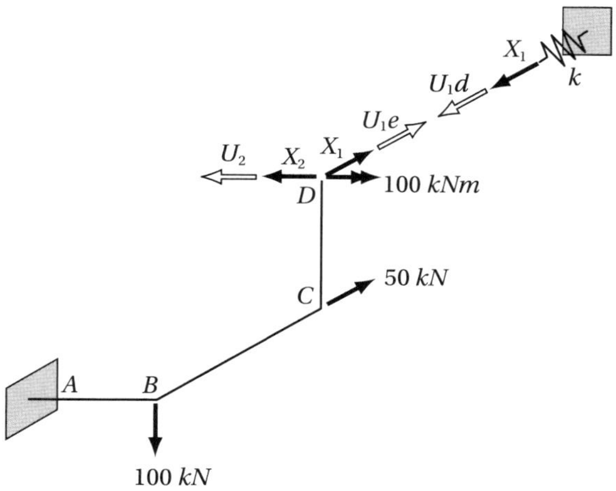

FIG. 6.26 Isostática fundamental, esforços externos ativos e incógnitas hiperestáticas

com

$$U_{i0} = \int_{\text{estr}} \frac{M_i M_0}{EI} ds + \int_{\text{estr}} \frac{T_i T_0}{GI_T} ds + \frac{S_i S_0}{k}$$
$$F_{ij} = \int_{\text{estr}} \frac{M_i M_j}{EI} ds + \int_{\text{estr}} \frac{T_i T_j}{GI_T} ds + \frac{S_i S_j}{k} \quad \text{(b)}$$

e

$$\hat{U}_1 = 0 \qquad \hat{U}_2 = 0 \quad \text{(c)}$$

Com os dados apresentados, calculam-se os valores dos produtos de rigidez à flexão $EI = 200 \times 10^3\ kNm^2$ e à torção $GI_T = 160 \times 10^3\ kNm^2$.

Determinação de M_0, T_0 e S_0

Apresentam-se na Fig. 6.27 a isostática fundamental submetida aos esforços externos ativos, os diagramas de esforços solicitantes M_0 e T_0 e a força na mola S_0.

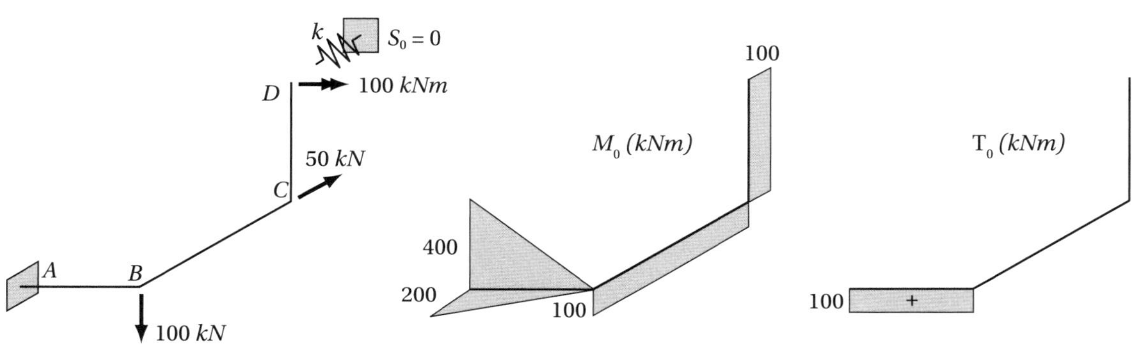

FIG. 6.27 Diagramas de M_0, T_0 e força na mola S_0

Determinação de M_1, T_1 e S_1

Apresentam-se na Fig. 6.28 a isostática fundamental submetida a $X_1 = 1$, os diagramas de esforços solicitantes M_1 e T_1 e a força na mola S_1.

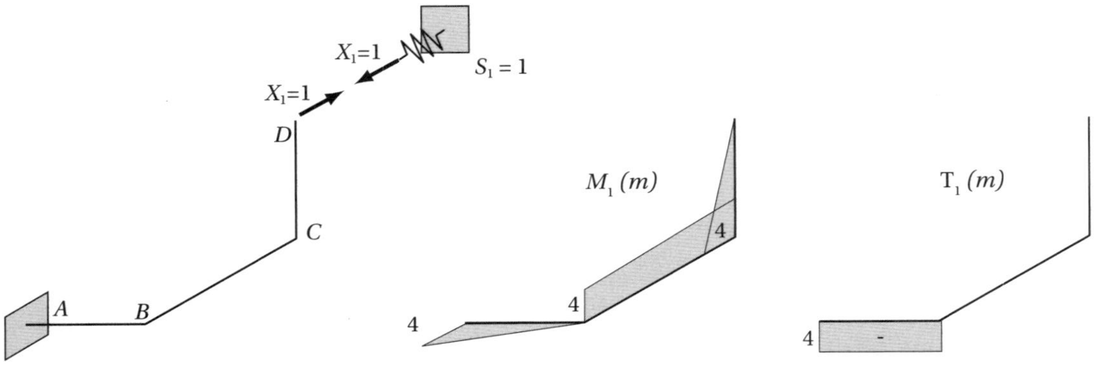

FIG. 6.28 Diagramas de M_1, T_1 e força na mola S_1

Determinação de M_2, T_2 e S_2

Na Fig. 6.29, encontram-se a isostática fundamental submetida a $X_2 = 1$, os diagramas de esforços solicitantes M_2 e T_2, e a força na mola S_2.

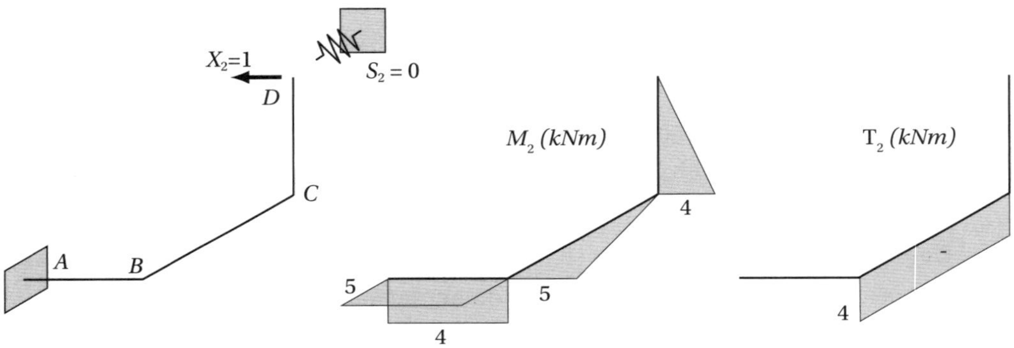

FIG. 6.29 Diagramas de M_2, T_2 e força na mola S_2

Cálculo de U_{i0} e F_{ij}

Com base nas informações contidas nas Figs. 6.27 a 6.29, e efetuando-se os cálculos indicados em (b), obtêm-se, com unidades em kN e m:

$$U_{10} = -\frac{1733,3}{EI} - \frac{1600}{GI_T} \qquad U_{20} = -\frac{1200}{EI} \tag{d}$$

$$F_{11} = \frac{122,7}{EI} + \frac{64}{GI_T} + \frac{1}{k} \qquad F_{22} = \frac{227}{EI} + \frac{80}{GI_T}$$

$$F_{12} = F_{21} = \frac{40}{EI}$$

Determinação de X_1 e X_2

Ao introduzir-se (c) e (d) em (a), estabelecem-se as equações:

$$10^{-5}\begin{Bmatrix}-1866{,}67\\-600{,}00\end{Bmatrix}+10^{-5}\begin{bmatrix}111{,}35 & 20{,}00\\20{,}00 & 163{,}50\end{bmatrix}\begin{Bmatrix}X_1\\X_2\end{Bmatrix}=\begin{Bmatrix}0\\0\end{Bmatrix}$$

cuja solução leva a determinar as incógnitas hiperestáticas:

$$\begin{Bmatrix}X_1\\X_2\end{Bmatrix}=\begin{Bmatrix}16{,}47\\1{,}66\end{Bmatrix}\text{ kN}$$

Diagramas de esforços solicitantes

Com os valores obtidos para as incógnitas hiperestáticas, os esforços solicitantes podem agora ser obtidos por superposição de efeitos ou por análise direta da Fig. 6.26. Apresentam-se na Fig. 6.30 os diagramas de esforços solicitantes.

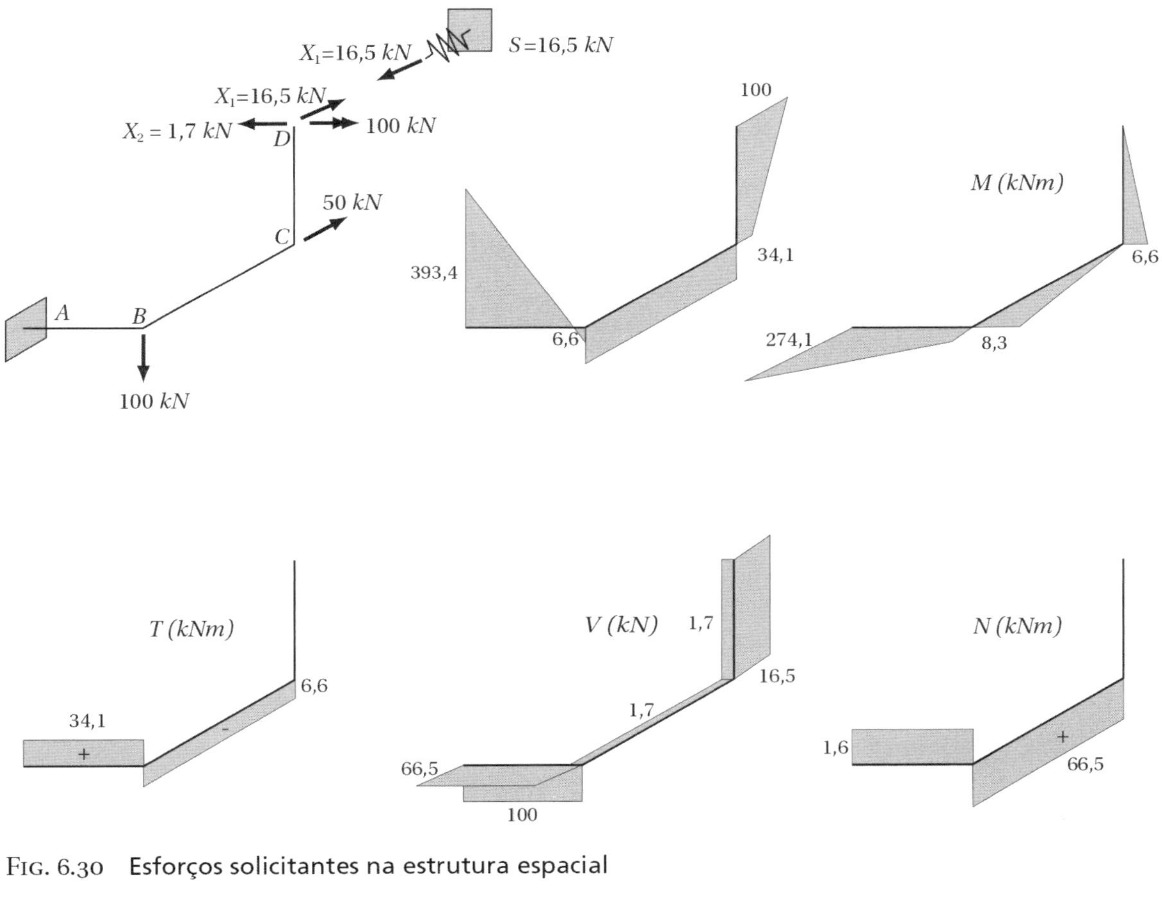

FIG. 6.30 Esforços solicitantes na estrutura espacial

2. Cálculo dos deslocamentos

Qualquer que seja o deslocamento a ser calculado neste exemplo, a expressão (6.1) se reduz a

$$\delta E_j U_j = \int_{\text{estr}} \delta M_j \frac{M}{EI} ds + \int_{\text{estr}} \delta T_j \frac{T}{GI_T} ds + \delta S_j \frac{S}{k} \tag{e}$$

com a distribuição de momentos fletores e torçores, M e T, e a força da mola, S, definidas na Fig. 6.30.

Cálculo de U_3, componente Z do deslocamento linear no ponto D

Apresentam-se na Fig. 6.31 os esforços virtuais δE_3, δM_3, δT_3 e δS_3, necessários para o cálculo da componente Z do deslocamento linear no ponto D, U_3, obtidos na isostática fundamental.

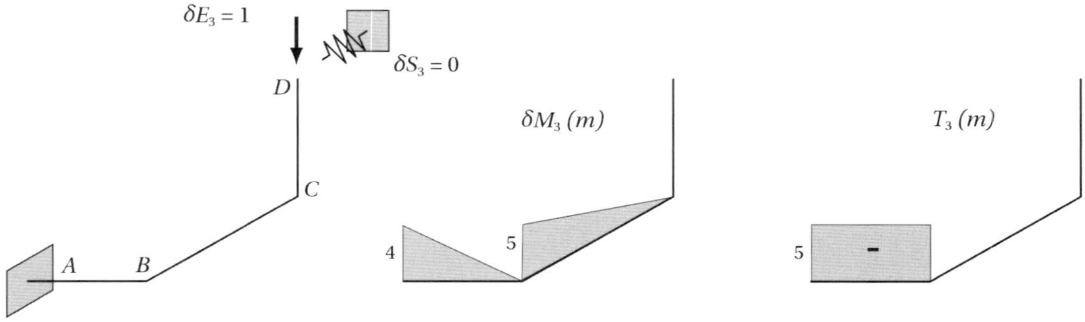

FIG. 6.31 Esforços virtuais para o cálculo de U_3

Ao calcular-se, com unidades em kN e m:

$$\int_{\text{estr}} \delta M_3 \frac{M}{EI} dx = \frac{-426,25}{EI} + \frac{2080,53}{EI} = -2,1 \times 10^{-3} + 10,4 \times 10^{-3}$$

$$\int_{\text{estr}} \delta T_3 \frac{T}{GI_T} dx = \frac{-682}{GI_T} = -4,3 \times 10^{-3} \qquad \delta S_3 \frac{S}{k} = 0$$

e com a introdução desses valores em (e), resulta $U_3 = 4,0 \times 10^{-3}\, m$.

Observa-se que $(-2,1 \times 10^{-3}\, m)$ representa a parcela de U_3 decorrente da flexão na barra BC; $(+10,4 \times 10^{-3}\, m)$ é a parcela de U_3 decorrente da flexão na barra AB; e $(-4,3 \times 10^{-3}\, m)$ representa a parcela de U_3 decorrente da torção na barra AB. Assim, é sempre possível identificar com facilidade o tipo de deformação em cada barra, correspondente a cada uma das parcelas de qualquer deslocamento.

Cálculo de U_4, rotação em torno de Y no ponto C

Apresentam-se na Fig. 6.32 os esforços virtuais δE_4, δM_4, δT_4 e δS_4, necessários para o cálculo da rotação em torno de Y no ponto C, U_4.

Ao calcular-se, com unidades em kN e m:

$$\int_{\text{estr}} \delta M_4 \frac{M}{EI} dx = \frac{170,5}{EI} = 8,5 \times 10^{-4}$$

$$\int_{\text{estr}} \delta T_4 \frac{T}{GI_T} dx = \frac{136,4}{GI_T} = 8,5 \times 10^{-4} \qquad \delta S_4 \frac{S}{k} = 0$$

e com a introdução desses valores em (e), resulta $U_4 = 17,0 \times 10^{-4}\, rad$.

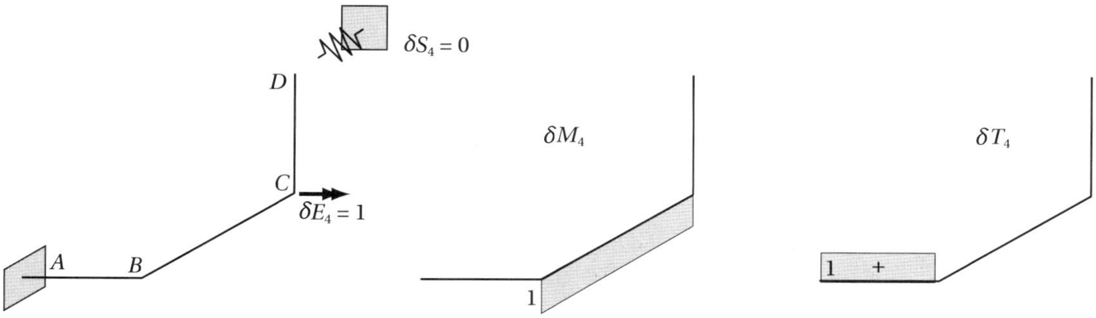

FIG. 6.32 Esforços virtuais para o cálculo de U_4

A rotação U_4 é composta de duas parcelas: uma devida à flexão da barra BC e outra devida à torção de AB.

Observação

Conforme se mencionou no exemplo 6.4, há uma forma muito interessante de verificar os resultados obtidos na análise da estrutura hiperestática. Basta calcular um deslocamento conhecido previamente e compará-lo com o resultado obtido. No caso do exemplo, seria possível calcular as componentes do deslocamento linear e das rotações em A e verificar que são iguais a zero, ou calcular a componente segundo X do deslocamento linear em D e verificar que é igual ao alongamento da mola.

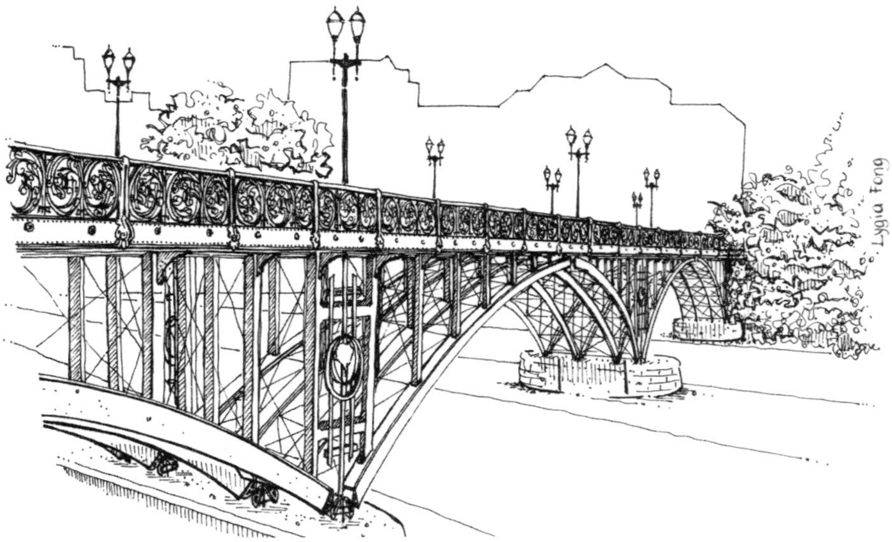

Viaduto Santa Ifigênia *(1910-1913)*

sistema estrutural: **arco triarticulado**

Viaduto Santa Ifigênia

Até o início do século XX, o trajeto entre o largo Santa Ifigênia e o largo São Bento exigia uma penosa caminhada pelo vale do Anhangabaú. A ligação direta dessas duas importantes regiões da cidade de São Paulo era uma necessidade clara, que se concretizou em 26 de julho de 1913, com a construção do viaduto Santa Ifigênia (Fig. 6.33).

Fig. 6.33 Viaduto Santa Ifigênia no início do século XX

Fonte: <http://pt.wikipedia.org/wiki/Viaduto_Santa_Ifig%C3%AAnia>.

Esse viaduto foi projetado e construído pela empresa de Giulio Micheli e teve seu projeto estrutural realizado pela empresa belga Société Anonyme des Aciéries d'Angleur. A sua construção foi iniciada em 1910 e teve a sua estrutura metálica fabricada na Bélgica (Vasconcelos, 1993).

O viaduto Santa Ifigênia tem 225 *m* de comprimento e largura entre guarda-corpos de 15,30 *m*. Na primeira versão do projeto, a largura entre guarda-corpos era de 13,60 *m*, distribuídos em dois passeios com 2,55 *m* cada um, e uma pista central de 8,50 *m*, para comportar duas linhas de bonde.

A estrutura metálica apresenta um tabuleiro superior com cinco trechos independentes: dois extremos com 30 *m*, suportados por vigas biapoiadas, e três intermediários com 55 *m*, suportados por arcos, conforme mostra a Fig. 6.34.

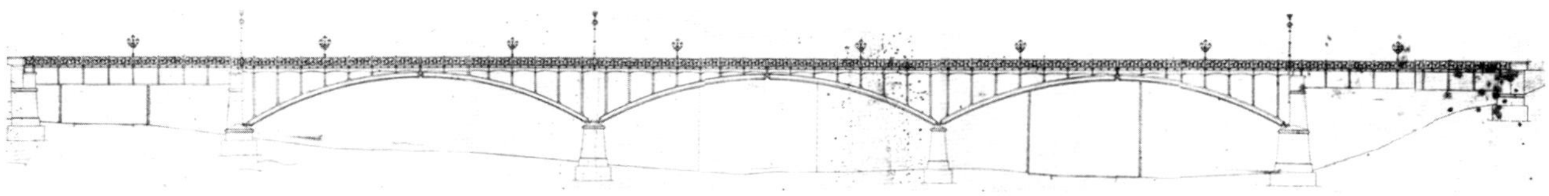

FIG. 6.34 Vista longitudinal do viaduto Santa Ifigênia
Fonte: gentileza de Kurkdjian e Fruchtengarten Engenheiros Associados.

O tabuleiro é composto de uma laje de concreto armado, apoiada sobre uma grelha metálica com transversinas de 0,6 *m* de altura, espaçadas a cada 3,7 *m*, e longarinas com altura variável entre 0,60 *m* e 0,30 *m*, espaçadas de 3,2 *m*. Essas medidas são aproximadas.

Cada trecho do tabuleiro de 55 *m* é suportado por quatro arcos espaçados de 3,20 *m*. A transferência de carga do tabuleiro para cada arco é realizada por montantes verticais distantes entre si 3,7 *m*. As fotos da Fig. 6.35 mostram esses arcos durante a montagem e após a sua conclusão, e permitem observar os montantes verticais e os contraventamentos.

Os arcos têm eixo circular com raio de 51,45 *m* e foram projetados como triarticulados, para evitar os efeitos de esforços solicitantes decorrentes da variação de temperatura e de recalques de apoio. Eles apresentam distância entre os eixos das articulações extremas de 53,5 *m* e uma flecha de 7,5 *m*. A Fig. 6.36 apresenta desenhos originais do projeto, com vistas longitudinais do arco, a seção transversal e detalhe da articulação.

Durante a vistoria estrutural do viaduto, realizada em 1976, foi constatado que as articulações estavam comprometidas, de modo que praticamente os arcos funcionavam, à época, como arcos biengastados para solicitações adicionais. Em 1978, o viaduto foi restaurado.

Na sequência, apresentam-se três simulações de análise estrutural de arco de eixo circular submetido a carga uniformemente distribuída. Na primeira simulação, analisa-se um arco triarticulado; na segunda, elimina-se a

FIG. 6.35 Os arcos, os montantes e os contraventamentos

Fonte: <http://www.metalica.com.br/pg_dinamica/bin/pg_dinamica.php?id_pag=1109>.

articulação central e estuda-se o arco biarticulado nas suas extremidades; na terceira, estuda-se o arco biengastado. Essas simulações dão uma ideia do comportamento estrutural do arco do viaduto Santa Ifigênia sob carga uniforme e do efeito da eliminação das articulações. Adicionalmente, trata-se da análise de estrutura de barra curva, utiliza-se o recurso de integração numérica e pratica-se o uso conceitual das Eqs. (6.1), (6.2) e (6.3).

É importante ressaltar que essas análises não procuram reproduzir o que foi efetivamente realizado durante o projeto estrutural desse arco e nem produzir resultados para eventuais comparações. São simples simulações de possíveis análises de uma estrutura real. Os dados adotados para essas análises não são necessariamente os do projeto real, seja por não se dispor de algumas informações, seja por simplificações introduzidas.

Consideram-se os arcos com barras de eixo circular de raio $R = 51{,}45\, m$, vão $\ell = 53{,}50\, m$, flecha $f = 7{,}50\, m$ e mesma seção transversal constante. Eles são solicitados nos seus planos por carga vertical uniforme, $q = 65\,\mathrm{kN/m}$, estaticamente equivalente ao efeito de peso próprio e de sobrecarga. Adotam-se as seguintes características geométricas para a seção transversal do arco: altura $h = 925 \times 10^{-3}\, m$, área $A = 3.192 \times 10^{-5}\, m^2$ e momento de inércia $I = 396 \times 10^{-5}\, m^4$. Admite-se que o aço tenha módulo de elasticidade $E = 200 \times 10^6\,\mathrm{kN/m^2}$.

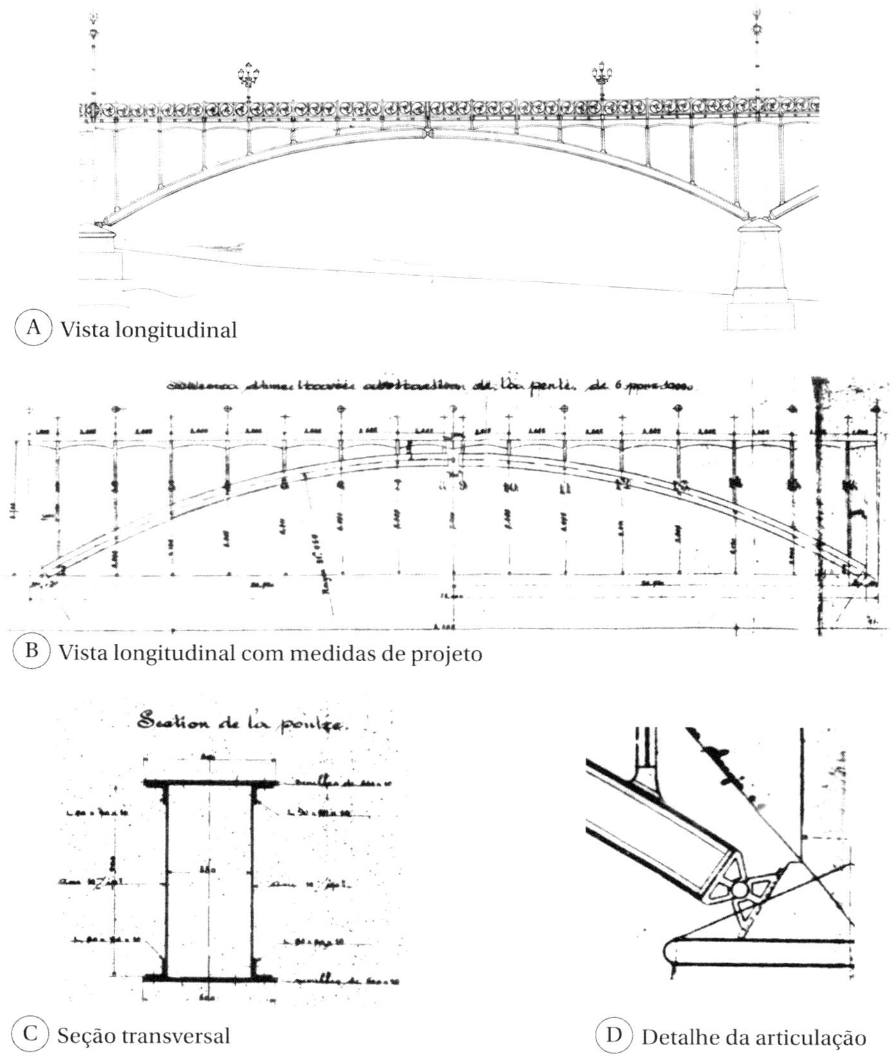

FIG. 6.36 O arco triarticulado – desenhos originais do projeto

Fonte: gentileza de Kurkdjian e Fruchtengarten Engenheiros Associados.

SIMULAÇÃO 1 – ARCO TRIARTICULADO SUBMETIDO A CARGA UNIFORME

Nesta simulação, trata-se da análise estrutural do arco triarticulado submetido a carga uniforme, conforme se mostra na Fig. 6.37, com a obtenção dos diagramas de esforços solicitantes, o cálculo da rotação relativa em C, da rotação em A e do deslocamento vertical em C.

Como o arco triarticulado é isostático, pela aplicação direta das equações de equilíbrio da estática, obtêm-se as reações de apoio, os diagramas de momentos fletores e de forças normais e suas respectivas expressões analíticas (Fig. 6.38).

Observa-se que M e N são funções do ângulo central θ, $M(\theta)$ e $N(\theta)$, que varia no domínio $-0{,}5468\,rad = -\theta_0 \leq \theta \leq \theta_0 = 0{,}5468\,rad$. Os valores de M e N para várias seções definidas por θ encontram-se na Tab. 6.1.

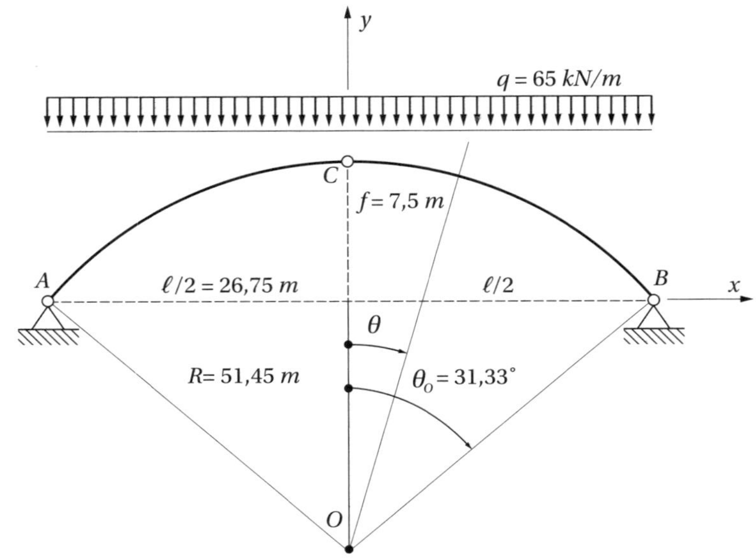

FIG. 6.37 Arco triarticulado submetido a carga uniforme

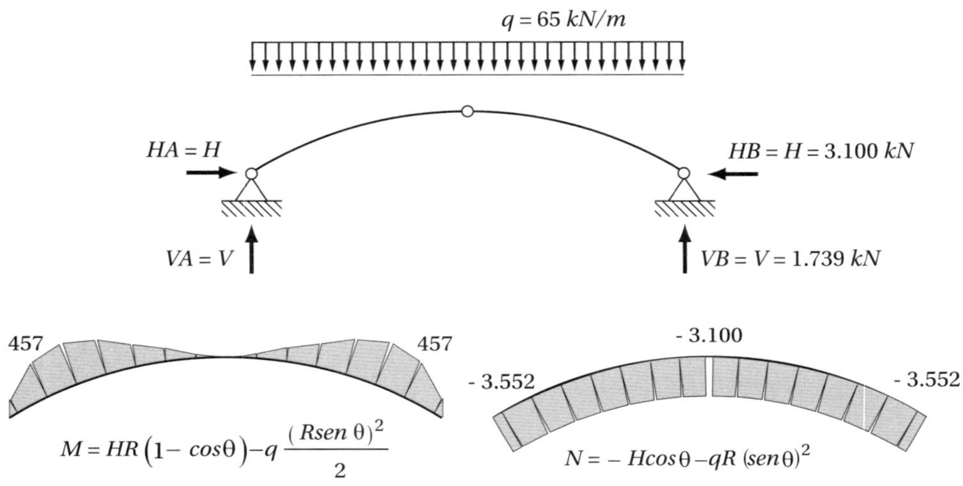

FIG. 6.38 Diagramas de momentos fletores e forças normais no arco triarticulado

Nessas condições, o cálculo de qualquer deslocamento U_j é efetuado pela aplicação da expressão (6.1), que, nesse caso, se reduz a:

$$\delta E_j U_j = \int\limits_{\text{arco}} \delta M_j \frac{M}{EI} ds + \int\limits_{\text{arco}} \delta N_j \frac{N}{EA} ds \qquad \text{(a)}$$

Cálculo de U_1, rotação relativa em C

Apresentam-se na Fig. 6.39 os esforços virtuais δE_1, δM_1 e δN_1, necessários para o cálculo de U_1. O par de momentos δE_1 está aplicado às barras.

Assim, em virtude da simetria das funções M, N, δM_1 e δN_1 na variável θ, escreve-se:

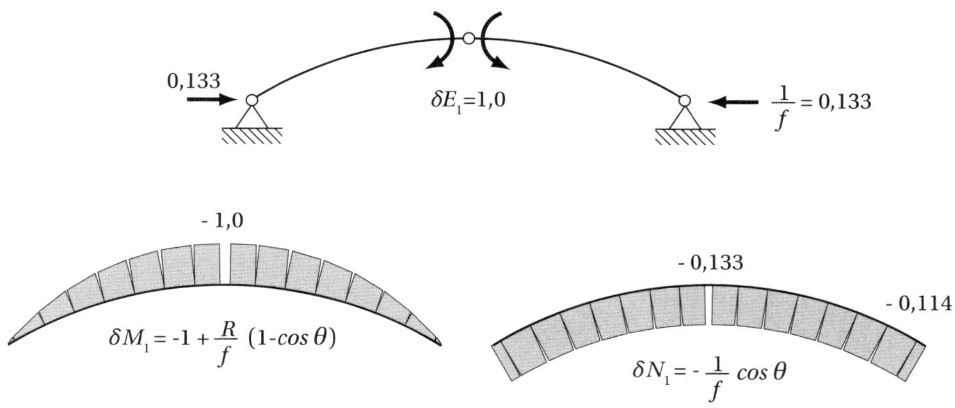

FIG. 6.39 Esforços virtuais para o cálculo de U_1

$$\int\limits_{\text{arco}} \delta M_1 \frac{M}{EI} ds = \frac{2R}{EI} \int\limits_0^{\theta_0} \left(-1 + \frac{R}{f}(1-\cos\theta)\right)\left(HR(1-\cos\theta) - q\frac{(R\,\text{sen}\,\theta)^2}{2}\right) d\theta$$

$$\int\limits_{\text{arco}} \delta N_1 \frac{N}{EA} ds = \frac{2R}{EA} \int\limits_0^{\theta_0} \left(-\frac{1}{f}\cos\theta\right)\left(-H\cos\theta - qR(\text{sen}\,\theta)^2\right) d\theta \qquad \text{(b)}$$

Para as duas integrais de (b), é possível encontrar as funções resultantes da integração:

$$\int\limits_{\text{arco}} \delta M_1 \frac{M}{EI} ds = \frac{2R}{EI} \left\{ HR\left[\theta_0\left(\frac{3R}{2f} - 1\right) + \text{sen}\,\theta_0\left(1 - \frac{2R}{f}\right) + \frac{R}{2f}\text{sen}\,\theta_0 \cos\theta_0\right] \right.$$
$$\left. + qR^2\left[\frac{\theta_0}{4}\left(1 - \frac{R}{f}\right) + \frac{\text{sen}\,\theta_0\cos\theta_0}{4}\left(\frac{R}{f} - 1\right) + \frac{R}{6f}\text{sen}^3\,\theta_0\right]\right\}$$

$$\int\limits_{\text{arco}} \delta N_1 \frac{N}{EA} ds = \frac{2R}{EA} \left\{ \frac{H}{f}\left[\frac{1}{2}\theta_0 + \frac{1}{2}\text{sen}\,\theta_0\cos\theta_0\right] + \frac{qR}{3f}\text{sen}^3\,\theta_0 \right\}$$

o que permite o cálculo exato dessas integrais. Quando essa condição não ocorre, utilizam-se métodos numéricos para o cálculo aproximado de uma integral.

Para ilustrar, efetua-se a avaliação numérica das integrais de (b) de três modos. No primeiro, referido como integração exata, obtém-se a função resultante da integração e, em seguida, com os dados numéricos, calcula-se o resultado da integral. No segundo procedimento, referido como integração numérica, realiza-se a integração numérica pela fórmula de Simpson (Tab. 6.1).

A fórmula de Simpson é dada por:

$$\int\limits_0^{\ell} g(x)\,dx \approx \frac{h}{3}\left(g_0 + 4g_1 + 2g_2 + 4g_3 \cdots + 2g_{n-2} + 4g_{n-1} + g_n\right)$$

onde $h = \frac{\ell}{n}$, $g_i = g(ih)$ com $i = 0,1,\cdots,n(par)$, e sua aplicação permite obter uma aproximação numérica dessa integral, pois em cada subintervalo $[0,2h]$ a função $g(x)$ é aproximada por uma função quadrática.

Tab. 6.1 Cálculo de U_1 pela fórmula de Simpson

θ_i	M_i	N_i	δM_{1i}	δN_{1i}	p_i	$\delta M_{1i} M_i p_i$	$\delta N_{1i} N_i p_i$
0,000000	0,00	−3.100,44	−1,0000	−0,1333	1	0,00	413,29
0,054680	−18,56	−3.105,80	−0,9897	−0,1331	4	73,46	1.653,56
0,109360	−71,87	−3.121,76	−0,9590	−0,1325	2	137,84	827,30
0,164040	−152,89	−3.148,01	−0,9079	−0,1315	4	555,26	1.656,00
0,218720	−250,02	−3.184,03	−0,8366	−0,1301	2	418,33	828,65
0,273400	−347,22	−3.229,09	−0,7453	−0,1284	4	1.035,09	1.657,83
0,328080	−424,31	−3.282,31	−0,6342	−0,1262	2	538,19	828,40
0,382760	−457,22	−3.342,57	−0,5037	−0,1237	4	921,23	1.653,31
0,437440	−418,37	−3.408,65	−0,3542	−0,1207	2	296,38	823,19
0,492120	−277,08	−3.479,13	−0,1861	−0,1175	4	206,30	1.634,96
0,546800	0,00	−3.552,51	0,0000	−0,1139	1	0,00	404,51
						4.182,09	12.380,99
					U_1	$9{,}903557 \times 10^{-3}$	$3{,}637350 \times 10^{-3}$
						$1{,}354091 \times 10^{-2}$	
						73%	**27%**

No terceiro, referido como integração direta, definem-se a função a ser integrada e os dados numéricos e, em seguida, com o auxílio de um sistema integrado de computação simbólica e numérica, apresenta-se o resultado da integral que, neste caso, é exato, salvo erros numéricos de arredondamento. A Tab. 6.2 apresenta os resultados numéricos obtidos para o cálculo das integrais de (b) e os erros em relação à integração exata.

Tab. 6.2 Resultados de U_1

	$(U_1)_M$		$(U_1)_N$		U_1	
integração	**valor**	ε_{rel}	**valor**	ε_{rel}	**valor**	ε_{rel}
exata	$9{,}928651 \times 10^{-3}$	0,00%	$3{,}637745 \times 10^{-3}$	0,00%	$1{,}356640 \times 10^{-2}$	0,00%
numérica	$9{,}903557 \times 10^{-3}$	−0,25%	$3{,}637350 \times 10^{-3}$	−0,01%	$1{,}354091 \times 10^{-2}$	−0,19%
direta	$9{,}928630 \times 10^{-3}$	0,00%	$3{,}637745 \times 10^{-3}$	0,00%	$1{,}356638 \times 10^{-2}$	0,00%

Os três modos levam a resultados muito próximos, com erros relativos praticamente desprezíveis em vista da precisão dos parâmetros envolvidos. A seguir, utilizam-se os resultados da integração direta, obtidos com um sistema de computação simbólica e numérica.

Assim, pode-se escrever:

$$\int_{\text{arco}} \delta M_1 \frac{M}{EI} ds = 9{,}928630 \times 10^{-3} \qquad \int_{\text{arco}} \delta N_1 \frac{N}{EA} ds = 3{,}637745 \times 10^{-3}$$

e, portanto, $U_1 = 0{,}014\,rad$, sendo que 73% do valor de U_1 devem-se ao efeito de flexão e 27% devem-se ao efeito de compressão.

Cálculo de U_2, rotação em A

Neste caso, o esforço virtual ativo no ponto e na direção de U_2 seria apenas um momento unitário aplicado na extremidade A do arco, do qual resultariam distribuições não simétricas dos momentos fletores e das forças normais. Como a estrutura e o carregamento são simétricos, as rotações nas extremidades A e B são iguais, $\varphi_A = \varphi_B$. Assim, para facilitar os cálculos, é conveniente considerar um carregamento virtual, δE_2, que permita obter a semissoma das rotações em A e B, $U_2 = \dfrac{\varphi_A + \varphi_B}{2} = \varphi_A = \varphi_B$, de que resultam diagramas simétricos de momentos fletores, δM_2, e de forças normais, δN_2. Para essa condição, apresentam-se na Fig. 6.40 os esforços virtuais δE_2, δM_2 e δN_2, necessários para o cálculo de U_2.

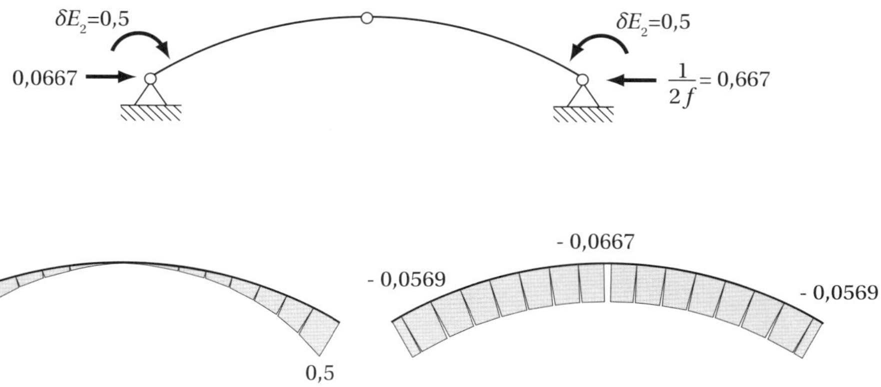

$$\delta M_2 = \frac{1}{2f} R\,(1 - \cos\theta) \qquad \delta N_2 = -\frac{1}{2f}\cos\theta$$

FIG. 6.40 Esforços virtuais para o cálculo de $U_2 = \dfrac{\varphi_A + \varphi_B}{2} = \varphi_A = \varphi_B$

Assim, estabelece-se que:

$$\int_{arco} \delta M_2 \frac{M}{EI} ds = \frac{2R}{EI}\int_0^{\theta_0}\left(\frac{R}{2f}(1-\cos\theta)\right)\left(HR\,(1-\cos\theta) - q\frac{(R\operatorname{sen}\theta)^2}{2}\right)d\theta$$

$$\int_{arco} \delta N_2 \frac{N}{EA} ds = \frac{2R}{EA}\int_0^{\theta_0}\left(-\frac{1}{2f}\cos\theta\right)\left(-H\cos\theta - qR\,(\operatorname{sen}\theta)^2\right)d\theta \qquad \text{(c)}$$

Com os valores numéricos dos vários parâmetros e ao calcular-se as integrais,

$$\int_{arco} \delta M_2 \frac{M}{EI} ds = -3{,}768134 \times 10^{-3} \qquad \int_{arco} \delta N_2 \frac{N}{EA} ds = 1{,}818873 \times 10^{-3}$$

obtém-se $U_2 = -0{,}002\,rad$. Observa-se que 195% do valor de U_2 devem-se ao efeito de flexão e -95% devem-se ao efeito de compressão, portanto, essas parcelas ocorrem em sentidos opostos, com predomínio da parcela de flexão.

Cálculo de U_3, deslocamento vertical em C

Apresentam-se na Fig. 6.41 os esforços virtuais δE_3, δM_3 e δN_3, necessários para o cálculo de U_3.

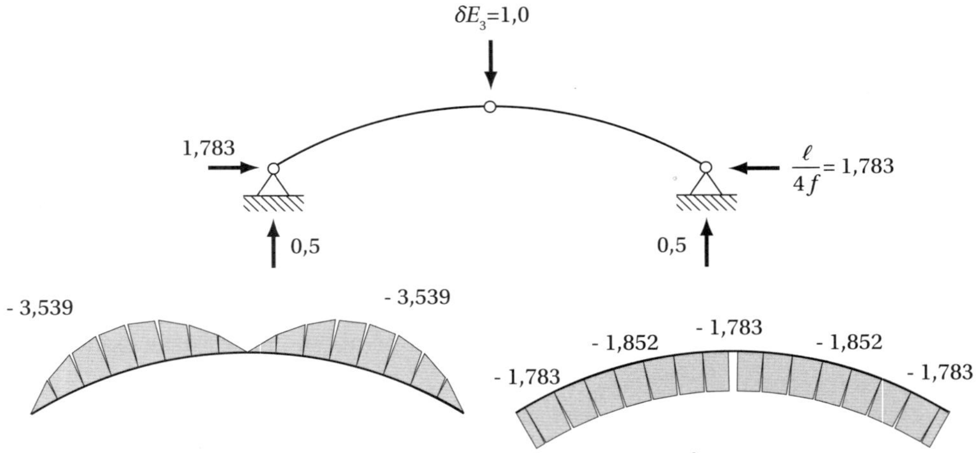

$$\delta M_3 = \frac{\ell}{4f} R\,(1-\cos\theta) - \frac{R}{2}\,\text{sen}\,\theta \qquad \delta N_3 = -\frac{\ell}{4f}\cos\theta - \frac{1}{2}\,\text{sen}\,\theta$$

FIG. 6.41 Esforços virtuais para o cálculo de U_3

Assim, estabelece-se que:

$$\int\limits_{\text{arco}} \delta M_3 \frac{M}{EI} ds =$$

$$\frac{2R}{EI}\int_0^{\theta_0}\left(\frac{\ell}{4f}R\,(1-\cos\theta) - \frac{R}{2}\,\text{sen}\,\theta\right)\left(HR\,(1-\cos\theta) - q\frac{(R\,\text{sen}\,\theta)^2}{2}\right)d\theta \qquad \text{(c)}$$

$$\int\limits_{\text{arco}} \delta N_3 \frac{N}{EA} ds = \frac{2R}{EA}\int_0^{\theta_0}\left(-\frac{\ell}{4f}\cos\theta - \frac{1}{2}\,\text{sen}\,\theta\right)\left(-H\cos\theta - qR\,(\text{sen}\,\theta)^2\right)d\theta$$

Com os valores numéricos dos vários parâmetros e ao calcular-se as integrais:

$$\int\limits_{\text{arco}} \delta M_3 \frac{M}{EI} ds = 4{,}856495 \times 10^{-2} \qquad \int\limits_{\text{arco}} \delta N_3 \frac{N}{EA} ds = 5{,}257720 \times 10^{-2}$$

obtém-se $U_3 = 0{,}10\,m$. Observa-se que 48% do valor de U_3 devem-se ao efeito de flexão e 52% devem-se ao efeito de compressão, e que $\frac{U_3}{\ell} = \frac{1}{530}$.

SIMULAÇÃO 2 – ARCO BIARTICULADO SUBMETIDO A CARGA UNIFORME

Considere agora o arco biarticulado que resulta da introdução do vínculo que impede a rotação relativa na articulação central do arco triarticulado analisado. As demais condições de solicitação e dados permanecem, conforme se indica na Fig. 6.42. Trata-se agora de obter os diagramas de esforços solicitantes pelo método dos esforços e do cálculo da rotação em A e do deslocamento vertical em C.

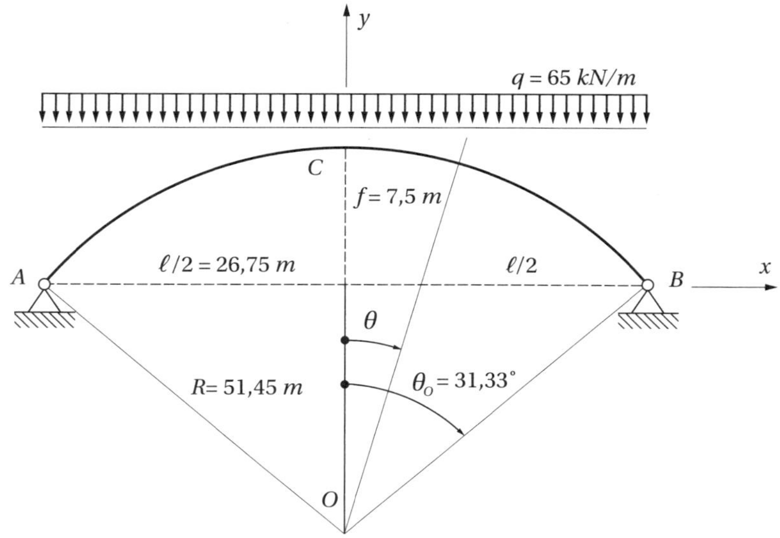

FIG. 6.42 Arco biarticulado submetido a carga uniforme

1. ANÁLISE DO ARCO BIARTICULADO

Essa estrutura é hiperestática, com grau de hiperestaticidade igual a um, e será resolvida pelo método dos esforços, com a aplicação direta das expressões (6.2) e (6.3).

Isostática fundamental e incógnita hiperestática

Seleciona-se como isostática fundamental a estrutura que resulta da supressão do vínculo que impede a rotação relativa no centro do arco. Essa isostática fundamental é o próprio arco triarticulado, que se apresenta na Fig. 6.43, com a incógnita hiperestática.

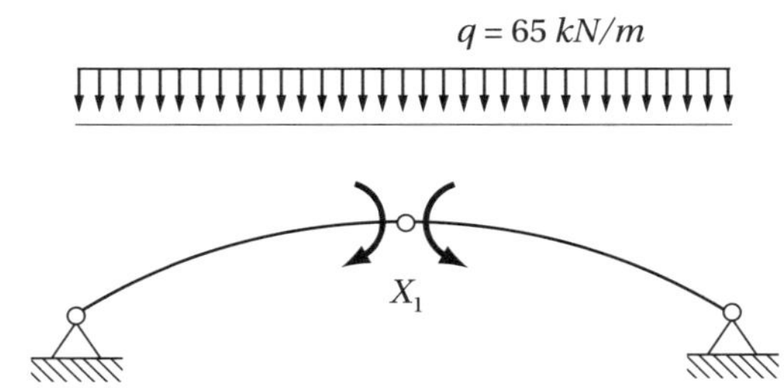

FIG. 6.43 Isostática fundamental e incógnita hiperestática

Equações reduzidas de compatibilidade

Neste caso, as expressões (6.2) e (6.3) se reduzem a:

$$\underbrace{U_{10} + F_{11} X_1}_{U_1} = \hat{U}_1 \tag{d}$$

com

$$U_{10} = \int_{\text{arco}} \frac{M_1 M_0}{EI} ds + \int_{\text{arco}} \frac{N_1 N_0}{EA} ds$$

$$F_{11} = \int_{\text{arco}} \frac{M_1 M_1}{EI} ds + \int_{\text{arco}} \frac{N_1 N_1}{EA} ds \tag{e}$$

$$\hat{U}_1 = 0$$

Como a isostática fundamental é o próprio arco triarticulado da simulação 1, pode-se observar que:

$$M_0 = HR(1-\cos\theta) - q\frac{(R\,\mathrm{sen}\,\theta)^2}{2} \qquad N_0 = -H\cos\theta - qR(\mathrm{sen}\,\theta)^2$$

$$M_1 = \delta M_1 = -1 + \frac{R}{f}(1-\cos\theta) \qquad N_1 = \delta N_1 = -\frac{1}{f}\cos\theta$$

Nessas condições, o deslocamento U_{10} é o próprio deslocamento U_1 calculado na simulação 1, ou seja:

$$U_{10} = 1{,}356638 \times 10^{-2}\,rad \tag{f}$$

Com os valores numéricos dos vários parâmetros e ao calcular-se as integrais:

$$\int_{\text{arco}} \frac{M_1 M_1}{EI} ds = 3{,}761310 \times 10^{-5} \qquad \int_{\text{arco}} \frac{N_1 N_1}{EA} ds = 1{,}419772 \times 10^{-7}$$

obtém-se:

$$F_{11} = 3{,}775508 \times 10^{-5} \tag{g}$$

Determinação de X_1

Ao introduzir-se os valores obtidos de (f) e (g) em (d), obtém-se:

$$X_1 = -359{,}33\,kNm$$

O sinal negativo indica que o momento tem o sentido oposto ao indicado. Assim, observa-se que da introdução do vínculo que impede a rotação relativa no centro do arco resulta um momento que traciona as fibras inferiores no meio do vão do arco.

Esforços solicitantes no arco biarticulado

A obtenção do valor de X_1 levanta a indeterminação estática do arco biarticulado e permite obter, por superposição de efeitos, as distribuições dos esforços solicitantes:

$$M = M_0 + M_1 X_1 = \left(HR(1-\cos\theta) - q\frac{(R\,\mathrm{sen}\,\theta)^2}{2}\right) + (-359{,}33)\left(-1 + \frac{R}{f}(1-\cos\theta)\right)$$

$$N = N_0 + N_1 X_1 = \left(-H\cos\theta - qR(\mathrm{sen}\,\theta)^2\right) + (-359{,}33)\left(-\frac{1}{f}\cos\theta\right) \tag{h}$$

que se apresentam na Fig. 6.44, em conjunto com a configuração deformada e as reações de apoio.

2. Cálculo de deslocamentos no arco biarticulado

Para o cálculo de qualquer deslocamento no arco biarticulado, utiliza-se a expressão (6.1), que, neste caso, se reduz a:

$$\delta E_j U_j = \int_{\text{arco}} \delta M_j \frac{M}{EI} ds + \int_{\text{arco}} \delta N_j \frac{N}{EA} ds \tag{i}$$

onde M e N são as distribuições de momentos fletores e forças normais no arco biarticulado, definidas em (h), e δM_j e δN_j são as distribuições de mo-

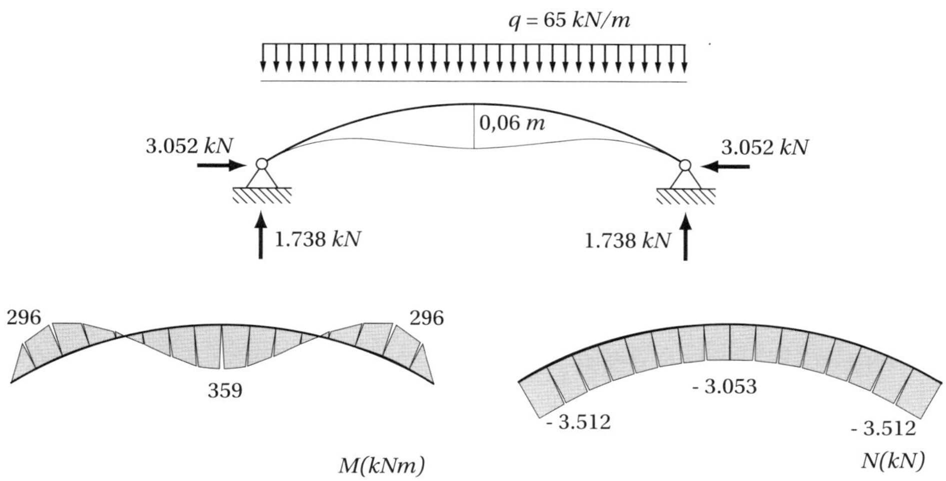

FIG. 6.44 Configuração deformada, reações de apoio e esforços solicitantes no arco biarticulado

mentos fletores e forças normais decorrentes de δE_j, definidas convenientemente no arco triarticulado, que é uma isostática fundamental para o problema em questão.

⌗ Cálculo de U_4, rotação em A

Como a estrutura e o carregamento são simétricos, as rotações nas extremidades A e B são iguais, $\varphi_A = \varphi_B$. Assim, como no cálculo de U_2 da simulação 1, adota-se carregamento virtual, δE_4, que permita obter a semissoma das rotações em A e B, $U_4 = \dfrac{\varphi_A + \varphi_B}{2} = \varphi_A$. Nessas condições, os esforços virtuais necessários para o cálculo de U_4 são os apresentados na Fig. 6.40 para o cálculo de U_2, ou seja, $\delta E_4 = \delta E_2$, $\delta M_4 = \delta M_2 = \dfrac{1}{2f} R(1 - \cos\theta)$ e $\delta N_4 = \delta N_2 = -\dfrac{1}{2f}\cos\theta$.

Assim, com os valores numéricos dos vários parâmetros e ao calcular-se as integrais:

$$\int\limits_{\text{arco}} \delta M_4 \frac{M}{EI} ds = \frac{2R}{EI} \int_0^{\theta_0} \delta M_4 M d\theta = -2{,}060550 \times 10^{-3}$$

$$\int\limits_{\text{arco}} \delta N_4 \frac{N}{EA} ds = \frac{2R}{EA} \int_0^{\theta_0} \delta N_4 N d\theta = 1{,}793364 \times 10^{-3}$$

obtém-se $U_4 = -2{,}6 \times 10^{-4}$ *rad*. Observa-se que $U_4 << U_2 = -2{,}0 \times 10^{-3}$ *rad* e que o efeito de flexão e o efeito de compressão; ocorrem em sentidos opostos, com predomínio da parcela de flexão.

⌗ Cálculo de U_5, deslocamento vertical em C

Os esforços virtuais necessários para o cálculo de U_5 são aqueles apresentados na Fig. 6.41 para o cálculo de U_3, ou seja, $\delta E_5 = \delta E_3$, $\delta M_5 = \delta M_3 = \dfrac{\ell}{4f} R(1 - \cos\theta) - \dfrac{R}{2}\operatorname{sen}\theta$ e $\delta N_5 = \delta N_3 = -\dfrac{\ell}{4f}\cos\theta - \dfrac{1}{2}\operatorname{sen}\theta$.

Assim, com os valores numéricos dos vários parâmetros e ao calcular-se as integrais:

$$\int_{\text{arco}} \delta M_5 \frac{M}{EI} ds = \frac{2R}{EI} \int_0^{\theta_0} \delta M_5 M d\theta = 6{,}708159 \times 10^{-3}\, m$$

$$\int_{\text{arco}} \delta N_5 \frac{N}{EA} ds = \frac{2R}{EA} \int_0^{\theta_0} \delta N_5 N d\theta = 5{,}184266 \times 10^{-2}\, m$$

obtém-se $U_5 = 0{,}06\, m$. Observa-se que 11% do valor U_5 devem-se ao efeito de flexão e 89% devem-se ao efeito de compressão, e que $\frac{U_5}{\ell} = \frac{1}{915} < \frac{U_3}{\ell} = \frac{1}{530}$.

Simulação 3 – Arco biengastado submetido a carga uniforme

Considere agora o arco biengastado que resulta da introdução de vínculos que impedem a rotação relativa na articulação central e as rotações nas extremidades do arco triarticulado analisado. As demais condições de solicitação e dados permanecem, conforme se indica na Fig. 6.45. Trata-se agora de obter os diagramas de esforços solicitantes pelo método dos esforços e do cálculo do deslocamento vertical em C.

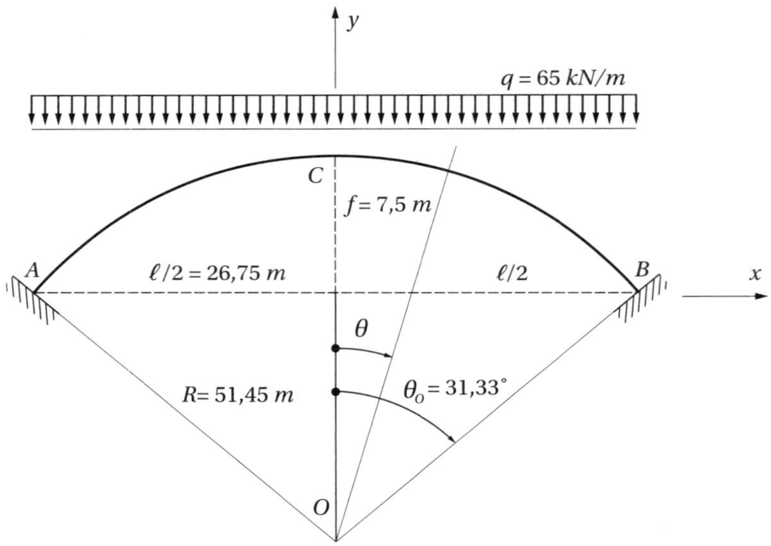

Fig. 6.45 Arco biengastado submetido a carga uniforme

1. Análise do arco biengastado

Essa estrutura é hiperestática, com grau de hiperestaticidade igual a três, e será resolvida pelo método dos esforços, com a aplicação direta das expressões (6.2) e (6.3). Como a estrutura é simétrica e o carregamento também é simétrico, os momentos nos engastamentos são iguais e, portanto, o grau de hiperestaticidade se reduz a 2.

Isostática fundamental e incógnitas hiperestáticas

Seleciona-se como isostática fundamental a estrutura que resulta da supressão dos vínculos que impedem a rotação relativa no centro do arco e as rotações nas extremidades do arco. Observa-se que essa isostática fundamental é o próprio arco triarticulado, que se apresenta na Fig. 6.46, com as incógnitas hiperestáticas.

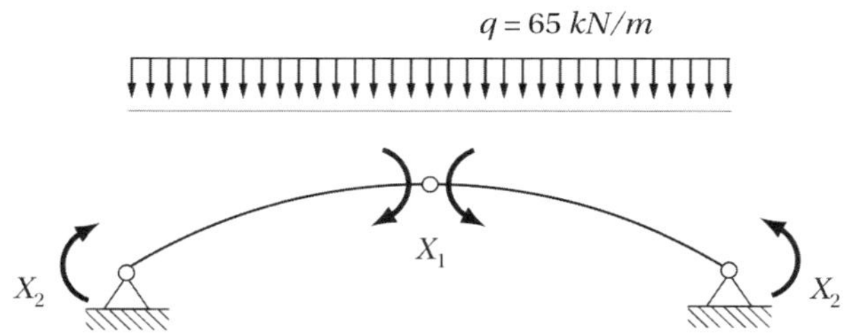

FIG. 6.46 Isostática fundamental e incógnitas hiperestáticas

Equações reduzidas de compatibilidade

Neste caso, as expressões (6.2) e (6.3) se reduzem a:

$$\underbrace{U_{10} + F_{11}X_1 + F_{12}X_2}_{U_1} = \hat{U}_1$$
$$\underbrace{U_{20} + F_{21}X_1 + F_{22}X_2}_{U_2} = \hat{U}_2 \qquad \text{(j)}$$

com

$$U_{i0} = \int\limits_{\text{arco}} \frac{M_i M_0}{EI} ds + \int\limits_{\text{arco}} \frac{N_i N_0}{EA} ds$$
$$F_{ij} = \int\limits_{\text{arco}} \frac{M_i M_j}{EI} ds + \int\limits_{\text{arco}} \frac{N_i N_j}{EA} ds \qquad \text{(k)}$$
$$\hat{U}_i = 0$$

Como a isostática fundamental é o próprio arco triarticulado da simulação 1, observa-se que:

$$M_0 = HR(1-\cos\theta) - q\frac{(R\,\text{sen}\,\theta)^2}{2} \qquad N_0 = -H\cos\theta - qR(\text{sen}\,\theta)^2$$
$$M_1 = \delta M_1 = -1 + \frac{R}{f}(1-\cos\theta) \qquad N_1 = \delta N_1 = -\frac{1}{f}\cos\theta \qquad \text{(l)}$$
$$M_2 = 2\delta M_2 = \frac{1}{f}R(1-\cos\theta) \qquad N_2 = 2\delta N_2 = -\frac{1}{f}\cos\theta$$

Como U_{10} é a rotação relativa em C, e U_{20} é a soma da rotação em A e B do arco triarticulado submetido exclusivamente a carga uniforme, pode-se estabelecer que:

$$U_{10} = U_1 = 1{,}356638 \times 10^{-2} \qquad U_{20} = 2U_2 = -3{,}898523 \times 10^{-3} \qquad \text{(m)}$$

O coeficiente de flexibilidade F_{11}, que é a parcela de U_1 decorrente da $X_1 = 1$ no arco triarticulado, foi calculado na simulação 2 com o resultado:

$$F_{11} = 3{,}775508 \times 10^{-5} \qquad \text{(n)}$$

Com os valores numéricos dos vários parâmetros e ao calcular-se as integrais:

$$\int_{arco} \frac{M_1 M_2}{EI} ds = -9{,}504371 \times 10^{-6} \qquad \int_{arco} \frac{N_1 N_2}{EA} ds = 1{,}419772 \times 10^{-7}$$

$$\int_{arco} \frac{M_2 M_2}{EI} ds = 1{,}442073 \times 10^{-5} \qquad \int_{arco} \frac{N_2 N_2}{EA} ds = 1{,}419772 \times 10^{-7}$$

os demais termos da matriz de flexibilidade valem:

$$\begin{aligned} F_{12} &= F_{21} = -9{,}362394 \times 10^{-6} \\ F_{22} &= 1{,}456271 \times 10^{-5} \end{aligned} \tag{o}$$

Determinação de X_1 e X_2

Ao introduzir-se os valores obtidos em (m), (n) e (o) em (j), escrevem-se as equações reduzidas de compatibilidade:

$$\begin{bmatrix} 1{,}356638 \times 10^{-2} \\ -3{,}898523 \times 10^{-3} \end{bmatrix} + \begin{bmatrix} 3{,}775508 \times 10^{-5} & -9{,}362394 \times 10^{-6} \\ -9{,}362394 \times 10^{-6} & 1{,}456271 \times 10^{-5} \end{bmatrix} \begin{bmatrix} X_1 \\ X_2 \end{bmatrix} = \begin{bmatrix} 0 \\ 0 \end{bmatrix}$$

cuja solução é:

$$\begin{aligned} X_1 &= -348{,}50\, kNm \\ X_2 &= 43{,}65\, kNm \end{aligned}$$

O sinal negativo de X_1 indica que o momento tem o sentido oposto ao indicado. Observa-se que o momento no engastamento é muito pequeno e que o momento no meio do vão é muito próximo do momento no meio do vão do arco biarticulado. Adicionalmente, observa-se que a rotação em A do arco biarticulado também é muito pequena. Essas constatações mostram que os arcos biarticulado e biengastado sob carga uniforme têm comportamento estrutural muito próximo.

Esforços solicitantes no arco biengastado

A obtenção dos valores de X_1 e X_2 levanta a indeterminação estática do arco biengastado e permite obter, por superposição de efeitos, as distribuições dos esforços solicitantes:

$$\begin{aligned} M &= M_0 + M_1 X_1 + M_2 X_2 \\ &= \left(HR(1-\cos\theta) - q\frac{(R\operatorname{sen}\theta)^2}{2} \right) + (-348{,}50)\left(-1 + \frac{R}{f}(1-\cos\theta) \right) \\ &\quad + (43{,}65)\left(\frac{R}{f}(1-\cos\theta) \right) \end{aligned} \tag{p}$$

$$\begin{aligned} N &= N_0 + N_1 X_1 + N_2 X_2 \\ &= \left(-H\cos\theta - qR(\operatorname{sen}\theta)^2 \right) + (-348{,}50)\left(-\frac{1}{f}\cos\theta \right) + (43{,}65)\left(-\frac{1}{f}\cos\theta \right) \end{aligned}$$

que se apresentam na Fig. 6.47, em conjunto com a configuração deformada e as reações de apoio. A comparação dos resultados das Figs. 6.44 e 6.47 novamente realça a proximidade do comportamento estrutural dos arcos biarticulado e biengastado submetidos a carga uniforme.

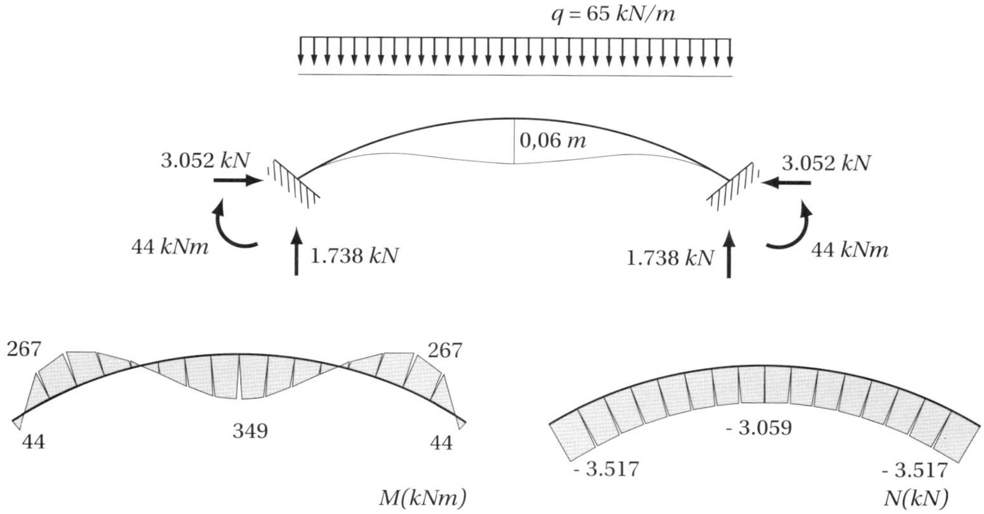

FIG. 6.47 Configuração deformada, reações de apoio e esforços solicitantes no arco biengastado

2. CÁLCULO DE DESLOCAMENTO NO ARCO BIENGASTADO

Para o cálculo de qualquer deslocamento no arco biengastado, utiliza-se a expressão (6.1), que, neste caso, se reduz a:

$$\delta E_j U_j = \int_{\text{arco}} \delta M_j \frac{M}{EI} ds + \int_{\text{arco}} \delta N_j \frac{N}{EA} ds \qquad \text{(q)}$$

onde M e N são as distribuições de momentos fletores e forças normais no arco biengastado, definidas em (p), e δM_j e δN_j são as distribuições de momentos fletores e forças normais decorrentes de δE_j, definidas convenientemente no arco triarticulado.

Cálculo de U_6, deslocamento vertical em C

Os esforços virtuais necessários para o cálculo de U_6 são aqueles apresentados na Fig. 6.41 para os cálculos de U_3 e U_5, ou seja, $\delta E_6 = \delta E_5 = \delta E_3$, $\delta M_6 = \delta M_3 = \frac{\ell}{4f} R(1-\cos\theta) - \frac{R}{2} \operatorname{sen}\theta$ e $\delta N_6 = \delta N_3 = -\frac{\ell}{4f}\cos\theta - \frac{1}{2}\operatorname{sen}\theta$.

Assim, com os valores numéricos dos vários parâmetros e ao calcular-se as integrais:

$$\int_{\text{arco}} \delta M_6 \frac{M}{EI} ds = \frac{2R}{EI} \int_0^{\theta_0} \delta M_5 M d\theta = 5{,}841082 \times 10^{-3}$$

$$\int_{\text{arco}} \delta N_6 \frac{N}{EA} ds = \frac{2R}{EA} \int_0^{\theta_0} \delta N_5 N d\theta = 5{,}195372 \times 10^{-2}$$

obtém-se $U_6 = 0{,}06\,m$. Observa-se que 10% do valor U_6 devem-se ao efeito de flexão e 90% devem-se ao efeito de compressão, e que

$$\frac{U_6}{\ell} = \frac{1}{927} < \frac{U_5}{\ell} = \frac{1}{915} < \frac{U_3}{\ell} = \frac{1}{530}.$$

MASP – Museu de arte de São Paulo *(1960 – 1968)*

sistema estrutural: **viga-pilar**

Estudo de caso

MASP – Museu de Arte de São Paulo

Em 1957, a Prefeitura de São Paulo contratou a arquiteta Lina Bo Bardi para a elaboração do projeto de arquitetura do MASP. As obras foram iniciadas em 1960, sofreram diversas interrupções até 1966 e foram concluídas em 1968. O projeto estrutural foi desenvolvido pelo Escritório Técnico José Carlos de Figueiredo Ferraz, e a construção foi executada pela Sociedade Construtora Heleno da Fonseca.

> O famoso vão do MASP não foi uma excentricidade, o que em linguagem popular se poderia chamar "frescura arquitetônica". É que aquele terreno, onde estava o antigo Belvedere do Trianon, foi doado por uma família de São Paulo que impôs como condição a manutenção daquela vista que deverá ficar para sempre na história da cidade. (Bardi; Van Eyck, 1997).

De uma exigência generosa e de visão resultou uma obra monumental e de arquitetura simples, para abrigar o acervo de obras de arte colecionadas por Assis Chateaubriand e celebrar o coletivo e a dignidade cívica, em substituição ao belíssimo Belvedere do Trianon, projetado pelo Eng. Ramos de Azevedo.

O edifício do MASP é constituído de três espaços bem definidos: o embasamento em dois níveis, com aproximadamente 5.000 m^2, do lado da Av. Nove de Julho, que também abriga um grande teatro-auditório e um pequeno auditório; o belvedere e espaço cívico no nível da Av. Paulista e que serve de cobertura ao embasamento; e o edifício do museu na Av. Paulista, para abrigar exposições, guarda de acervo e oficinas para as atividades técnicas do museu, com dois pisos de 2.100 m^2 cada um A Fig. 6.48 identifica esses espaços; a Fig. 6.49 mostra o desenho com os cortes dessa obra; e a Fig. 6.50 apresenta desenho e foto que ilustram o uso público imaginado para o espaço do belvedere.

Fig. 6.48 Os espaços do MASP

Fonte: <http://umtironoescuro.zip.net/images/masp3.jpg>.

O edifício do museu tem 70 m de vão livre, 30 m de largura com 5 m de balanço de cada lado e 8 m de altura livre em relação ao belvedere. Sua estrutura, que é praticamente o próprio edifício, é constituída de dois pórticos isostáticos, com dois pilares e duas vigas cada um, e lajes suportadas por esses pórticos. Os pilares com trechos maciços e vazados têm seção transversal com medidas externas de $4 \times 2{,}5$ m e se apoiam em fundação direta em sapatas. As

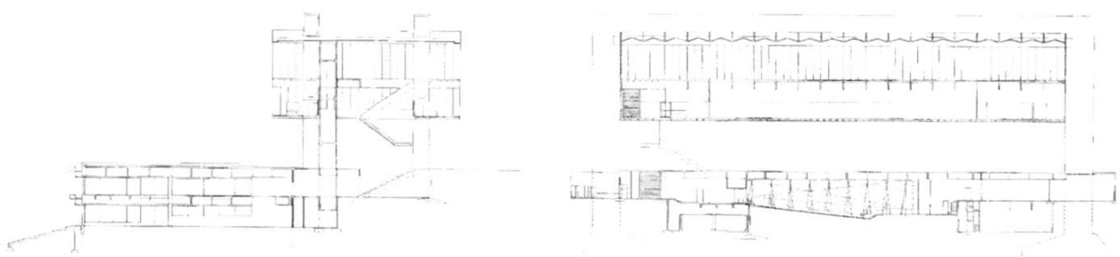

Fig. 6.49 Seções transversal e longitudinal do MASP

Fonte: Arquivo Instituto Lina Bo e P. M. Bardi, São Paulo, SP.

FIG. 6.50 O uso público do belvedere do MASP

Fonte: Acervo, Biblioteca e Centro de Documentação do MASP.

vigas são vazadas e têm 3,5 *m* de altura por 2,5 *m* de largura na sua parte externa e dimensões variáveis na parte interna, para abrigar os cabos de protensão. Tanto os pilares como as duas vigas de cobertura e as lajes são facilmente identificáveis nas fotos da Fig. 6.52. As vigas principais e a laje intermediária, que são cobertas por um caixilho de aço e vidro, podem ser vistas na foto da Fig. 6.51. Este estudo de caso diz respeito a essa estrutura do edifício.

As vigas principais são simplesmente apoiadas e têm face superior na cota 14,50 *m*; numa das extremidades, os apoios foram especialmente projetados para permitir deslocamentos horizontais. Esse apoio móvel é retangular, em neoprene cintado com aço e com uma cavidade preenchida por bolsa com óleo sob pressão. Essa bolsa funcionou como um "macaco" hidráulico

FIG. 6.51 O edifício do museu em construção
Fonte: Arquivo Instituto Lina Bo e P. M. Bardi, São Paulo, SP.

FIG. 6.52 Diversas vistas do edifício do museu

até o final da protensão das vigas principais, de modo a não transmitir para os pilares os efeitos do encurtamento nas vigas, provocado por protensão, por retração do concreto e, eventualmente, por variações de temperatura. A bolsa permitiu os deslocamentos horizontais grandes que resultariam em distorções

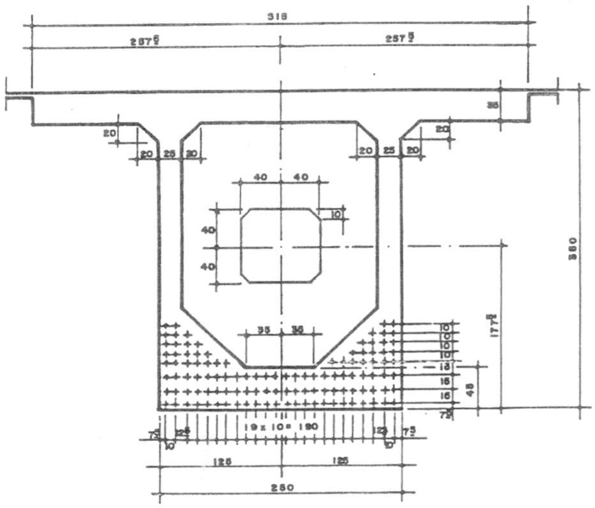

FIG. 6.53 Seção transversal da viga principal

não admissíveis para o neoprene; trata-se de solução simples e muito criativa. A Fig. 6.53 apresenta a seção transversal das vigas principais.

As vigas de cobertura são simplesmente apoiadas nos pilares; de um lado, o apoio é fixo e, do outro, o apoio é móvel, projetado na forma de um pêndulo interno ao pilar, com a face superior na cota 25 *m*. As vigas de cobertura têm a mesma seção transversal, sem a colaboração da laje, e suas dimensões internas são diferentes, pois abrigam um número menor de cabos de protensão.

Na cota 8,40 *m*, há uma laje nervurada com cerca de 70 *m* × 30 *m*, com vigas de 50 cm de altura e laje de fechamento de 4 cm de espessura. Essa laje está suspensa por duas linhas de tirantes nas almas externas de cada uma das vigas principais (Fig. 6.54). Por condição de projeto, as forças de tração em cada par desses tirantes são praticamente iguais, o que foi conseguido por meio de ajustes em luvas existentes nos tirantes. Dessa forma, minimizou-se o efeito de torção nas vigas principais.

Na cota 14,50 *m*, ao nível da parte superior das vigas principais, está a laje principal, com 2.100 m^2, com vigas transversais de 1,50 *m* de altura, vigas longitudinais de 0,40 *m* de altura e laje de fechamento; as medidas são aproximadas. Os cortes da Fig. 6.49 permitem a identificação desses elementos e a Fig. 6.55 mostra essa laje nervurada quando em construção, na presença da arquiteta Lina Bo Bardi e de operários da obra, e depois de concluída, com quadros em exposição.

Na cota aproximada de 21,50 *m*, está localizada a laje de calha de cobertura, em nível inferior ao das vigas de cobertura. Trata-se de laje apoiada nas vigas de cobertura e pode ser observada na parte superior das fotos da Fig. 6.55.

Apresentam-se na Fig. 6.56, em forma esquemática, os vários elementos estruturais do pórtico isostático do edifício do museu e suas ligações.

FIG. 6.54 Laje nervurada na cota 8,40 *m*, suspensa por tirantes

Fonte: Arquivo Instituto Lina Bo e P. M. Bardi, São Paulo, SP.

em construção em uso

FIG. 6.55 Laje nervurada principal na cota 14,50 *m*

Fonte: Arquivo Instituto Lina Bo e P. M. Bardi, São Paulo, SP.

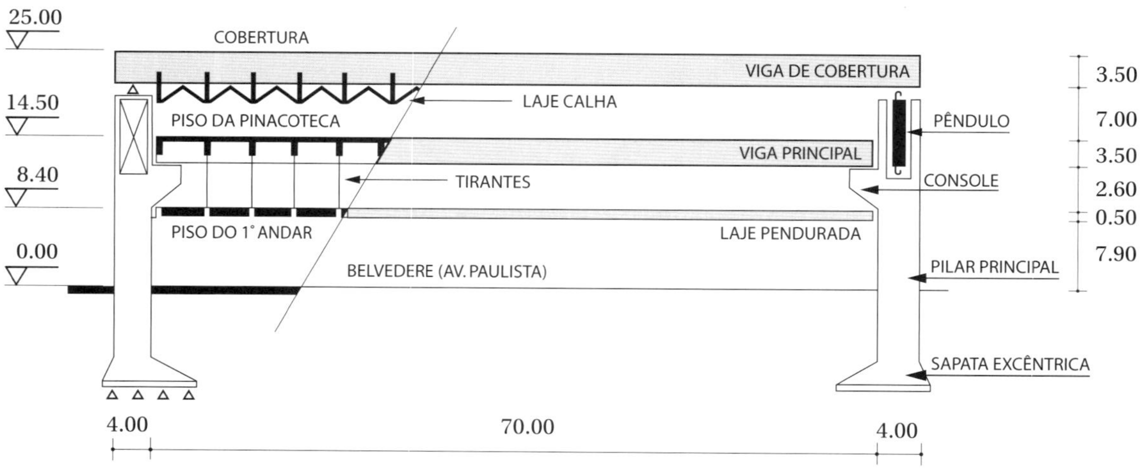

FIG. 6.56 Desenho esquemático do edifício do MASP: elementos estruturais e suas ligações

A análise estrutural do edifício do museu poderia ser feita hoje com diversos modelos estruturais, de diferentes níveis hierárquicos, em virtude da existência de computadores de alto desempenho e sistemas computacionais de análise cada vez mais sofisticados.

Essa análise poderia ser realizada com base na estrutura como um todo, incluindo os elementos de fundação e as argilas siltosas do espigão da Paulista, sobre as quais se apoiam, inclusive com a consideração do comportamento reológico próprio de cada um desses materiais. Também seria possível estabelecer o comportamento de seus vários elementos estruturais, analizando-os em grupos ou isoladamente. Assim, por exemplo, as análises elásticas lineares das lajes considerariam as vinculações com as vigas e os pilares, e as análises elásticas lineares dos dois pórticos isolados considerariam as ações externas e os esforços de interação com as lajes.

Um bom procedimento de análise inicia-se com modelos estruturais mais simples, que são complementados com modelos mais elaborados.

Na sequência, apresentam-se duas simulações em que a estrutura principal do museu é representada por um pórtico plano submetido às ações de peso próprio, variação de temperatura, retração do concreto e protensão externa, para caracterizar uma situação ao final da protensão das vigas, com toda a estrutura pronta, mas sem as vedações e as instalações, que mudam as condições da ação da temperatura na viga principal.

Na simulação 1, as extremidades da viga principal apresentam uma articulação fixa em C e outra móvel em D. Dessa condição, resulta um pórtico isostático. Na simulação 2, as extremidades C e D da viga principal apresentam articulações fixas, do que resulta um pórtico hiperestático. Essas duas simulações permitem ter uma ideia do acréscimo significativo na distribuição dos momentos fletores nos pilares, o que evidencia a importância da existência da articulação móvel na extremidade da viga principal. A Fig. 6.57 apresenta os dois esquemas estruturais.

Consideram-se os pórticos planos formados por barras prismáticas e solicitados apenas nas vigas por cargas uniformemente distribuídas de 132 kN/m na viga de cobertura e de 327 kN/m na viga principal, caracterizando o efeito de peso próprio e de sobrecarga, por forças de protensão externa de 100.000 kN com excentricidade $e = 0{,}60\,m$ na viga principal e de 40.000 kN com excentricidade $e = 0{,}40\,m$ na viga de cobertura, por variação uniforme de temperatura $\Delta\theta_0 = -20^0C$ e por retração do concreto, $\varepsilon_{ret} = -0{,}25‰$. Adotam-se os seguintes produtos de rigidez: $EI_{vp} = 3{,}00 \times 10^8\,kNm^2$ e $EA_{vp} = 1{,}72 \times 10^8\,kN$ para a viga principal; $EI_{vc} = 2{,}24 \times 10^8\,kNm^2$ e $EA_{vc} = 1{,}42 \times 10^8\,kN$ para a viga de cobertura; $EI_{pm} = 4{,}27 \times 10^8\,kNm^2$ e $EA_{pm} = 3{,}20 \times 10^8\,kN$ para os pilares maciços; $EI_{pv} = 1{,}98 \times 10^8\,kNm^2$ e $EA_{pv} = 0{,}96 \times 10^8\,kN$ para o pilar vazado. Despreza-se a parcela da força normal dos pilares no cálculo dos deslocamentos.

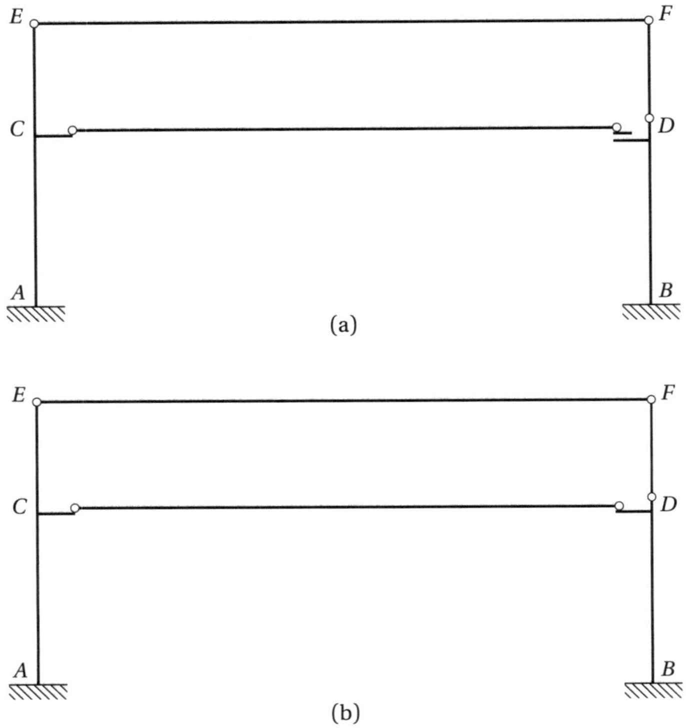

Fig. 6.57 Pórticos planos isostático e hiperestático

Vale ressaltar que as análises feitas aqui não procuram reproduzir o que foi efetivamente realizado durante o projeto estrutural do edifício, nem produzir resultados para eventuais comparações. São simples simulações de possíveis análises de uma estrutura real. Os dados adotados para essas análises não representam necessariamente os do projeto real, seja por não se dispor de algumas informações, seja por simplificações introduzidas.

Simulação 1 – Análise do pórtico isostático

Nesta análise, trata-se de obter os diagramas de esforços solicitantes e do cálculo da flecha no meio do vão da viga principal CD, do deslocamento relativo horizontal no ponto D e do deslocamento horizontal no ponto F.

Apresentam-se na Fig. 6.58 o esquema estrutural, as cargas uniformemente distribuídas e os esforços de protensão no pórtico isostático.

Como o pórtico plano é isostático, obtêm-se, pela aplicação direta das equações de equilíbrio da estática, as distribuições de momentos fletores e de forças normais da Fig. 6.59.

Nessas condições, o cálculo de qualquer deslocamento é efetuado pela aplicação da expressão (6.1), que, neste caso, se reduz a:

$$\delta E_j U_j = \int_{\text{estr}} \delta M_j \frac{M}{EI} ds + \int_{\text{vigas}} \delta N_j \frac{N}{EA} ds + \int_{\text{vigas}} \delta N_j \alpha \Delta\theta_0 ds + \int_{\text{vigas}} \delta N_j \varepsilon_{ret} ds \quad \text{(a)}$$

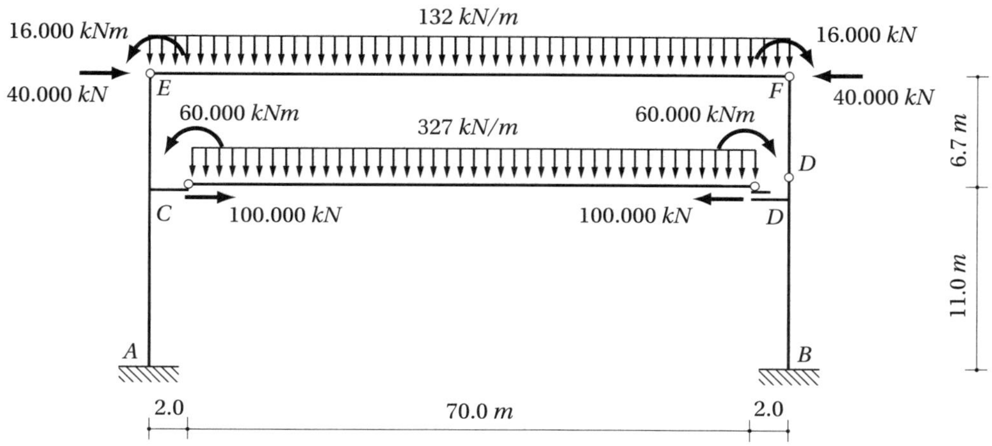

FIG. 6.58 Pórtico plano isostático, cargas uniformemente distribuídas e esforços de protensão

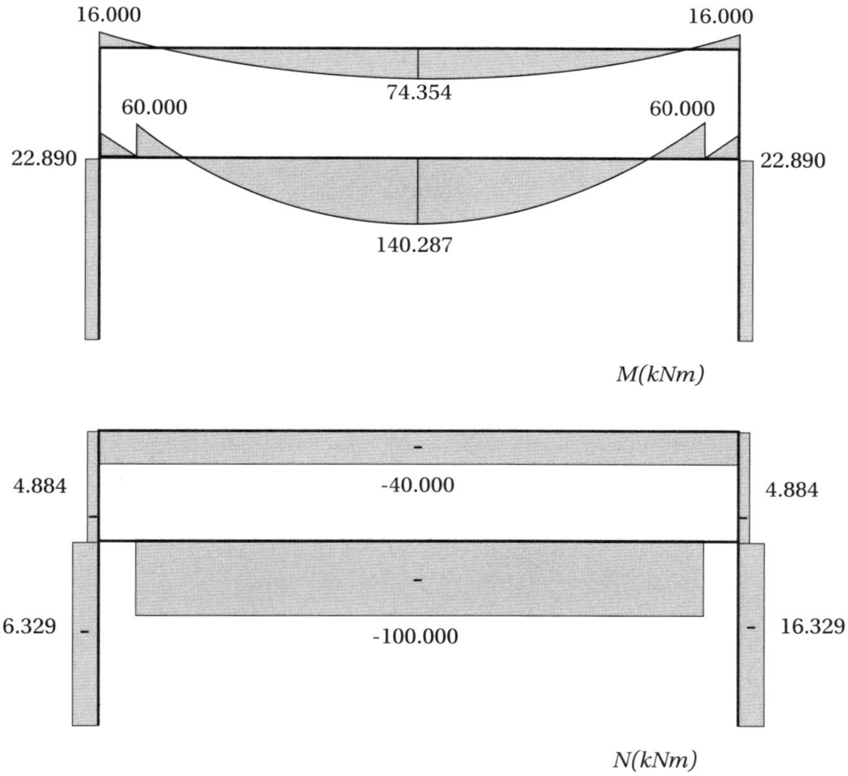

FIG. 6.59 Diagramas de momentos fletores e forças normais no pórtico isostático

Observe a introdução do termo $\int_{\text{vigas}} \delta N_j \varepsilon_{ret} ds$ para o cálculo da parcela do deslocamento decorrente da retração do concreto, que é uma forma de deformação inicial ε_0. A justificativa da expressão apresentada é imediata, visto que em deduções anteriores, no estudo do efeito da variação de temperatura, considerou-se $\varepsilon_0 = \alpha \Delta\theta$ numa fibra genérica e, nesse caso, $\varepsilon_0 = \varepsilon_{ret}$.

\# Cálculo de U_1, deslocamento relativo horizontal do ponto D

Apresentam-se na Fig. 6.60 os esforços virtuais δE_1, δM_1 e δN_1, necessários para o cálculo de U_1.

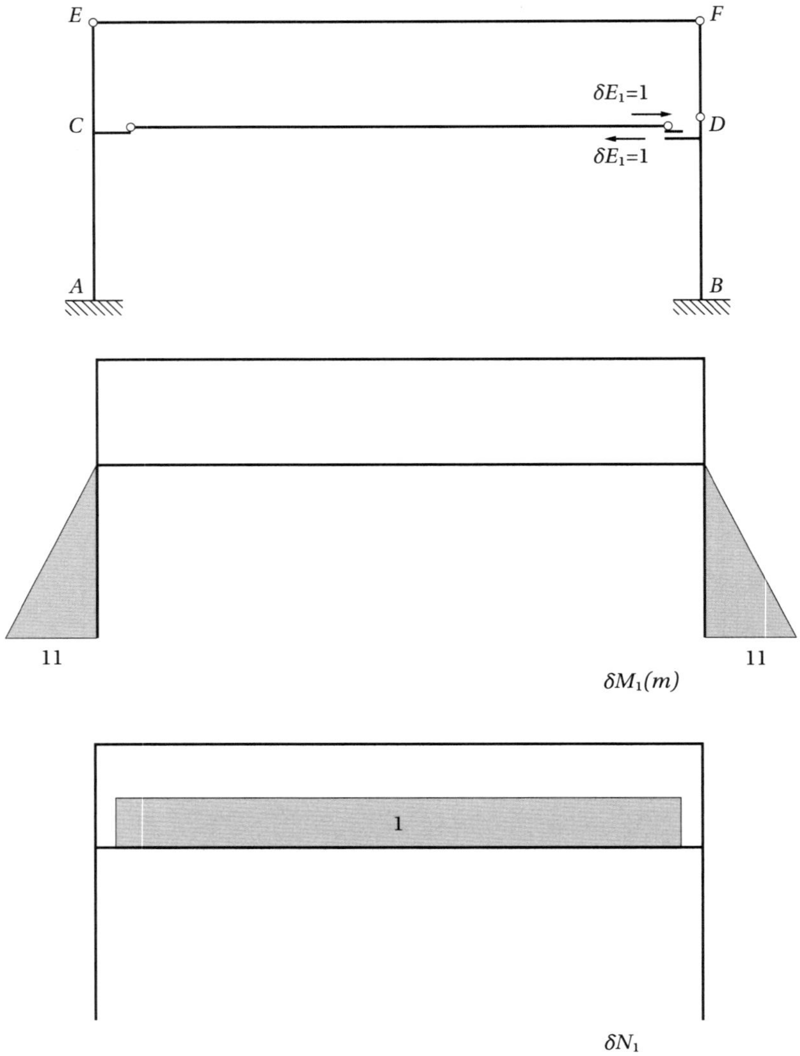

FIG. 6.60 Esforços virtuais para o cálculo de U_1

Ao calcular-se:

$$\int_{\text{estr}} \delta M_1 \frac{M}{EI} ds = 649 \times 10^{-5}\, m \qquad \int_{\text{vigas}} \delta N_1 \frac{N}{EA} ds = -4.066 \times 10^{-5}\, m$$

$$\int_{\text{vigas}} \delta N_1 \alpha \Delta\theta_0 ds = -1.400 \times 10^{-5}\, m \qquad \int_{\text{vigas}} \delta N_1 \varepsilon_{ret} ds = -1.750 \times 10^{-5}\, m \qquad \text{(b)}$$

e introduzindo-se esses valores em (a) obtém-se

$$U_1 = -0{,}066\, m$$

sendo +6,5 mm devido ao carregamento externo; e -40,7 mm por protensão; de -14,0 mm por variação de temperatura, e de -17,5 mm por retração do concreto.

Cálculo de U_2, deslocamento vertical no meio do vão da viga principal

Apresentam-se na Fig. 6.61 os esforços virtuais δE_2, δM_2 e δN_2, necessários para o cálculo de U_2.

Ao calcular-se:

$$\int_{\text{estr}} \delta M_2 \frac{M}{EI} ds = 218 \times 10^{-3}\, m \qquad \int_{\text{vigas}} \delta N_2 \frac{N}{EA} ds = 0$$

$$\int_{\text{vigas}} \delta N_2 \alpha \Delta\theta_0 ds = 0 \qquad \int_{\text{vigas}} \delta N_2 \varepsilon_{ret} ds = 0 \qquad \text{(c)}$$

e com a introdução desses valores em (a), obtém-se $U_2 = 0{,}218\, m$, devido quase integralmente à flexão na viga principal.

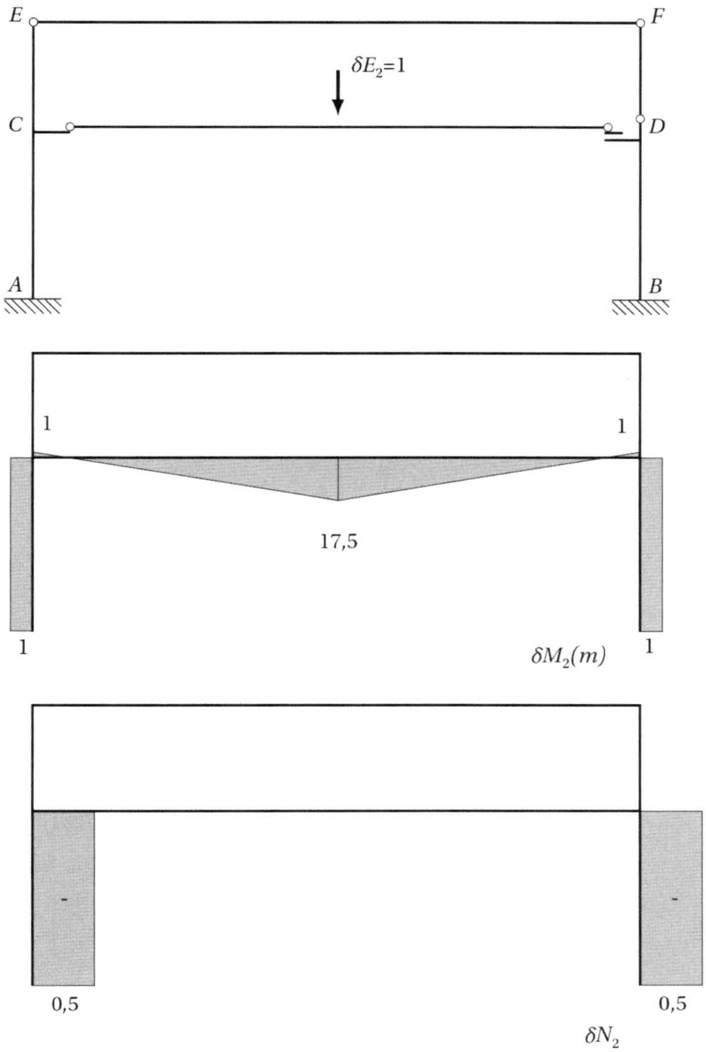

FIG. 6.61 Esforços virtuais para o cálculo de U_2

Cálculo de U_3, deslocamento horizontal no ponto F

Apresentam-se na Fig. 6.62 os esforços virtuais δE_3, δM_3 e δN_3, necessários para o cálculo de U_3.

Calcula-se:

$$\int_{\text{estr}} \delta M_3 \frac{M}{EI} ds = 720 \times 10^{-5}\, m \qquad \int_{\text{vigas}} \delta N_3 \frac{N}{EA} ds = -2.079 \times 10^{-5}\, m$$

$$\int_{\text{vigas}} \delta N_3 \alpha \Delta\theta_0 ds = -1.480 \times 10^{-5}\, m \qquad \int_{\text{vigas}} \delta N_3 \varepsilon_{ret} ds = -1.850 \times 10^{-5}\, m$$

e introduzem-se esses valores em (a), para obter $U_3 = 0{,}047\, m$.

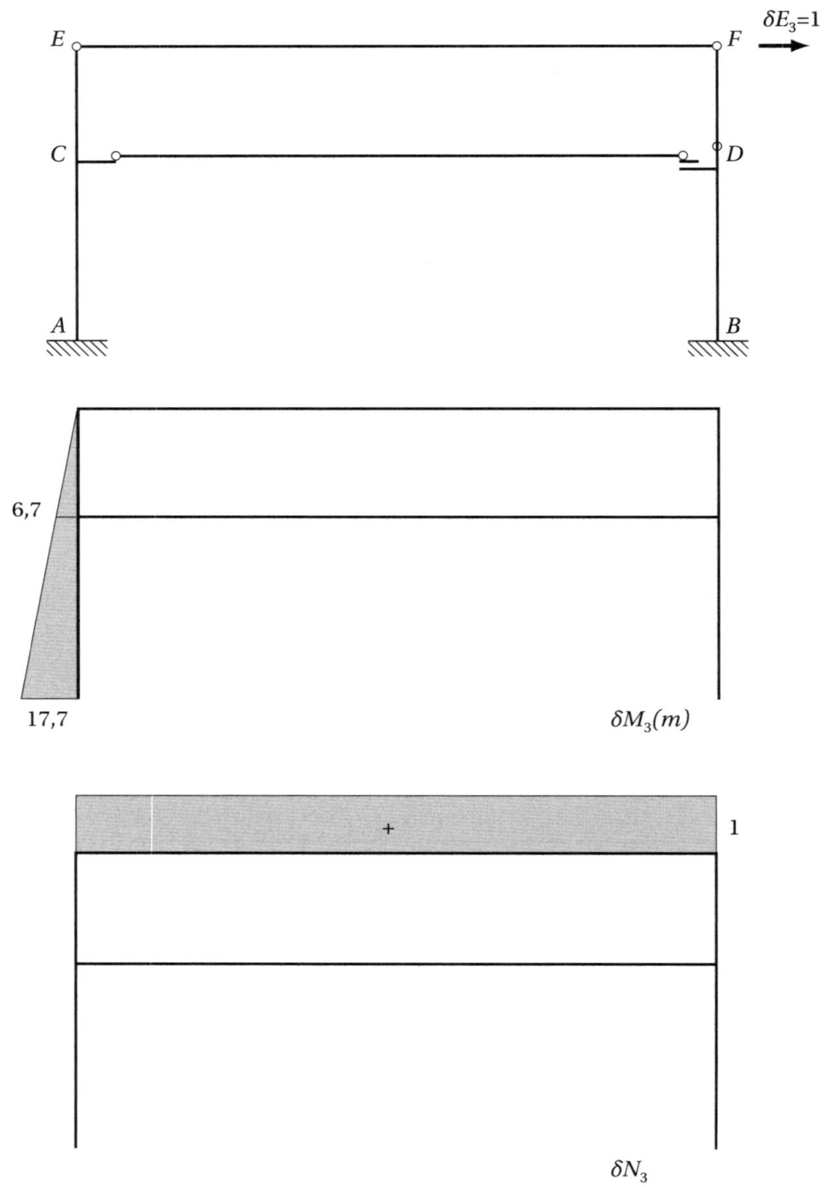

FIG. 6.62 Esforços virtuais para o cálculo de U_3

Simulação 2 – Análise do pórtico plano hiperestático

Considere agora o pórtico hiperestático que resulta da introdução de vínculo que impede o deslocamento relativo horizontal no ponto D do pórtico isostático da simulação 1; as demais condições de solicitação e dados permanecem. Trata-se agora de obter os diagramas de esforços solicitantes e do cálculo da flecha no meio do vão da viga principal CD e do deslocamento horizontal no ponto F. Pretende-se, assim, estudar o efeito do vínculo introduzido na distribuição dos esforços solicitantes.

Apresentam-se na Fig. 6.63 o esquema estrutural, as cargas uniformementes distribuidas e os esforços de protensão no pórtico hiperestático.

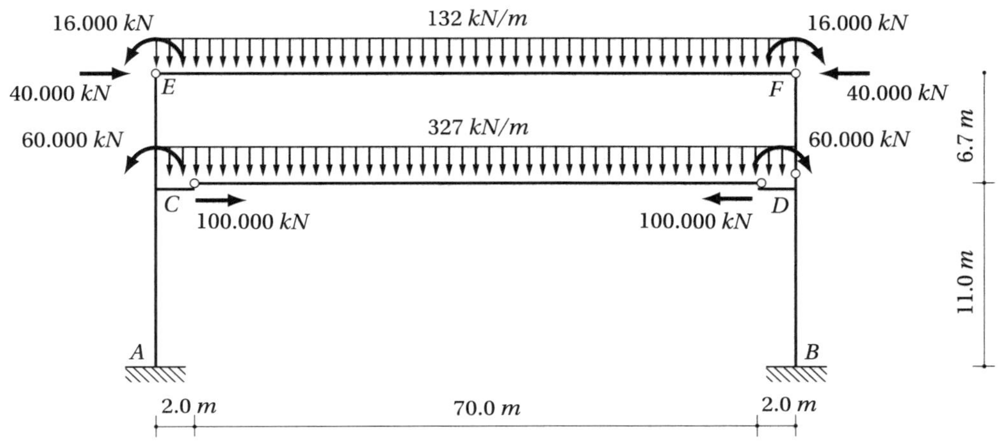

Fig. 6.63 Pórtico hiperestático, cargas uniformemente distribuídas e esforços de protensão

1. Análise do pórtico hiperestático

Essa estrutura é hiperestática, com grau de hiperestaticidade igual a um, e resolvida pelo método dos esforços, com a aplicação direta das expressões (6.2) e (6.3).

Isostática fundamental e incógnita hiperestática

Seleciona-se como isostática fundamental a estrutura que resulta da supressão do vínculo que impede o deslocamento relativo horizontal em D. Observa-se que esta isostática fundamental é o próprio pórtico isostático da simulação 1, que se apresenta na Fig. 6.64, com a incógnita hiperestática.

Equações reduzidas de compatibilidade

Neste caso, as expressões (6.2) e (6.3) se reduzem a:

$$\underbrace{U_{10} + U_{1\theta} + U_{1ret} + F_{11}X_1}_{U_i} = \hat{U}_1 \qquad \text{(d)}$$

FIG. 6.64 Isostática fundamental e incógnita hiperestática

com

$$U_{10} = \int_{\text{estr}} \frac{M_1 M_0}{EI} ds + \int_{\text{vigas}} \frac{N_1 N_0}{EA} ds \qquad U_{1\theta} = \int_{\text{vigas}} N_1 \alpha \Delta\theta_0 ds$$
$$U_{1ret} = \int_{\text{vigas}} N_1 \varepsilon_{ret} ds \qquad F_{11} = \int_{\text{estr}} \frac{M_1 M_1}{EI} ds + \int_{\text{vigas}} \frac{N_1 N_1}{EA} ds \tag{e}$$
$$\hat{U}_1 = 0$$

Como a isostática fundamental é o próprio pórtico isostático analisado, pode-se observar que os deslocamentos U_{10}, $U_{1\theta}$ e U_{1ret} já foram calculados e valem:

$$U_{10} = (649 - 4.066) \times 10^{-5} \quad U_{1\theta} = -1.400 \times 10^{-5} \quad U_{1ret} = -1.750 \times 10^{-5} \tag{f}$$

Adicionalmente, como $M_1 = \delta M_1$ e $N_1 = \delta N_1$, pode-se calcular imediatamente:

$$F_{11} = 257 \times 10^{-8} \tag{g}$$

Determinação de X_1

Ao introduzizr-se os valores obtidos em (f) e (g) em (d), obtém-se:

$$X_1 = (-2.525 + 15.821) + 5.447 + 6.809 = 25.553\,\text{kN}$$

Assim, da introdução do vínculo que impede o deslocamento relativo horizontal em D resulta uma redução na força normal de tração na viga principal de 25.553 kN, com as seguintes parcelas: -2.525 kN, devida às cargas uniformemente distribuídas; 15.821 kN, devida aos esforços de protensão; 5.447 kN, devida à variação de temperatura; e 6.809 kN, devida à retração do concreto.

Esforços solicitantes no pórtico hiperestático

A obtenção do valor de X_1 levanta a indeterminação estática do pórtico e permite obter as distribuições dos esforços solicitantes, apresentadas na Fig. 6.65 em conjunto com a configuração deformada da estrutura e as reações de apoio.

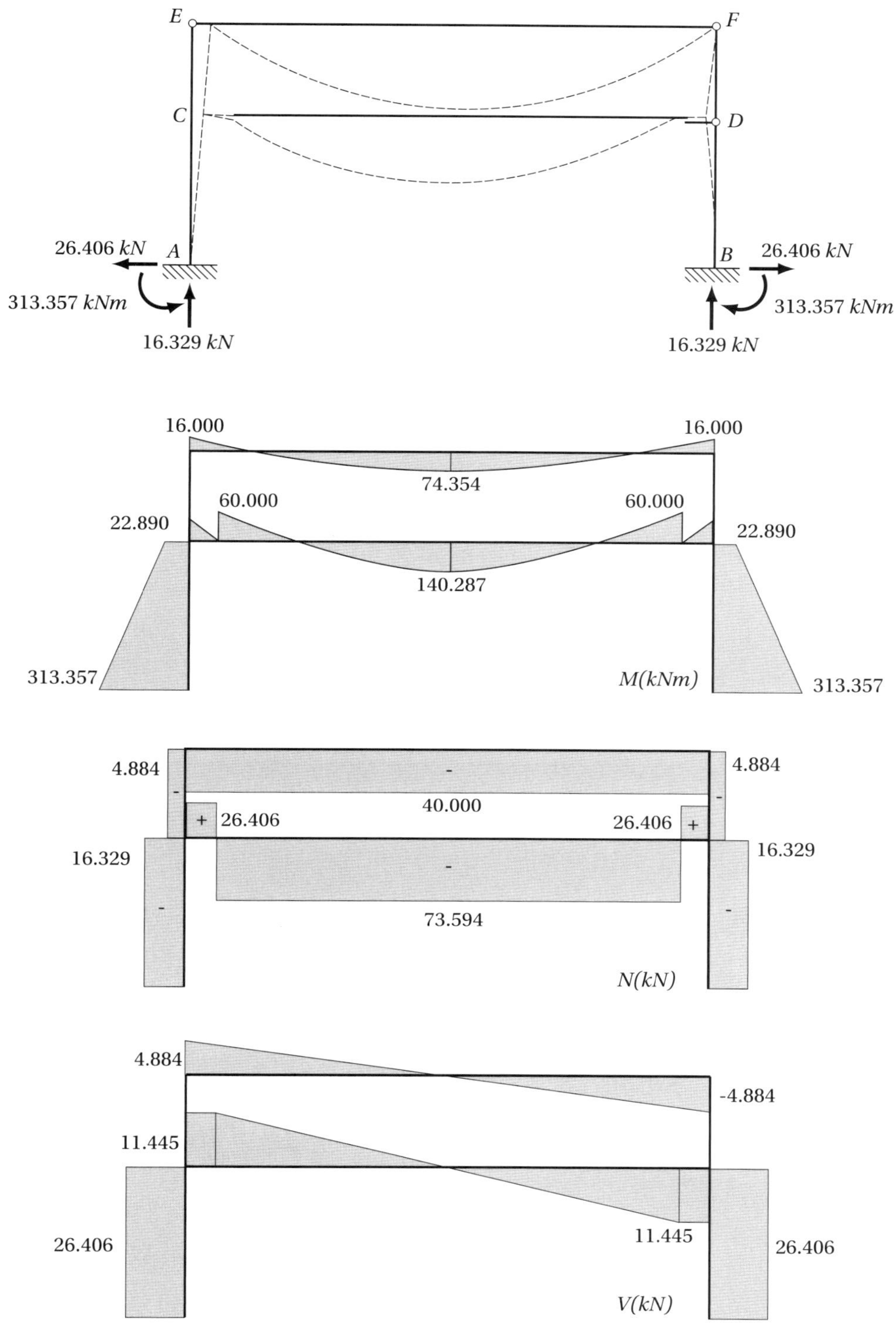

Fig. 6.65 Configuração deformada, reações de apoio e esforços solicitantes no pórtico hiperestático

A introdução do vínculo que impede o deslocamento relativo horizontal em D é responsável pela introdução de uma força de tração de 25.553 kN na viga principal, que reduziria o efeito de protensão nessa viga, e de momentos de engastamento nos pilares de 313.357 *kNm*, que exigiriam adicional atenção no dimensionamento do pilar. Essas duas condições destacam a conveniência de eliminar esse vínculo durante a execução da estrutura.

2. Cálculo de deslocamentos no pórtico hiperestático

Para o cálculo de qualquer deslocamento no pórtico hiperestático, utiliza-se a expressão (6.1), que, neste caso, se reduz a:

$$\delta E_j U_j = \int_{estr} \delta M_j \frac{M}{EI} ds + \int_{vigas} \delta N_j \frac{N}{EA} ds + \int_{vigas} \delta N_j \alpha \Delta\theta_0 ds + \int_{vigas} \delta N_j \varepsilon_{ret} ds \quad \text{(h)}$$

onde M e N são as distribuições de momentos fletores e forças normais da Fig. 6.65, e $\Delta\theta_0 = -20°C$ e $\varepsilon_{ret} = -0{,}25‰$ são ações definidas nas vigas da estrutura.

Cálculo de U_4, deslocamento vertical no meio do vão da viga principal

Apresenta-se na Fig. 6.66 o esforço virtual externo δE_4 para o cálculo de U_4. Como $\delta E_4 = \delta E_2$, resulta que $\delta M_4 = \delta M_2$ e $\delta N_4 = \delta N_2$.

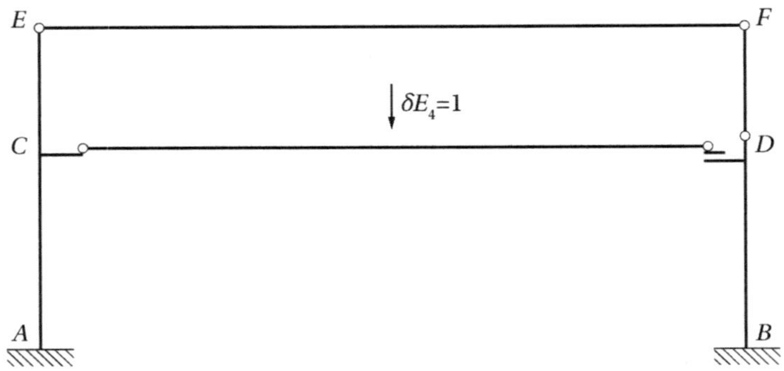

Fig. 6.66 **Esforço virtual externo para o cálculo de U_4**

Assim, calculando-se:

$$\int_{estr} \delta M_4 \frac{M}{EI} ds = 227 \times 10^{-3}\, m \qquad \int_{vigas} \delta N_4 \frac{N}{EA} ds = 0$$

$$\int_{vigas} \delta N_4 \alpha \Delta\theta_0 ds = 0 \qquad \int_{vigas} \delta N_4 \varepsilon_{ret} ds = 0 \quad \text{(i)}$$

e introduzindo-se esses valores em (h), obtém-se:

$$U_4 = 0{,}227\, m$$

do qual 96% devem-se exclusivamente à flexão na viga principal.

Cálculo de U_5, deslocamento horizontal no ponto F

Apresenta-se na Fig. 6.67 o esforço virtual externo δE_5 para o cálculo de U_5. Como $\delta E_5 = \delta E_3$, resulta que $\delta M_5 = \delta M_3$ e $\delta N_5 = \delta N_3$.

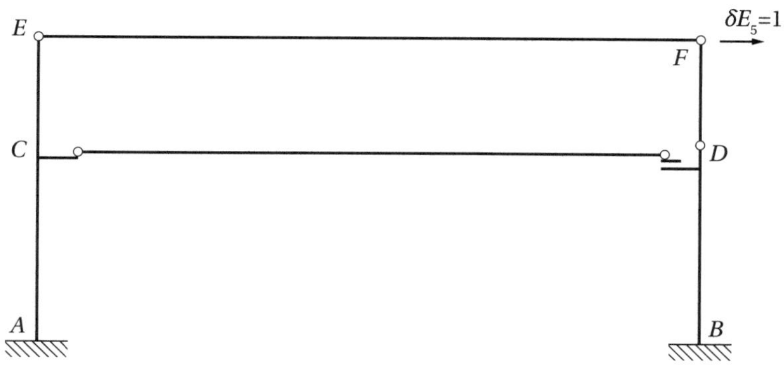

FIG. 6.67 Esforços virtuais para o cálculo de U_5

Assim, calculando-se:

$$\int_{estr} \delta M_3 \frac{M}{EI} ds = 5.970 \times 10^{-5}\, m \qquad \int_{vigas} \delta N_3 \frac{N}{EA} ds = -2.079 \times 10^{-5}\, m$$

$$\int_{vigas} \delta N_3 \alpha \Delta\theta_0 ds = -1.480 \times 10^{-5}\, m \qquad \int_{vigas} \delta N_3 \varepsilon_{ret} ds = -1.850 \times 10^{-5}\, m \qquad \text{(j)}$$

e introduzindo-se esses valores em (h), obtém-se $U_5 = 0{,}006\, m$.

DA CONCEPÇÃO À UTILIZAÇÃO

Em todos os exemplos mostrados neste livro, basicamente se desenvolve a análise de uma estrutura já com seu esquema estrutural idealizado definido, submetida a ações externas.

A introdução deste estudo de caso mostra que a análise estrutural é uma parte de um processo que se inicia na concepção da obra, com todas as suas variáveis (criação, viabilidade técnica e econômica etc.); a seguir, passa pelo seu detalhamento técnico com os projetos de arquitetura, estrutural, geotécnico e de instalações, pelo método construtivo e se encerra com a obra concluída e entregue para utilização pelo seu usuário final. A Fig. 6.68 ilustra resumidamente essas etapas. A continuidade na utilização com qualidade de um edifício exige a operação de todo o edifício com manutenção permanente.

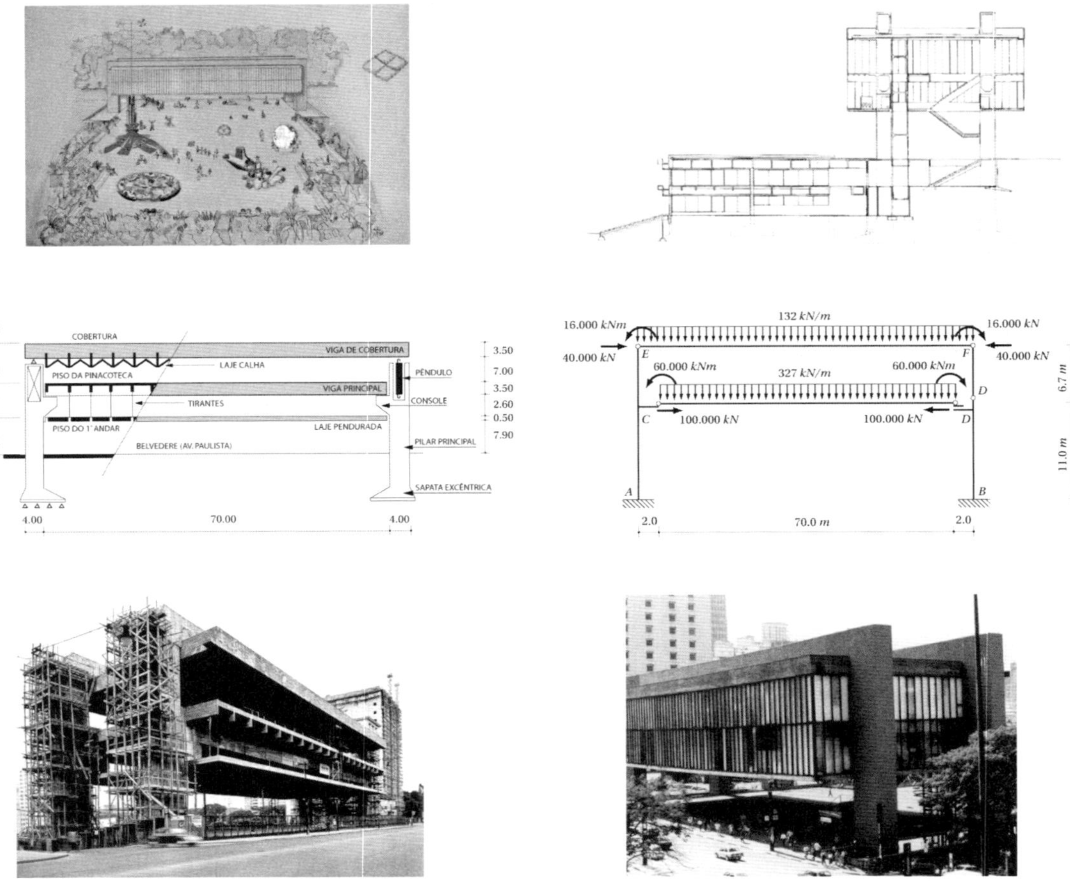

FIG. 6.68 Da concepção à utilização

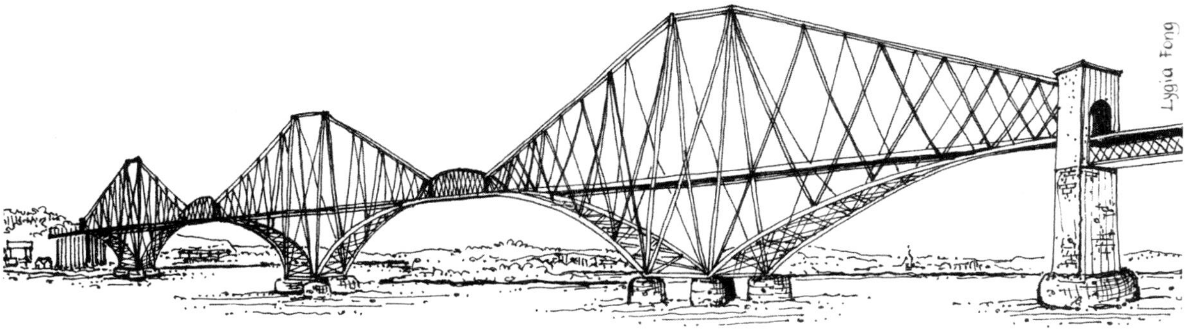

Ponte Firth of Forth *(1882–1890)*

sistema estrutural: **ponte em balanço com viga Gerber**

7 Energia potencial total

O teorema dos deslocamentos virtuais permitiu, conforme se pôde observar no Cap. 2, estabelecer equações de equilíbrio, com grandezas escalares como trabalho virtual interno e trabalho virtual externo de força real por deslocamento virtual de seu ponto de aplicação. Seu uso é simples e eficaz, mesmo em problemas mais complexos, embora envolva grandezas que carecem de maior significado físico.

Alternativamente, as equações de equilíbrio podem ser obtidas pela aplicação direta da estática. Seu uso é conceitualmente muito simples e trata com grandezas de claro significado físico. Entretanto, o procedimento pode ser laborioso para sistemas estruturais um pouco mais complexos, e essas dificuldades são maiores pois usam grandezas vetoriais.

Um terceiro procedimento para estabelecer equações de equilíbrio baseia-se em teorema variacional, que pode ser derivado do princípio da conservação da energia de um sistema, estabelecido pela primeira lei da termodinâmica, que se apresenta com os enunciados originais de E. Fermi e G. E. Mase:

> A variação da energia de um sistema durante uma transformação é igual à quantidade de energia que o sistema recebe de seu ambiente. (Fermi, 1956).

A variação da energia cinética mais a variação da energia interna por unidade de tempo é igual à soma da variação do trabalho externo mais qualquer outra forma de energia fornecida, ou extraída, por unidade de tempo. (Mase, 1977).

Entende-se por sistema uma parte do espaço físico, que é objeto de consideração. Na mecânica das estruturas, essa parte do espaço físico é uma região de volume V com superfície externa S ocupada por um sólido deformável que interage com o ambiente.

Nos mais diversos sistemas, há várias formas de energia que podem ser consideradas: potencial, cinética, térmica, elétrica, química, eletromagnética etc. De modo simples, energia é a capacidade de realizar trabalho: a água de uma represa tem energia potencial hidráulica e, por isso, realiza trabalho ao mover uma turbina; o combustível tem energia química e, quando queimado, realiza trabalho ao mover o eixo de um motor e, este, as rodas de um veículo; um arco fletido tem energia potencial de deformação que realiza trabalho ao disparar uma flecha. A energia tem a dimensão dada pelo produto de uma força por um deslocamento.

Em mecânica das estruturas, a única forma de energia extraída ou fornecida ao sistema mecânico é a térmica. O princípio da conservação da energia caracteriza-se pela expressão:

$$\Delta\mathcal{K} + \Delta\mathcal{T}_i = \Delta\mathcal{T}_e + \Delta\mathcal{Q}$$

onde $\Delta\mathcal{K}$ é a variação da energia cinética do sistema, $\Delta\mathcal{T}_i$ é a variação da energia interna do sistema, $\Delta\mathcal{T}_e$ é a variação do trabalho externo e $\Delta\mathcal{Q}$ é a quantidade de calor fornecida ou retirada do sistema. Essa situação ocorre, por exemplo, numa viga engastada submetida ao choque inelástico de um sólido: no impacto, há dissipação de energia na forma de calor; em seguida, a viga oscila em torno da configuração deformada de equilíbrio para a qual converge, na presença de forças dissipativas (Fig. 7.1).

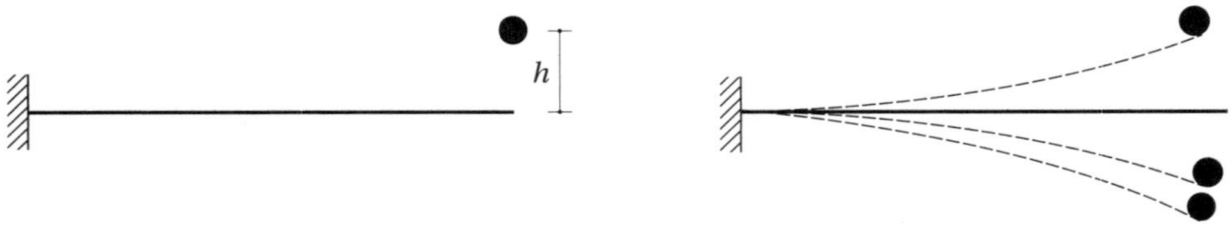

Fig. 7.1 Viga engastada submetida ao choque inelástico de um sólido

No caso de se considerarem sistemas não amortecidos e isolados termicamente, não ocorrerão forças dissipativas e não será fornecido ou extraído calor do sistema. Esse sistema será internamente conservativo e isolado termicamente. Nessas condições, o princípio da conservação da energia será caracterizado pela expressão:

$$\Delta\mathcal{K} + \Delta\mathcal{T}_i = \Delta\mathcal{T}_e$$

É o que ocorre, por exemplo, em viga engastada submetida a carga instantânea, situação na qual a viga oscila permanentemente em torno da configuração deformada de equilíbrio, visto que não há dissipação de energia (Fig. 7.2).

FIG. 7.2 Viga engastada submetida a carga instantânea

Se as ações externas forem conservativas e aplicadas estaticamente (gradualmente), de modo que as forças de inércia possam ser desprezadas, a energia cinética será praticamente nula e o princípio da conservação da energia será caracterizado pela expressão:

$$\Delta \mathcal{T}_i = \Delta \mathcal{T}_e$$

Sistemas com essas condições são chamados de sistemas mecânicos conservativos isolados termicamente e com ações aplicadas gradualmente. É o caso da viga simples engastada solicitada por carga aplicada gradativamente: a viga deforma-se suavemente de sua configuração de referência, até a configuração de equilíbrio estática (Fig. 7.3).

FIG. 7.3 Viga engastada submetida a carga aplicada gradativamente

A igualdade $\Delta \mathcal{T}_i = \Delta \mathcal{T}_e$, correspondente ao princípio da conservação da energia, propicia o estabelecimento dos teoremas de energia para a análise de estruturas pelo método dos deslocamentos, que se baseia em equações de equilíbrio.

Neste capítulo, serão considerados problemas de equilíbrio estático em estruturas elásticas ideais, que correspondem a sistemas mecânicos conservativos isolados termicamente, submetidos a ações externas aplicadas gradativamente, sejam elas esforços quase estáticos (ou aplicados estaticamente) ou deslocamentos controlados.

7.1 Variação dos trabalhos externo e interno

Considere o movimento de um sólido deformável entre uma configuração inicial de referência e uma configuração final de equilíbrio estático (Fig. 7.4). Supõe-se que o sólido deformável esteja em equilíbrio, sujeito a forças de volume $\boldsymbol{f}^B$, definidas em V, e a forças de superfície $\boldsymbol{f}^S$, definidas numa parte S_f

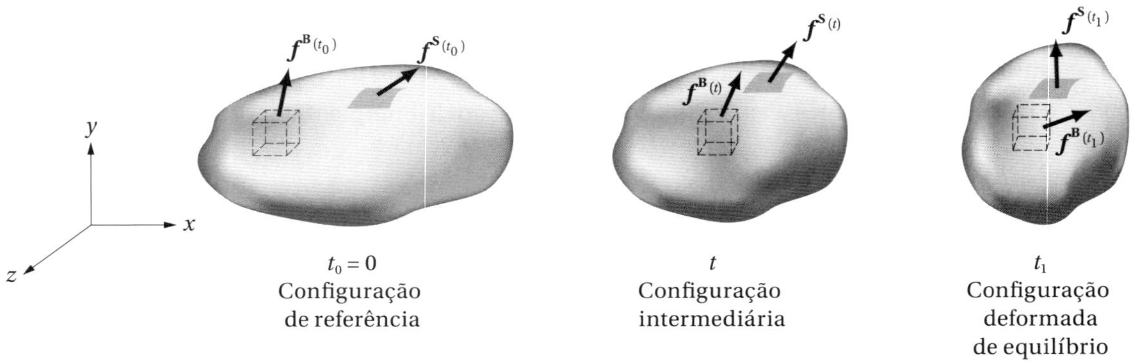

FIG. 7.4 Movimento de um sólido deformável entre os instantes t_0 e t_1

da fronteira S. Na parte restante da fronteira, S_u, são especificados os deslocamentos $\hat{\boldsymbol{u}}$. Admite-se que esse sólido corresponda a um sistema mecânico conservativo isolado termicamente, e os esforços $\boldsymbol{f}^B$ e $\boldsymbol{f}^S$ e os deslocamentos $\hat{\boldsymbol{u}}$ sejam aplicados gradativamente.

No instante genérico t, durante o processo de aplicação das ações externas, os campos de deslocamentos, de deformações e de tensões caracterizam-se pelos vetores $\{\boldsymbol{u}(t)\}$, $\{\boldsymbol{\varepsilon}(t)\}$ e $\{\boldsymbol{\sigma}(t)\}$.

Pelo teorema dos deslocamentos virtuais generalizado, pode-se escrever, em cada instante, que:

$$\underbrace{\int_V \{\boldsymbol{\sigma}(t)\}^T \{\delta\boldsymbol{\varepsilon}\}\, dV}_{\delta\mathcal{T}_i} = \underbrace{\int_V \left\{\boldsymbol{f}^B(t)\right\}^T \{\delta\boldsymbol{u}\}\, dV + \int_S \left\{\boldsymbol{f}^S(t)\right\}^T \{\delta\boldsymbol{u}\}\, dV}_{\delta\mathcal{T}_e} \tag{7.1}$$

Considere agora $\{\delta\,\boldsymbol{u}\}$ e $\{\delta\,\boldsymbol{\varepsilon}\}$, não como campos de deslocamentos e de deformações virtuais, mas como acréscimos infinitesimais dos campos de deformações e de deslocamentos ao longo do movimento. Pode-se, então, afirmar que:

$$\underbrace{\int_V \{\boldsymbol{\sigma}(t)\}^T \{d\boldsymbol{\varepsilon}\}\, dV}_{d\mathcal{T}_i} = \underbrace{\int_V \left\{\boldsymbol{f}^B(t)\right\}^T \{d\boldsymbol{u}\}\, dV + \int_S \left\{\boldsymbol{f}^S(t)\right\}^T \{d\boldsymbol{u}\}\, dV}_{d\mathcal{T}_e} \tag{7.2}$$

onde o membro da esquerda é o trabalho dos esforços internos e o membro da direita é o trabalho dos esforços externos, entre os instantes t e $t + dt$.

Ao considerar-se as integrais de (7.2) entre os instantes t_0 e t_1, obtém-se:

$$\begin{gathered}\underbrace{\int_V \left(\int_{\boldsymbol{\varepsilon}(t_0)}^{\boldsymbol{\varepsilon}(t_1)} \{\boldsymbol{\sigma}(t)\}^T \{d\boldsymbol{\varepsilon}\} \right) dV}_{\Delta\mathcal{T}_i} = \\ \underbrace{\int_V \left(\int_{\boldsymbol{u}(t_0)}^{\boldsymbol{u}(t_1)} \left\{\boldsymbol{f}^B(t)\right\}^T \{d\boldsymbol{u}\} \right) dV + \int_S \left(\int_{\boldsymbol{u}(t_0)}^{\boldsymbol{u}(t_1)} \left\{\boldsymbol{f}^S(t)\right\}^T \{d\boldsymbol{u}\} \right) dS}_{\Delta\mathcal{T}_e}\end{gathered} \tag{7.3}$$

onde $\Delta\mathcal{T}_i$ é a variação do trabalho interno e $\Delta\mathcal{T}_e$ é a variação do trabalho externo entre a configuração de referência e a configuração deformada de equilíbrio. A expressão (7.3) pode ainda ser colocada na forma:

$$\underbrace{\int_V \left(\int_{t_0}^{t_1} \{\boldsymbol{\sigma}(t)\}^T \{\dot{\boldsymbol{\varepsilon}}(t)\} dt \right) dV}_{\Delta\mathcal{T}_i} = \underbrace{\int_V \left(\int_{t_0}^{t_1} \{\boldsymbol{f}^B(t)\}^T \{\dot{\boldsymbol{u}}(t)\} dt \right) dV + \int_S \left(\int_{t_0}^{t_1} \{\boldsymbol{f}^S(t)\}^T \{\dot{\boldsymbol{u}}(t)\} dt \right) dS}_{\Delta\mathcal{T}_e} \tag{7.4}$$

com a notação $\dot{g}(t) = \dfrac{dg(t)}{dt}$.

As expressões (7.3) e (7.4) estabelecem que a variação do trabalho interno é igual à variação do trabalho externo entre a configuração de referência e a configuração deformada de equilíbrio de um sólido elástico em equilíbrio. Essa igualdade corresponde ao princípio da conservação da energia para sistemas conservativos isolados termicamente e submetidos a ações externas aplicadas gradativamente, sejam elas esforços quase estáticos ou deslocamentos controlados.

A variação do trabalho interno entre a configuração de referência e a configuração deformada de equilíbrio é definida como energia potencial de deformação ou, simplesmente, energia de deformação, $\mathcal{U}$, ou seja:

$$\mathcal{U} = \Delta\mathcal{T}_i = \int_V \left(\int_{\boldsymbol{\varepsilon}(t_0)}^{\boldsymbol{\varepsilon}(t_1)} \{\boldsymbol{\sigma}(t)\}^T \{d\boldsymbol{\varepsilon}\} \right) dV \tag{7.5}$$

Na sequência, a variação do trabalho externo entre as configurações de referência e deformada de equilíbrio será simplesmente referida como trabalho externo, $\mathcal{T}_e$, ou seja:

$$\mathcal{T}_e = \Delta\mathcal{T}_e = \int_V \left(\int_{\boldsymbol{u}(t_0)}^{\boldsymbol{u}(t_1)} \{\boldsymbol{f}^B(t)\}^T \{d\boldsymbol{u}\} \right) dV + \int_S \left(\int_{\boldsymbol{u}(t_0)}^{\boldsymbol{u}(t_1)} \{\boldsymbol{f}^S(t)\}^T \{d\boldsymbol{u}\} \right) dS \tag{7.6}$$

7.2 Energia de deformação

A energia de deformação de um sólido deformável elástico pode ser calculada pela expressão (7.5) ou pela igualdade $\mathcal{U} = \mathcal{T}_e$, e a sua interpretação física pode ser feita diretamente da expressão do princípio da conservação, $\mathcal{U} = \mathcal{T}_e$.

De forma simples, a energia de deformação é a capacidade que um sólido elástico apresenta de realizar trabalho ao retomar sua configuração de referência, quando deixam de agir sobre ele as ações que provocaram a deformação.

Note que essa é a definição da propriedade de elasticidade de um sólido. Nesse sentido, o sólido elástico é um "depósito" de energia potencial.

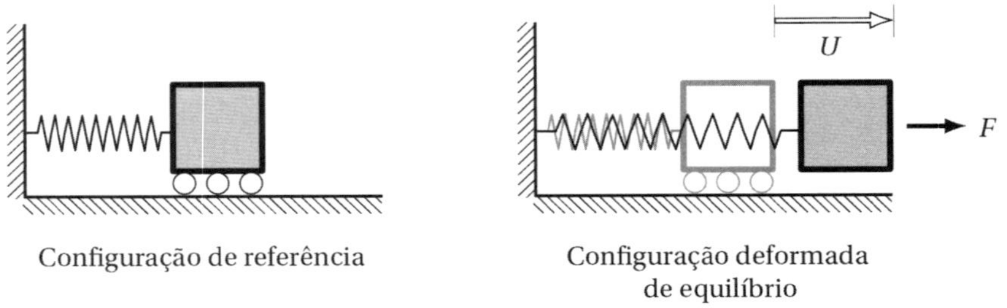

FIG. 7.5 Energia de deformação em sistema massa-mola

Considere o sistema massa-mola da Fig. 7.5. Quando submetido à força F aplicada gradualmente, o sistema se desloca da configuração de referência para a configuração deformada de equilíbrio. O trabalho externo realizado é armazenado sob a forma de energia de deformação na mola. Ao se retirar a força, a energia de deformação é responsável por reconduzir o sistema à configuração de referência. A energia de deformação realizou trabalho para recuperar a configuração de referência.

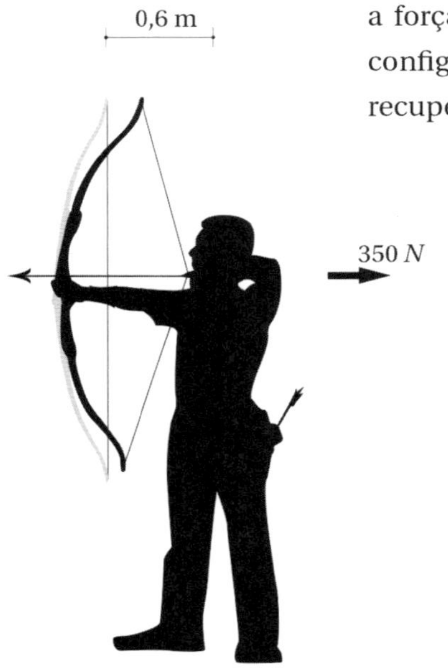

FIG. 7.6 Energia de deformação em um arco

Um arco fletido armazena energia de deformação, responsável pelo lançamento de uma flecha ou pelo retorno suave à configuração inicial, se a força responsável pela deformação do arco for suavemente reduzida. A Fig. 7.6 mostra o arco nas posições inicial e deformada para lançamento, em que o trabalho externo realizado é $\mathcal{T}_e = \frac{1}{2}Fu =$ 105 Nm. A energia de deformação armazenada também será igual a $\mathcal{U}$ = 105 Nm = 105 J, pelo princípio da conservação da energia.

Uma viga em balanço engastada armazena energia de deformação quando solicitada por carga P aplicada estaticamente em sua extremidade. A viga desloca-se suavemente de uma configuração de referência a uma configuração deformada de equilíbrio (Fig. 7.7). Numericamente, a energia de deformação é igual ao trabalho externo realizado $\mathcal{T}_e = \frac{1}{2}Pf = \frac{P^2\ell^3}{6EI}$. Devido à energia de deformação, a viga volta à configuração de referência quando a força P é retirada suavemente ou oscila em torno da configuração de referência se a força P for retirada abruptamente.

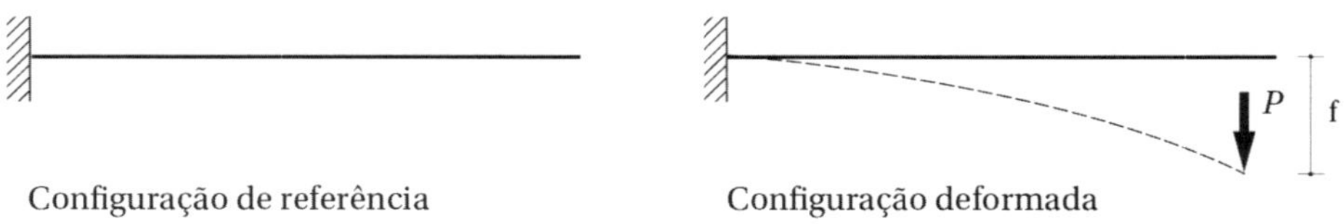

FIG. 7.7 Viga em balanço

Na elasticidade, a energia de deformação é uma energia potencial que independe das configurações intermediárias e que pode ser expressa por:

$$\mathcal{U} = \int_V \mathcal{W}\left(\varepsilon_{xx}, \varepsilon_{yy}, \varepsilon_{zz}, \gamma_{xy}, \gamma_{yz}, \gamma_{zx}\right) dV \tag{7.7}$$

onde $\mathcal{W}$ é uma função das componentes do tensor das deformações, chamada de densidade de energia de deformação ou de energia de deformação específica.

No caso de estado simples de tensão, a Fig. 7.8 apresenta uma interpretação geométrica da função $\mathcal{W}$ para material elástico não linear e linear.

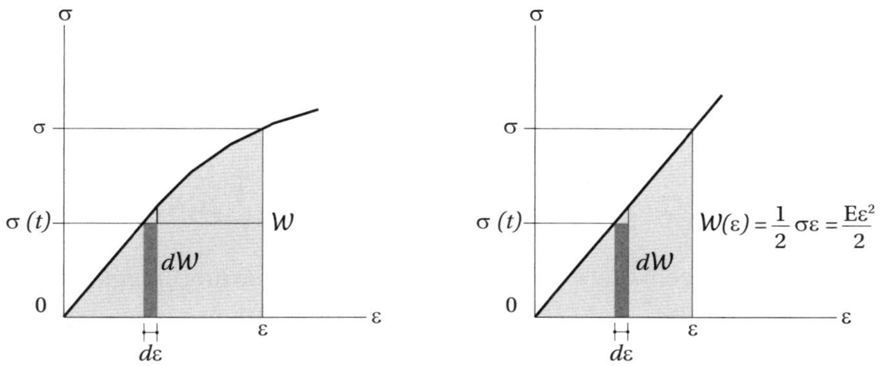

Fig. 7.8 Densidade de energia de deformação em estado simples de tensão

No caso de material elástico linear, a energia de deformação é definida por:

$$\mathcal{U} = \frac{1}{2}\int_V \left(\sigma_{xx}\varepsilon_{xx} + \sigma_{yy}\varepsilon_{yy} + \sigma_{zz}\varepsilon_{zz} + \sigma_{xy}\gamma_{xy} + \sigma_{yz}\gamma_{yz} + \sigma_{zx}\gamma_{zx}\right) dV \tag{7.8}$$

que é uma função quadrática das componentes do tensor das deformações, quando se expressam as componentes do tensor das tensões em função das componentes do tensor das deformações, de acordo com a lei de Hooke generalizada, $\{\boldsymbol{\sigma}\} = [\boldsymbol{C}]\,\{\boldsymbol{\varepsilon}\}$.

Para estruturas reticuladas planas em regime elástico linear, que sejam modeladas pela teoria elementar de barra, pode-se escrever:

$$\mathcal{U} = \int_V \frac{\sigma_{xx}\varepsilon_{xx}}{2} dV = \int_V E\frac{\varepsilon_{xx}^2}{2} = \int_V \frac{\sigma_{xx}^2}{2E} dV \tag{7.9}$$

Adicionalmente, considerando que:

$$\varepsilon_{xx} = u' - zw'' \qquad \sigma_{xx} = \frac{N}{A} + \frac{M_y}{I_y}z \tag{7.10}$$

pode-se escrever:

$$\mathcal{U} = \int_{\text{estr}} \frac{EI_y}{2} (w'')^2 \, ds + \int_{\text{estr}} \frac{EA}{2} (u')^2 \, ds \tag{7.11}$$

ou

$$\mathcal{U} = \int_V \frac{(M_y)^2}{2EI_y} ds + \int_V \frac{(N)^2}{2EA} ds \tag{7.12}$$

que são as expressões da energia de deformação em termos dos deslocamentos e dos esforços solicitantes, respectivamente.

A extensão para estruturas reticuladas no espaço é imediata e a energia de deformação pode ser expressa nas seguintes formas equivalentes:

$$\mathcal{U} = \int_V \frac{EI_y}{2} (w'')^2 \, ds + \int_V \frac{EI_z}{2} (v'')^2 \, ds + \int_V \frac{EA}{2} (u')^2 \, ds + \int_V \frac{GI_T}{2} (\theta')^2 \, ds \tag{7.13}$$

ou

$$\mathcal{U} = \int_V \frac{(M_y)^2}{2EI_y} ds + \int_V \frac{(M_z)^2}{2EI_z} ds + \int_V \frac{(N)^2}{2EA} ds + \int_V \frac{(T)^2}{2GI_T} ds \tag{7.14}$$

Há situações em que é conveniente conhecer a máxima energia de deformação que um sólido pode absorver em regime elástico linear, que se define como resiliência, $\mathcal{R}$, de um sólido. É o caso do arco, pois é desejável que ele possa armazenar a máxima energia de deformação para lançar a flecha com o maior alcance ou a maior velocidade inicial possível, com a garantia de, após o lançamento, recuperar a configuração inicial, sem deformações permanentes.

Apresenta-se a seguir uma série de exemplos de cálculo da energia de deformação. Para ilustrar alguns aspectos relevantes dos conceitos de energia de deformação e de trabalho externo, os dois primeiros exemplos consideram a não linearidade física e geométrica, respectivamente. Os demais exemplos consideram estruturas reticuladas simples, em que são válidas as hipóteses da teoria elementar de barra, que incluem a linearidade física e geométrica.

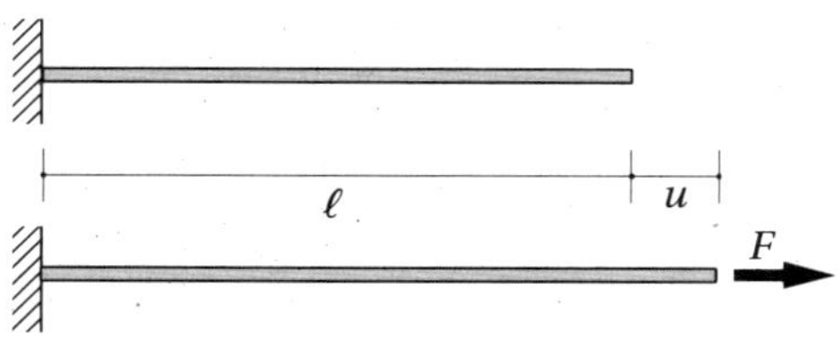

FIG. 7.9 Viga solicitada por força axial

Exemplo 7.1

Calcular a energia de deformação e estabelecer a expressão $F = F(u)$ para a viga prismática com seção transversal de área A, solicitada por força axial, conforme se indica na Fig. 7.9. O material é elástico não linear, com relação tensão-deformação $\sigma = E\varepsilon^2$ para $\varepsilon > 0$.

Solução

Neste caso, a densidade de energia de deformação é dada por:

$$\mathcal{W}(\varepsilon) = \int \sigma \, d\varepsilon = \int E\varepsilon^2 d\varepsilon = \frac{1}{3} E\varepsilon^3 = \frac{1}{3}\sigma\varepsilon \tag{a}$$

A Fig. 7.10 apresenta a interpretação geométrica da função $\mathcal{W}(\varepsilon)$, ou seja, ela é dada pela área sombreada compreendida entre a curva $\sigma = \sigma(\varepsilon)$ e o eixo dos ε.

Ao introduzir-se $\varepsilon = \dfrac{u}{\ell}$ em (a), obtém-se a expressão da energia de deformação:

$$\mathcal{U}(u) = \int_V \mathcal{W} dV = \frac{1}{3} EA\ell \left(\frac{u}{\ell}\right)^3 \qquad \text{(b)}$$

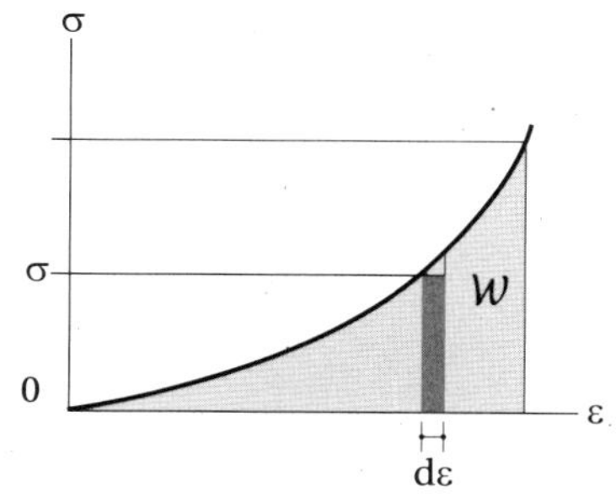

FIG. 7.10 Interpretação geométrica de $\mathcal{W}(\varepsilon)$

Para estabelecer a função de $F(u)$, parte-se da expressão do trabalho externo $\mathcal{T}_e = \int F du$. Como $\mathcal{T}_e = \mathcal{U}$, a função $F(u)$ deve ser quadrática, do tipo $F = \alpha u^2$, o que conduz a:

$$\mathcal{T}_e = \frac{1}{3} \alpha u^3 \qquad \text{(c)}$$

Assim, ao comparar-se (b) e (c), determina-se a constante $\alpha = \dfrac{EA}{\ell^2}$ e, consequentemente, a expressão explícita de $F(u)$:

$$F(u) = EA\left(\frac{u}{\ell}\right)^2 \qquad \text{(d)}$$

cujo gráfico (Fig. 7.11) fornece a interpretação geométrica do trabalho externo, ou seja, ele é dado pela área compreendida entre a curva $F(u)$ e o eixo dos u.

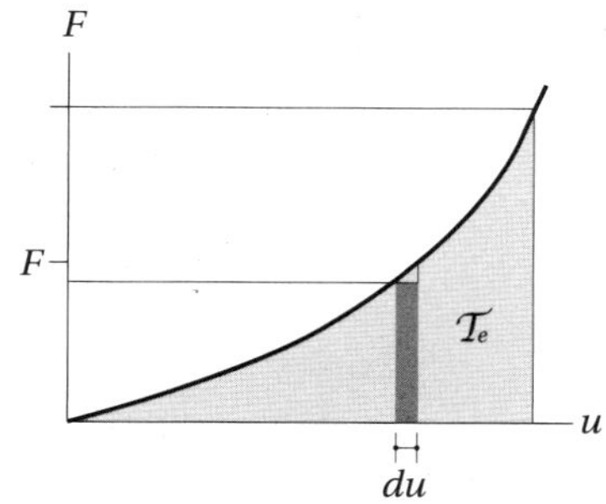

FIG. 7.11 Interpretação geométrica do trabalho externo

Exemplo 7.2

Calcular a energia de deformação e estabelecer a expressão $F = F(u)$ para o sistema articulado composto por duas barras colineares idênticas, com seção transversal de área A, material elástico linear de módulo de elasticidade E, solicitado por força F ortogonal às barras, conforme se indica na Fig. 7.12.

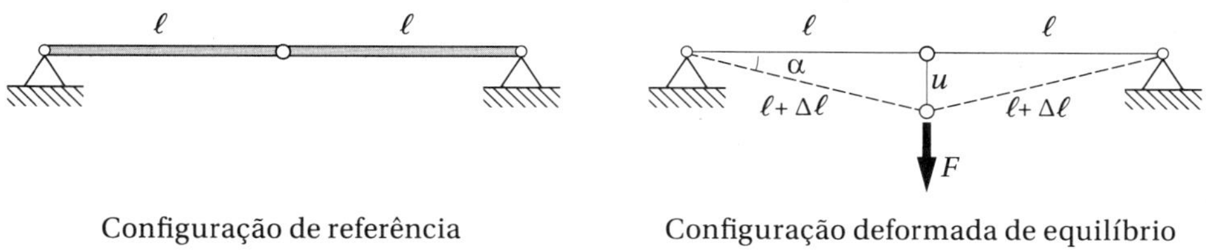

FIG. 7.12 Sistema articulado

Solução

Como o material é elástico linear, $\mathcal{W} = \dfrac{1}{2} E\varepsilon^2$ e a energia de deformação armazenada na estrutura é dada por:

$$\mathcal{U} = \int_V \mathcal{W} dV = EA\ell\varepsilon^2 \qquad \text{(a)}$$

A determinação de $\varepsilon = \dfrac{\Delta\ell}{\ell}$ exige a análise não linear da geometria na Fig. 7.12b, que permite afirmar:

$$(\ell + \Delta\ell)^2 = \ell^2 + u^2$$

cuja solução leva a:

$$\varepsilon = \frac{\Delta\ell}{\ell} = \sqrt{1 + \left(\frac{u}{\ell}\right)^2} - 1 \tag{b}$$

Admitindo-se valores pequenos de $\left(\dfrac{u}{\ell}\right)$ e desenvolvendo-se (b) em série de potências de $\left(\dfrac{u}{\ell}\right)$, obtém-se:

$$\varepsilon = \frac{\Delta\ell}{\ell} = \frac{1}{2}\left(\frac{u}{\ell}\right)^2 - \frac{1}{8}\left(\frac{u}{\ell}\right)^4 + O\left[\left(\frac{u}{\ell}\right)^6\right]$$

Assim, ao reter-se os termos de ε até a ordem 3, estabelece-se a relação deformação-deslocamento:

$$\varepsilon = \frac{1}{2}\left(\frac{u}{\ell}\right)^2 \tag{c}$$

Introduzindo-se (c) em (a), obtém-se a energia de deformação do sistema:

$$\mathcal{U}(u) = \frac{1}{4}EA\ell\left(\frac{u}{\ell}\right)^4 \tag{d}$$

Para estabelecer a função de $F(u)$, parte-se da expressão do trabalho externo $\mathcal{T}_e = \int F du$. Como $\mathcal{T}_e = \mathcal{U}$, a função $F(u)$ deve ser cúbica, do tipo $F = \alpha u^3$, o que leva a:

$$\mathcal{T}_e = \frac{1}{4}\alpha u^4 \tag{e}$$

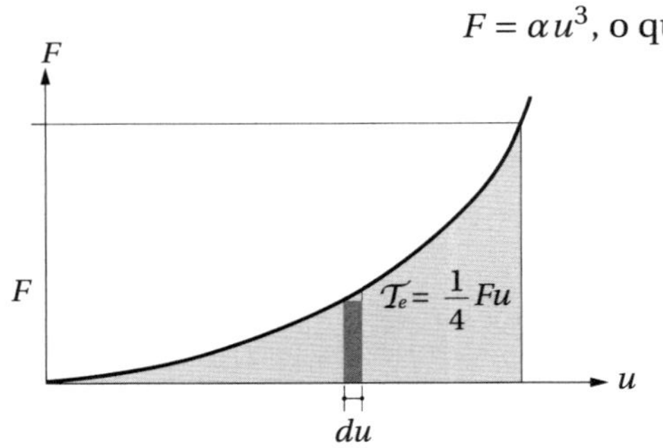

FIG. 7.13 Interpretação geométrica do trabalho externo

Assim, ao comparar-se (d) e (e), determina-se a constante $\alpha = \dfrac{EA}{\ell^3}$ e, consequentemente, obtém-se a expressão explícita de $F(u)$:

$$F = EA\left(\frac{u}{\ell}\right)^3 \tag{f}$$

cujo gráfico (Fig. 7.13) fornece a interpretação geométrica do trabalho externo, ou seja, ele é dado pela área compreendida entre a curva $F(u)$ e o eixo dos u. O gráfico $F(u)$ é não linear, resultante da não linearidade geométrica, e o gráfico $\sigma(\varepsilon)$ é linear, em virtude da hipótese de linearidade física.

O resultado apresentado em (f) poderia ser obtido diretamente, com a Eq. (c), resultante da análise geométrica, e a equação de equilíbrio do nó A:

$$2N \operatorname{sen}\alpha = F$$

De fato, como $N = \sigma A = EA\varepsilon$, pode-se escrever a seguinte expressão para F:

$$F = 2EA\frac{\sqrt{1+\left(\frac{u}{\ell}\right)^2}-1}{\sqrt{1+\left(\frac{u}{\ell}\right)^2}}\left(\frac{u}{\ell}\right) \qquad \text{(g)}$$

Admitindo-se valores pequenos de $\left(\frac{u}{\ell}\right)$ e desenvolvendo-se a expressão de F em série de potências de $\left(\frac{u}{\ell}\right)$, obtém-se:

$$\frac{F}{EA} = \left(\frac{u}{\ell}\right)^3 - \frac{3}{4}\left(\frac{u}{\ell}\right)^5 + O\left[\left(\frac{u}{\ell}\right)^7\right]. \qquad \text{(h)}$$

Portanto, ao reter-se os termos de F em (h) até a ordem 3, estabelece-se a mesma relação força-deslocamento (f), ou seja, $F = EA\left(\frac{u}{\ell}\right)^3$.

Exemplo 7.3

Calcular a energia de deformação da viga engastada apresentada na Fig. 7.14, com o seu diagrama de momentos fletores. A viga é prismática, com seção transversal de área A e momento de inércia I, constituída de material elástico linear de módulo de elasticidade E.

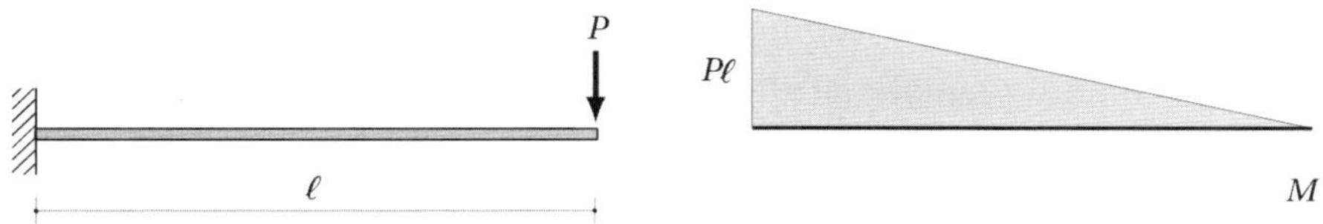

FIG. 7.14 Viga engastada com carga na extremidade livre

Solução

A energia de deformação armazenada na barra é dada por:

$$\mathcal{U} = \int_0^\ell \frac{M^2}{2EI}dx = \frac{P^2\ell^3}{6EI}$$

Exemplo 7.4

Calcular a energia de deformação da viga "em L" representada na Fig. 7.15, com os seus diagramas de momentos fletores e forças normais. As barras da viga são prismáticas, com mesma seção transversal de área A e momento de inércia I, constituídas de material elástico linear de módulo de elasticidade E.

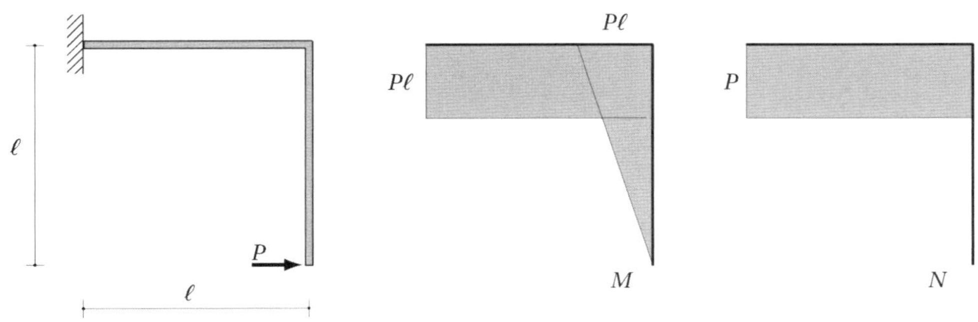

FIG. 7.15 Viga "em L"

Solução

A energia de deformação armazenada na viga "em L" é dada por:

$$\mathcal{U} = \int_{\text{estr}} \frac{M^2}{2EI} ds + \int_{\text{estr}} \frac{N^2}{2EA} ds$$
$$= \frac{2}{3}\frac{P^2\ell^3}{EI} + \frac{P^2\ell}{2EA} = \frac{2}{3}\frac{P^2\ell^3}{EI}\left(1 + \frac{3}{4}\frac{I}{A\ell^2}\right)$$

Para o caso de seção transversal retangular de largura b e altura h, tem-se:

$$\mathcal{U} = \frac{2}{3}\frac{P^2\ell^3}{EI}\left(1 + \frac{1}{16}\frac{h^2}{\ell^2}\right)$$

e, como $\frac{h}{\ell}$ é da ordem de $\frac{1}{10}$ para estruturas usuais de barra, observa-se que a parcela da energia de deformação decorrente da força normal é bem menor do que a parcela de flexão e, nessas condições, é usualmente desprezada.

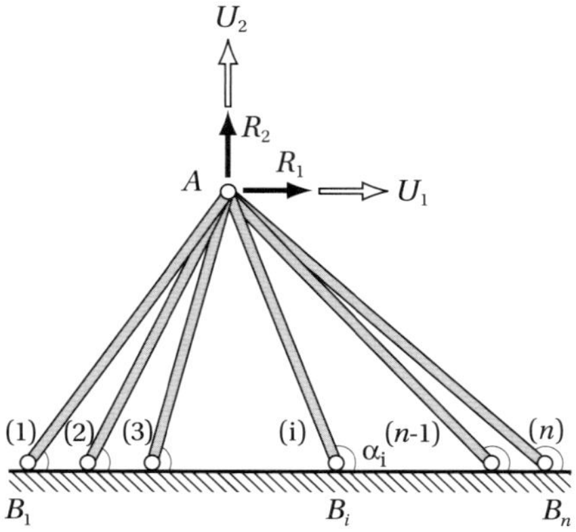

FIG. 7.16 Treliça hiperestática

Exemplo 7.5

Calcular a energia de deformação da treliça solicitada por forças externas R_1 e R_2, conforme indica a Fig. 7.16. A barra i tem comprimento ℓ_i, material elástico linear de módulo de elasticidade E_i e área de seção transversal A_i, o que permite definir seu coeficiente de rigidez $k_i = \frac{E_i A_i}{\ell_i}$.

Solução

A energia de deformação armazenada na barra i é dada por:

$$\mathcal{U}_i = \int_0^{\ell_i} \frac{(N_i)^2}{2E_iA_i} ds = \frac{(N_i)^2 \ell_i}{2E_iA_i} = \frac{(N_i)^2}{2k_i}$$

com

$$N_i = k_i \Delta\ell_i = k_i (U_1 \cos\alpha_i + U_2 \operatorname{sen}\alpha_i)$$

onde U_1 e U_2 são os deslocamentos nos pontos de aplicação e nas direções de R_1 e R_2.

Assim, pode-se escrever:

$$\mathcal{U}_i = \frac{(N_i)^2}{2k_i} = \frac{k_i(\Delta\ell_i)^2}{2} = \frac{k_i}{2}(U_1\cos\alpha_i + U_2 \operatorname{sen}\alpha_i)^2$$

ou

$$\mathcal{U}_i = \frac{1}{2}\left(k_i\cos^2\alpha_i\right)U_1^2 + \frac{1}{2}\left(k_i \operatorname{sen}^2\alpha_i\right)U_2^2 + (k_i\cos\alpha_i \operatorname{sen}\alpha_i)\,U_1U_2$$

A energia de deformação da treliça será igual ao somatório da energia de deformação das n barras, ou seja:

$$\mathcal{U} = \frac{1}{2}\left(\sum_{i=1}^{n} k_i\cos^2\alpha_i\right)U_1^2 + \frac{1}{2}\left(\sum_{i=1}^{n} k_i \operatorname{sen}^2\alpha_i\right)U_2^2 + \left(\sum_{i=1}^{n} k_i\cos\alpha_i \operatorname{sen}\alpha_i\right)U_1U_2$$

que pode ter a forma:

$$\mathcal{U} = \frac{1}{2}\left\{ U_1 \quad U_2 \right\} \begin{bmatrix} K_{11} & K_{12} \\ K_{21} & K_{22} \end{bmatrix} \begin{Bmatrix} U_1 \\ U_2 \end{Bmatrix} = \frac{1}{2}\{\boldsymbol{U}\}^T [\boldsymbol{K}] \{\boldsymbol{U}\} = \frac{1}{2}\sum_{i=1}^{n}\sum_{j=1}^{n} K_{ij}U_iU_j$$

onde

$$K_{11} = \sum_{i=1}^{n} k_i \cos^2\alpha_i \qquad K_{22} = \sum_{i=1}^{n} k_i \operatorname{sen}^2\alpha_i \qquad K_{12} = K_{21} = \sum_{i=1}^{n} k_i \cos\alpha_i \operatorname{sen}\alpha_i$$

são os termos da matriz de rigidez reduzida, $[\boldsymbol{K}]$, da treliça no sistema global.

Exemplo 7.6

Calcular a energia de deformação da viga biengastada submetida a recalques de apoio e a cargas uniformemente distribuídas, q_x e q_y, conforme a Fig. 7.17. A viga é prismática, com seção transversal de área A e momento de inércia I, constituída de material elástico linear de módulo de elasticidade E.

Solução

Na resolução deste exemplo, adota-se, por conveniência, o sistema de referência $O\bar{x}\bar{y}$, em substituição ao de referência Oxz, pois esse sistema, chamado local, é o usual na análise matricial de estruturas, na qual se apresenta a matriz de rigidez da barra no sistema local.

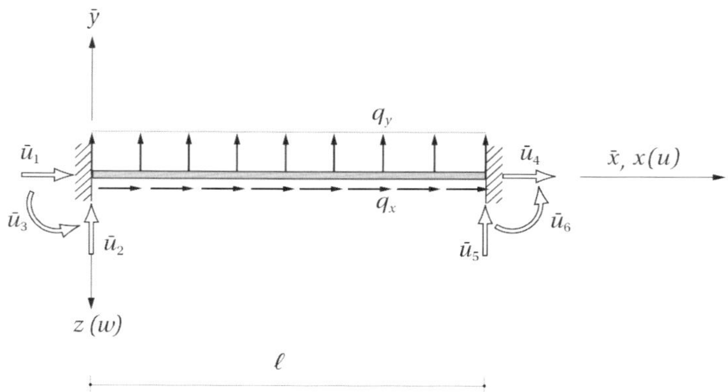

Fig. 7.17 Viga biengastada submetida a recalques de apoio e cargas uniformemente distribuídas

Nessas condições, a energia de deformação é calculada pela expressão:

$$\mathcal{U} = \int_0^{\ell} \frac{EI}{2}(v'')^2\,dx + \int_0^{\ell} \frac{EA}{2}(u')^2\,dx$$

Com base nas equações diferenciais $EIv^{iv} = -q_y$ e $EAu'' = -q_x$, e observando-se as condições de contorno, pode-se obter a solução em deslocamentos da viga biengastada da Fig. 7.17, definida por:

$$\begin{aligned} v(x) &= v_0(x) + h_2(x)\bar{u}_2 + h_3(x)\bar{u}_3 + h_5(x)\bar{u}_5 + h_6(x)\bar{u}_6 \\ u(x) &= u_0(x) + h_1(x)\bar{u}_1 + h_4(x)\bar{u}_4 \end{aligned} \qquad \text{(a)}$$

onde

$$\begin{aligned} v_0(x) &= \frac{q_y\ell^4}{24EI}\left(\frac{x^4}{\ell^4} - 2\frac{x^3}{\ell^3} + \frac{x^2}{\ell^2}\right) \\ u_0(x) &= \frac{q_x\ell}{2EA}\left(-\frac{x^2}{\ell^2} + \frac{x}{\ell}\right) \end{aligned}$$

são as parcelas de $v(x)$ e $u(x)$ decorrentes do carregamento externo q_y e q_x, e

$$
\begin{aligned}
h_1 &= 1 - \frac{x}{\ell} & h_4 &= \frac{x}{\ell} \\
h_2 &= 2\frac{x^3}{\ell^3} - 3\frac{x^2}{\ell^2} + 1 & h_5 &= -2\frac{x^3}{\ell^3} + 3\frac{x^2}{\ell^2} \\
h_3 &= +\frac{x^3}{\ell^2} - 2\frac{x^2}{\ell} + x & h_6 &= +\frac{x^3}{\ell^2} - \frac{x^2}{\ell}
\end{aligned}
$$

são denominadas funções de forma, e a função $h_i(x)$ é a parcela de $v(x)$ ou $u(x)$ decorrente do recalque $\overline{u}_i = 1$.

Considerando-se que:

$$
v_0''(x) = \frac{q_y \ell^2}{12EI}\left(+6\frac{x^2}{\ell^2} - 6\frac{x}{\ell} + 1\right) \qquad u_0'(x) = \frac{q_x}{2EA}\left(-2\frac{x}{\ell} + 1\right)
$$

e que:

$$
\begin{aligned}
h_1' &= -\frac{1}{\ell} & h_4' &= \frac{1}{\ell} \\
h_2'' &= 12\frac{x}{\ell^3} - \frac{6}{\ell^2} & h_5'' &= -12\frac{x}{\ell^3} + \frac{6}{\ell^2} \\
h_3'' &= 6\frac{x}{\ell^2} - \frac{4}{\ell} & h_6'' &= 6\frac{x}{\ell^2} - \frac{2}{\ell}
\end{aligned} \tag{b}
$$

obtém-se a expressão que permite o cálculo da energia de deformação:

$$
\begin{aligned}
\mathcal{U} = &\int_o^\ell \frac{EI}{2}\left(v_0'' + h_2''\overline{u}_2 + h_3''\overline{u}_3 + h_5''\overline{u}_5 + h_6''\overline{u}_6\right)\left(v_0'' + h_2''\overline{u}_2 + h_3''\overline{u}_3 + h_5''\overline{u}_5 + h_6''\overline{u}_6\right) dx \\
&+ \int_o^\ell \frac{EA}{2}\left(u_0' + h_1'\overline{u}_1 + h_2'\overline{u}_2\right)\left(u_0' + h_1'\overline{u}_1 + h_2'\overline{u}_2\right) dx
\end{aligned}
$$

ou, numa forma compacta:

$$
\begin{aligned}
\mathcal{U} = &\int_0^\ell \frac{EI}{2}\left(v_0'' + \sum_{i=2,3,5,6} h_i''\overline{u}_i\right)\left(v_0'' + \sum_{j=2,3,5,6} h_j''\overline{u}_j\right) dx \\
&+ \int_0^\ell \frac{EA}{2}\left(u_0' + \sum_{i=1,4} h_i'\overline{u}_i\right)\left(u_0' + \sum_{j=1,4} h_j'\overline{u}_j\right) dx
\end{aligned}
$$

que pode ser apresentada como:

$$
\mathcal{U} = \mathcal{U}_0 + \sum_{i=1}^{6} \overline{k}_i \overline{u}_i + \frac{1}{2}\sum_{i=1}^{6}\sum_{j=1}^{6} \overline{k}_{ij}\overline{u}_i\overline{u}_j
$$

onde:

$$
\mathcal{U}_0 = \int_0^\ell \frac{EI}{2}\left(v_0''\right)^2 dx + \int_0^\ell \frac{EA}{2}\left(u_0'\right)^2 dx
$$

$$\overline{k}_i = \begin{cases} \int_0^\ell EI\, v_0'' h_i'' dx & \text{para} \quad (i = 2,3,5,6) \\ \int_0^\ell EAu_0' h_i' dx & \text{para} \quad (i = 1,4) \end{cases}$$

$$\overline{k}_{ij} = \begin{cases} \int_0^\ell EI\, h_i'' h_j'' dx & \text{para} \quad (i = 2,3,5,6) \\ \int_0^\ell EAh_i' h_j' dx & \text{para} \quad (i = 1,4) \end{cases}$$

Qualquer que seja o carregamento externo, o termo linear da energia de deformação é nulo, ou seja, $\overline{k}_i = 0$.

Demonstra-se esta condição, $\overline{k}_i = 0$, ao aplicar-se o teorema do trabalho, considerando como esforços estaticamente admissíveis aqueles devidos a recalques nas extremidades e, como deslocamentos cinematicamente admissíveis, aqueles devidos ao carregamento externo, conforme se indica na Fig. 7.18.

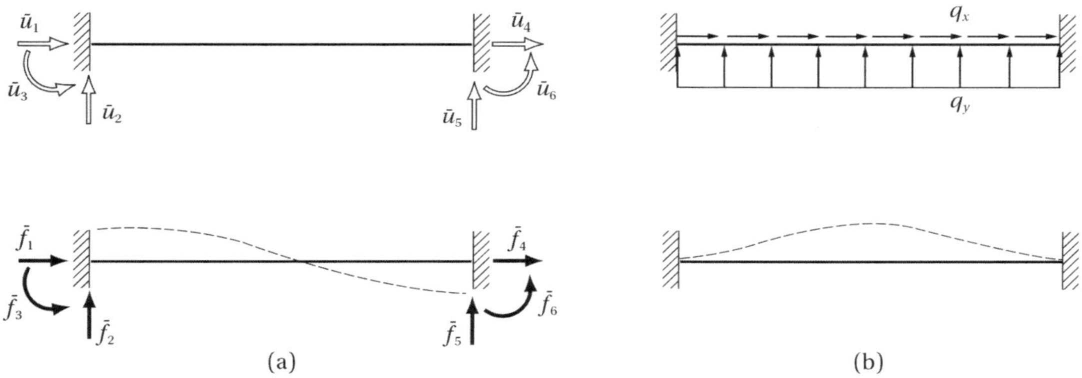

Fig. 7.18 Esforços estaticamente admissíveis (a) e deslocamentos cinematicamente admissíveis (b)

Nessas condições, o trabalho interno será expresso por:

$$\mathcal{T}_i = \int_0^\ell M^e v^{c''} dx + \int_0^\ell N^e u^{c'} dx$$

ou:

$$\mathcal{T}_i = \int_0^\ell EIv^{e''} v^{c''} dx + \int_0^\ell EAu^{e'} u^{c'} dx$$

ou, ainda:

$$\mathcal{T}_i = \sum_{i=2,3,5,6} \int_0^\ell EI\left(h_i''\overline{u}_i\right) v_0'' dx + \sum_{i=1,4} \int_0^\ell EA\left(h_i'\overline{u}_i\right) u_0' dx = \sum_{i=1}^{6} \left(\overline{k}_i \overline{u}_i\right)$$

O trabalho externo terá duas parcelas: a primeira, na barra, é o trabalho dos esforços externos ativos estaticamente admissíveis pelos deslocamentos cinematicamente admissíveis; a segunda, nas extremidades das barras, é o trabalho dos esforços externos reativos estaticamente admissíveis pelos deslocamentos cinematicamente admissíveis. Como os esforços externos ativos estaticamente admissíveis são nulos e os deslocamentos cinematicamente admissíveis nas extremidades das barras também são nulos, resulta que $\mathcal{T}_e = 0$.

Uma vez que, pelo teorema do trabalho, $\mathcal{T}_i = \mathcal{T}_e$, pode-se concluir que $\sum_{i=1}^{6} \overline{k}_i \overline{u}_i = 0$ e, portanto, $\overline{k}_i = 0$, visto que os recalques $\overline{u}_i$ são arbitrários.

Considerando-se as expressões (b) das funções h_i' e h_i'', obtêm-se as expressões de $\overline{k}_{ij}$, que são apresentadas na forma matricial:

$$\left[\overline{\boldsymbol{k}}\right] = \begin{bmatrix} \frac{EA}{\ell} & 0 & 0 & -\frac{EA}{\ell} & 0 & 0 \\ 0 & \frac{12EI}{\ell^3} & \frac{6EI}{\ell^2} & 0 & -\frac{12EI}{\ell^3} & \frac{6EI}{\ell^2} \\ 0 & \frac{6EI}{\ell^2} & \frac{4EI}{\ell} & 0 & -\frac{6EI}{\ell^2} & \frac{2EI}{\ell} \\ -\frac{EA}{\ell} & 0 & 0 & \frac{EA}{\ell} & 0 & 0 \\ 0 & -\frac{12EI}{\ell^3} & -\frac{6EI}{\ell^2} & 0 & \frac{12EI}{\ell^3} & -\frac{6EI}{\ell^2} \\ 0 & \frac{6EI}{\ell^2} & \frac{2EI}{\ell} & 0 & -\frac{6EI}{\ell^2} & \frac{4EI}{\ell} \end{bmatrix}$$

Logo, a energia de deformação de uma barra biengastada submetida a recalques de apoio e a cargas uniformemente distribuídas, ou a quaisquer esforços ativos externos na barra, pode ser expressa por:

$$\mathcal{U} = \mathcal{U}_0 + \frac{1}{2}\sum_{i=1}^{6}\sum_{j=1}^{6} \overline{k}_{ij}\overline{u}_i\overline{u}_j = \mathcal{U}_0 + \frac{1}{2}\{\overline{\boldsymbol{u}}\}^T \left[\overline{\boldsymbol{k}}\right] \{\overline{\boldsymbol{u}}\} \tag{c}$$

onde $\mathcal{U}_0$ e $\frac{1}{2}\{\overline{\boldsymbol{u}}\}^T \left[\overline{\boldsymbol{k}}\right] \{\overline{\boldsymbol{u}}\}$ são as parcelas da energia de deformação decorrentes dos esforços externos ativos e dos recalques de apoio, respectivamente. A matriz $\left[\overline{\boldsymbol{k}}\right]$ é chamada de matriz de rigidez da barra biengastada no sistema local $O\overline{x}\overline{y}$, e define univocamente a parcela da energia de deformação decorrente dos recalques de apoio. Os termos da matriz $\left[\overline{\boldsymbol{k}}\right]$ dependem exclusivamente das características elásticas e geométricas da barra.

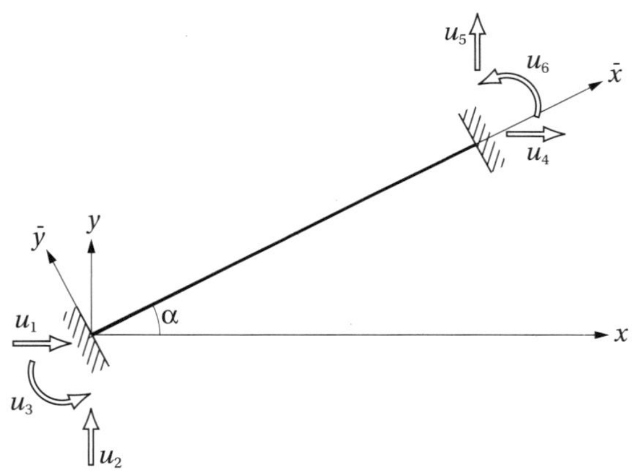

FIG. 7.19 Deslocamentos nas extremidades da barra no sistema global

Se os mesmos recalques nas extremidades da barra forem definidos pelas suas componentes num sistema global de referência Oxy (Fig. 7.19), as componentes dos deslocamentos no sistema local e global se relacionam por:

$$\{\boldsymbol{u}\} = [\boldsymbol{T}]^T \{\overline{\boldsymbol{u}}\} \quad ou \quad \{\overline{\boldsymbol{u}}\} = [\boldsymbol{T}]\{\boldsymbol{u}\}$$

onde

$$\{\boldsymbol{u}\} = \begin{Bmatrix} u_1 \\ u_2 \\ u_3 \\ u_4 \\ u_5 \\ u_6 \end{Bmatrix} \qquad \{\overline{\boldsymbol{u}}\} = \begin{Bmatrix} \overline{u}_1 \\ \overline{u}_2 \\ \overline{u}_3 \\ \overline{u}_4 \\ \overline{u}_5 \\ \overline{u}_6 \end{Bmatrix} \qquad [\boldsymbol{T}] = \begin{bmatrix} \cos\alpha & \operatorname{sen}\alpha & 0 & 0 & 0 & 0 \\ -\operatorname{sen}\alpha & \cos\alpha & 0 & 0 & 0 & 0 \\ 0 & 0 & 1 & 0 & 0 & 0 \\ 0 & 0 & 0 & \cos\alpha & \operatorname{sen}\alpha & 0 \\ 0 & 0 & 0 & -\operatorname{sen}\alpha & \cos\alpha & 0 \\ 0 & 0 & 0 & 0 & 0 & 1 \end{bmatrix}$$

Como a energia de deformação independe do sistema de referência adotado, pode-se afirmar:

$$\mathcal{U} = \mathcal{U}_0 + \frac{1}{2}\{\boldsymbol{u}\}^T [\boldsymbol{T}]^T \left[\overline{\boldsymbol{k}}\right] [\boldsymbol{T}] \{\boldsymbol{u}\}$$

e colocar na forma

$$\mathcal{U} = \mathcal{U}_0 + \frac{1}{2}\{\boldsymbol{u}\}^T [\boldsymbol{k}] \{\boldsymbol{u}\} \tag{d}$$

onde

$$[\boldsymbol{k}] = [\boldsymbol{T}]^T \left[\overline{\boldsymbol{k}}\right] [\boldsymbol{T}]$$

é a matriz de rigidez da barra biengastada no sistema global Oxy.

7.3 Teorema de Clapeyron

Considere a expressão (7.6) do trabalho externo ao longo do movimento entre as configurações de referência e a configuração deformada de equilíbrio:

$$\mathcal{T}_e = \int_V \left(\int_{\boldsymbol{u}(t_0)}^{\boldsymbol{u}(t_1)} \{\boldsymbol{f}^B(t)\}^T \{d\boldsymbol{u}\} \right) dV + \int_S \left(\int_{\boldsymbol{u}(t_0)}^{\boldsymbol{u}(t_1)} \{\boldsymbol{f}^S(t)\}^T \{d\boldsymbol{u}\} \right) dS \tag{7.15}$$

A Fig. 7.20 mostra uma interpretação geométrica do trabalho externo, no caso de uma viga em balanço com força concentrada na sua extremidade (carregada desde a configuração de referência) para material elástico não linear e elástico linear. Observa-se que o trabalho depende somente das posições inicial e final e é igual à área hachurada dos diagramas força x deslocamento.

Ao admitir-se o material elástico linear e as ações externas ativas atuando desde a configuração de referência, pode-se estabelecer a mudança da variável, de t para α, que caracteriza a transformação entre as configurações de referência e deformada de equilíbrio:

$$\{\boldsymbol{u}(t)\} = \alpha\{\boldsymbol{u}\} \qquad \{\boldsymbol{f}^B(t)\} = \alpha\{\boldsymbol{f}^B\} \qquad \{\boldsymbol{f}^S(t)\} = \alpha\{\boldsymbol{f}^S\} \tag{7.16}$$

onde $\alpha(t)$ é um escalar com valores no intervalo $0 \leqslant \alpha \leqslant 1$ e $\{\boldsymbol{u}\} = \{\boldsymbol{u}(t_1)\}$, $\{\boldsymbol{f}^B\} = \{\boldsymbol{f}^B(t_1)\}$ e $\{\boldsymbol{f}^S\} = \{\boldsymbol{f}^S(t_1)\}$, que correspondem à configuração deformada de equilíbrio. Com essa transformação, pode-se colocar (7.15) na forma:

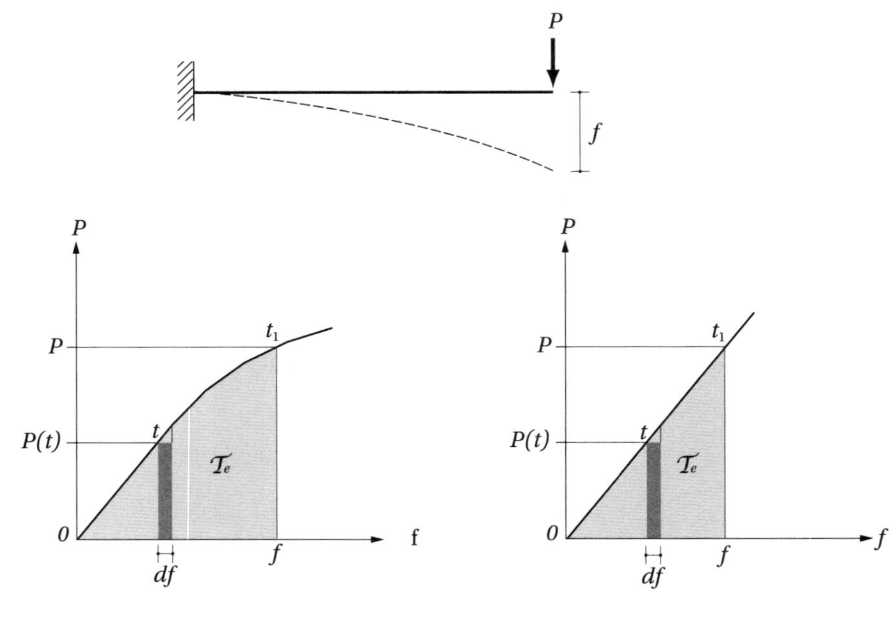

FIG. 7.20 Trabalho externo em viga engastada sob força concentrada

$$\mathcal{T}_e = \int_V \left(\int_0^1 \alpha \{\boldsymbol{f}^B\}^T \{\boldsymbol{u}\} d\alpha \right) dV + \int_S \left(\int_0^1 \alpha \{\boldsymbol{f}^S\}^T \{\boldsymbol{u}\} d\alpha \right) dS \qquad (7.17)$$

da qual resulta:

$$\mathcal{T}_e = \frac{1}{2} \int_V \{\boldsymbol{f}^B\}^T \{\boldsymbol{u}\} dV + \frac{1}{2} \int_S \{\boldsymbol{f}^S\}^T \{\boldsymbol{u}\} dS \qquad (7.18)$$

que é a expressão geral para o cálculo do trabalho externo de um sólido deformável elástico linear, com ações externas aplicadas gradativamente.

Assim, com base em (7.3), (7.5), (7.6) e (7.18), pode-se escrever:

$$\mathcal{U} = \frac{1}{2} \int_V \{\boldsymbol{f}^B\}^T \{\boldsymbol{u}\} dV + \frac{1}{2} \int_S \{\boldsymbol{f}^S\}^T \{\boldsymbol{u}\} dS \qquad (7.19)$$

que é a expressão do princípio da conservação da energia para um sólido deformável elástico e linear, sujeito a forças conservativas de volume $\boldsymbol{f}^B$, em V, e de superfície $\boldsymbol{f}^S$, em S_f, e a deslocamentos especificados $\hat{\boldsymbol{u}}$, em S_u. Essa expressão constitui uma primeira forma generalizada do teorema de Clapeyron, assim enunciado:

> *Em um sólido elástico linear em equilíbrio, sujeito a forças de volume $\boldsymbol{f}^B$, em V, a forças de superfície $\boldsymbol{f}^S$, em S_f, e a deslocamentos especificados $\hat{\boldsymbol{u}}$, em S_u, aplicados gradativamente, a energia de deformação armazenada nesse sólido é igual ao trabalho externo realizado por esses esforços, calculado por (7.18).*

Se as ações externas se reduzirem às forças de volume $\boldsymbol{f}^B$, em V, e às forças de superfície $\boldsymbol{f}^S$, em S_f, tem-se a igualdade:

$$\mathcal{U} = \frac{1}{2}\int_V \{\boldsymbol{f}^B\}^T\{\boldsymbol{u}\}dV + \frac{1}{2}\int_{S_f} \{\boldsymbol{f}^S\}^T\{\boldsymbol{u}\}dS \tag{7.20}$$

que é uma outra forma generalizada do teorema de Clapeyron.

No caso de os esforços externos se reduzirem a esforços concentrados R_i, a expressão (7.19) toma a forma:

$$\mathcal{U} = \frac{1}{2}\sum_{i=1}^{n} R_i U_i \tag{7.21}$$

onde U_i são os deslocamentos reais nos pontos de aplicação e nas direções dos esforços externos R_i. A expressão (7.21) corresponde à forma clássica do teorema de Clapeyron, que pode ser assim enunciado:

> *Em uma estrutura elástica linear em equilíbrio, submetida a esforços externos ativos concentrados, aplicados estaticamente, a energia de deformação armazenada é igual à semissoma dos produtos desses esforços pelos deslocamentos nos pontos de aplicação e nas direções desses esforços.*

As expressões (7.19), (7.20) e (7.21) correspondem a diferentes formas do teorema de Clapeyron.

O teorema de Clapeyron foi apresentado por G. Lamé (1795-1870) à página 80 em *Leçons sur la Théorie Mathématique de l'Élasticité des Corps Solids,* publicado em 1852 e reconhecido como o primeiro livro de teoria da elasticidade (Lamé, 1852).

Clapeyron publicou seu trabalho formalmente em 1858, mas é provável que ele tenha sido enunciado uns trinta anos antes, conforme Timoshenko (1983).

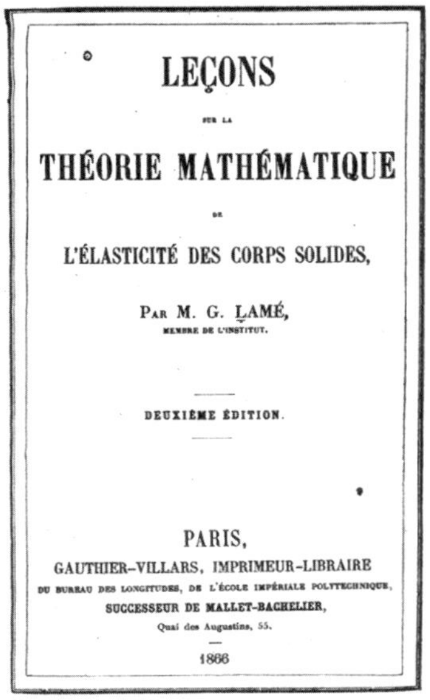

LEÇONS
SUR LA
THÉORIE MATHÉMATIQUE
DE
L'ÉLASTICITÉ DES CORPS SOLIDES,
PAR M. G. LAMÉ,
MEMBRE DE L'INSTITUT.

DEUXIÈME ÉDITION.

PARIS,
GAUTHIER-VILLARS, IMPRIMEUR-LIBRAIRE
DU BUREAU DES LONGITUDES, DE L'ÉCOLE IMPÉRIALE POLYTECHNIQUE,
SUCCESSEUR DE MALLET-BACHELIER,
Quai des Augustins, 55.
1866

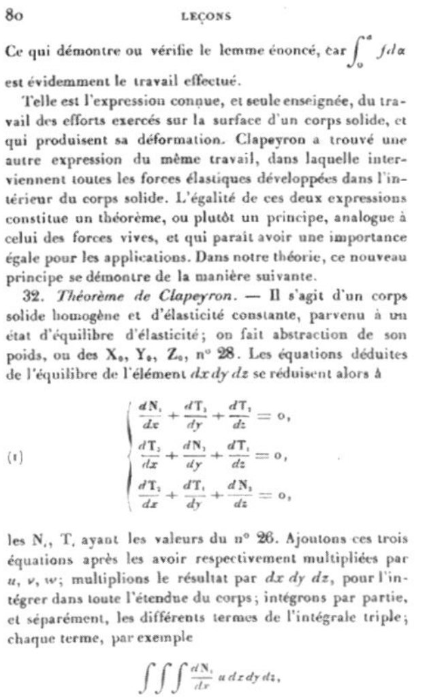

80 LEÇONS

Ce qui démontre ou vérifie le lemme énoncé, car $\int_0^a f dx$ est évidemment le travail effectué.

Telle est l'expression connue, et seule enseignée, du travail des efforts exercés sur la surface d'un corps solide, et qui produisent sa déformation. Clapeyron a trouvé une autre expression du même travail, dans laquelle interviennent toutes les forces élastiques développées dans l'intérieur du corps solide. L'égalité de ces deux expressions constitue un théorème, ou plutôt un principe, analogue à celui des forces vives, et qui paraît avoir une importance égale pour les applications. Dans notre théorie, ce nouveau principe se démontre de la manière suivante.

32. *Théorème de Clapeyron.* — Il s'agit d'un corps solide homogène et d'élasticité constante, parvenu à un état d'équilibre d'élasticité; on fait abstraction de son poids, ou des X_0, Y_0, Z_0, n° 28. Les équations déduites de l'équilibre de l'élément $dx\,dy\,dz$ se réduisent alors à

$$(1)\quad \begin{cases} \dfrac{dN_1}{dx} + \dfrac{dT_3}{dy} + \dfrac{dT_2}{dz} = 0, \\ \dfrac{dT_3}{dx} + \dfrac{dN_2}{dy} + \dfrac{dT_1}{dz} = 0, \\ \dfrac{dT_2}{dx} + \dfrac{dT_1}{dy} + \dfrac{dN_3}{dz} = 0, \end{cases}$$

les N_i, T_i ayant les valeurs du n° 26. Ajoutons ces trois équations après les avoir respectivement multipliées par u, v, w; multiplions le résultat par $dx\,dy\,dz$, pour l'intégrer dans toute l'étendue du corps; intégrons par partie, et séparément, les différents termes de l'intégrale triple; chaque terme, par exemple

$$\iiint \frac{dN_1}{dx}\, u\, dx\,dy\,dz,$$

Exemplo 7.7

Pela aplicação do teorema de Clapeyron, calcular o deslocamento w_C, no ponto de aplicação e na direção de P, na viga engastada solicitada por força concentrada e por recalques de apoio, $\hat{w}_B$ e $\hat{\varphi}_B$, conforme se mostra na Fig. 7.21, com as reações de apoio. A viga é prismática, com seção transversal de área A, momento de inércia I e módulo de elasticidade E.

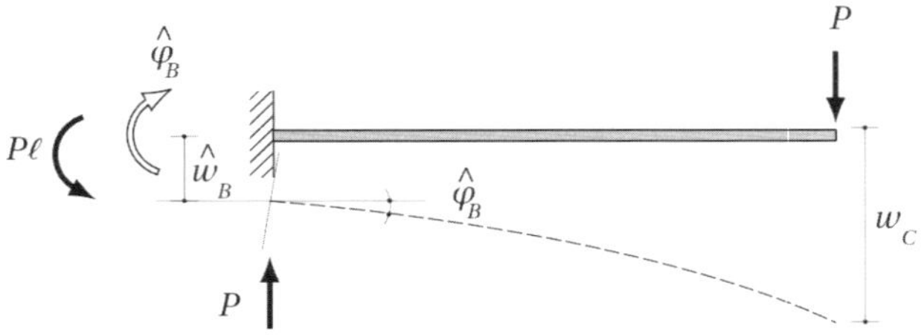

FIG. 7.21 Viga engastada sob a ação de força concentrada e recalques de apoio

Solução

A energia de deformação armazenada na barra foi obtida no exemplo 7.3 e é dada por:

$$\mathcal{U} = \int_o^\ell \frac{M^2}{2EI} dx = \frac{P^2 \ell^3}{6EI} \tag{a}$$

Ao considerar-se todos os esforços externos, o trabalho externo é dado por:

$$\mathcal{T}_e = \frac{1}{2} \left(P w_C - P \hat{w}_B - P\ell \hat{\varphi}_B \right) \tag{b}$$

Com base no teorema de Clapeyron, $\mathcal{U} = \mathcal{T}_e$, e com (a) e (b), tem-se:

$$\frac{1}{2} \left(P w_C - P \hat{w}_B - P\ell \hat{\varphi}_B \right) = \frac{P^2 \ell^3}{6EI}$$

o que conduz ao deslocamento $w_C = \dfrac{P\ell^3}{3EI} + \hat{w}_B + \ell \hat{\varphi}_B$.

7.4 Teorema da energia potencial total

Para um sólido deformável elástico, define-se energia potencial total, $\mathcal{V}$, associada a campos de deslocamentos e deformações cinematicamente admissíveis, $\boldsymbol{u}^c$ e $\boldsymbol{\varepsilon}^c$, como a soma de sua energia de deformação, $\mathcal{U}$, e da energia potencial dos esforços externos, $\mathcal{P}$.

A energia potencial total pode ser expressa por:

$$\mathcal{V}(\boldsymbol{u}^c) = \underbrace{\int_V \mathcal{W}(\boldsymbol{\varepsilon}^c)\, dV}_{\mathcal{U}} + \underbrace{\left(- \int_V \{\boldsymbol{f}^B\}^T \{u^c\} dV - \int_S \{\boldsymbol{f}^S\}^T \{u^c\} dS \right)}_{\mathcal{P}} \tag{7.22}$$

com variações livres de $\boldsymbol{u}^c$, em V e em S, ou, na sua forma clássica, por:

$$\mathcal{V}(\boldsymbol{u}^c) = \underbrace{\int_V \mathcal{W}(\boldsymbol{\varepsilon}^c)\, dV}_{\mathcal{U}} + \underbrace{\left(- \int_V \{\boldsymbol{f}^B\}^T \{u^c\} dV - \int_{S_f} \{\boldsymbol{f}^S\}^T \{u^c\} dS \right)}_{\mathcal{P}} \tag{7.23}$$

com variações livres de $\boldsymbol{u}^c$, em V e em S_f.

Considere agora os campos de deslocamentos, de deformações e de tensões da solução real, $\boldsymbol{u}$, $\boldsymbol{\varepsilon}$ e $\boldsymbol{\sigma}$, e, ainda, campos quaisquer correspondentes a uma solução compatível, $\boldsymbol{u}^c$, $\boldsymbol{\varepsilon}^c$ e $\boldsymbol{\sigma}^c$, de tal forma que:

$$\begin{aligned} \{\boldsymbol{u}^c\} &= \{\boldsymbol{u}\} + \{\delta \boldsymbol{u}\} \\ \{\boldsymbol{\varepsilon}^c\} &= \{\boldsymbol{\varepsilon}\} + \{\delta \boldsymbol{\varepsilon}\} \\ \{\boldsymbol{\sigma}^c\} &= \{\boldsymbol{\sigma}\} + \{\delta \boldsymbol{\sigma}\} \end{aligned} \tag{7.24}$$

Para variações livres de $\boldsymbol{u}^c$, em V e em S_f, os campos de deslocamentos $\boldsymbol{u}$ e $\boldsymbol{u}^c$ satisfazem às condições de contorno em S_u e, consequentemente, $\{\delta \boldsymbol{u}\} = \{\boldsymbol{0}\}$, em S_u, sendo $\{\delta \boldsymbol{u}\}$ arbitrário em V e em S_f. Nessas condições, a diferença entre a energia potencial de uma solução compatível e aquela da solução real é dada por:

$$\begin{aligned} &\mathcal{V}(\boldsymbol{u}^c) - \mathcal{V}(\boldsymbol{u}) = \\ &\left[\frac{1}{2} \int_V (\{\boldsymbol{\sigma}\} + \{\delta \boldsymbol{\sigma}\})^T (\{\boldsymbol{\varepsilon}\} + \{\delta \boldsymbol{\varepsilon}\}) \, dV - \int_V \{\boldsymbol{f}^B\}^T \{\boldsymbol{u} + \delta \boldsymbol{u}\} \, dV - \int_{S_f} \{\boldsymbol{f}^S\}^T \{\boldsymbol{u} + \delta \boldsymbol{u}\} \, dS \right] \\ &\qquad - \left[\frac{1}{2} \int_V \{\boldsymbol{\sigma}\}^T \{\boldsymbol{\varepsilon}\} \, dV - \int_V \{\boldsymbol{f}^B\}^T \{\boldsymbol{u}\} \, dV - \int_{S_f} \{\boldsymbol{f}^S\}^T \{\boldsymbol{u}\} \, dS \right] \end{aligned} \tag{7.25}$$

ou, ao desenvolver-se (7.25) e observando que

$$\frac{1}{2} \int_V \{\boldsymbol{\sigma}\}^T \{\delta \boldsymbol{\varepsilon}\} \, dV = \frac{1}{2} \int_V \{\delta \boldsymbol{\sigma}\}^T \{\boldsymbol{\varepsilon}\} \, dV,$$

tem-se

$$\begin{aligned} \mathcal{V}(\boldsymbol{u}^c) - \mathcal{V}(\boldsymbol{u}) = &\int_V \{\boldsymbol{\sigma}\}^T \{\delta \boldsymbol{\varepsilon}\} \, dV - \int_V \{\boldsymbol{f}^B\}^T \{\delta \boldsymbol{u}\} \, dV \\ &- \int_{S_f} \{\boldsymbol{f}^S\}^T \{\delta \boldsymbol{u}\} \, dS + \frac{1}{2} \int_V \{\delta \boldsymbol{\sigma}\}^T \{\delta \boldsymbol{\varepsilon}\} \, dV \end{aligned} \tag{7.26}$$

que pode ser colocado na forma:

$$\mathcal{V}(\boldsymbol{u}^c) - \mathcal{V}(\boldsymbol{u}) = \delta \mathcal{V} + \frac{1}{2} \delta^2 \mathcal{V} \tag{7.27}$$

Em virtude do teorema dos deslocamentos virtuais, tem-se:

$$\delta \mathcal{V} = \int_V \{\boldsymbol{\sigma}\}^T \{\delta \boldsymbol{\varepsilon}\} dV - \int_V \{\boldsymbol{f}^B\}^T \{\delta \boldsymbol{u}\} dV - \int_{S_f} \{\boldsymbol{f}^S\}^T \{\delta \boldsymbol{u}\} dS = 0 \tag{7.28}$$

o que permite enunciar o teorema da energia potencial total:

> *Entre todas as soluções compatíveis, aquela que também é equilibrada torna estacionária a energia potencial total.*

Esse teorema é válido para materiais elásticos lineares ou não lineares. De modo inverso, pode-se demonstrar que as condições de estacionaridade da energia potencial total conduzem às equações de equilíbrio.

A expressão (7.23) da energia potencial total e o teorema enunciado poderiam ser deduzidos a partir do teorema dos deslocamentos virtuais na sua forma restrita. Da mesma forma, a expressão (7.22) da energia potencial total poderia ser obtida do teorema dos deslocamentos virtuais na sua forma generalizada.

Adicionalmente, para materiais elásticos lineares, verifica-se que:

$$\delta^2 \mathcal{V} = \int_V \{\delta\sigma\}^T \{\delta\varepsilon\} dV > 0$$

e, portanto, a solução real, que é compatível e equilibrada, caracteriza-se por um mínimo da energia potencial total. Em problemas elásticos com não linearidade geométrica ou física, pode-se mostrar que, se a energia potencial total for um mínimo relativo para uma dada configuração de equilíbrio, ela será estável. Esse resultado é o teorema de Lagrange-Dirichlet, base para o método energético de verificação da estabilidade do equilíbrio de sistemas conservativos não giroscópicos, tema que não será tratado neste texto, por fugir de seus objetivos imediatos.

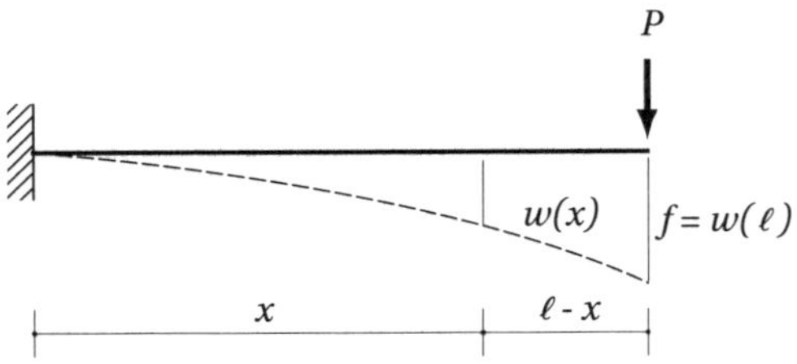

FIG. 7.22 Viga engastada submetida a uma força concentrada

Exemplo 7.8

Obter a expressão da equação da linha elástica da viga engastada da Fig. 7.22. A barra da viga é prismática, com seção transversal de área A, momento de inércia I, e constituída de material elástico de módulo de elasticidade E.

Solução

Como não há carregamento externo entre as extremidades da viga, a equação diferencial da linha elástica é dada por:

$$EIw^{iv} = 0 \tag{a}$$

Por integração direta de (a), constata-se que a solução real da equação da linha elástica é dada por um polinômio do terceiro grau, ou seja:

$$w(x) = ax^3 + bx^2 + cx + d \tag{b}$$

A introdução das condições de contorno, $w(0) = 0$ e $w'(0) = 0$, em (b), permite estabelecer que $w(x)$ se reduz à forma:

$$w(x) = ax^3 + bx^2 \tag{c}$$

De fato, a expressão (c) define uma família de soluções compatíveis, $w^c(a,b) = ax^3 + bx^2$, que contém a solução real. Assim, a cada solução compatível, definida pelo par de valores (a,b), está associado um valor da energia potencial total, dado por:

$$\mathcal{V}(a,b) = \frac{1}{2}\int_0^\ell EI\left(w^{c''}\right)^2 dx - Pw^c(\ell) \tag{d}$$

ou, após algumas transformações:

$$\mathcal{V}(a,b) = EI\left[6a^2\ell^3 + 2b^2\ell^2 + 6ab\ell^2\right] - P\left(a\ell^3 + b\ell^2\right)$$

Entre todas essas soluções compatíveis, a solução real é aquela também equilibrada e que corresponde a um mínimo da energia potencial total. Assim, pode-se escrever as seguintes equações de equilíbrio:

$$\frac{\partial V}{\partial a} = 0 \quad \Rightarrow \quad EI\left[12a\ell^3 + 6b\ell^2\right] - P\ell^3 = 0$$

$$\frac{\partial V}{\partial b} = 0 \quad \Rightarrow \quad EI\left[4b\ell + 6a\ell^2\right] - P\ell^2 = 0$$

cuja solução fornece os valores:

$$a = -\frac{1}{6}\frac{P}{EI} \qquad b = \frac{1}{2}\frac{P\ell}{EI}$$

que permitem caracterizar a equação da linha elástica da solução real:

$$w(x) = \frac{P\ell^3}{3EI}\left(\frac{3}{2}\frac{x^2}{\ell^2} - \frac{1}{2}\frac{x^3}{\ell^3}\right)$$

e o valor da energia potencial total correspondente à solução real:

$$\mathcal{V}\left(-\frac{P}{6EI}, \frac{P\ell}{2EI}\right) = -0{,}1667\frac{P^2\ell^3}{EI}$$

que é um mínimo da função $\mathcal{V}(a,b)$.

Assim, os deslocamentos linear e angular na extremidade livre da viga são dados por:

$$w(\ell) = \frac{1}{3}\frac{P\ell^3}{EI} \qquad \varphi(\ell) = w'(\ell) = \frac{1}{2}\frac{P\ell^2}{EI}$$

Observa-se que, apesar de a família das soluções compatíveis definidas pelo polinômio do terceiro grau conter a solução real, há outras famílias de soluções compatíveis que não a contêm, como, por exemplo:

$$w_1(x) = a_1 x^2 \qquad w_2(x) = a_2\left(1 - \cos\left(\frac{\pi x}{2\ell}\right)\right) \tag{e}$$

Para cada uma dessas famílias, a condição de mínimo da energia potencial total leva a uma solução compatível, que é a mais próxima em energia da solução real e que é chamada de solução aproximada da solução real. Para ilustrar essa aproximação, trata-se, a seguir, da obtenção dessas soluções aproximadas, adotando-se $w_1(x)$ ou $w_2(x)$, definidas em (e). Assim, ao introduzir-se (e) em (d), obtêm-se as expressões da energia potencial total:

$$\mathcal{V}_1(a_1) = EI\left[2a_1^2\ell^2\right] - Pa_1\ell^2 \qquad \mathcal{V}_2(a_2) = EI\left[\frac{\pi^4}{64}\frac{a_2^2}{\ell^3}\right] - Pa_2$$

cujas condições de mínimo conduzem a:

$$a_1 = \frac{1}{4}\frac{P\ell}{EI} \qquad a_2 = \frac{32}{\pi^4}\frac{P\ell^3}{EI}$$

Esses resultados permitem escrever as linhas elásticas das soluções aproximadas:

$$w_1(x) = \frac{P\ell^3}{3EI}\left(\frac{3}{4}\frac{x^2}{\ell^2}\right) \qquad w_2(x) = \frac{P\ell^3}{3EI}\frac{96}{\pi^4}\left(1-\cos\left(\frac{\pi x}{2\ell}\right)\right)$$

e obter, para essas soluções aproximadas, os valores da energia potencial total:

$$(\mathcal{V}_1)_{\text{mín}} = -0{,}1250\frac{P^2\ell^3}{EI} \qquad (\mathcal{V}_2)_{\text{mín}} = -0{,}1643\frac{P^2\ell^3}{EI}$$

e os valores dos deslocamentos na extremidade livre da viga:

$$w_1(\ell) = \frac{1}{4}\frac{P\ell^3}{EI} \qquad \varphi_1(\ell) = w_1'(\ell) = \frac{1}{2}\frac{P\ell^2}{EI}$$
$$w_2(\ell) = \frac{32}{\pi^4}\frac{P\ell^3}{EI} \qquad \varphi_2(\ell) = w_2'(\ell) = \frac{16}{\pi^3}\frac{P\ell^2}{EI}$$

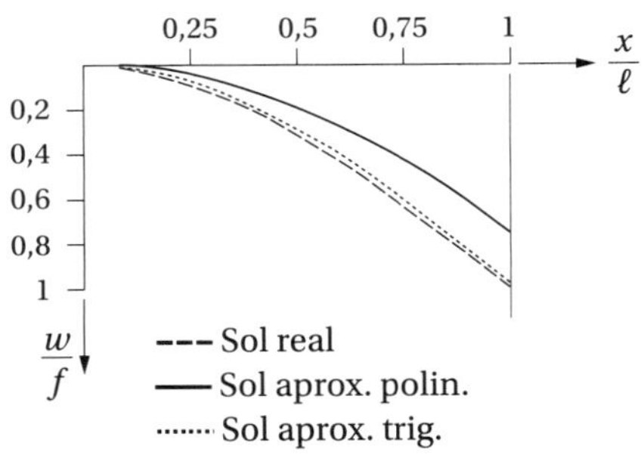

FIG. 7.23 Linhas elásticas das soluções real e aproximadas

A Tab. 7.1 apresenta os principais resultados obtidos e os erros relativos à solução real, enquanto a Fig. 7.23 ilustra as linhas elásticas correspondentes a cada solução.

Assim, mesmo que não se considerem todas as soluções compatíveis, as condições de estacionaridade da energia potencial total fornecem uma solução mais próxima, em energia, da exata. A qualidade da solução aproximada está condicionada à boa escolha da família das soluções compatíveis.

A ideia de obter soluções aproximadas diretamente da consideração de energia adotando uma função que bem aproxime o movimento real foi, originalmente, aplicada por Lord Rayleigh e, posteriormente, elaborada por Walter Ritz. Esse procedimento é conhecido por método de Rayleigh-Ritz e mostra ser uma ferramenta extremamente útil na busca de soluções aproximadas na mecânica das estruturas.

O método de Rayleigh-Ritz tem ampla aplicação para obter soluções aproximadas quando não se conhece um subconjunto das soluções compatí-

Tab. 7.1 COMPARAÇÃO DE RESULTADOS DA SOLUÇÃO REAL E DAS SOLUÇÕES APROXIMADAS

	Sol. Real	Sol. Aprox. Polinomial		Sol. Aprox. Trigonométrica	
	Valor	Valor	Erro	Valor	Erro
$\frac{\mathcal{V}}{(P^2\ell^3/EI)}$	−0,1667	−0,1250	−25,0%	−0,1643	−1,4%
$\frac{w(\ell)}{(P\ell^3/EI)}$	0,3333	0,2500	−25,0%	0,3285	−1,4%
$\frac{w'(\ell)}{(P\ell^2/EI)}$	0,5000	0,5000	0,0%	0,5160	3,2%

veis que contém a solução real. Essas ideias são utilizadas, implícita ou explícitamente, na análise matricial de estruturas e, principalmente, no método dos elementos finitos.

7.5 Primeiro teorema de Castigliano

Na análise de estruturas reticuladas, é conveniente considerar a situação na qual a energia potencial total possa ser escrita como uma função de n deslocamentos independentes entre si, U_i, ou seja:

$$\mathcal{V}(\boldsymbol{U}) = \mathcal{U}(\boldsymbol{U}) - \sum_{i=1}^{n} (R_i U_i) \tag{7.29}$$

onde U_i são os deslocamentos nos pontos de aplicação e nas direções de R_i e com a notação $f(U_1,...,U_n) = f(\boldsymbol{U})$.

O teorema da energia potencial total é então expresso pelas equações:

$$\frac{\partial \mathcal{V}(\boldsymbol{U})}{\partial U_k} = \frac{\partial \mathcal{U}(\boldsymbol{U})}{\partial U_k} - R_k = 0 \tag{7.30}$$

que são as condições de mínimo de $\mathcal{V}(\boldsymbol{U})$.

Expressar a energia potencial total em função de deslocamentos U_i, independentes entre si, é uma característica da análise de estruturas reticuladas que permite, pela aplicação de (7.30), estabelecer equações de equilíbrio na resolução de estruturas hiperestáticas pelo método dos deslocamentos.

A Eq. (7.30) pode ser colocada na forma:

$$\frac{\partial \mathcal{U}(\boldsymbol{U})}{\partial U_k} = R_k \tag{7.31}$$

que é a expressão do primeiro teorema de Castigliano, assim enunciado:

> *Se a energia de deformação de uma estrutura em equilíbrio for expressa em função de n deslocamentos U_i, independentes entre si, conjugados aos esforços R_i, então a derivada parcial da energia de deformação em relação a um desses deslocamentos será igual ao seu esforço conjugado.*

Ressalta-se que os deslocamentos devem ser independentes entre si para a validade do primeiro teorema de Castigliano.

A expressão (7.31) representa uma equação de equilíbrio de esforços na direção do deslocamento U_i, pois, às condições de estacionaridade correspondem equações de equilíbrio.

Em 1873, Alberto Castigliano, aos 26 anos de idade, propôs diversos teoremas de energia de deformação em sua tese de doutorado *Intorno ai Sistemi Elastici* (Castigliano, 1873), apresentada ao Instituto Politécnico de Turim.

Em 1875, esse trabalho, numa forma estendida, foi apresentado na Academia de Ciências de Turim.

Em 1879, uma prova completa dos teoremas e várias aplicações foram publicadas, em francês, no seu livro *Théorie de L'Équilibre des Systèmes Élastiques et ses Applications* (Castigliano, 1879).

INTORNO AI SISTEMI ELASTICI

DISSERTAZIONE

CASTIGLIANO ALBERTO

ALLA COMMISSIONE ESAMINATRICE

della R. Scuola d'applicazione degli Ingegneri

IN TORINO

per ottenere la Laurea di

INGEGNERE CIVILE

1873

TORINO

VINCENZO BONA

THÉORIE DE L'ÉQUILIBRE

DES

SYSTÈMES ÉLASTIQUES

ET SES APPLICATIONS

A. CASTIGLIANO

TURIN

AUGUSTE FRÉDÉRIC NEGRO

Éditeur.

Capas da tese Intorno ai Sistemi Elastici e do livro Théorie de L´Équilibre des Systèmes Élastiques et ses Applications

Reproduzem-se três trechos desse livro: o primeiro apresenta o primeiro teorema de Castigliano para sistemas articulados; o segundo chama a atenção para a necessidade de as forças exteriores serem independentes; e o terceiro apresenta o primeiro teorema de Castigliano para sistemas elásticos.

Os teoremas que hoje levam o seu nome foram apresentados por Castigliano como teoremas das derivadas do trabalho de deformação.

> **11. Théorème des dérivées du travail de déformation.**
>
> **Première Partie** – Si l'on exprime le travail de déformation d'un système articulé, en fonction des déplacements relatifs des forces extérieures appliquées à ses sommets, on obtient une formule, dont les dérivées, par rapport à ces déplacements, donnent la valeur des forces correspondantes. (Castigliano, 1879, p. 26).
>
> **12. Continuation du théorème des dérivées du travail de déformation.** – Pour ne pas tomber en erreur dans l'application du théorème précédent, il faut que toutes les forces extérieures soient regardées comme indépendantes, et qu'elles soient, par conséquent, représentées par des lettres différentes. (Castigliano, 1879, p. 27).
>
> **4. Théorème des dérivées du travail de déformation.**
>
> **Première Partie** – Si l'on exprime le travail de déformation d'un corps ou système élastique en fonction des déplacements relatifs des points d'application des forces extérieures, on obtient une formule dont les dérivées, par rapport à ces déplacements, donnent la valeur des forces correspondantes. (Castigliano, 1879, p. 48)

Exemplo 7.9

Para a viga biengastada solicitada exclusivamente por recalques de apoio, u_i, determinar os esforços reativos, f_i, conforme se indica na Fig. 7.24. A viga é prismática, com seção transversal de área A, momento de inércia I, e constituída de material elástico linear de módulo de elasticidade E.

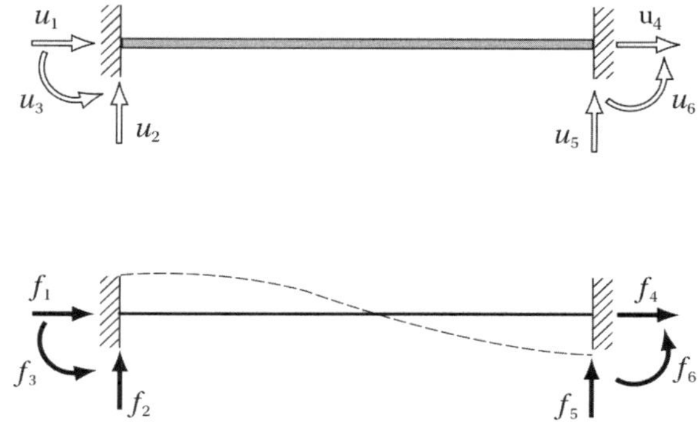

Fig. 7.24 Recalques de apoio e esforços reativos na viga biengastada

Solução

Conforme estabelecido no exemplo 7.6, e na ausência de esforços externos ativos, a energia de deformação da viga biengastada solicitada por recalques de apoio é dada pela função quadrática:

$$\mathcal{U}(u_1, u_2, u_3, u_4, u_5, u_6) = \frac{1}{2}\{\boldsymbol{u}\}^T[\boldsymbol{k}]\{\boldsymbol{u}\}$$

onde, neste caso:

$$\{\boldsymbol{u}\} = \{\overline{\boldsymbol{u}}\} = \begin{Bmatrix} u_1 \\ u_2 \\ u_3 \\ u_4 \\ u_5 \\ u_6 \end{Bmatrix} \qquad [\boldsymbol{k}] = \left[\overline{\boldsymbol{k}}\right] = \begin{bmatrix} \frac{EA}{\ell} & 0 & 0 & -\frac{EA}{\ell} & 0 & 0 \\ 0 & \frac{12EI}{\ell^3} & \frac{6EI}{\ell^2} & 0 & -\frac{12EI}{\ell^3} & \frac{6EI}{\ell^2} \\ 0 & \frac{6EI}{\ell^2} & \frac{4EI}{\ell} & 0 & -\frac{6EI}{\ell^2} & \frac{2EI}{\ell} \\ -\frac{EA}{\ell} & 0 & 0 & \frac{EA}{\ell} & 0 & 0 \\ 0 & -\frac{12EI}{\ell^3} & -\frac{6EI}{\ell^2} & 0 & \frac{12EI}{\ell^3} & -\frac{6EI}{\ell^2} \\ 0 & \frac{6EI}{\ell^2} & \frac{2EI}{\ell} & 0 & -\frac{6EI}{\ell^2} & \frac{4EI}{\ell} \end{bmatrix}$$

O primeiro teorema de Castigliano estabelece que $\dfrac{\partial \mathcal{U}}{\partial u_k} = f_k$, o que permite obter, após algumas transformações, as equações de equilíbrio:

$$\begin{Bmatrix} f_1 \\ f_2 \\ f_3 \\ f_4 \\ f_5 \\ f_6 \end{Bmatrix} = \begin{bmatrix} \frac{EA}{\ell} & 0 & 0 & -\frac{EA}{\ell} & 0 & 0 \\ 0 & \frac{12EI}{\ell^3} & \frac{6EI}{\ell^2} & 0 & -\frac{12EI}{\ell^3} & \frac{6EI}{\ell^2} \\ 0 & \frac{6EI}{\ell^2} & \frac{4EI}{\ell} & 0 & -\frac{6EI}{\ell^2} & \frac{2EI}{\ell} \\ -\frac{EA}{\ell} & 0 & 0 & \frac{EA}{\ell} & 0 & 0 \\ 0 & -\frac{12EI}{\ell^3} & -\frac{6EI}{\ell^2} & 0 & \frac{12EI}{\ell^3} & -\frac{6EI}{\ell^2} \\ 0 & \frac{6EI}{\ell^2} & \frac{2EI}{\ell} & 0 & -\frac{6EI}{\ell^2} & \frac{4EI}{\ell} \end{bmatrix} \begin{Bmatrix} u_1 \\ u_2 \\ u_3 \\ u_4 \\ u_5 \\ u_6 \end{Bmatrix} \qquad \text{(a)}$$

que relacionam os esforços (reações de apoio) e os deslocamentos (recalques de apoio) nas extremidades da barra. A expressão (a) mostra que há uma relação unívoca entre os esforços f_i e os deslocamentos u_i, o que permite estabelecer um aspecto central na análise de estruturas reticuladas pelo método dos deslocamentos:

> *O conhecimento dos deslocamentos nas extremidades de uma viga define de forma única os esforços nessas extremidades.*

Observa-se que o inverso não é verdadeiro, ou seja, o conhecimento dos esforços nas extremidades de uma viga não define de forma única os deslocamentos nessas extremidades. Isso ocorre porque esses esforços não são independentes entre si, mas relacionados pelas equações de equilíbrio da estática. Entretanto, se forem eliminados os movimentos de corpo rígido, por exemplo, considerando-se uma das extremidades como engastada, será possível obter os deslocamentos na outra extremidade de forma única e, consequentemente, a linha elástica também será única. A independência dos esforços externos na obtenção de deslocamentos é aspecto central nos Caps. 8 e 9.

Considere agora o caso da viga com comprimento $\ell = 4\,m$, seção transversal retangular com $(0{,}15 \times 0{,}40)\ m^2$ e material elástico linear de módulo de elasticidade $E = 20 \times 10^6\,\text{kN/m}^2$ e submetida aos recalques de apoio definidos por $\{\boldsymbol{u}\}^T = \{\,0{,}0040 \quad 0{,}005 \quad 0{,}001 \quad 0{,}0039 \quad -0{,}004 \quad 0{,}002\,\}$, com deslocamentos em metros e rotações em radianos.

Ao aplicar-se as Eqs. (a), obtêm-se os esforços nas extremidades da barra $\{\boldsymbol{f}\}^T = \{\,30{,}0 \quad 45{,}0 \quad 86{,}0 \quad -30{,}0 \quad -45{,}0 \quad 94{,}0\,\}$, com forças em kN e momentos em kNm, o que leva aos resultados da Fig. 7.25.

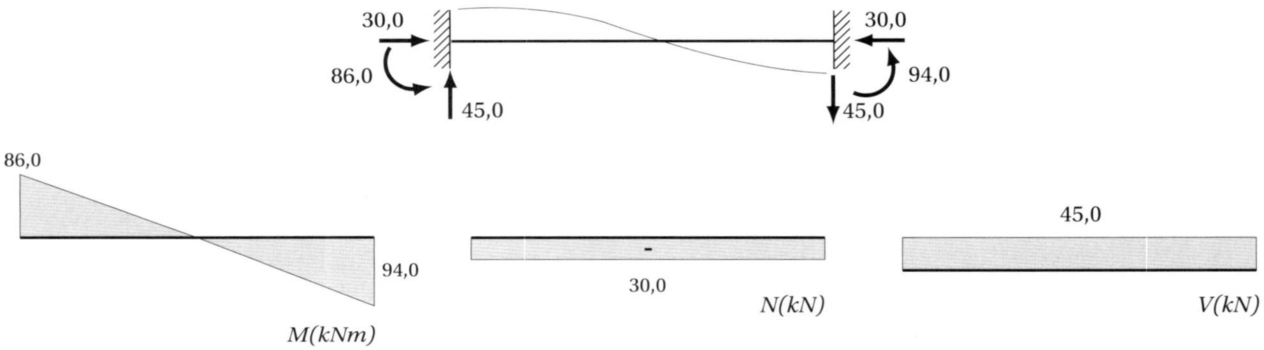

Fig. 7.25 Resultados para a viga biengastada sob a ação de recalques de apoio

Para ressaltar e ilustrar a importância da condição necessária de deslocamentos independentes entre si na aplicação do primeiro teorema de Castigliano, considere a expressão expandida da energia de deformação para o caso em que $\{\boldsymbol{u}\}^T = \{\,0 \quad 0 \quad 0 \quad u_4 \quad 0 \quad u_6\,\}$, dada por:

$$\mathcal{U}(u_4, u_6) = \frac{1}{2}\{\boldsymbol{u}\}^T[\boldsymbol{k}]\{\boldsymbol{u}\} = \frac{1}{2}\left(k_{44}u_4^2 + k_{46}u_4u_6 + k_{64}u_6u_4 + k_{66}u_6^2\right)$$

Com (u_4 e u_6) independentes, pode-se escrever:

$$\frac{\partial \mathcal{U}}{\partial u_2} = f_2 \quad \Rightarrow \quad k_{44}u_4 + k_{46}u_6 = f_4 \quad \Rightarrow \quad f_4 = \frac{EA}{\ell}u_4$$
$$\frac{\partial \mathcal{U}}{\partial u_6} = f_6 \quad \Rightarrow \quad k_{64}u_4 + k_{66}u_6 = f_6 \quad \Rightarrow \quad f_6 = \frac{4EI}{\ell}u_6$$

resultados que seriam obtidos com a aplicação direta das equações de equilíbrio (a) com $\{\boldsymbol{u}\}^T = \{\,0 \quad 0 \quad 0 \quad u_4 \quad 0 \quad u_6\,\}$.

Considere agora a seguinte relação de dependência, $u_6 = \alpha u_4$. Nessas condições, a energia de deformação passa a ser dada por:

$$\mathcal{U}(u_4) = \frac{1}{2}\left(k_{44} + \alpha k_{46} + \alpha k_{64} + \alpha^2 k_{66}\right) u_4^2$$

ou

$$\mathcal{U}(u_6) = \frac{1}{2}\left(\frac{1}{\alpha^2} k_{44} + \frac{1}{\alpha} k_{46} + \frac{1}{\alpha} k_{64} + k_{66}\right) u_6^2$$

Pode-se então observar que:

$$\frac{d\mathcal{U}(u_4)}{du_4} = \left(k_{44} + \alpha k_{46} + \alpha k_{64} + \alpha^2 k_{66}\right) u_4 = \left(\frac{EA}{\ell} + \alpha^2 \frac{4EI}{\ell}\right) u_4 \neq f_4$$

$$\frac{d\mathcal{U}(u_6)}{du_6} = \left(\frac{1}{\alpha^2} k_{44} + \frac{1}{\alpha} k_{46} + \frac{1}{\alpha} k_{64} + k_{66}\right) u_6 = \left(\frac{1}{\alpha^2}\frac{EA}{\ell} + \frac{4EI}{\ell}\right) u_6 \neq f_6$$

e, portanto, verificar que as derivadas da energia de deformação em relação a u_4 e u_6 não fornecem os esforços f_4 e f_6. Isso ocorre porque foi violada a condição de os deslocamentos serem independentes entre si, que é necessária para a aplicação do primeiro teorema de Castigliano.

Se a condição $u_6 = \alpha u_4$ fosse introduzida após o cálculo das derivadas parciais, a independência dos deslocamentos teria sido observada na aplicação do teorema, e os resultados obtidos para f_4 e f_6 estariam corretos, com:

$$f_4 = \frac{EA}{\ell} u_4 \qquad f_6 = \frac{4EI}{\ell} \alpha u_4$$

7.6 Método dos deslocamentos derivado do primeiro teorema de Castigliano ou do teorema da energia potencial total

Basicamente, a aplicação do primeiro teorema de Castigliano conduz às equações de equilíbrio na análise de estruturas reticuladas em regime elástico linear. Observa-se que a condição de linearidade na elasticidade não é necessária, mas é adotada aqui em virtude dos objetivos do texto.

Um procedimento singular na Mecânica das Estruturas é o método dos deslocamentos que propicia a análise de estruturas reticuladas pelo estabelecimento de equações reduzidas de equilíbrio, as quais permitem escolher, entre todas as soluções compatíveis, aquela que também é equilibrada e, portanto, determinar a solução real do problema.

Pelo exemplo 7.9, o conhecimento dos deslocamentos nas extremidades de uma viga define os esforços nas extremidades dessa viga e, consequentemente, pode-se obter diretamente qualquer informação sobre esforços solicitantes e deslocamentos dessa viga. Assim, o problema da viga fica "resolvido".

Os principais passos para a aplicação do método dos deslocamentos derivado do primeiro teorema de Castigliano ou do teorema da energia potencial total na resolução de estruturas reticuladas são:

- definir as soluções compatíveis em função de um número finito n de deslocamentos nodais, U_i, que constituem as incógnitas do problema. É necessário que os deslocamentos U_i, nos pontos de aplicação e nas direções dos R_i, sejam independentes entre si, para garantir a aplicabilidade do primeiro teorema de Castigliano e o teorema da energia potencial total;

- determinar a energia de deformação e a energia potencial total em função dos deslocamentos nodais, para cada barra;
- determinar a energia de deformação e a energia potencial total em função dos deslocamentos nodais, para a estrutura;
- determinar as n equações de equilíbrio pela aplicação do primeiro teorema de Castigliano ou pelo teorema da energia potencial total;
- determinar os deslocamentos incógnitos pela resolução das n equações reduzidas de equilíbrio que, usualmente, se apresentam na forma $[\boldsymbol{K}]\{\boldsymbol{U}\} = \{\boldsymbol{R}\}$, ou $\{\boldsymbol{R_0}\} + [\boldsymbol{K}]\{\boldsymbol{U}\} = \{\boldsymbol{R}\}$, com os mesmos significados apresentados em 2.1.4.

A formulação do método dos deslocamentos pelos teoremas de Castigliano ou da energia potencial total baseia-se no conceito de energia e constitui uma alternativa à formulação pela aplicação do teorema dos deslocamentos virtuais e à formulação direta, ambas apresentadas na seção 2.1.4.

Os exemplos que seguem ilustram a resolução de estruturas hiperestáticas pelo método dos deslocamentos, com o estabelecimento das equações reduzidas de equilíbrio, pelo teorema da energia potencial total, ou pelo teorema de Castigliano.

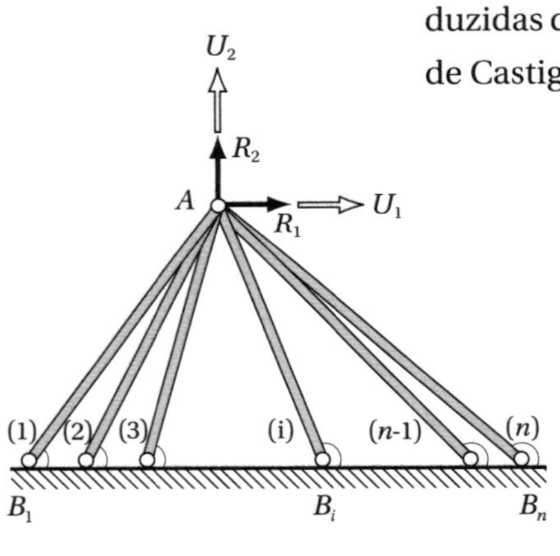

FIG. 7.26 Treliça hiperestática

Exemplo 7.10

Analisar pelo método dos deslocamentos, a treliça solicitada pelo carregamento externo R_1 e R_2, conforme se mostra na Fig. 7.26. A barra i tem comprimento ℓ_i, área de seção transversal A_i e material elástico linear de módulo de elasticidade E_i, o que permite definir o coeficiente de rigidez $k_i = \dfrac{E_i A_i}{\ell_i}$.

Solução

A Fig. 7.26 identifica os deslocamentos incógnitos U_1 e U_2, que são independentes entre si.

Conforme se mostrou no exemplo 7.3, a energia de deformação da estrutura é dada por:

$$\mathcal{U} = \frac{1}{2}\left[K_{11}(U_1)^2 + K_{12}U_1U_2 + K_{21}U_2U_1 + K_{22}(U_2)^2\right] \quad \text{(a)}$$

com

$$K_{11} = \sum_{i=1}^{n} k_i \cos^2 \alpha_i$$

$$K_{12} = K_{21} = \sum_{i=1}^{n} k_i \operatorname{sen} \alpha_i \cos \alpha_i$$

$$K_{22} = \sum_{i=1}^{n} k_i \operatorname{sen}^2 \alpha_i$$

Como a energia potencial dos esforços externos é definida por:

$$\mathcal{P} = -R_1 U_1 - R_2 U_2$$

escreve-se a expressão da energia potencial total:

$$\mathcal{V} = \frac{1}{2}\left[K_{11}(U_1)^2 + K_{12}U_1U_2 + K_{21}U_2U_1 + K_{22}(U_2)^2\right] - R_1U_1 - R_2U_2 \qquad \text{(b)}$$

Assim, ao aplicar-se o primeiro teorema de Castigliano em (a) ou considerando-se as condições de mínimo de (b), obtêm-se:

$$\frac{\partial \mathcal{U}}{\partial U_1} = R_1 \quad \text{ou} \quad \frac{\partial \mathcal{V}}{\partial U_1} = 0 \quad \Rightarrow \quad K_{11}U_1 + K_{12}U_2 = R_1$$
$$\frac{\partial \mathcal{U}}{\partial U_2} = R_2 \quad \text{ou} \quad \frac{\partial \mathcal{V}}{\partial U_2} = 0 \quad \Rightarrow \quad K_{21}U_1 + K_{22}U_2 = R_2$$

que são as equações reduzidas de equilíbrio, idênticas às estabelecidas no exemplo 2.1. Essas equações permitem determinar U_1 e U_2 e, consequentemente, obter os alongamentos e as forças normais nas várias barras da treliça pelas expressões:

$$\Delta\ell_i = U_1 \cos\alpha_i + U_2 \operatorname{sen}\alpha_i \qquad N_i = k_i \Delta\ell_i$$

Assim, minimizar a energia potencial total corresponde a escolher, entre todas as soluções compatíveis (que se obtêm atribuindo diferentes pares de valores a U_1 e U_2), aquela que também é equilibrada, ou seja, que satisfaz às equações reduzidas de equilíbrio $[\boldsymbol{K}]\{\boldsymbol{U}\} = \{\boldsymbol{R}\}$.

Exemplo 7.11

Analisar, pelo método dos deslocamentos, a viga engastada-apoiada solicitada conforme se indica na Fig. 7.27. A viga é prismática, com seção transversal retangular (0,15 × 0,40) m^2, e constituída de material elástico linear de módulo de elasticidade $E = 20 \times 10^6\, kNm^2$.

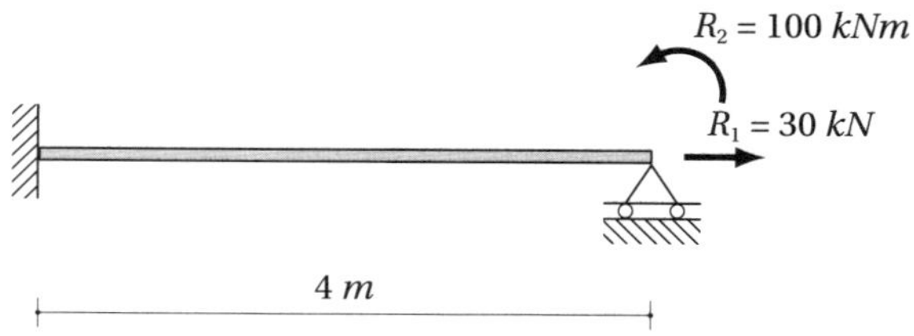

Fig. 7.27 Viga engastada-articulada

Solução

Inicialmente, identificam-se (Fig. 7.28) os deslocamentos independentes, que serão as incógnitas do problema.

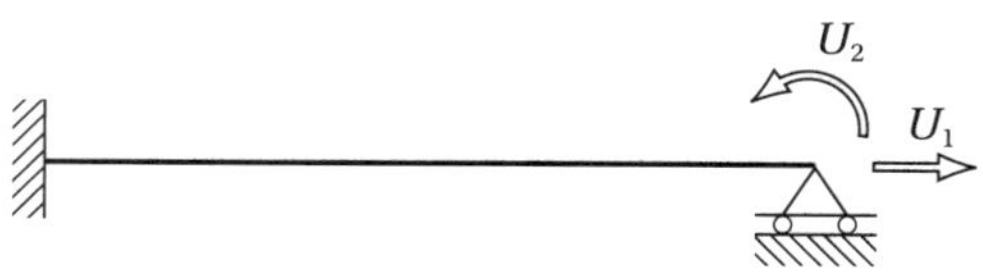

Fig. 7.28 Deslocamentos incógnitos

Admitindo-se a origem do eixo x na extremidade engastada da viga, considerando-se a expressão (c) ou (d) do exemplo 7.6, e uma vez que $\{\boldsymbol{u}\}^T = \{\overline{\boldsymbol{u}}\}^T = \{0\ \ 0\ \ 0\ \ U_1\ \ 0\ \ U_2\}$, a energia de deformação da viga é dada por:

$$\mathcal{U}(U_1, U_2) = \frac{1}{2}\{\boldsymbol{u}\}^T[\boldsymbol{k}]\{\boldsymbol{u}\} = \left\{ U_1 \quad U_2 \right\} \begin{bmatrix} K_{11} & K_{12} \\ K_{21} & K_{22} \end{bmatrix} \begin{Bmatrix} U_1 \\ U_2 \end{Bmatrix}$$

ou

$$\mathcal{U}(U_1,U_2) = \frac{1}{2}\left(K_{11}U_1^2 + K_{12}U_1U_2 + K_{21}U_2U_1 + K_{22}U_2^2\right)$$

com:

$$K_{11} = \frac{EA}{\ell} \qquad K_{12} = K_{21} = 0 \qquad K_{22} = \frac{4EI}{\ell}$$

Como a energia potencial total dos esforços externos é dada por:

$$\mathcal{P} = -U_1R_1 - U_2R_2$$

com $R_1 = 30\,\text{kN}$ e $R_2 = 100\,kNm$, pode-se explicitar a energia potencial total:

$$\mathcal{V}(U_1,U_2) = \frac{1}{2}\left(\frac{EA}{\ell}U_1^2 + \frac{4EI}{\ell}U_2^2\right) - R_1U_1 - R_2U_2$$

As equações de equilíbrio ficam então definidas pelo primeiro teorema de Castigliano ou pelo teorema da energia potencial total:

$$\frac{\partial\mathcal{U}}{\partial U_1} = R_1 \quad \text{ou} \quad \frac{\partial\mathcal{V}}{\partial U_1} = 0 \quad \Rightarrow \quad K_{11}U_1 + K_{12}U_2 = R_1$$
$$\frac{\partial\mathcal{U}}{\partial U_2} = R_2 \quad \text{ou} \quad \frac{\partial\mathcal{V}}{\partial U_2} = 0 \quad \Rightarrow \quad K_{21}U_1 + K_{22}U_2 = R_2$$

ou, com base nas expressões de K_{ij} e nos valores numéricos dos parâmetros do sistema, obtêm-se:

$$U_1 = \frac{\ell}{EA}R_1 = 1\times10^{-4}m \qquad U_2 = \frac{\ell}{4EI}R_2 = 6{,}25\times10^{-3}\,rad$$

Agora, deve-se determinar os esforços nas extremidades da barra, o que permite obter as distribuições de esforços solicitantes na viga. Assim, ao introduzir-se $\{\boldsymbol{u}\}^T = \left\{\begin{matrix} 0 & 0 & 0 & 1{,}00\times10^{-4} & 0 & 6{,}25\times10^{-3}\end{matrix}\right\}$ na expressão $\{\boldsymbol{f}\} = [\boldsymbol{k}]\{\boldsymbol{u}\}$, conforme o exemplo 7.8, obtém-se:

$$\{\boldsymbol{f}\}^T = \left\{\begin{matrix} -30{,}0 & -37{,}5 & -50{,}0 & 30{,}0 & 37{,}5 & 100{,}0\end{matrix}\right\}$$

com forças em kN e momentos em kNm, o que permite apresentar as reações de apoio e os diagramas de esforços solicitantes da Fig. 7.29.

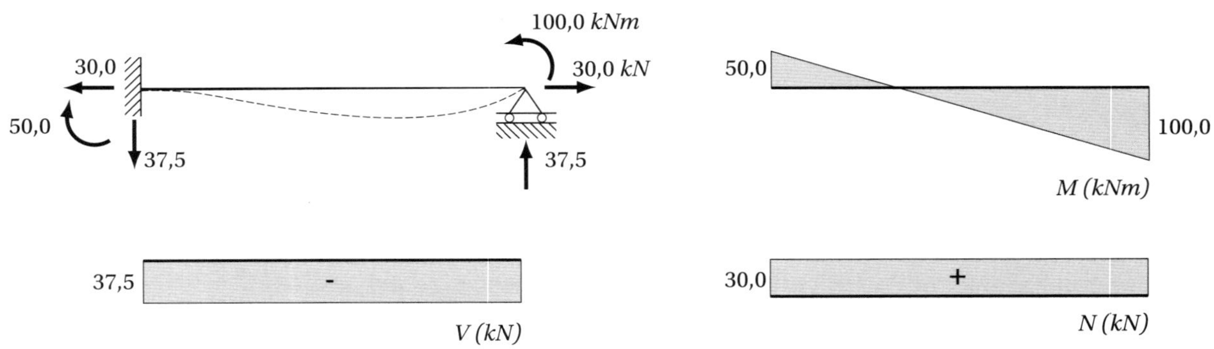

Fig. 7.29 Esforços externos e solicitantes na viga engastada-apoiada

Viaduto de Millau *(2001-2004)*

sistema estrutural: **ponte estaiada**

8 Energia potencial complementar total

Conforme se pôde observar no Cap. 3, o teorema dos esforços virtuais permitiu estabelecer equações de compatibilidade por intermédio de grandezas escalares, a saber, o trabalho virtual complementar interno e o trabalho virtual complementar externo. Sua aplicação é simples e eficaz, mesmo em problemas mais complexos, mas envolve grandezas que carecem de maior significado físico.

Alternativamente, as equações de compatibilidade podem ser obtidas diretamente pela consideração de vínculos internos ou externos. Sua aplicação é conceitualmente muito simples e lida com grandezas de claro significado físico. Entretanto, o procedimento pode ser laborioso para sistemas estruturais um pouco mais complexos, e essas dificuldades são maiores por lidar com grandezas vetoriais, a saber, deslocamentos e forças.

Um terceiro procedimento para a formulação de equações de compatibilidade baseia-se em conceitos de energia complementar. A igualdade $\Delta\mathcal{T}_i^* = \Delta\mathcal{T}_e^*$, a ser derivada do teorema dos esforços virtuais, propicia o estabelecimento dos teoremas de energia complementar para a análise de estruturas pelo método dos esforços.

É importante notar o caráter dual de algumas grandezas, equações, conceitos e teoremas verificados neste capítulo, quando

Quadro 8.1 DUALIDADE ENTRE GRANDEZAS, EQUAÇÕES, CONCEITOS E TEOREMAS

Esforços reais	⇔	Deslocamentos reais
Deslocamentos virtuais	⇔	Esforços virtuais
Teorema dos deslocamentos virtuais	⇔	Teorema dos esforços virtuais
Equações de equilíbrio	⇔	Equações de compatibilidade
Métodos dos deslocamentos	⇔	Método dos esforços
$\Delta\mathcal{T}_\mathrm{i} = \Delta\mathcal{T}_\mathrm{e}$	⇔	$\Delta\mathcal{T}_i^* = \Delta\mathcal{T}_e^*$
Energia de deformação	⇔	Energia complementar de deformação
Energia potencial total	⇔	Energia potencial complementar total
Primeiro teorema de Castigliano	⇔	Primeiro teorema de Engesser ou Segundo teorema de Castigliano

vistos em conjunto com o Cap. 7 e que já foram abordados nos Caps. 2 e 3, conforme mostra o Quadro 8.1.

Neste capítulo, consideram-se problemas de equilíbrio estático em estruturas elásticas correspondentes a sistemas mecânicos conservativos isolados termicamente, submetidos a estado inicial de deformação provocado pela variação da temperatura e a esforços ativos externos ou recalques de apoio, aplicados gradativamente.

8.1 VARIAÇÃO DO TRABALHO COMPLEMENTAR EXTERNO E DO TRABALHO COMPLEMENTAR INTERNO

Seja o movimento de um corpo deformável entre uma configuração de referência e uma configuração final de equilíbrio estático.

Considera-se que o corpo deformável esteja em equilíbrio, sujeito a forças de volume $\boldsymbol{f}^B$, definidas em V, e a forças de superfície $\boldsymbol{f}^S$, definidas numa parte S_f da fronteira S. Na parte restante da fronteira, S_u, são especificados os deslocamentos $\hat{\boldsymbol{u}}$ (Fig. 8.1).

Admite-se que esse corpo seja um sistema mecânico conservativo isolado termicamente e que os esforços $\boldsymbol{f}^B$ e $\boldsymbol{f}^S$ e os deslocamentos $\hat{\boldsymbol{u}}$ sejam aplicados gradativamente.

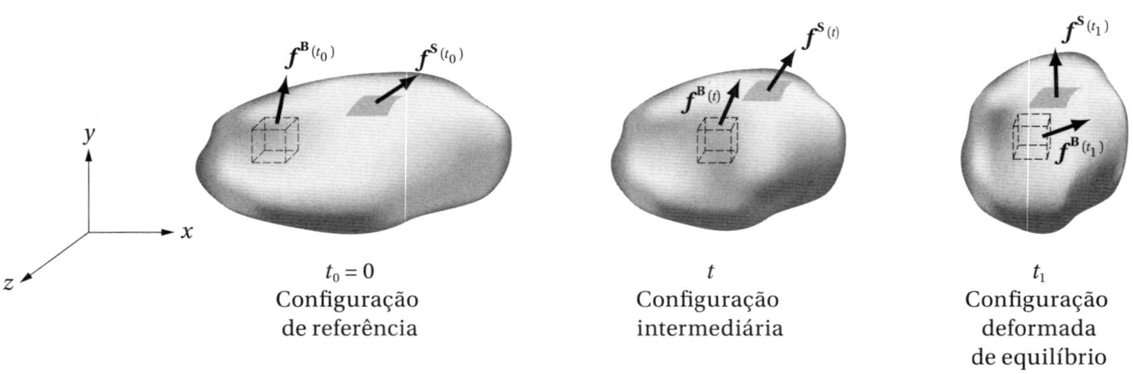

FIG. 8.1 Movimento de um corpo deformável entre os instantes t_0 e t_1

No instante genérico t, durante o processo de aplicação das ações externas, os campos de deslocamentos, de deformações e de tensões são caracterizados pelos vetores $\{\boldsymbol{u}(t)\}$, $\{\boldsymbol{\varepsilon}(t)\}$ e $\{\boldsymbol{\sigma}(t)\}$.

Assim, pelo teorema dos esforços virtuais generalizado, pode-se afirmar que:

$$\int_V \{\delta\boldsymbol{\sigma}\}^T \{\boldsymbol{\varepsilon}(t)\}\, dV = \int_V \left\{\delta \boldsymbol{f}^B\right\}^T \{\boldsymbol{u}(t)\}\, dV + \int_S \left\{\delta \boldsymbol{f}^S\right\}^T \{\boldsymbol{u}(t)\}\, dS \tag{8.1}$$

Considere agora $\{\delta\boldsymbol{\sigma}\}$, $\left\{\delta \boldsymbol{f}^B\right\}$ e $\left\{\delta \boldsymbol{f}^S\right\}$ não como campos de tensões e esforços virtuais, mas como acréscimos infinitesimais dos campos reais de tensões, em V, e de forças de volume, em V, e de superfície, em S, ao longo do movimento decorrente da aplicação das ações externas. Pode-se então estabelecer que:

$$\int_V \{d\boldsymbol{\sigma}\}^T \{\boldsymbol{\varepsilon}(t)\}\, dV = \int_V \left\{d \boldsymbol{f}^B\right\}^T \{\boldsymbol{u}(t)\}\, dV + \int_S \left\{d \boldsymbol{f}^S\right\}^T \{\boldsymbol{u}(t)\}\, dS \tag{8.2}$$

onde o membro da esquerda é o incremento do trabalho complementar dos esforços internos e o membro da direita é o incremento do trabalho complementar dos esforços externos, entre os instantes t e $t + dt$. A expressão (8.2) poderia ser escrita diretamente a partir do teorema do trabalho.

Considerando-se as integrais de (8.2) entre os instantes t_0 e t_1, obtém-se:

$$\begin{gathered}\underbrace{\int_V \left(\int_{\boldsymbol{\sigma}(t_0)}^{\boldsymbol{\sigma}(t_1)} \{\boldsymbol{\varepsilon}(t)\}^T \{d\boldsymbol{\sigma}\} \right) dV}_{\Delta\mathcal{T}_i^*} = \\ \underbrace{\int_V \left(\int_{\boldsymbol{f}^B(t_0)}^{\boldsymbol{f}^B(t_1)} \{\boldsymbol{u}(t)\}^T \left\{d\boldsymbol{f}^B\right\} \right) dV + \int_S \left(\int_{\boldsymbol{f}^S(t_0)}^{\boldsymbol{f}^S(t_1)} \{\boldsymbol{u}(t)\}^T \left\{d\boldsymbol{f}^S\right\} \right) dS}_{\Delta\mathcal{T}_e^*}\end{gathered} \tag{8.3}$$

onde $\Delta\mathcal{T}_i^*$ é a variação do trabalho complementar interno e $\Delta\mathcal{T}_e^*$ é a variação do trabalho complementar externo entre a configuração de referência e a configuração deformada de equilíbrio.

A expressão (8.3) pode ainda ser colocada na forma:

$$\begin{gathered}\underbrace{\int_V \left(\int_{t_0}^{t_1} \{\boldsymbol{\varepsilon}(t)\}^T \{\dot{\boldsymbol{\sigma}}(t)\}\, dt \right) dV}_{\Delta\mathcal{T}_i^*} = \\ \underbrace{\int_V \left(\int_{t_0}^{t_1} \{\boldsymbol{u}(t)\}^T \left\{\dot{\boldsymbol{f}}^B(t)\right\} dt \right) dV + \int_S \left(\int_{t_0}^{t_1} \{\boldsymbol{u}(t)\}^T \left\{\dot{\boldsymbol{f}}^S(t)\right\} dt \right) dS}_{\Delta\mathcal{T}_e^*}\end{gathered} \tag{8.4}$$

As expressões (8.3) e (8.4) estabelecem que a variação do trabalho complementar interno é igual à variação do trabalho complementar externo entre a configuração de referência e a configuração deformada de equilíbrio.

A variação do trabalho complementar interno, realizada entre a configuração de referência e a configuração deformada de equilíbrio, é definida como energia potencial complementar de deformação ou, simplesmente, energia complementar de deformação, U^*, ou seja:

$$\mathcal{U}^* = \Delta \mathcal{T}_i^* = \int_V \left(\int_{\boldsymbol{\sigma}(t_0)}^{\boldsymbol{\sigma}(t_1)} \{\boldsymbol{\varepsilon}(t)\}^T \{d\boldsymbol{\sigma}\} \right) dV = \int_V \left(\int_{t_0}^{t_1} \{\boldsymbol{\varepsilon}(t)\}^T \{\dot{\boldsymbol{\sigma}}(t)\}\, dt \right) dV \tag{8.5}$$

A seguir, a variação do trabalho complementar externo entre as configurações de referência e deformada de equilíbrio será referida como trabalho complementar externo, $\mathcal{T}_e^*$, ou seja:

$$\begin{aligned} \mathcal{T}_e^* &= \Delta \mathcal{T}_e^* \\ &= \int_V \left(\int_{\boldsymbol{f}^B(t_0)}^{\boldsymbol{f}^B(t_1)} \{\boldsymbol{u}(t)\}^T \{d\boldsymbol{f}^B\} \right) dV + \int_S \left(\int_{\boldsymbol{f}^S(t_0)}^{\boldsymbol{f}^S(t_1)} \{\boldsymbol{u}(t)\}^T \{d\boldsymbol{f}^S\} \right) dS \\ &= \int_V \left(\int_{t_0}^{t_1} \{\boldsymbol{u}(t)\}^T \left\{\dot{\boldsymbol{f}}^B(t)\right\} dt \right) dV + \int_S \left(\int_{t_0}^{t_1} \{\boldsymbol{u}(t)\}^T \left\{\dot{\boldsymbol{f}}^S(t)\right\} dt \right) dS \end{aligned} \tag{8.6}$$

Ao considerar-se (7.5) e (8.5), a soma da energia de deformação e da energia complementar de deformação é dada por:

$$\mathcal{U} + \mathcal{U}^* = \int_V \{\boldsymbol{\sigma}\}^T \{\boldsymbol{\varepsilon}\}\, dV \tag{8.7}$$

Com base em (7.6) e (8.6), a soma do trabalho externo e do trabalho complementar externo é dada por:

$$\mathcal{T}_e + \mathcal{T}_e^* = \int_V \{\boldsymbol{f}^B\}^T \{\boldsymbol{u}\}\, dV + \int_S \{\boldsymbol{f}^S\}^T \{\boldsymbol{u}\}\, dS \tag{8.8}$$

As expressões (8.7) e (8.8) são duas relações notáveis quando se trata dos teoremas de energia e realçam a dualidade existente entre as grandezas $\mathcal{U}$ e $\mathcal{U}^*$ e entre $\mathcal{T}_e$ e $\mathcal{T}_e^*$.

8.2 Energia complementar de deformação

A energia complementar de deformação de um sólido deformável elástico submetido a carregamento quase estático pode ser calculada pela expressão (8.5) ou pela igualdade $\mathcal{U}^* = \mathcal{T}_e^*$, mas não apresenta uma interpretação física direta. Entretanto, a igualdade (8.7) mostra com clareza que $\mathcal{U}^*$ define univocamente o valor da energia de deformação, o que realça a adequação do termo "complementar" em sua definição.

Uma possível interpretação física indireta de $\mathcal{U}^*$ requer a consideração do movimento de um corpo elástico, em que se considera a energia cinética e a dissipação de energia por calor.

Seja, por exemplo, uma mola elástica submetida a uma carga aplicada instantaneamente, caracterizada pela queda de um corpo de peso P de uma altura $h \cong 0$. A mola oscilará em torno da configuração deformada de equilíbrio, para a qual convergirá na presença de forças que dissipem energia na forma de calor. Essa sequência está ilustrada na Fig. 8.2.

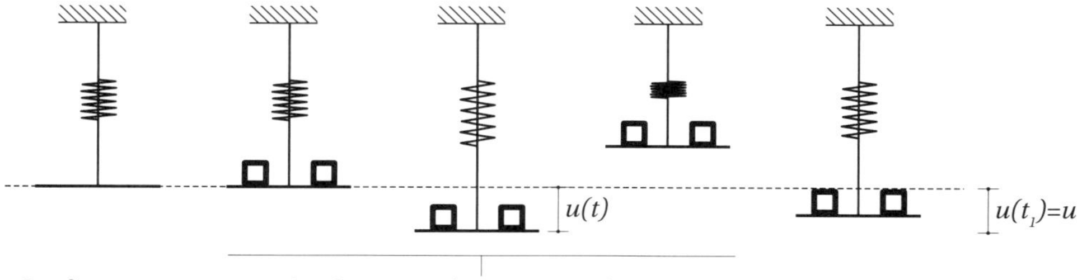

Configuração de referência — Configuração durante a oscilação — Configuração de equilíbrio

Fig. 8.2 Movimento de uma viga sob a ação de carga instantânea

Para a aplicação instantânea da carga P, e considerando-se o princípio da conservação da energia, para qualquer instante t, entre as configurações de referência e deformada de equilíbrio, pode-se afirmar que

$$\Delta\mathcal{T}_i + (\Delta K - \Delta Q) = \Delta\mathcal{T}_e \quad \text{com} \quad \Delta\mathcal{T}_e = Pu(t) \quad \text{e} \quad \Delta\mathcal{T}_i = \mathcal{U}$$

Por outro lado, ao considerar-se a mola como sistema elástico conservativo com a carga P aplicada estaticamente, tem-se, para a configuração deformada de equilíbrio:

$$\mathcal{U} = \mathcal{T}_e \qquad \mathcal{U}^* = \mathcal{T}_e^* \qquad \mathcal{U} + \mathcal{U}^* = \mathcal{T}_e + \mathcal{T}_e^* = Pu$$

A Fig. 8.3 mostra a interpretação geométrica da variação do trabalho externo, $\Delta\mathcal{T}_e$, para a carga P aplicada instantaneamente, bem como do trabalho externo, $\mathcal{T}_e$, e do trabalho complementar externo, $\mathcal{T}_e^*$, para a carga P aplicada estaticamente.

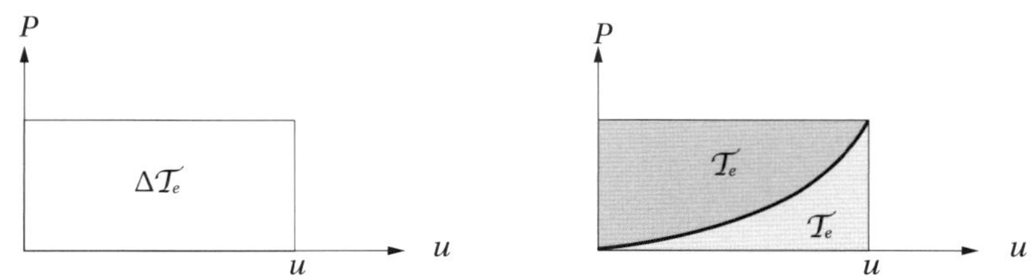

Aplicação instantânea — Aplicação gradativa

Fig. 8.3 Trabalho externo de força conservativa

Nessas condições, pode-se constatar que, numericamente, $\mathcal{T}_e + \mathcal{T}_e^* = \Delta\mathcal{T}_e$, $\mathcal{U} = \Delta\mathcal{T}_i$ e, portanto, $\mathcal{U}^* = (\Delta K - \Delta Q)$, em qualquer instante t durante a oscilação, e $\mathcal{U}^* = (-\Delta Q)$, na configuração deformada de equilíbrio, quando cessa o movimento e anula-se a energia cinética. A última expressão permite interpretar a energia complementar de deformação como a energia dissipada entre as configurações de referência e deformada de equilíbrio em sistemas mecânicos elásticos.

Na elasticidade, a energia complementar de deformação é uma energia potencial que independe das configurações intermediárias, que pode ser expressa por:

$$\mathcal{U}^* = \int_V \mathcal{W}^* \left(\sigma_{xx}, \sigma_{yy}, \sigma_{zz}, \sigma_{xy}, \sigma_{yz}, \sigma_{zx}\right) dV \tag{8.9}$$

onde $\mathcal{W}^*$ é uma função das componentes do tensor das tensões e é chamada de densidade de energia complementar de deformação ou de energia complementar de deformação específica. De (7.7), (8.7) e (8.9) resulta:

$$\mathcal{W} + \mathcal{W}^* = \{\boldsymbol{\sigma}\}^T \{\boldsymbol{\varepsilon}\} \tag{8.10}$$

As tensões $\{\boldsymbol{\sigma}\}$ e as deformações elásticas $\{\boldsymbol{\varepsilon}\}$ em (8.10) são decorrentes das forças de volume, em V, de superfície, em S_f, e dos deslocamentos especificados em S_u. Entretanto, em alguns exemplos que serão apresentados, será considerada também a variação da temperatura. Para incluí-la de modo simples, caracteriza-se essa ação como um estado inicial de deformação, $\{\boldsymbol{\varepsilon}^0\}$. Nessas condições, a expressão (8.10) pode ser reescrita na forma:

$$\mathcal{W} + \mathcal{W}^* = \{\boldsymbol{\sigma}\}^T \left\{\boldsymbol{\varepsilon} + \boldsymbol{\varepsilon}^0\right\} \tag{8.11}$$

Para ilustrar, na Fig. 8.4 apresentam-se gráficos tensão-deformação de estado simples de tensão, linear e não linear e sem ou com deformação inicial, ε^0, que permitem uma interpretação geométrica de $\mathcal{W}^*$, de $\mathcal{W}$ e da soma $\mathcal{W} + \mathcal{W}^*$. $\mathcal{W}^*$ é a área compreendida entre a curva $\sigma - \varepsilon$ e o eixo dos σ; $\mathcal{W}$ é a área compreendida entre a curva $\sigma - \varepsilon$ e o eixo dos ε; e $\mathcal{W} + \mathcal{W}^*$ é a área do retângulo $\sigma\left(\varepsilon + \varepsilon^0\right)$. Para a deformação inicial, que representa a variação de temperatura, tem-se $\varepsilon^0 = \alpha\Delta\theta$, onde α é o coeficiente de dilatação térmica e $\Delta\theta$ é a variação da temperatura.

Assim, no caso de material elástico linear e na presença de estado inicial de deformação, a energia complementar de deformação é definida por:

$$\mathcal{U}^* = \frac{1}{2}\int_V \{\boldsymbol{\sigma}\}^T \{\boldsymbol{\varepsilon}\} dV + \int_V \{\boldsymbol{\sigma}\}^T \left\{\boldsymbol{\varepsilon}^0\right\} dV \tag{8.12}$$

com

$$\{\boldsymbol{\sigma}\}^T \{\boldsymbol{\varepsilon}\} = \sigma_{xx}\varepsilon_{xx} + \sigma_{yy}\varepsilon_{yy} + \sigma_{zz}\varepsilon_{zz} + \sigma_{xy}\gamma_{xy} + \sigma_{yz}\gamma_{yz} + \sigma_{zx}\gamma_{zx} \tag{8.13}$$

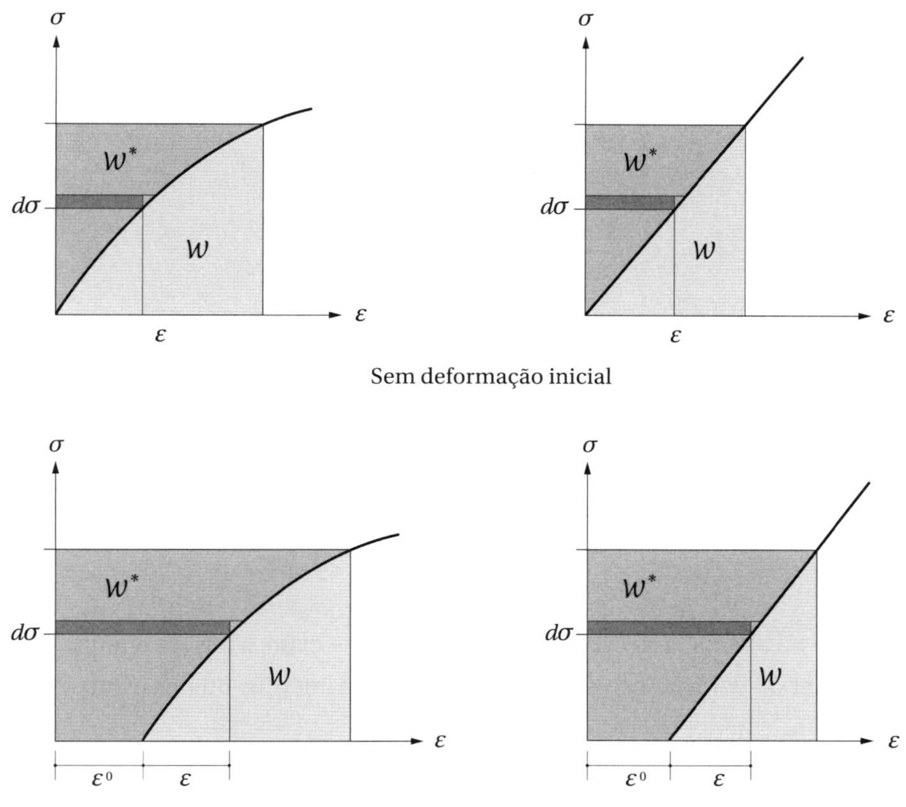

FIG. 8.4 Densidade de energia complementar de deformação e densidade de energia de deformação em estado simples de tensão

que se apresenta como uma expressão quadrática das componentes do tensor das tensões, quando se expressam as componentes do tensor das deformações em função das componentes do tensor das tensões, de acordo com a lei de Hooke generalizada, $\{\boldsymbol{\varepsilon}\} = [\boldsymbol{D}]\,\{\boldsymbol{\sigma}\}$.

Observada a linearidade física, tem-se:

$$\mathcal{U}+\mathcal{U}^* = \int_V \{\boldsymbol{\sigma}\}^T \{\boldsymbol{\varepsilon}\}\, dV + \int_V \{\boldsymbol{\sigma}\}^T \{\boldsymbol{\varepsilon}^0\}\, dV \qquad \mathcal{W}+\mathcal{W}^* = \{\boldsymbol{\sigma}\}^T \{\boldsymbol{\varepsilon}\} + \{\boldsymbol{\sigma}\}^T \{\boldsymbol{\varepsilon}^0\} \tag{8.14}$$

ou, em vista de (7.8) e (8.12):

$$\mathcal{U}^* = \mathcal{U} + \int_V \{\boldsymbol{\sigma}\}^T \{\boldsymbol{\varepsilon}^0\}\, dV \qquad \mathcal{W}^* = \mathcal{W} + \{\boldsymbol{\sigma}\}^T \{\boldsymbol{\varepsilon}^0\} \tag{8.15}$$

e, na ausência de deformações iniciais, tem-se:

$$\mathcal{U} = \mathcal{U}^* = \frac{1}{2}\int_V \{\boldsymbol{\sigma}\}^T \{\boldsymbol{\varepsilon}\}\, dV \qquad \mathcal{W} = \mathcal{W}^* = \frac{1}{2}\{\boldsymbol{\sigma}\}^T \{\boldsymbol{\varepsilon}\} \tag{8.16}$$

Para estruturas reticuladas planas em regime elástico linear, modeladas pela teoria elementar de barra plana, pode-se escrever:

$$\mathcal{U}^* = \int_V \frac{\sigma_{xx}\varepsilon_{xx}}{2} dV + \int_V \sigma_{xx}\varepsilon_{xx}^0 dV \tag{8.17}$$

com $\sigma_{xx} = E\varepsilon_{xx}$.

Assim, na ausência de deformações iniciais, resulta:

$$\mathcal{U}^* = \mathcal{U} = \int_V \frac{\sigma_{xx}\varepsilon_{xx}}{2} dV = \int_V \frac{\sigma_{xx}^2}{2E} dV = \int_V \frac{E\varepsilon_{xx}^2}{2} dV \tag{8.18}$$

e, ao considerar-se (7.11) e (7.12),

$$\mathcal{U}^* = \mathcal{U} = \int_{\text{estr}} \frac{EI_y}{2} \left(w''\right)^2 ds + \int_{\text{estr}} \frac{EA}{2} \left(u'\right)^2 ds \tag{8.19}$$

ou

$$\mathcal{U}^* = \mathcal{U} = \int_{\text{estr}} \frac{\left(M_y\right)^2}{2EI_y} ds + \int_{\text{estr}} \frac{(N)^2}{2EA} ds \tag{8.20}$$

que são, na ausência de deformações iniciais, as expressões da energia complementar de deformação em termos dos deslocamentos ou dos esforços solicitantes.

A extensão para estruturas reticuladas no espaço é imediata, e a energia complementar de deformação pode ser expressa por:

$$\mathcal{U}^* = \mathcal{U} + \int_V \sigma_{xx}\varepsilon_{xx}^0 dV \tag{8.21}$$

com

$$\begin{aligned} \mathcal{U} = & \int_{\text{estr}} \frac{EI_y}{2} \left(w''\right)^2 ds + \int_{\text{estr}} \frac{EI_z}{2} \left(v''\right)^2 ds \\ & + \int_{\text{estr}} \frac{EA}{2} \left(u'\right)^2 ds + \int_{\text{estr}} \frac{GI_T}{2} \left(\theta'\right)^2 ds \end{aligned} \tag{8.22}$$

ou

$$\mathcal{U} = \int_{\text{estr}} \frac{\left(M_y\right)^2}{2EI_y} ds + \int_{\text{estr}} \frac{(M_z)^2}{2EI_z} ds + \int_{\text{estr}} \frac{(N)^2}{2EA} ds + \int_{\text{estr}} \frac{(T)^2}{2GI_T} ds \tag{8.23}$$

É muito importante ressaltar, uma vez mais, que na ausência de deformações iniciais, verifica-se a igualdade numérica entre U e U^*.

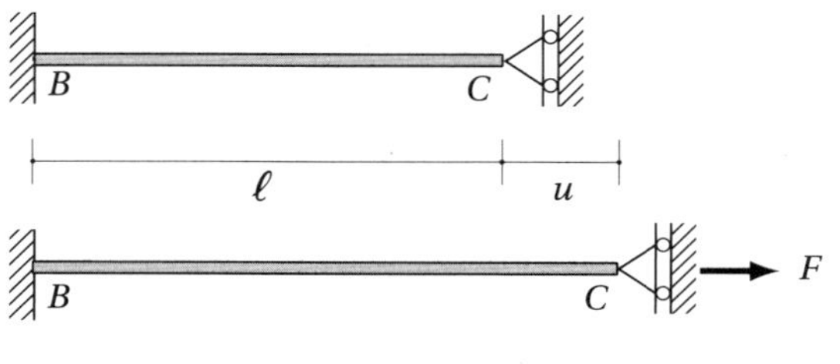

FIG. 8.5 Viga submetida a recalque de apoio u

Exemplo **8.1**

Calcular a energia complementar de deformação e estabelecer a expressão $u = u(F)$ para a viga prismática de seção transversal A, comprimento ℓ e solicitada por recalque de apoio u, sendo F a reação no vínculo C (Fig. 8.5). Essa viga é constituída de material elástico não linear, com relação tensão-deformação $\sigma = E\varepsilon^2$ para $\varepsilon > 0$.

Solução

A densidade de energia complementar de deformação é dada por:

$$\mathcal{W}^* = \int \varepsilon d\sigma = \int \sqrt{\frac{\sigma}{E}} d\sigma = \frac{2}{3}\sqrt{\frac{\sigma^3}{E}} = \frac{2}{3}\sigma\varepsilon \qquad \text{(a)}$$

o que poderia ser diretamente estabelecido da igualdade $\mathcal{W} + \mathcal{W}^* = \sigma\varepsilon$, observando que $\mathcal{W} = \frac{1}{3}\sigma\varepsilon$, conforme se mostra na Fig. 8.6.

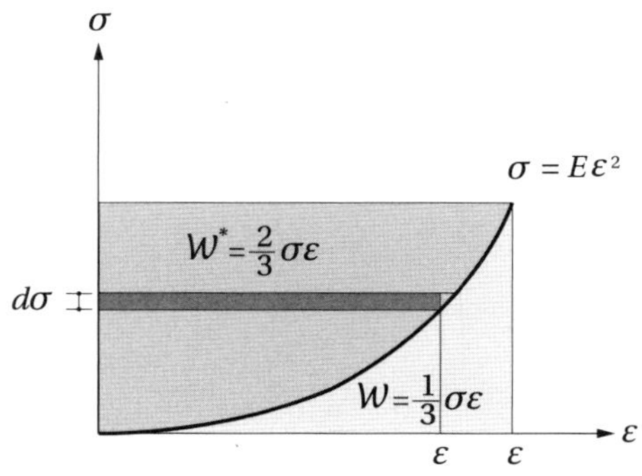

FIG. 8.6 Curva $\mathcal{W}^*(\varepsilon)$

Ao introduzir-se $\sigma = \frac{F}{A}$ em (a), integrando-se no volume, obtém-se a expressão da energia complementar de deformação:

$$\mathcal{U}^*(F) = \int \mathcal{W}^* \mathrm{d}V = \frac{2}{3}\left(\frac{F}{EA}\right)^{\frac{3}{2}} EA\ell \qquad \text{(b)}$$

Para estabelecer a função de $u(F)$, parte-se da expressão do trabalho complementar externo $\mathcal{T}_e^* = \int u dF$. Como $\mathcal{T}_e^* = \mathcal{U}^*$, a função $u(F)$ deve ser do tipo $u = \beta\sqrt{F}$, o que conduz a:

$$\mathcal{T}_e^* = \frac{2}{3}\beta (F)^{\frac{3}{2}} \qquad \text{(c)}$$

Assim, ao comparar-se (b) e (c), obtém-se $\beta = \frac{\ell}{\sqrt{EA}}$ e a expressão explícita de $u(F)$:

$$u = \ell\sqrt{\frac{F}{EA}} \qquad \text{(d)}$$

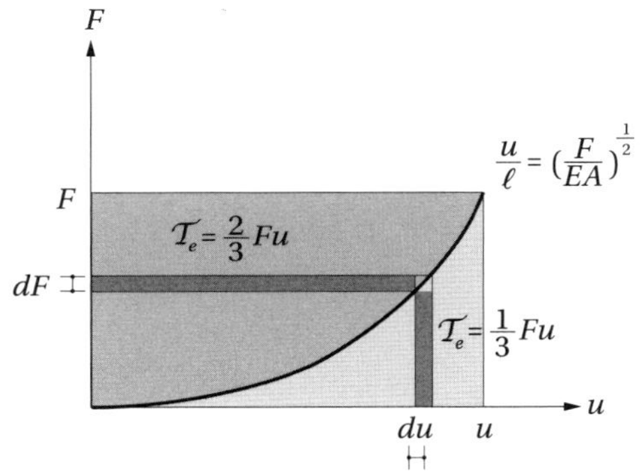

FIG. 8.7 Interpretação geométrica do trabalho externo

A Fig. 8.7 mostra a interpretação geométrica do trabalho complementar externo, dado pela área compreendida entre a curva $u(F)$ e o eixo dos F, e mostra a relação $\mathcal{T}_e + \mathcal{T}_e^* = Fu$, que permitiria escrever diretamente $\mathcal{T}_e^*$, observando que $\mathcal{T}_e = \frac{1}{3}Fu$.

Exemplo 8.2

Calcular a energia complementar de deformação e estabelecer a expressão $u(F)$ para o sistema articulado, composto por duas barras colineares idênticas, com área de seção transversal A, comprimento ℓ, material elástico linear de módulo de elasticidade E e solicitado por recalque de apoio u, sendo F a reação de apoio em C, conforme se indica na Fig. 8.8.

Solução

Como o material é elástico linear:

$$\sigma = E\varepsilon \quad e \quad N = EA\varepsilon \qquad \text{(a)}$$

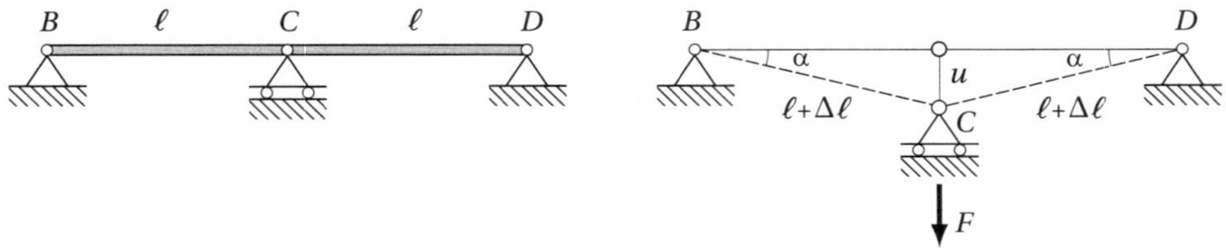

FIG. 8.8 Sistema articulado submetido a recalque de apoio u

A disposição particular das barras do sistema articulado exige que se escreva a equação de equilíbrio do nó C na configuração deformada de equilíbrio, que é típico de análise geométrica não linear:

$$2N\,\mathrm{sen}\,\alpha = F \tag{b}$$

As Eqs. (a) e (b) permitem escrever:

$$F = 2EA\varepsilon\,\mathrm{sen}\,(\alpha)$$

ou, ao considerar-se que:

$$\varepsilon = \frac{\Delta\ell}{\ell} = \sqrt{1+\left(\frac{u}{\ell}\right)^2} - 1 \quad \text{e} \quad \mathrm{sen}\,\alpha = \frac{u}{\ell}\left(\sqrt{1+\left(\frac{u}{\ell}\right)^2}\right)^{-1}$$

pode-se escrever:

$$F = 2EA\left(\sqrt{1+\left(\frac{u}{\ell}\right)^2} - 1\right)\frac{u}{\ell}\left(\sqrt{1+\left(\frac{u}{\ell}\right)^2}\right)^{-1} = 2EA\frac{u}{\ell}\left[1-\left(\sqrt{1+\left(\frac{u}{\ell}\right)^2}\right)^{-1}\right] \tag{c}$$

que é a relação $F(u)$ resultante da consideração da geometria exata da deformada da estrutura. Observa-se que a relação tensão-deformação, $\sigma(\varepsilon)$, é linear, em virtude da hipótese de linearidade física. A não linearidade de $F(u)$ nessas condições é referida como não linearidade geométrica.

Admitindo-se valores pequenos de $\left(\frac{u}{\ell}\right)$ e ao desenvolver-se (c) em série de potências de $\left(\frac{u}{\ell}\right)$, obtém-se:

$$\frac{F}{EA} = \left(\frac{u}{\ell}\right)^3 - \frac{3}{4}\left(\frac{u}{\ell}\right)^5 + O\left[\left(\frac{u}{\ell}\right)^7\right]$$

Assim, ao se reter apenas o termo cúbico, obtém-se a seguinte relação força-deslocamento:

$$F = EA\left(\frac{u}{\ell}\right)^3 \tag{d}$$

válida para valores pequenos de $\left(\frac{u}{\ell}\right)$ e que permite, nessas condições, obter $u(F)$:

$$u = \left(\sqrt[3]{\frac{F}{EA}}\right)\ell$$

e calcular o trabalho complementar externo:

$$\mathcal{T}_e^* = \int u dF = \int \ell \left(\frac{F}{EA}\right)^{\frac{1}{3}} dF = \frac{3}{4} EA\ell \left(\frac{F}{EA}\right)^{\frac{4}{3}} = \frac{3}{4} Fu$$

e a energia complementar de deformação:

$$\mathcal{U}^*(F) = \frac{3}{4} EA\ell \left(\frac{F}{EA}\right)^{\frac{4}{3}} = \frac{3}{4} Fu$$

A Fig. 8.9 mostra o gráfico $F = F(u)$ não linear, com as hipóteses de linearidade física e não linearidade geométrica para valores pequenos de $\left(\frac{u}{\ell}\right)$, e as áreas que caracterizam $\mathcal{T}_e$, $\mathcal{T}_e^*$ e $\mathcal{T}_e + \mathcal{T}_e^* = Fu$.

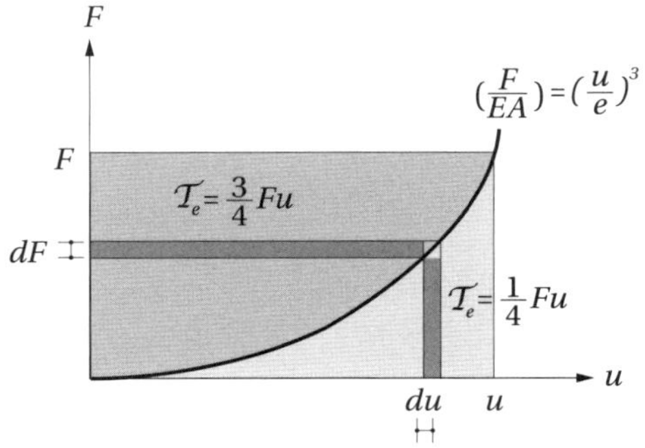

FIG. 8.9 Trabalho externo e trabalho complementar externo

Exemplo **8.3**

Calcular a energia complementar de deformação da viga engastada apresentada na Fig. 8.10, com seu diagrama de momentos fletores. A barra da viga é prismática, com seção transversal de área A, momento de inércia I, e seu material é elástico linear de módulo de elasticidade E.

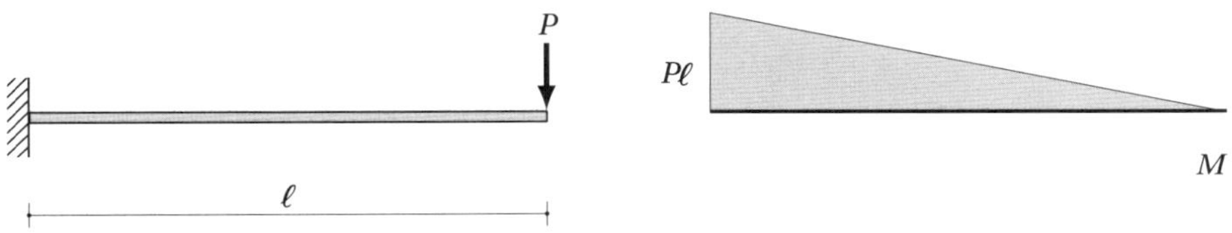

FIG. 8.10 Viga engastada

Solução

Na ausência de deformações iniciais, tem-se $U^* = U$, e a energia complementar de deformação pode ser calculada aplicando-se (8.20). Assim:

$$\mathcal{U}^* = \mathcal{U} = \int_0^\ell \frac{M^2}{2EI} dx = \frac{P^2 \ell^3}{6EI}$$

Exemplo **8.4**

Calcular a energia complementar de deformação da viga "em L" apresentada na Fig. 8.11, com os seus diagramas de momentos fletores e forças normais. As barras da viga são prismáticas, com mesmo comprimento ℓ, mesma seção transversal de área A, momento de inércia I, e são constituídas de material elástico linear de módulo de elasticidade E.

Solução

Ao aplicar-se (8.20), obtém-se:

$$\mathcal{U}^* = \mathcal{U} = \frac{2}{3} \frac{P^2 \ell^3}{EI} \left(1 + \frac{3}{4} \frac{I}{A\ell^2}\right)$$

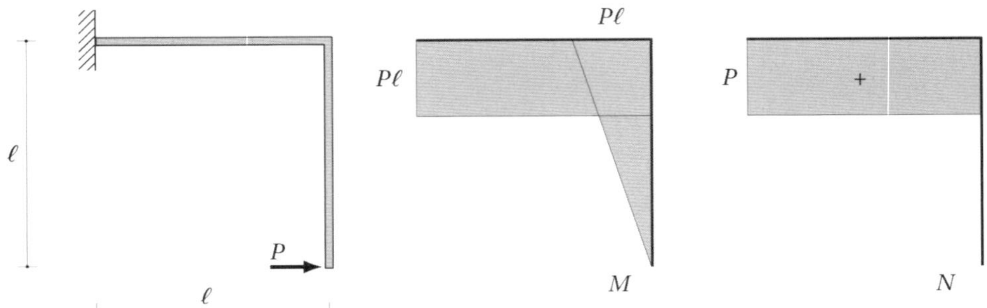

FIG. 8.11 Viga "em L"

Valem as observações do exemplo 7.4 a respeito da parcela da energia complementar de deformação decorrente da força normal.

Exemplo **8.5**

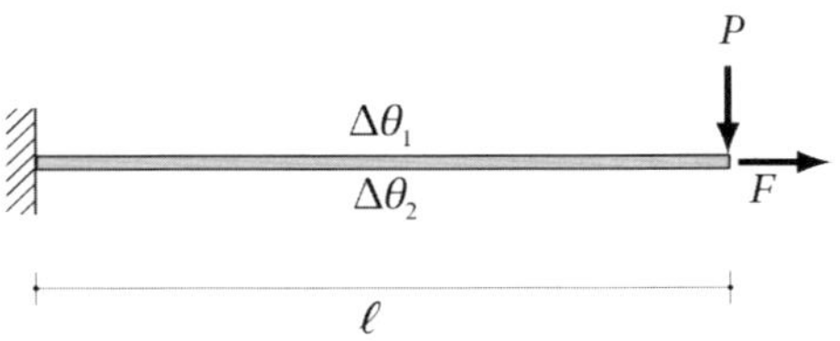

FIG. 8.12 Viga engastada sob a ação de forças concentradas e variação de temperatura

Calcular a energia complementar de deformação da viga em balanço submetida às forças concentradas e à variação de temperatura da Fig. 8.12. A barra da viga é prismática, com seção transversal de área A, momento de inércia I, seu material é elástico linear de módulo de elasticidade E e coeficiente de dilatação térmica α.

Solução

Neste caso, não se pode aplicar a igualdade numérica entre $\mathcal{U}$ e $\mathcal{U}^*$, porque ocorre deformação de origem térmica. Admitindo-se a deformação térmica como deformação inicial, $\varepsilon_0 = \alpha\Delta\theta$, a relação tensão-deformação é definida por:

$$\varepsilon_t = \varepsilon_0 + \varepsilon = \alpha\Delta\theta + \frac{\sigma}{E}$$

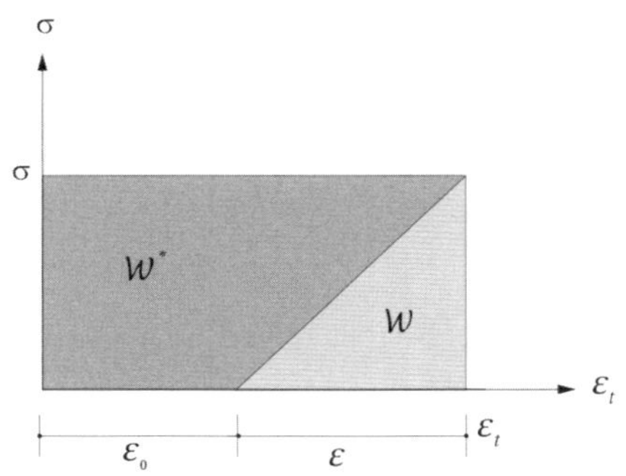

FIG. 8.13 Gráfico tensão-deformação com variação de temperatura

e as expressões da densidade de energia complementar de deformação e da densidade de energia de deformação são dadas, respectivamente, por:

$$\mathcal{W}^* = \alpha\Delta\theta\sigma + \frac{1}{2}\sigma\varepsilon \qquad \mathcal{W} = \frac{1}{2}\sigma\varepsilon \quad \text{com} \quad \sigma\varepsilon = \frac{\sigma^2}{E} = E\varepsilon^2$$

conforme se pode observar na Fig. 8.13.

Ao integrar-se a expressão $\mathcal{W}^*$ no volume, ou aplicando-se diretamente (8.17) e (8.20), obtém-se a expressão da energia complementar de deformação:

$$\mathcal{U}^* = \int_V \alpha\Delta\theta\sigma\, dV + \int_0^\ell \frac{M_y^2}{2EI_y}dx + \int_0^\ell \frac{N^2}{2EA}dx \tag{a}$$

Para o caso de seção transversal simétrica em relação ao eixo z e com distribuição linear de temperaturas ao longo desse eixo, conforme se indica

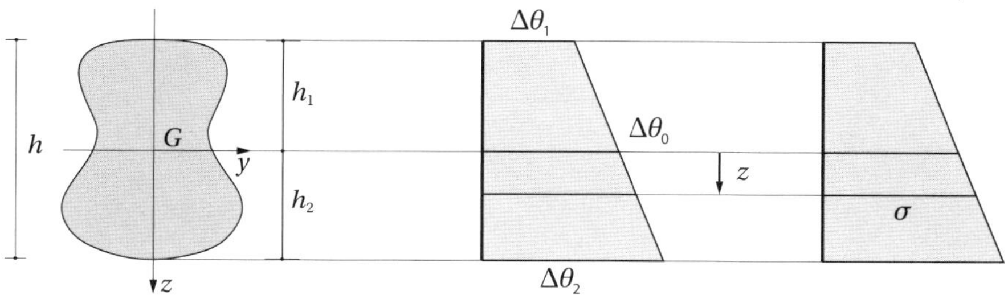

FIG. 8.14 Distribuição de temperaturas e tensões na seção transversal

na Fig. 8.14, pode-se escrever a expressão da distribuição de temperaturas na seção transversal:

$$\Delta\theta = \Delta\theta_0 + \frac{z}{h}(\Delta\theta_2 - \Delta\theta_1) \tag{b}$$

com $\Delta\theta_0 = \frac{h_1}{h}\Delta\theta_2 + \frac{h_2}{h}\Delta\theta_1$.

Assim, ao introduzir-se (b) e a expressão $\sigma = \frac{N}{A} + \frac{M_y}{I_y}z$ em (a), após algumas transformações, obtém-se a expressão da energia complementar de deformação:

$$\mathcal{U}^* = \int_0^\ell \alpha\Delta\theta_0 N dx + \int_0^\ell \frac{\alpha(\Delta\theta_2 - \Delta\theta_1)}{h} M_y dx + \int_0^\ell \frac{N^2}{2EA}dx + \int_0^\ell \frac{M_y^2}{2EI_y}dx \tag{c}$$

que pode ter a forma:

$$\mathcal{U}^* = \int_0^\ell \alpha\Delta\theta_0 N dx + \int_0^\ell \frac{\alpha(\Delta\theta_2 - \Delta\theta_1)}{h} M_y dx + \mathcal{U}$$

Antes de prosseguir, é conveniente chamar a atenção para os sinais dos produtos $(\Delta\theta_0 N)$ e $(\Delta\theta_2 - \Delta\theta_1)M_y$. No caso do produto $(\Delta\theta_0 N)$, o sinal será definido de acordo com a convenção usual de sinais para $\Delta\theta_0$ e N. Assim, $\Delta\theta_0$ será positivo ou negativo conforme a variação da temperatura no centro de gravidade for positiva ou negativa. A força normal será positiva, se de tração ou negativa, se de compressão.

No caso do produto $(\Delta\theta_2 - \Delta\theta_1)M_y$, é conveniente interpretar fisicamente o seu sinal. Ele será positivo se $\Delta\theta_2 > \Delta\theta_1$ e M_y tracionar as fibras inferiores ou se $\Delta\theta_1 > \Delta\theta_2$ e M_y tracionar as fibras superiores. Ele será negativo se $\Delta\theta_2 > \Delta\theta_1$ e M_y tracionar as fibras superiores ou se $\Delta\theta_1 > \Delta\theta_2$ e M_y tracionar as fibras inferiores. Essa análise de sinais é reproduzida na Fig. 8.15.

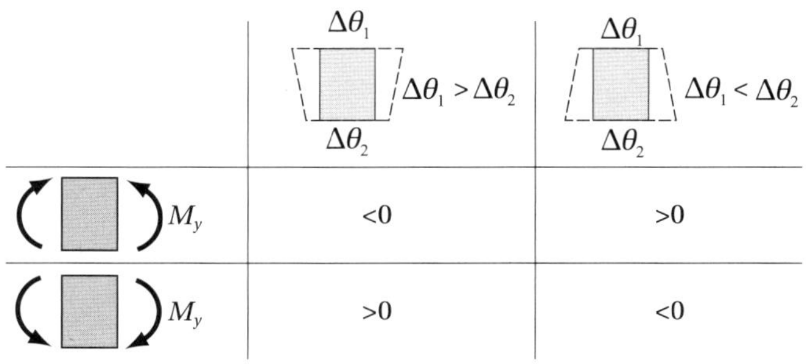

FIG. 8.15 Sinais do produto $(\Delta\theta_2 - \Delta\theta_1)M_y$

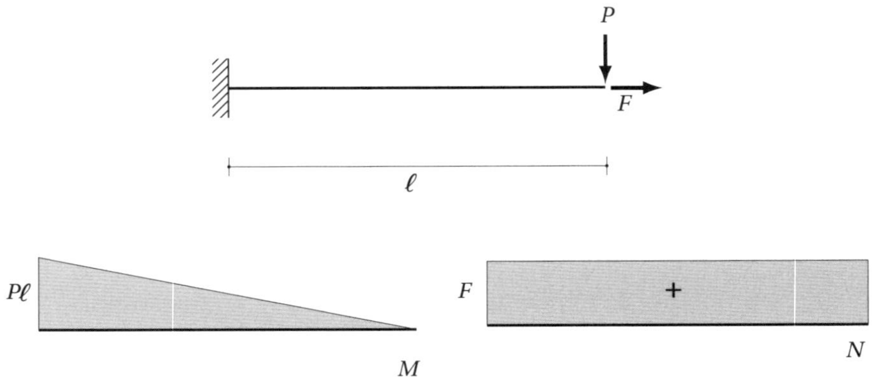

FIG. 8.16 Diagramas de esforços solicitantes na viga engastadas

Assim, considerando-se os diagramas de esforços solicitantes da Fig. 8.16, a expressão (c) e as convenções de sinais, obtém-se:

$$\mathcal{U} = \frac{P^2 \ell^3}{6EI} + \frac{F^2 \ell^2}{2EA}$$

$$\int_0^\ell \alpha \Delta\theta_0 N dx = \alpha\Delta\theta_0 \int_0^\ell N dx = \alpha\Delta\theta_0 F\ell$$

$$\int_0^\ell \frac{\alpha\,(\Delta\theta_2 - \Delta\theta_1)}{h} M_y dx = \frac{\alpha\,(\Delta\theta_1 - \Delta\theta_2)}{h}\left(\frac{P\ell^2}{2}\right)$$

portanto:

$$\mathcal{U}^* = \alpha\Delta\theta_0 F\ell + \frac{\alpha\,(\Delta\theta_1 - \Delta\theta_2)}{h}\frac{P\ell^2}{2} + \frac{P^2\ell^3}{6EI} + \frac{F^2\ell^2}{2EA}$$

8.3 TRABALHO COMPLEMENTAR EXTERNO

Considere a expressão (8.6) do trabalho complementar externo ao longo do movimento entre a configuração de referência e a configuração deformada de equilíbrio:

$$\mathcal{T}_e^* = \int_V \left(\int_{\boldsymbol{f}^B(t_0)}^{\boldsymbol{f}^B(t_1)} \{\boldsymbol{u}(t)\}^T \{d\boldsymbol{f}^B\} \right) dV + \int_S \left(\int_{\boldsymbol{f}^S(t_0)}^{\boldsymbol{f}^S(t_1)} \{\boldsymbol{u}(t)\}^T \{d\boldsymbol{f}^S\} \right) dS \qquad (8.24)$$

A Fig. 8.17 mostra uma interpretação geométrica do trabalho complementar externo de uma viga engastada-apoiada submetida a recalque de apoio com comportamento elástico não linear (a) e linear (b). Observa-se que $\mathcal{T}_e^*$ depende somente das posições inicial e final e é igual à área sombreada.

Admitindo-se o material elástico linear e as ações externas atuando desde a configuração de referência, demonstra-se, de modo semelhante ao que se fez na seção 7.2, que a expressão (8.24) pode ser colocada na forma:

$$\mathcal{T}_e^* = \frac{1}{2}\int_V \{\boldsymbol{f}^B\}^T \{\boldsymbol{u}\}\, dV + \frac{1}{2}\int_S \{\boldsymbol{f}^S\}^T \{\boldsymbol{u}\}\, dS \qquad (8.25)$$

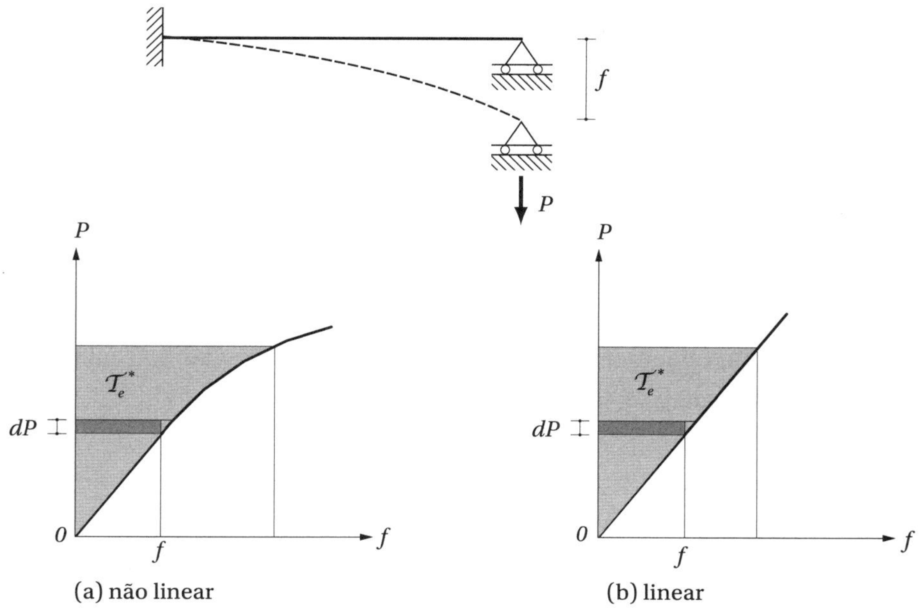

FIG. 8.17 Trabalho complementar externo em viga engastada-apoiada submetida a recalque de apoio

que é a expressão geral para o cálculo do trabalho complementar externo de um sólido deformável elástico linear com ações externas aplicadas gradativamente.

Assim, com base em (8.3), (8.5), (8.6) e (8.25), pode-se escrever:

$$\mathcal{U}^* = \frac{1}{2}\int_V \{f^B\}^T \{u\}\, dV + \frac{1}{2}\int_S \{f^S\}^T \{u\}\, dS \tag{8.26}$$

que é uma expressão decorrente de (8.3) para um sólido deformável elástico e linear sujeito exclusivamente às seguintes ações externas: forças de volume $\boldsymbol{f}^B$, em V; forças de superfície $\boldsymbol{f}^S$, em S_f, e deslocamentos especificados $\hat{\boldsymbol{u}}$, em S_u. A expressão (8.26) constitui uma primeira forma generalizada de um teorema, aqui denominado de teorema complementar de Clapeyron, assim enunciado:

> *Em um sólido elástico linear em equilíbrio, sujeito a forças de volume $\boldsymbol{f}^B$, em V, a forças de superfície $\boldsymbol{f}^S$, em S_f, e a deslocamentos especificados $\hat{\boldsymbol{u}}$, em S_u, aplicados gradativamente, a energia complementar de deformação nesse sólido é igual ao trabalho complementar externo realizado por esses esforços, calculado por (8.25).*

Se as ações externas se limitarem aos deslocamentos $\hat{\boldsymbol{u}}$, em S_u, (8.26) toma a forma:

$$\mathcal{U}^* = \frac{1}{2}\int_{Su} \{f^S\}^T \{u\}\, dS \tag{8.27}$$

No caso de os esforços externos se restringirem a esforços concentrados R_i, a expressão (8.26) se reduz à:

$$\mathcal{U}^* = \frac{1}{2} \sum_{i=1}^{n} R_i U_i \tag{8.28}$$

onde U_i são os deslocamentos reais conjugados aos esforços externos ativos R_i.

As expressões (8.26), (8.27) e (8.28) correspondem a diferentes formas do teorema complementar de Clapeyron. Essas igualdades não são válidas na presença de deformações iniciais.

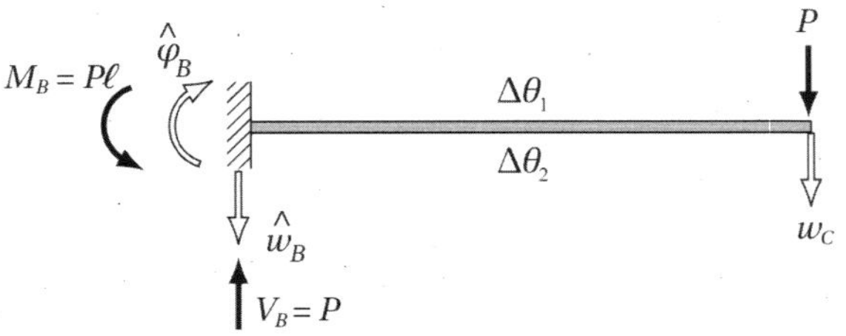

FIG. 8.18 Viga engastada sob a ação de força concentrada, recalques de apoio e variação de temperatura

Exemplo **8.6**

Calcular o deslocamento w_C na extremidade livre da viga engastada solicitada pela força concentrada P, pelos recalques de apoio $\hat{w}_B$ e $\hat{\varphi}_B$ e por variação de temperatura (Fig. 8.18). A barra da viga é prismática, com seção transversal de altura h, área A, momento de inércia I e constituída de material elástico linear de módulo de elasticidade E e coeficiente de dilatação térmica α.

Solução

Inicialmente, considera-se que a variação de temperatura não atue. Nessas condições, a energia complementar de deformação, conforme o exemplo 8.3, é dada por:

$$\mathcal{U}^* = \frac{P^2 \ell^3}{6EI} \tag{a}$$

e, com as reações de apoio em B, V_B e M_B, o trabalho complementar externo é dado por:

$$\begin{aligned} \mathcal{T}_e^* &= \frac{1}{2}\left(P w_{C1} - V_B \hat{w}_B - M_B \hat{\varphi}_B\right) \\ &= \frac{1}{2}\left(P w_{C1} - P \hat{w}_B - P\ell \hat{\varphi}_B\right) \end{aligned} \tag{b}$$

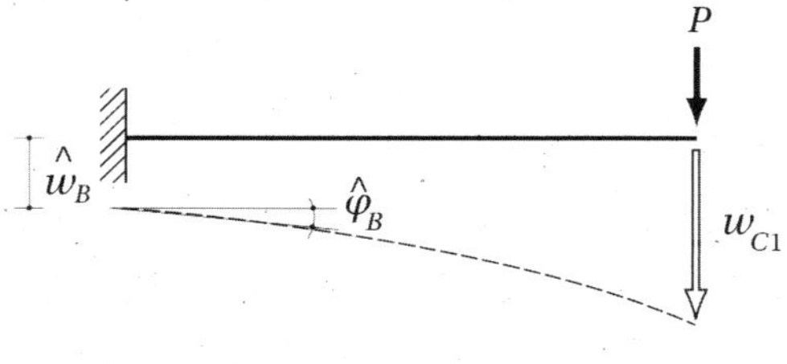

FIG. 8.19 Linha elástica da viga engastada submetida a força concentrada e a recalques de apoio

Assim, em vista de (a) e (b), o teorema complementar de Clapeyron, $\mathcal{U}^* = \mathcal{T}_e^*$, permite escrever:

$$\frac{P^2 \ell^3}{6EI} = \frac{P}{2}\left(w_{C1} - \hat{w}_B - \ell \hat{\varphi}_B\right)$$

o que conduz ao deslocamento w_{C1} decorrente da força concentrada e dos recalques de apoio (Fig. 8.19):

$$w_{C1} = \frac{P\ell^3}{3EI} + \hat{w}_B + \ell \hat{\varphi}_B \tag{c}$$

Considere agora que a viga também seja submetida à variação de temperatura indicada na Fig. 8.18. Tendo em vista o resultado do exemplo 8.5, a energia complementar de deformação é dada então por:

$$\mathcal{U}^* = \frac{\alpha\,(\Delta\theta_1 - \Delta\theta_2)}{h}\frac{P\ell^2}{2} + \frac{P^2\ell^3}{6EI} \tag{d}$$

Não se pode calcular o trabalho complementar externo pela expressão $\mathcal{T}_e^* = \frac{1}{2}\sum_{i=1}^{n} R_i U_i$ porque, ao se admitir a ação de temperatura como deformação inicial, haverá um deslocamento inicial em relação à configuração indeformada de referência. A Fig. 8.20 apresenta os gráficos $P\,(w_C)$, $V_B\,(w_B)$ e $M_B\,(\varphi_B)$, que ilustram o exposto e permitem calcular:

$$\mathcal{T}_e^* = \mathcal{T}_{e1}^* + \mathcal{T}_{e2}^* + \mathcal{T}_{e3}^* = \left(P w_{C\Delta\theta} + \frac{1}{2} P w_{C1}\right) - \frac{1}{2}\left(V_B \hat{w}_B\right) - \frac{1}{2}\left(M_B \hat{\varphi}_B\right)$$

ou

$$\mathcal{T}_e^* = P\left(w_{C\Delta\theta} + \frac{1}{2} w_{C1} - \frac{1}{2}\hat{w}_B - \frac{1}{2}\ell\hat{\varphi}_B\right) \tag{e}$$

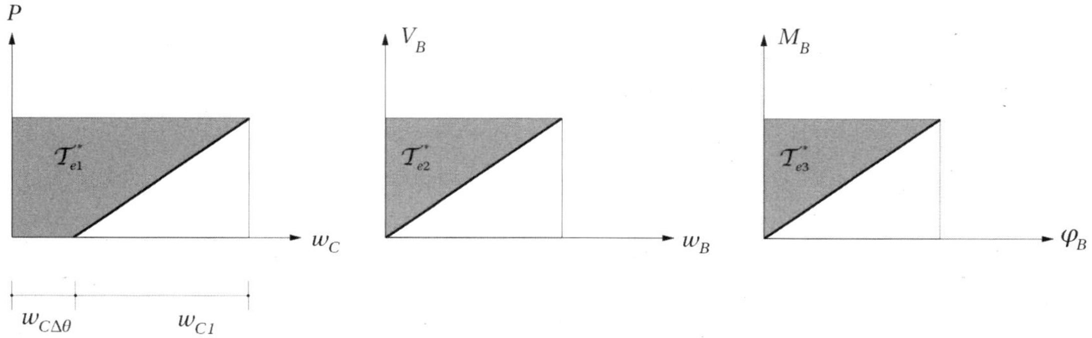

FIG. 8.20 Parcelas do trabalho complementar externo na viga engastada

Como a igualdade $\mathcal{U}^* = \mathcal{T}_e^*$ permanece válida, e em vista de (c), (d) e (e), pode-se depreender que a parcela do deslocamento $w_{C\Delta\theta}$ decorrente da variação de temperatura (Fig. 8.21) é dada por:

$$w_{C\Delta\theta} = \alpha\,(\Delta\theta_1 - \Delta\theta_2)\frac{\ell^2}{2h} \tag{f}$$

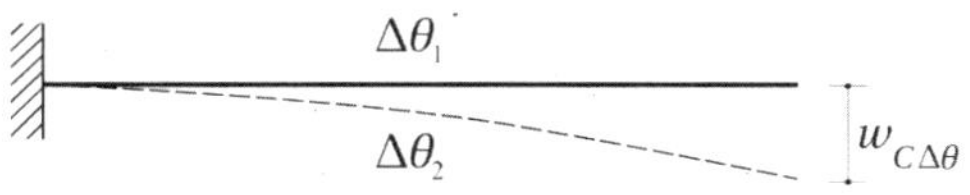

FIG. 8.21 Linha elástica da viga engastada sob a ação de variação da temperatura

Ao considerar-se (c) e (f), o deslocamento w_C decorrente da força concentrada, dos recalques de apoio e da variação de temperatura (Fig. 8.22) é dado por:

$$w_C = w_{C1} + w_{C\Delta\theta} = \alpha\,(\Delta\theta_1 - \Delta\theta_2)\frac{\ell^2}{2h} + \frac{P\ell^3}{3EI} + \hat{w}_B + \ell\hat{\varphi}_B$$

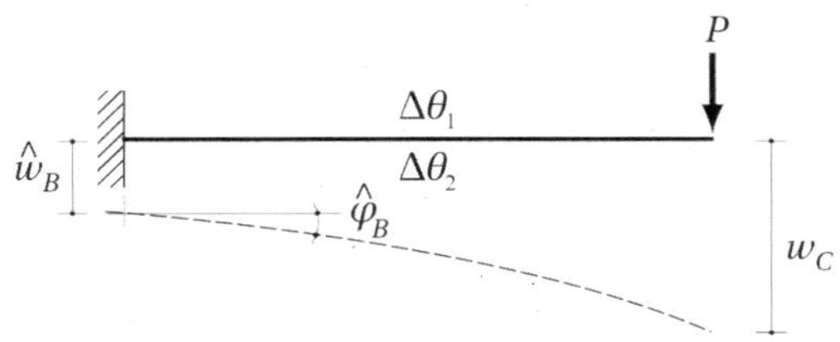

FIG. 8.22 Linha elástica da viga engastada sob a ação de força concentrada, recalques de apoio e variação de temperatura

A segunda parte desse exemplo mostrou que a igualdade $\mathcal{U}^* = \mathcal{T}_e^*$ permitiu calcular o deslocamento w_C e que o teorema complementar de Clapeyron se aplica quando há ações em esforços e deslocamentos, e não se aplica na presença de deformações iniciais.

8.4 Teorema da energia potencial complementar total

Para um sólido deformável elástico, define-se energia potencial complementar total, $\mathcal{V}^*$, associada a um campo de tensões estaticamente admissíveis, $\boldsymbol{\sigma}^e$, como a soma de sua energia complementar de deformação, $\mathcal{U}^*$, e de sua energia potencial complementar dos esforços externos, $\mathcal{P}^*$.

A energia potencial complementar total pode ser, portanto, expressa por:

$$\mathcal{V}^*\left(\boldsymbol{\sigma}^e\right)=\underbrace{\int_V \mathcal{W}^*\left(\boldsymbol{\sigma}^e\right)dV}_{\mathcal{U}^*}+\underbrace{\left(-\int_V \left\{\boldsymbol{f}_B\right\}^T\{\boldsymbol{u}\}\,dS-\int_S \left\{\boldsymbol{f}_S\right\}^T\{\boldsymbol{u}\}\,dS\right)}_{\mathcal{P}^*} \tag{8.29}$$

com variações livres de $\boldsymbol{\sigma}^e$, em V e $\boldsymbol{f}^S$, em S ou, na sua forma usual, por:

$$\mathcal{V}^*\left(\boldsymbol{\sigma}^e\right)=\underbrace{\int_V \mathcal{W}^*\left(\boldsymbol{\sigma}^e\right)dV}_{\mathcal{U}^*}+\underbrace{\left(-\int_{S_u} \left\{\boldsymbol{f}^S\right\}^T\{\boldsymbol{u}\}\,dS\right)}_{\mathcal{P}^*} \tag{8.30}$$

com variações livres de $\boldsymbol{\sigma}^e$, em V e $\boldsymbol{f}^S$, em S_u.

A definição de S_u é arbitrária, conforme se considerem as variações livres de $\boldsymbol{\sigma}^e$ em parte de S. Essa questão, por ser muito importante, é examinada no Cap. 9 e empregada nas aplicações práticas que ali se apresentam.

Considere agora $\boldsymbol{u}$, $\boldsymbol{\varepsilon}$ e $\boldsymbol{\sigma}$ como os campos de deslocamentos, de deformações e de tensões da solução real, e $\boldsymbol{u}^e$, $\boldsymbol{\varepsilon}^e$ e $\boldsymbol{\sigma}^e$ como os campos correspondentes a uma solução equilibrada, tais que:

$$\begin{aligned}\left\{\boldsymbol{u}^e\right\}&=\{\boldsymbol{u}\}+\{\delta\boldsymbol{u}\}\\ \left\{\boldsymbol{\varepsilon}^e\right\}&=\{\boldsymbol{\varepsilon}\}+\{\delta\boldsymbol{\varepsilon}\}\\ \left\{\boldsymbol{\sigma}^e\right\}&=\{\boldsymbol{\sigma}\}+\{\delta\boldsymbol{\sigma}\}\end{aligned} \tag{8.31}$$

Ao considerar-se (8.30), os campos de tensões $\boldsymbol{\sigma}$ e $\boldsymbol{\sigma}^e$ equilibram $\boldsymbol{f}^B$ em V e $\boldsymbol{f}^S$ em S_f. Portanto, a variação $\{\delta\boldsymbol{\sigma}\}$ equilibra $\left\{\delta\boldsymbol{f}^B\right\}=\{\boldsymbol{0}\}$ em V e $\left\{\delta\boldsymbol{f}^S\right\}=\{\boldsymbol{0}\}$ em S_f, com $\left\{\delta\boldsymbol{f}^S\right\}$ arbitrária em S_u.

Nessas condições, a diferença entre a energia potencial complementar total de uma solução equilibrada e aquela da solução real é dada por:

$$\begin{aligned}\mathcal{V}^*\left(\boldsymbol{\sigma}^e\right)-\mathcal{V}^*(\boldsymbol{\sigma})=&\left[\frac{1}{2}\int_V(\{\boldsymbol{\sigma}\}+\{\delta\boldsymbol{\sigma}\})^T(\{\boldsymbol{\varepsilon}\}+\{\delta\boldsymbol{\varepsilon}\})dV-\int_{S_u}\{\boldsymbol{f}^S+\delta\boldsymbol{f}^S\}^T\{\hat{\boldsymbol{u}}\}dS\right]\\ &-\left[\frac{1}{2}\int_V\{\boldsymbol{\sigma}\}^T\{\boldsymbol{\varepsilon}\}dV-\int_{S_u}\{\boldsymbol{f}^S\}^T\{\hat{\boldsymbol{u}}\}dS\right]\end{aligned} \tag{8.32}$$

ou, ao desenvolver-se (8.32), e como $\frac{1}{2}\int_V\{\delta\boldsymbol{\sigma}\}^T\{\boldsymbol{\varepsilon}\}\,dV=\frac{1}{2}\int_V\{\boldsymbol{\sigma}\}^T\{\delta\boldsymbol{\varepsilon}\}\,dV$:

$$\mathcal{V}^*\left(\boldsymbol{\sigma}^e\right)-\mathcal{V}^*(\boldsymbol{\sigma})=\int_V\{\delta\boldsymbol{\sigma}\}^T\{\boldsymbol{\varepsilon}\}\,dV-\int_{S_u}\left\{\delta\boldsymbol{f}^S\right\}^T\{\hat{\boldsymbol{u}}\}\,dS+\frac{1}{2}\int_V\{\delta\boldsymbol{\sigma}\}^T\{\delta\boldsymbol{\varepsilon}\}\,dV \tag{8.33}$$

que pode ser colocada na forma:

$$\mathcal{V}^*(\boldsymbol{\sigma}_e) - \mathcal{V}^*(\boldsymbol{\sigma}) = \delta\mathcal{V}^* + \frac{1}{2}\delta^2\mathcal{V}^* \tag{8.34}$$

Em virtude do teorema dos esforços virtuais, tem-se:

$$\delta\mathcal{V}^* = \int_V \{\delta\boldsymbol{\sigma}\}^T\{\boldsymbol{\varepsilon}\}dV - \int_{S_u} \{\delta\boldsymbol{f}^S\}^T\{\hat{\boldsymbol{u}}\}dS = 0 \tag{8.35}$$

o que permite enunciar o teorema da energia potencial complementar total:

> *Entre todas as soluções equilibradas, aquela também compatível torna estacionária a energia potencial complementar total.*

que é válido para materiais elásticos lineares ou não lineares. De modo inverso, pode-se demonstrar que as condições de estacionaridade da energia potencial complementar total conduzem às equações de compatibilidade.

A expressão (8.30) da energia potencial complementar total e o teorema enunciado poderiam ser estabelecidos a partir do teorema dos esforços virtuais na sua forma restrita. Igualmente, a expressão (8.29) da energia potencial complementar total poderia ser estabelecida a partir do teorema dos esforços virtuais na sua forma generalizada.

Adicionalmente, para materiais elásticos lineares, verifica-se que:

$$\delta^2\mathcal{V}^* = \int_V \{\delta\boldsymbol{\sigma}\}^T\{\delta\boldsymbol{\varepsilon}\}\,dV > 0$$

e, portanto, a solução real, que é equilibrada e compatível, corresponde a um mínimo da energia potencial complementar total.

Na análise de estruturas reticuladas, é conveniente considerar a situação na qual a energia potencial complementar total possa ser escrita como uma função de n esforços concentrados independentes entre si, P_i, ou seja:

$$\mathcal{V}^*(\boldsymbol{P}) = \mathcal{U}^*(\boldsymbol{P}) - \sum_{i=1}^{n}(P_i U_i) \tag{8.36}$$

onde U_i são os deslocamentos conjugados aos esforços P_i e com a notação $f(P_1,...,P_n) = f(\boldsymbol{P})$.

O teorema da energia potencial complementar total é expresso, então, pelas equações:

$$\frac{\partial\mathcal{V}^*(\boldsymbol{P})}{\partial P_\ell} = \frac{\partial\mathcal{U}^*(\boldsymbol{P})}{\partial P_\ell} - U_\ell = 0 \tag{8.37}$$

que são as condições de estacionaridade de $\mathcal{V}^*(\boldsymbol{P})$.

Expressar a energia potencial complementar total em função de esforços concentrados P_i independentes entre si é uma hipótese fundamental na análise de estruturas reticuladas, que permite, pela aplicação de (8.37), o cálculo de deslocamentos nessas estruturas e o estabelecimento de equações de compatibilidade na resolução de estruturas hiperestáticas. A Fig. 8.23 ilustra a identificação de possíveis esforços independentes para as aplicações mencionadas.

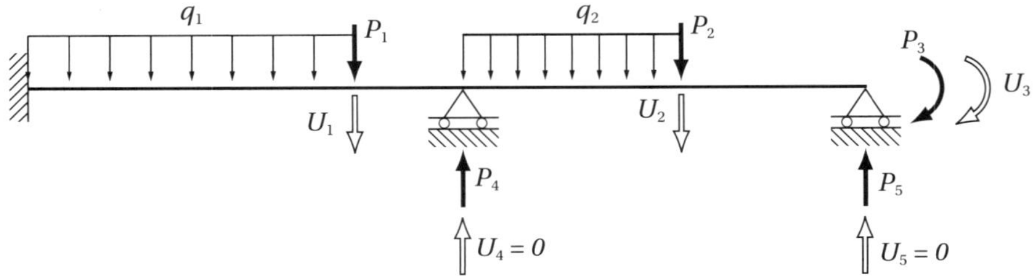

FIG. 8.23 Identificação de possíveis esforços independentes

A identificação de esforços independentes será discutida no Cap. 9, com suas aplicações práticas.

8.5 SEGUNDO TEOREMA DE CASTIGLIANO

No caso de material elástico linear, e na ausência de deformações iniciais, mostrou-se que verifica a igualdade $\mathcal{U}^* = \mathcal{U}$. Assim, a partir de (8.37), pode-se escrever:

$$\frac{\partial \mathcal{U}(\boldsymbol{P})}{\partial P_\ell} = U_\ell \tag{8.38}$$

o que traduz a tese do segundo teorema de Castigliano:

> *Se a energia de deformação puder ser expressa em função de n esforços independentes entre si, então a sua derivada parcial em relação a qualquer um desses esforços é igual ao seu deslocamento conjugado.*

Ressalta-se que os teoremas de Castigliano tiveram fundamental importância no desenvolvimento da análise estrutural.

Reproduzem-se aqui dois trechos do livro escrito por Castigliano. No primeiro trecho, o autor apresenta o segundo teorema para sistemas articulados; no segundo, apresenta o segundo teorema para sistemas elásticos e, na continuação, destaca que os esforços externos podem ser forças e momentos.

> **Seconde Partie** – Si l'on exprime, au contraire, le travail de déformation d'un système articulé en fonction des forces extérieures, on obtient une formule, dont les dérivées, par rapport à ces forces, donnent les déplacements relatifs de leurs points d'application. (Castigliano,1879, p. 26).

> **Seconde Partie** – Si l'on exprime le travail de déformation d'un corps ou système élastique, en fonction des forces extérieures, la dérivée de cette expression, par rapport à une de ces forces, donne le déplacement relatif de son point d'application.

Les deux parties de ce théorème se démontrent de la même manière que pour les systèmes articulés.

5. Continuation du théorème des dérivées du travail – Si l'on exprime le travail de déformation d'un corps ou système élastique, en fonction des forces extérieures et des moments des couples, on obtient une formule dont la dérivée, par rapport au moment d'un couple, donne la rotation relative de la ligne qui joint les points d'application des deux forces du couple. (Castigliano, 1879, p. 49).

Exemplo **8.7**

Calcular os deslocamentos U_1 e U_2, conjugados às forças P_1 e P_2, na viga engastada representada na Fig. 8.24, com seu diagrama de momentos fletores. A barra da viga é prismática, com seção transversal de área A, momento de inércia I, e constituída de material elástico linear de módulo de elasticidade E.

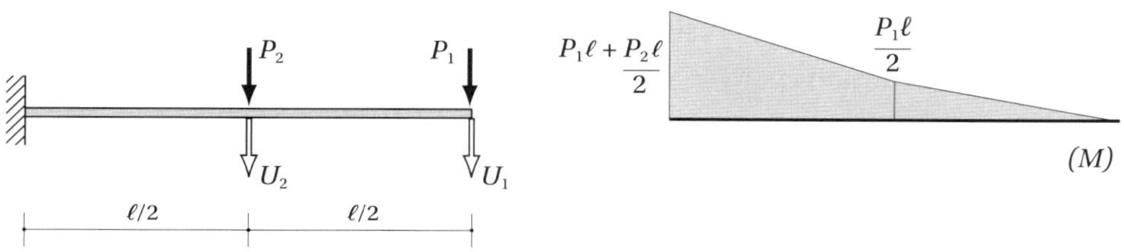

FIG. 8.24 Viga engastada sob a ação de forças externas

Solução

A energia de deformação é dada pela expressão (8.20), o que permite escrever:

$$\mathcal{U}(P_1, P_2) = \int_0^{\ell} \frac{M^2}{2EI} dx = \frac{P_1^2 \ell^3}{6EI} + \frac{5P_1P_2\ell^3}{48EI} + \frac{5P_2^2\ell^3}{48EI} \qquad \text{(a)}$$

Os deslocamentos U_1 e U_2 são então calculados pela aplicação de (8.38), correspondente ao segundo teorema de Castigliano, em (a), ou seja:

$$U_1 = \frac{\partial U}{\partial P_1} = \frac{P_1\ell^3}{3EI} + \frac{5P_2\ell^3}{48EI}$$
$$U_2 = \frac{\partial U}{\partial P_2} = \frac{5P_1\ell^3}{48EI} + \frac{5P_2\ell^3}{24EI} \qquad \text{(b)}$$

A aplicação do segundo teorema de Castigliano exige que a energia de deformação seja uma função de esforços independentes entre si, como é o caso.

Considere agora que as forças P_1 e P_2 sejam aplicadas indiretamente sobre a viga engastada, como se mostra na Fig. 8.25.

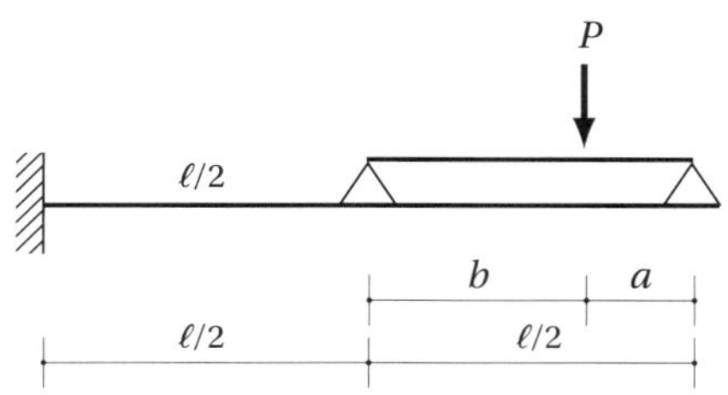

FIG. 8.25 Viga engastada com carga aplicada indiretamente

Nesse caso, existe a relação $P_2 = \alpha P_1$, com $\alpha = \dfrac{a}{b}$, e a energia de deformação pode ser colocada nas formas:

$$\mathcal{U}(P_1) = \left(\frac{1}{6} + \frac{5\alpha}{48} + \frac{5\alpha^2}{48}\right)\frac{P_1^2\ell^3}{EI}$$
$$\mathcal{U}(P_2) = \left(\frac{1}{6\alpha^2} + \frac{5}{48\alpha} + \frac{5}{48}\right)\frac{P_2^2\ell^3}{EI} \tag{c}$$

Ao considerar-se as expressões (c), observa-se então que:

$$\frac{d\mathcal{U}(P_1)}{dP_1} = \left(\frac{1}{3} + \frac{5\alpha}{24} + \frac{5\alpha^2}{24}\right)\frac{P_1\ell^3}{EI} \neq U_1$$
$$\frac{d\mathcal{U}(P_2)}{dP_2} = \left(\frac{1}{6\alpha^2} + \frac{5}{48\alpha} + \frac{5}{48}\right)\frac{P_2\ell^3}{EI} \neq U_2 \tag{d}$$

ou seja, as derivadas da energia de deformação em relação a P_1 e P_2 não têm como resultado os deslocamentos U_1 e U_2, porque foi violada a condição de os esforços serem independentes entre si, condição necessária para a aplicação do segundo teorema de Castigliano.

Se a condição $P_2 = \alpha P_1$ for introduzida após o cálculo das derivadas parciais, a independência dos esforços será observada na aplicação do teorema e os resultados obtidos para U_1 e U_2 estarão corretos, com:

$$U_1 = \left(\frac{1}{3} + \frac{5\alpha}{48}\right)\frac{P_1\ell^3}{EI} \quad \text{e} \quad U_2 = \left(\frac{5}{48\alpha} + \frac{5}{24}\right)\frac{P_2\ell^3}{EI}$$

8.6 Teorema de Engesser

Em 1889, coube a F. Engesser a generalização da teoria de Castigliano, ao introduzir o conceito de energia complementar de deformação e mostrar que

$$\frac{\partial \mathcal{U}^*(\mathrm{P})}{\partial P_\ell} = U_\ell \tag{8.39}$$

é válida para sistemas estruturais constituídos de material elástico linear ou não linear e, ainda, com linearidade ou não linearidade geométrica resultante de pequenos deslocamentos, ou seja, é válida mesmo que ocorram relações não lineares entre os esforços independentes entre si, P_ℓ, e os seus deslocamentos conjugados, U_ℓ.

A expressão (8.39) decorre diretamente de (8.37) e permite enunciar o teorema de Engesser:

> *Se a energia complementar de deformação puder ser expressa em função de n esforços independentes entre si, então a sua derivada parcial em relação a um desses esforços será igual ao seu deslocamento conjugado.*

Os dois exemplos seguintes ilustram a sua aplicação no cálculo de deslocamentos em sistemas estruturais simples com elasticidade não linear e, em seguida, com não linearidade geométrica, admitindo-se deslocamentos pequenos.

Exemplo **8.8**

Calcular o deslocamento da extremidade da viga engastada com seção transversal constante de área A e solicitada por força axial, conforme se indica na Fig. 8.26. O seu material é elástico não linear, com relação tensão-deformação $\sigma = E\varepsilon^2$ para $\varepsilon > 0$.

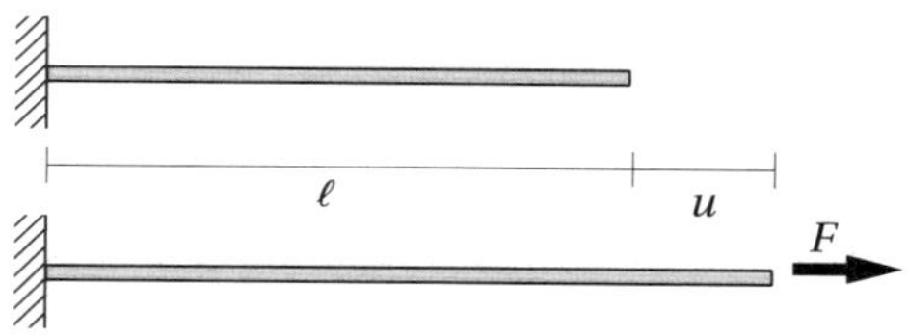

FIG. 8.26 Viga submetida a força concentrada

Solução

De acordo com o exemplo 8.1, a energia complementar de deformação é dada por:

$$\mathcal{U}^*(F) = \int_V \mathcal{W}^* \mathrm{d}V = \frac{2}{3}\left(\frac{F}{EA}\right)^{\frac{3}{2}} EA\ell$$

Assim, o teorema de Engesser permite escrever que:

$$u = \frac{d\mathcal{U}^*(F)}{dF} = \ell\sqrt{\frac{F}{EA}}$$

Como o material é elástico, a energia de deformação, obtida no exemplo 7.1, pode ser expressa em função de F, ou seja, $\mathcal{U}(F) = \frac{1}{3}\left(\frac{F}{EA}\right)^{\frac{3}{2}} EA\ell$. Assim, constata-se que:

$$\frac{d\mathcal{U}(F)}{dF} = \frac{1}{2}\ell\sqrt{\frac{F}{EA}} \neq u$$

o que permite ilustrar que o segundo teorema de Castigliano não se aplica para materiais elásticos não lineares.

Exemplo **8.9**

Calcular o deslocamento no ponto de aplicação e na direção da força concentrada F aplicada no sistema articulado elástico linear do exemplo 8.2, conforme se mostra na Fig. 8.27.

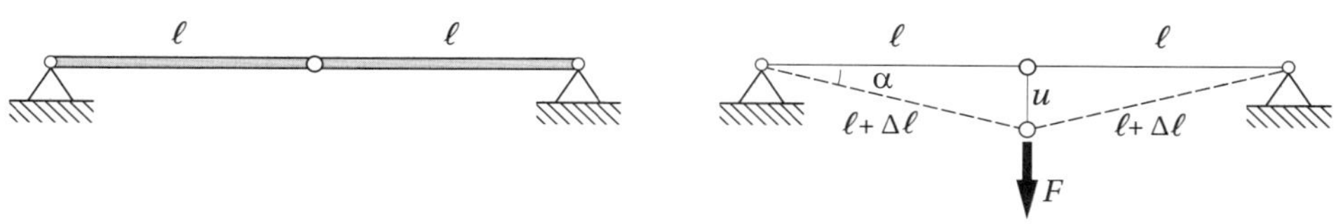

FIG. 8.27 Sistema articulado sob a ação de força concentrada

Solução

De acordo com o exemplo 8.2, a energia complementar de deformação é dada por:

$$\mathcal{U}^*(F) = \int_V \mathcal{W}^* \mathrm{d}V = \frac{3}{4}\left(\frac{F}{EA}\right)^{\frac{4}{3}} EA\ell$$

Assim, o teorema de Engesser permite afirmar que:

$$u = \frac{d\mathcal{U}^*(F)}{dF} = \ell\left(\frac{F}{EA}\right)^{\frac{1}{3}}$$

Observa-se que foi necessária a consideração da não linearidade geométrica para estabelecer a equação de equilíbrio na configuração deformada, conforme se mostrou no exemplo 8.2.

Como o material é elástico linear, a energia de deformação, obtida no exemplo 7.2, pode ser expressa em função de F, ou seja, $\mathcal{U}(F) = \dfrac{1}{4}\left(\dfrac{F}{EA}\right)^{\frac{4}{3}} EA\ell$. Assim, pode-se calcular

$$\frac{d\mathcal{U}(F)}{dF} = \frac{1}{3}\ell\left(\frac{F}{EA}\right)^{\frac{1}{3}} \neq u$$

o que permite ilustrar que o segundo teorema de Castigliano também não se aplica para estruturas elásticas lineares com não linearidade geométrica.

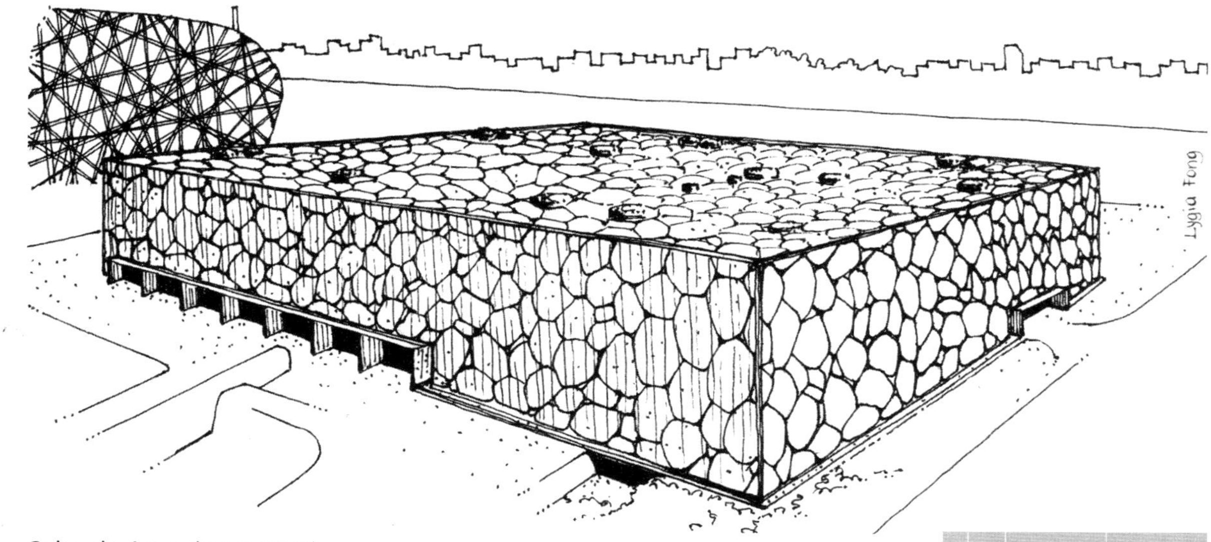

Cubo de água *(2003-2007)*

sistema estrutural: **pórtico tridimensional**

9 Aplicações dos teoremas de energia complementar

No Cap. 8, foram desenvolvidos os teoremas de energia complementar: o teorema da energia potencial complementar total, o teorema de Engesser e o segundo teorema de Castigliano. Os dois primeiros propiciam aplicações em estruturas de material elástico, com comportamento linear ou não linear, enquanto o de Castigliano exige a linearidade física e geométrica para a sua aplicação.

As aplicações desses teoremas na análise de estruturas reticuladas de comportamento linear consistem:

- no cálculo de deslocamentos em estruturas isostáticas;
- na análise de estruturas hiperestáticas pelo método dos esforços, estabelecendo equações reduzidas de compatibilidade, que permitem escolher, entre todas as soluções equilibradas, a compatível e, portanto, a solução do problema;
- no cálculo de deslocamentos em estruturas hiperestáticas.

Nessas três aplicações à análise de estruturas reticuladas em regime elástico linear, a energia potencial complementar total deve ser expressa em termos de esforços independentes entre si, e a energia potencial complementar dos esforços externos deve ser definida sobre S_u, parte do contorno S do sólido deformável, no qual os deslocamentos são especificados. Para maior clareza das aplicações, há três aspectos conceituais, que são analisados a seguir.

Os esforços independentes são esforços concentrados

A utilização do teorema da energia potencial complementar total na análise de estruturas reticuladas permite estabelecer equações de compatibilidade definidas por (8.37), ou seja:

$$\frac{\partial \mathcal{V}^*(P_1,...,P_n)}{\partial P_\ell} = \frac{\partial \mathcal{U}^*(P_1,...,P_n)}{\partial P_\ell} - U_\ell = 0 \qquad \ell = 1,...,\text{n} \tag{9.1}$$

que conduzem ao cálculo do deslocamento U_ℓ conjugado ao esforço P_ℓ.

Assim, os esforços externos independentes $(P_1,...,P_n)$ serão sempre esforços concentrados.

Reconhecimento dos esforços independentes

Os esforços externos podem ser classificados em ativos e reativos. Os ativos podem ser forças e momentos concentrados ou distribuídos. Os reativos serão sempre concentrados, em razão dos tipos de vínculos, engastamento, articulação e articulação móvel, considerados neste texto. Observa-se que essa condição não se verifica para o vínculo do tipo apoio elástico contínuo.

O esforço externo P_ℓ em (9.1) corresponde a um esforço externo ativo para o cálculo de um deslocamento numa estrutura isostática ou hiperestática ou a um esforço externo reativo para estabelecer uma equação de compatibilidade, necessária para a resolução de uma estrutura hiperestática.

Considere, por exemplo, o caso de uma viga contínua submetida a esforços externos ativos, para a qual se deseje calcular os deslocamentos U_1 e U_2, conforme se mostra na Fig. 9.1.

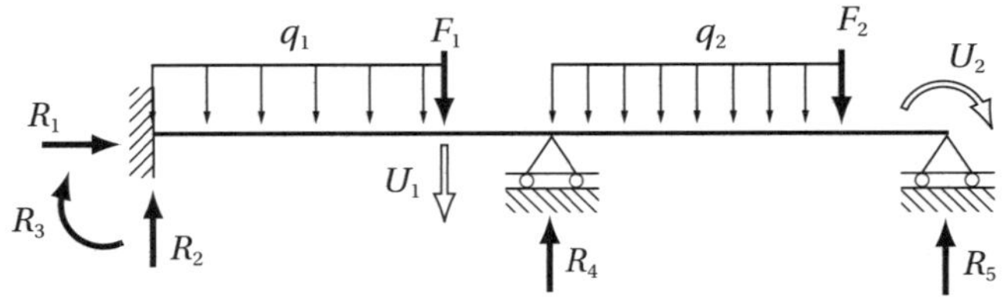

FIG. 9.1 Viga contínua: esforços externos ativos e reativos

Identificam-se como esforços externos ativos que atuam sobre a viga contínua os esforços distribuídos q_1 e q_2, e os esforços concentrados F_1 e F_2, e como esforços externos reativos, R_1, R_2, R_3, R_4 e R_5.

Para o cálculo dos deslocamentos U_1 e U_2, introduzem-se os esforços externos ativos independentes P_1 e P_2, conjugados a U_1 e U_2. Após as derivações em (9.1), anulam-se esses esforços, P_1 e P_2, na expressão resultante, para recuperar a condição original de carregamento na estrutura.

Dos cinco esforços externos reativos, R_1, R_2, R_3, R_4 e R_5, apenas dois são independentes, pois os demais são definidos pelas equações de equilíbrio da estática. A escolha dos esforços reativos independentes é arbitrária, exercida aqui pela selecão de R_4 e R_5, reconhecidos como incógnitas hiperestáticas na isostática fundamental resultante e identificados por X_1 e X_2.

Os esforços externos ativos e reativos identificados como independentes para a estrutura em análise são representados na Fig. 9.2.

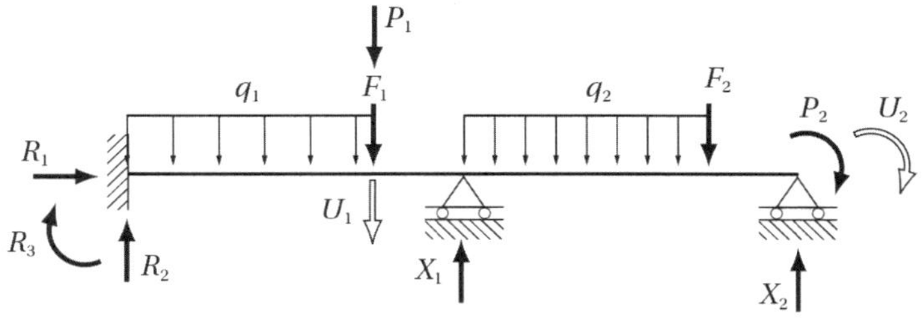

FIG. 9.2 Viga contínua: identificação dos esforços independentes

A escolha de S_u é arbitrária e conveniente

Considere a viga engastada solicitada por carga concentrada na extremidade e a viga engastada-apoiada submetida a recalque de apoio, conforme se mostra na Fig. 9.3.

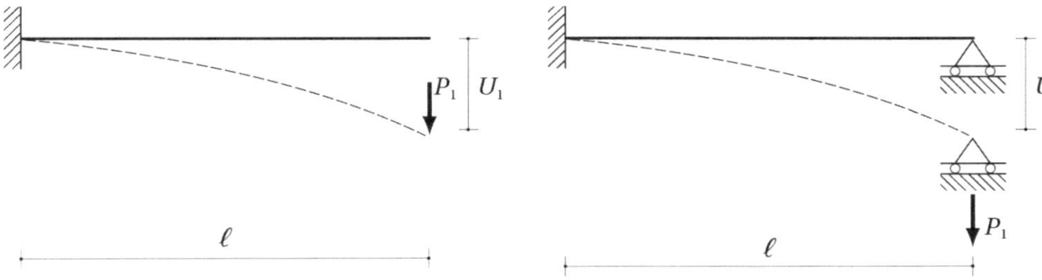

FIG. 9.3 Viga engastada submetida a carga concentrada e viga engastada--apoiada submetida a recalque de apoio

O deslocamento na viga engastada é dado por $U_1 = \dfrac{\ell^3}{3EI} P_1$, e o esforço reativo na viga engastada-apoiada é dado por $P_1 = \dfrac{3EI}{\ell^3} U_1$. A comparação dessas expressões mostra que a força na extremidade da viga e o seu deslocamento conjugado estão relacionados por um coeficiente de rigidez $k = \dfrac{3EI}{\ell^3}$ ou por um coeficiente de flexibilidade $f = \dfrac{1}{k} = \dfrac{\ell^3}{3EI}$, conforme a expressão escolhida. Os dois problemas estruturais são equivalentes, ou seja, especificar a força P_1 na extremidade da viga engastada e obter o deslocamento U_1, conjugado a P_1, é equivalente a especificar o deslocamento U_1 na extremidade da viga engastada-apoiada e obter a reação de apoio P_1, conjugada a U_1, nessa extremidade.

Considere agora a viga engastada solicitada por duas cargas concentradas e a viga contínua submetida a recalques de apoio, conforme se mostra na Fig. 9.4. Essas vigas são prismáticas, de mesma seção transversal e com o mesmo módulo de elasticidade, com $EI = 16.000\,kNm^2$ e $\ell = 4\,m$.

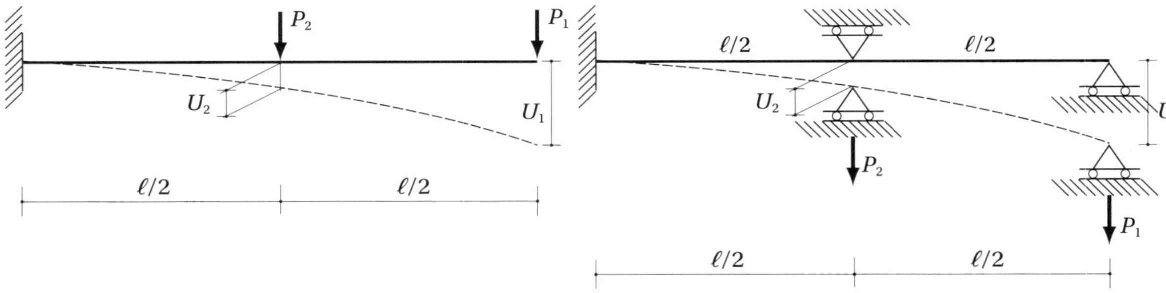

Fig. 9.4 Viga engastada submetida a cargas concentradas e viga contínua submetida a recalques de apoio

Para a viga engastada solicitada por $P_1 = 5\,\text{kN}$ e $P_2 = 4\,\text{kN}$, os deslocamentos U_1 e U_2, conjugados a P_1 e P_2, respectivamente, são dados por:

$$U_1 = \frac{16}{48}\frac{P_1\ell^3}{EI} + \frac{5}{48}\frac{P_2\ell^3}{EI} = 8{,}333 \times 10^{-3}\,m$$

$$U_2 = \frac{5}{48}\frac{P_1\ell^3}{EI} + \frac{2}{48}\frac{P_2\ell^3}{EI} = 2{,}750 \times 10^{-3}\,m$$

ou, na forma matricial:

$$\begin{Bmatrix} U_1 \\ U_2 \end{Bmatrix} = \begin{bmatrix} F_{11} & F_{12} \\ F_{21} & F_{22} \end{bmatrix} \begin{Bmatrix} P_1 \\ P_2 \end{Bmatrix}$$

$$= \frac{\ell^3}{48EI}\begin{bmatrix} 16 & 5 \\ 5 & 2 \end{bmatrix} \begin{Bmatrix} P_1 \\ P_2 \end{Bmatrix} = \begin{Bmatrix} 8{,}333 \times 10^{-3} \\ 2{,}750 \times 10^{-3} \end{Bmatrix} (\text{m})$$

A matriz $[\boldsymbol{F}]$, de elementos F_{ij}, é uma matriz de flexibilidade, que estabelece a relação $\{\boldsymbol{U}\} = [\boldsymbol{F}]\,\{\boldsymbol{P}\}$.

Para a viga contínua submetida a recalques de apoio $U_1 = 8{,}333 \times 10^{-3}\,m$ e $U_2 = 2{,}750 \times 10^{-3}\,m$, as respectivas reações de apoio P_1 e P_2 são dadas por:

$$P_1 = \frac{96}{7}\frac{U_1 EI}{\ell^3} - \frac{240}{7}\frac{U_2 EI}{\ell^3} = 5{,}0\,\text{kN}$$
$$P_2 = -\frac{240}{7}\frac{U_1 EI}{\ell^3} + \frac{768}{7}\frac{U_2 EI}{\ell^3} = 4{,}0\,\text{kN}$$

ou, na forma matricial:

$$\begin{Bmatrix} P_1 \\ P_2 \end{Bmatrix} = \begin{bmatrix} K_{11} & K_{12} \\ K_{21} & K_{22} \end{bmatrix} \begin{Bmatrix} U_1 \\ U_2 \end{Bmatrix}$$

$$= \frac{48EI}{\ell^3}\begin{bmatrix} 2/7 & -5/7 \\ -5/7 & 16/7 \end{bmatrix} \begin{Bmatrix} U_1 \\ U_2 \end{Bmatrix} = \begin{Bmatrix} 5{,}0 \\ 4{,}0 \end{Bmatrix} (\text{kN})$$

A matriz $[\boldsymbol{K}]$, de elementos K_{ij}, é uma matriz de rigidez, que estabelece a relação $\{\boldsymbol{P}\} = [\boldsymbol{K}]\,\{\boldsymbol{U}\}$.

Assim, constata-se que os dois problemas são equivalentes, pois existe uma correspondência biunívoca entre os esforços independentes, P_1 e P_2, e os deslocamentos, U_1 e U_2, na viga engastada e na viga contínua. Matematicamente, essa equivalência caracteriza-se por:

$$\begin{bmatrix} K_{11} & K_{12} \\ K_{21} & K_{22} \end{bmatrix} \begin{bmatrix} F_{11} & F_{12} \\ F_{21} & F_{22} \end{bmatrix} = \begin{bmatrix} 1 & 0 \\ 0 & 1 \end{bmatrix}$$

Para explorar essa equivalência, $[\boldsymbol{K}]\,[\boldsymbol{F}] = [\boldsymbol{I}]$, a matriz de flexibilidade $[\boldsymbol{F}]$ é definida em uma determinada isostática fundamental e a matriz de rigidez $[\boldsymbol{K}]$ é uma matriz reduzida única numa estrutura hiperestática, cujos deslocamentos U_i são conjugados aos esforços P_i, definidos na isostática fundamental. No caso em análise, os deslocamentos U_1 e U_2 na viga contínua são conjugados aos esforços P_1 e P_2 na viga em balanço.

Os dois exemplos mostram que a escolha de S_u é arbitrária e esse resultado pode ser generalizado. Esse aspecto é muito importante para obter com clareza conceitual a expressão da energia potencial complementar dos esforços externos.

Na continuidade deste capítulo, apresentam-se exemplos conceituais das aplicações dos teoremas de energia complementar, tratadas a partir do teorema da energia potencial complementar total, que conduzirão às expressões do teorema de Engesser ou do segundo teorema de Castigliano e serão desenvolvidas para cada uma dessas aplicações.

Por clareza e conveniência nesses desenvolvimentos, os deslocamentos conjugados aos m esforços externos ativos introduzidos P_j serão identificados por U_j; os recalques de apoio conjugados às n incógnitas hiperestáticas X_i serão identificados por $\hat{U}_i$; os demais recalques de apoio conjugados às reações de apoio R_k serão identificados por $\hat{D}_k$. Essa convenção permite estabelecer a seguinte expressão geral para a energia potencial complementar total:

$$\begin{aligned} \mathcal{V}^*\left(X_1,\cdots,X_n,P_1,\cdots,P_m\right) = & \,\mathcal{U}^*\left(X_1,\cdots,X_n,P_1,\cdots,P_m\right) \\ & - \sum_{i=1}^{n} X_i \hat{U}_i - \sum_{j=1}^{m} P_j U_j - \sum_{k=1}^{\ell} R_k\left(X_1,\cdots,X_n,P_1,\cdots,P_m\right) \hat{D}_k \end{aligned} \tag{9.2}$$

ou

$$\mathcal{V}^*\left(\boldsymbol{X},\boldsymbol{P}\right) = \mathcal{U}^*\left(\boldsymbol{X},\boldsymbol{P}\right) - \sum_{i=1}^{n} X_i \hat{U}_i - \sum_{j=1}^{m} P_j U_j - \sum_{k=1}^{\ell} R_k\left(\boldsymbol{X},\boldsymbol{P}\right) \hat{D}_k \tag{9.3}$$

com a notação $f(\boldsymbol{X},\boldsymbol{P}) = f(X_1,...,X_n,P_1,...,P_m)$, ilustrada na Fig. 9.5 para o caso de uma viga contínua solicitada por carregamentos uniformemente distribuídos, esforços concentrados e recalques de apoio. Deseja-se resolver essa estrutura pelo método dos esforços e calcular os deslocamentos verticais nos pontos C e E, e a rotação no ponto F.

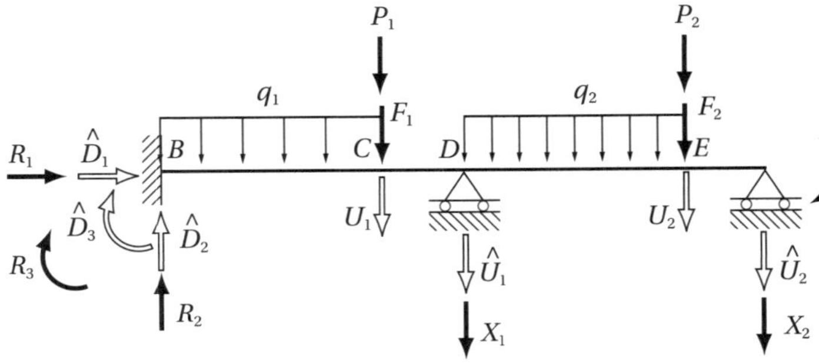

FIG. 9.5 Notação para os esforços concentrados e deslocamentos

Nota-se em (9.3) que a energia potencial complementar total é função de todas as ações externas: esforços externos ativos, recalques de apoio e possíveis variações de temperatura. Entretanto, apenas aos esforços independentes, P_j e X_i, serão permitidas variações para as aplicações consideradas dos teoremas de energia complementar. Assim, estabelece-se a energia potencial complementar total como função exclusiva dos esforços independentes, ou seja, $\mathcal{V}^*(\boldsymbol{X},\boldsymbol{P}) = \mathcal{V}^*(X_1,\cdots,X_n,P_1,\cdots,P_m)$.

Apresenta-se a seguir uma série de exemplos para as várias aplicações em vigas simples, em regime elástico linear, submetidas a diversas ações externas. A opção pelas vigas simples é para não sobrecarregar os cálculos e, com isso destacar os aspectos conceituais.

9.1 Cálculo de deslocamentos em estruturas isostáticas

No cálculo de deslocamentos em estruturas isostáticas, introduzem-se esforços externos $(P_1,\ldots,P_m)$ conjugados aos deslocamentos $(U_1,\ldots,U_m)$ que se deseja calcular. Esses esforços externos são adicionados às ações externas efetivamente aplicadas à estrutura e são considerados os únicos esforços independentes. Assim, em virtude do princípio da superposição de efeitos, os novos esforços internos e externos reativos poderão ser expressos na forma:

$$E_T = E + \sum_{\ell=1}^{m} \overline{E}_\ell P_\ell$$

onde:

E_T é devido às ações externas e aos esforços independentes $(P_1,\ldots,P_m)$;

E é devido exclusivamente às ações externas efetivamente aplicadas à estrutura;

$\overline{E}_\ell$ é devido exclusivamente ao esforço independente $P_\ell = 1$.

Nessas condições, a expressão (9.3) da energia potencial complementar total se reduz a:

$$\mathcal{V}^*(\boldsymbol{P}) = \mathcal{U}^*(\boldsymbol{P}) - \sum_k R_k(\boldsymbol{P})\,\hat{D}_k - \sum_{\ell=1}^{m} P_\ell U_\ell \tag{9.4}$$

Assim, pelo teorema da energia potencial complementar total, pode-se escrever:

$$\frac{\partial \mathcal{V}^*(\boldsymbol{P})}{\partial P_j} = \frac{\partial \mathcal{U}^*(\boldsymbol{P})}{\partial P_j} - \sum_k \frac{\partial R_k(\boldsymbol{P})}{\partial P_j}\hat{D}_k - U_j = 0 \tag{9.5}$$

o que permite calcular o deslocamento U_j por:

$$U_j = \frac{\partial \mathcal{U}^*(\boldsymbol{P})}{\partial P_j} - \sum_k \frac{\partial R_k(\boldsymbol{P})}{\partial P_j}\hat{D}_k \tag{9.6}$$

Como se deseja calcular o deslocamento U_j para as ações externas efetivamente aplicadas à estrutura, é necessário anular os esforços introduzidos $(P_1, \ldots, P_m)$ após efetuar as derivações indicadas em (9.6), ou seja:

$$U_j = \left(\frac{\partial \mathcal{U}^*(\boldsymbol{P})}{\partial P_j}\right)_{\boldsymbol{P}=\boldsymbol{0}} - \sum_k \left(\frac{\partial R_k(\boldsymbol{P})}{\partial P_j}\right)_{\boldsymbol{P}=\boldsymbol{0}} \hat{D}_k \tag{9.7}$$

Na ausência de recalques de apoio, a expressão (9.7) se reduz a:

$$U_j = \left(\frac{\partial \mathcal{U}^*(\boldsymbol{P})}{\partial P_j}\right)_{\boldsymbol{P}=\boldsymbol{0}} \tag{9.8}$$

As expressões (9.7) e (9.8) são do teorema de Engesser para o cálculo de deslocamentos em estruturas isostáticas. Alguns autores identificam (9.7) como a expressão matemática do primeiro teorema de Engesser, que é uma particularização do teorema de Engesser.

Na ausência de deformações iniciais, $\mathcal{U} = \mathcal{U}^*$ e as expressões (9.7) e (9.8) podem ser postas nas formas:

$$U_j = \left(\frac{\partial \mathcal{U}(\boldsymbol{P})}{\partial P_j}\right)_{\boldsymbol{P}=\boldsymbol{0}} - \sum_k \left(\frac{\partial R_k(\boldsymbol{P})}{\partial P_j}\right)_{\boldsymbol{P}=\boldsymbol{0}} \hat{D}_k \tag{9.9}$$

e

$$U_j = \left(\frac{\partial \mathcal{U}(\boldsymbol{P})}{\partial P_j}\right)_{\boldsymbol{P}=\boldsymbol{0}} \tag{9.10}$$

que são as expressões do segundo teorema de Castigliano para o cálculo de deslocamentos em estruturas isostáticas.

A Fig. 9.6 ilustra os vários parâmetros envolvidos para o cálculo dos deslocamentos U_1, U_2 e U_3 na extremidade livre da viga engastada, sob a ação de esforços externos ativos, recalques de apoio e variação de temperatura.

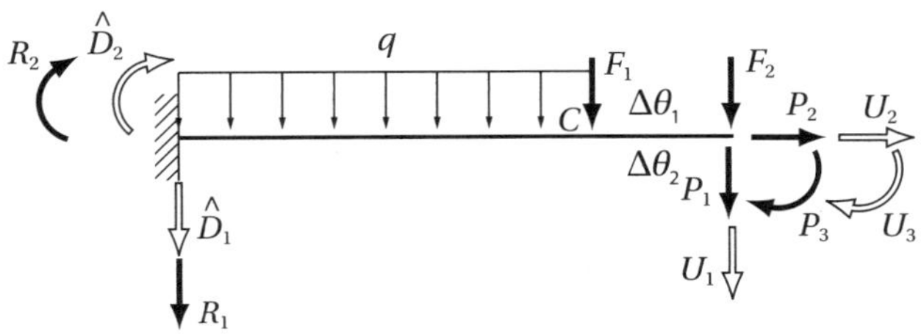

FIG. 9.6 Viga engastada sob a ação de esforços externos ativos, recalques de apoio e variação de temperatura

Apresentam-se a seguir alguns exemplos conceituais que permitem estabelecer as expressões para o cálculo direto de deslocamentos em estruturas reticuladas isostáticas.

Exemplo 9.1

Calcular os deslocamentos U_1, U_2 e U_3 na extremidade livre da viga engastada solicitada por esforços externos ativos, conforme se indica na Fig. 9.7. A viga é prismática, com seção transversal retangular $(b \times h) = (0{,}15 \times 0{,}40)\ m^2$ e módulo de elasticidade $E = 20 \times 10^6\ \text{kN/m}^2$.

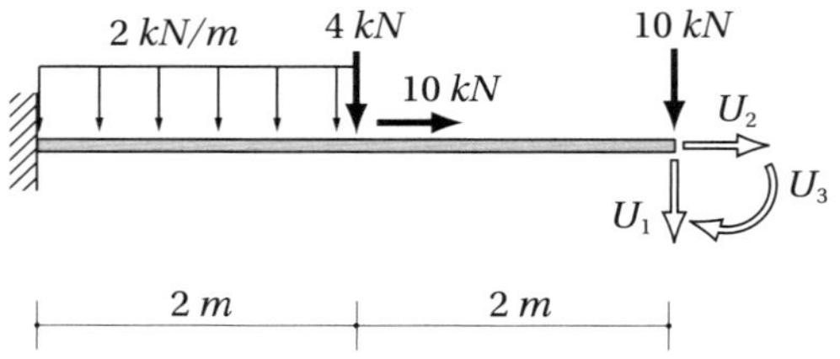

FIG. 9.7 Viga engastada submetida a esforços externos ativos

Solução

Como se deseja calcular U_1, U_2 e U_3, considera-se a viga simplesmente engastada, solicitada pelos esforços externos ativos e pelos esforços independentes P_1, P_2 e P_3, conjugados aos deslocamentos que se quer calcular, conforme se indica na Fig. 9.8.

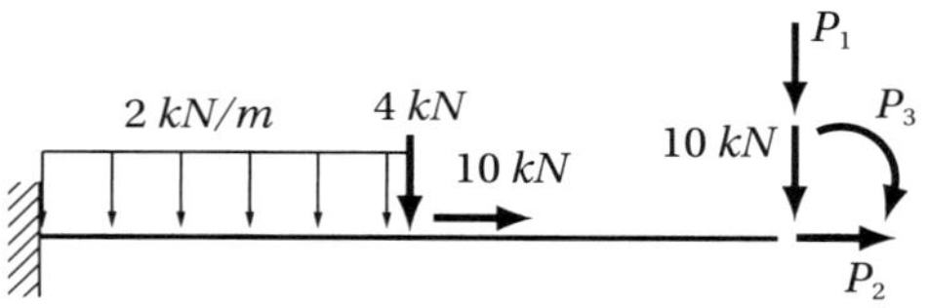

FIG. 9.8 Esforços externos ativos e esforços independentes

Pelo princípio da superposição dos efeitos, os esforços solicitantes na viga engastada podem ser apresentados como funções explícitas dos esforços P_1, P_2 e P_3, ou seja:

$$\begin{aligned} M_T &= M + \overline{M}_1 P_1 + \overline{M}_2 P_2 + \overline{M}_3 P_3 \\ N_T &= N + \overline{N}_1 P_1 + \overline{N}_2 P_2 + \overline{N}_3 P_3 \end{aligned} \tag{a}$$

onde:

M e N são as distribuições de momentos fletores e forças normais na estrutura, decorrentes dos esforços externos ativos efetivamente aplicados à estrutura;

$\overline{M}_j$ e $\overline{N}_j$ são as distribuições de momentos fletores e forças normais na estrutura, decorrentes de $P_j = 1$.

Nessas condições, o cálculo do deslocamento U_j efetua-se pela aplicação direta de (9.10), ou seja:

$$U_j = \left(\frac{\partial \mathcal{U}(\boldsymbol{P})}{\partial P_j} \right)_{\boldsymbol{P}=\boldsymbol{0}} \qquad \text{(b)}$$

Dado que $\mathcal{U} = \int \frac{M_T^2}{2EI} ds + \int \frac{N_T^2}{2EA} ds$, e considerando-se as expressões (a), pode-se colocar (b) na forma:

$$U_j = \left(\int_0^\ell \frac{M_T}{EI} \frac{\partial M_T}{\partial P_j} dx + \int_0^\ell \frac{N_T}{EA} \frac{\partial N}{\partial P_j} dx \right)_{P=0}$$

portanto:

$$U_j = \int_0^\ell \frac{M\overline{M}_j}{EI} dx + \int_0^\ell \frac{N\overline{N}_j}{EA} dx \qquad \text{(c)}$$

A expressão (c) foi desenvolvida para a viga engastada submetida a esforços externos ativos. Entretanto, o desenvolvimento realizado é geral e válido para qualquer estrutura plana submetida a esforços externos ativos no plano da estrutura, bastando para isso que a integral seja estendida a todas as barras da estrutura.

Assim, pode-se calcular qualquer deslocamento U_j em uma estrutura reticulada plana isostática submetida a esforços externos ativos no plano da estrutura, pela expressão:

$$U_j = \int_{\text{estr}} \frac{M\overline{M}_j}{EI} ds + \int_{\text{estr}} \frac{N\overline{N}_j}{EA} ds \qquad \text{(d)}$$

onde:

M e N são as distribuições de momentos fletores e forças normais na estrutura, decorrentes dos esforços externos ativos efetivamente aplicados à estrutura;

$\overline{M}_j$ e $\overline{N}_j$ são as distribuições de momentos fletores e forças normais na estrutura, decorrentes de $P_j = 1$ conjugado ao deslocamento U_j que se quer calcular.

Considere agora o cálculo numérico de U_1, U_2 e U_3 pela aplicação direta de (d). Inicialmente, para qualquer que seja o deslocamento a ser calculado, obtêm-se os diagramas de M e N, os quais se apresentam na Fig. 9.9.

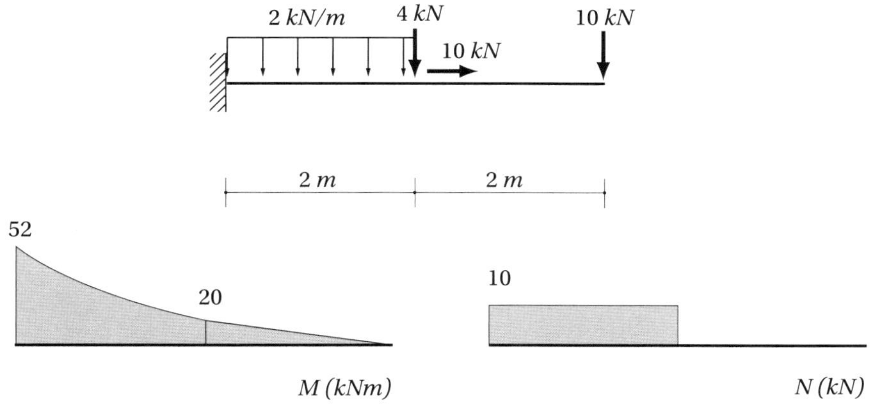

FIG. 9.9 Diagramas de M e N na viga engastada

Para o cálculo de U_1, constata-se que $\overline{N}_1 = 0$, e o diagrama de $\overline{M}_1$ é o que se mostra na Fig. 9.10.

Pode-se então calcular U_1 mediante a aplicação de (d), obtendo-se:

$$U_1 = \int_0^{\ell} \frac{M\overline{M}_1}{EI} dx = 1{,}60 \times 10^{-2}\, m$$

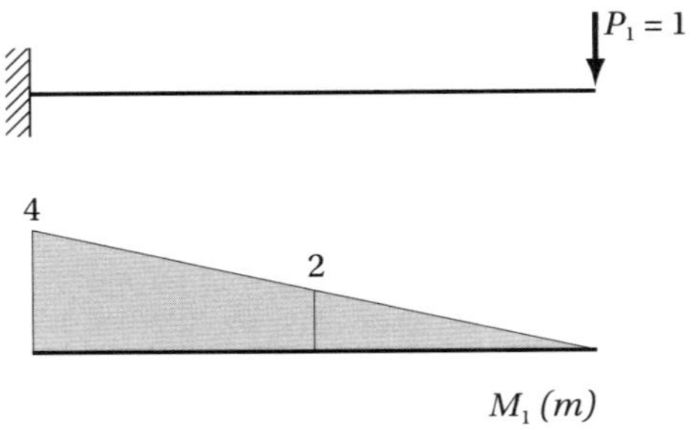

FIG. 9.10 Diagrama de $\overline{M}_1$ na viga engastada

Esse procedimento repete-se no cálculo de qualquer outro deslocamento, observando-se que as distribuições de M e N permanecem sempre as mesmas. Assim, para o cálculo de U_2, constata-se que $\overline{M}_2 = 0$, e o diagrama de $\overline{N}_2$ é o que se mostra na Fig. 9.11.

Pode-se então calcular U_2 mediante a aplicação de (d), obtendo-se:

$$U_2 = \int_0^{\ell} \frac{N\overline{N}_2}{EA} dx = 1{,}67 \times 10^{-5}\, m$$

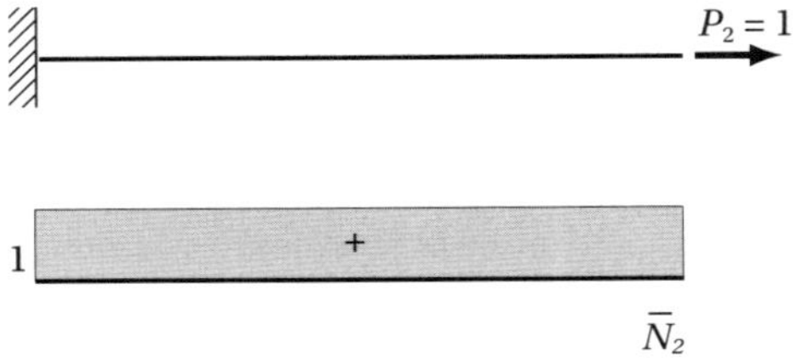

FIG. 9.11 Diagrama de $\overline{N}_2$ na viga engastada

Para o cálculo de U_3, constata-se que $\overline{N}_3 = 0$, e o diagrama de $\overline{M}_3$ é o que se mostra na Fig. 9.12.

Pode-se então calcular U_3 mediante a aplicação de (d), obtendo-se:

$$U_3 = \int_0^{\ell} \frac{M\overline{M}_3}{EI} dx = 5{,}83 \times 10^{-3}\, rad$$

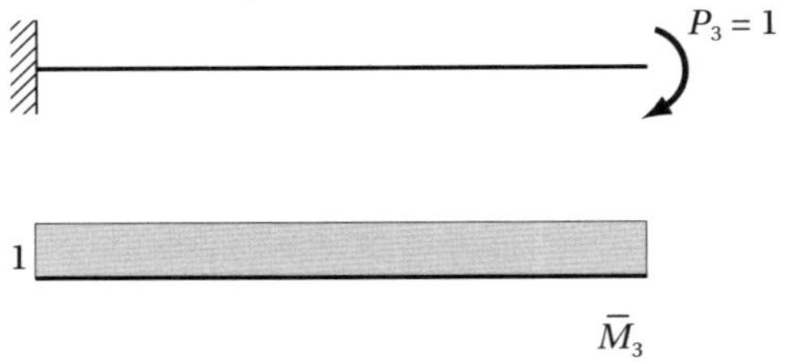

FIG. 9.12 Diagrama de $\overline{M}_3$ na viga engastada

Exemplo 9.2

Calcular os deslocamentos U_1, U_2 e U_3 na extremidade livre da viga engastada solicitada por variação de temperatura $\Delta\theta_2 = 20°C$ na face inferior da viga, conforme se indica na Fig. 9.13. A viga é prismática, com seção transversal retangular $(b \times h) = (0{,}15 \times 0{,}40)\, m^2$, módulo de elasticidade $E = 20 \times 10^6\, kN/m^2$ e coeficiente de dilatação térmica $\alpha = 10^{-5}\, °C^{-1}$.

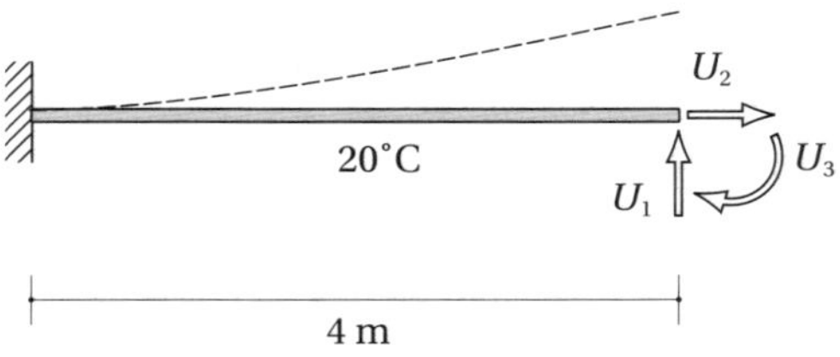

FIG. 9.13 Viga engastada submetida à variação de temperatura

Solução

Como se deseja calcular U_1, U_2 e U_3, considera-se a viga simplesmente engastada solicitada pela variação de temperatura e pelos esforços independentes

P_1, P_2 e P_3 conjugados aos deslocamentos que se quer calcular, conforme se mostra na Fig. 9.14.

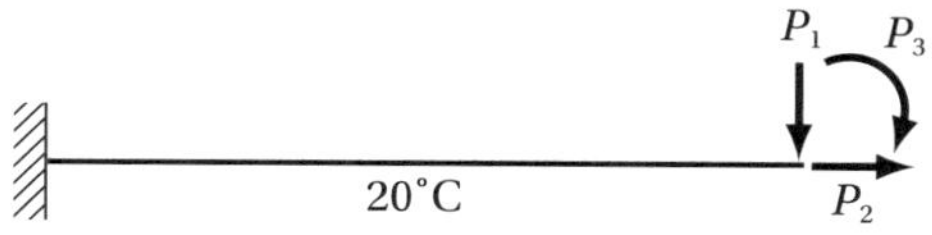

FIG. 9.14 Variação de temperatura e esforços independentes

Pelo princípio da superposição de efeitos, os esforços solicitantes podem ser expressos como funções explícitas dos esforços independentes P_1, P_2 e P_3, ou seja:

$$\begin{aligned} M_T &= \overline{M}_1 P_1 + \overline{M}_2 P_2 + \overline{M}_3 P_3 \\ N_T &= \overline{N}_1 P_1 + \overline{N}_2 P_2 + \overline{N}_3 P_3 \end{aligned} \qquad \text{(a)}$$

Observa-se, neste caso, que $M = 0$ e $N = 0$, pois a única ação externa é a variação de temperatura. Assim, o cálculo do deslocamento pode ser feito diretamente pela aplicação de (9.8), ou seja:

$$U_j = \left(\frac{\partial \mathcal{U}^* (\boldsymbol{P})}{\partial P_j} \right)_{\boldsymbol{P}=\boldsymbol{0}} \qquad \text{(b)}$$

onde a energia complementar de deformação é dada pela expressão (c) do exemplo 8.5:

$$\mathcal{U}^* = \int_0^\ell \alpha \Delta\theta_0 N_T dx + \int_0^\ell \frac{\alpha (\Delta\theta_2 - \Delta\theta_1)}{h} M_T dx + \int_0^\ell \frac{N_T^2}{2EA} dx + \int_0^\ell \frac{M_T^2}{2EI} dx \qquad \text{(c)}$$

Ao introduzir-se (c) em (b), obtém-se:

$$U_j = \left(\int_0^\ell \alpha \Delta\theta_0 \frac{\partial N_T}{\partial P_j} dx + \int_0^\ell \frac{\alpha (\Delta\theta_2 - \Delta\theta_1)}{h} \frac{\partial M_T}{\partial P_j} dx \right.$$
$$\left. + \int_0^\ell \frac{N_T}{EA} \frac{\partial N_T}{\partial P_j} dx + \int_0^\ell \frac{M_T}{EI} \frac{\partial M_T}{\partial P_j} dx \right)_{\boldsymbol{P}=\boldsymbol{0}}$$

ou, ao considerar-se (a):

$$U_j = \int_0^\ell \alpha \Delta\theta_0 \overline{N}_j dx + \int_0^\ell \frac{\alpha (\Delta\theta_2 - \Delta\theta_1)}{h} \overline{M}_j dx \qquad \text{(d)}$$

visto que $(N_T)_{\boldsymbol{P}=\boldsymbol{0}} = 0$ e $(M_T)_{\boldsymbol{P}=\boldsymbol{0}} = 0$.

A expressão (d) foi desenvolvida para o cálculo de um deslocamento U_j na viga engastada submetida a variação de temperatura. Entretanto, o desenvolvimento realizado é geral para qualquer estrutura plana submetida a variação de temperatura no plano da estrutura, bastando para isso que a integral seja estendida a todas as barras da estrutura. Assim, pode-se calcular um deslocamento U_j em uma estrutura reticulada plana isostática submetida a variação de temperatura no plano da estrutura, pela expressão:

$$U_j = \int_{\text{estr}} \alpha \Delta\theta_0 \overline{N}_j ds + \int_{\text{estr}} \frac{\alpha (\Delta\theta_2 - \Delta\theta_1)}{h} \overline{M}_j ds \qquad \text{(e)}$$

onde $\overline{M}_j$ e $\overline{N}_j$ são as distribuições de momentos fletores e forças normais na estrutura, decorrentes de $P_j = 1$ conjugado ao deslocamento U_j que se quer calcular.

Considere agora o cálculo numérico de U_1, U_2 e U_3 pela aplicação direta de (e). Qualquer que seja o deslocamento a ser calculado, tem-se:

$$\alpha\Delta\theta_0 = 10^{-4} \qquad \frac{\alpha\,(\Delta\theta_2 - \Delta\theta_1)}{h} = 5{,}0 \times 10^{-4}\, m^{-1}$$

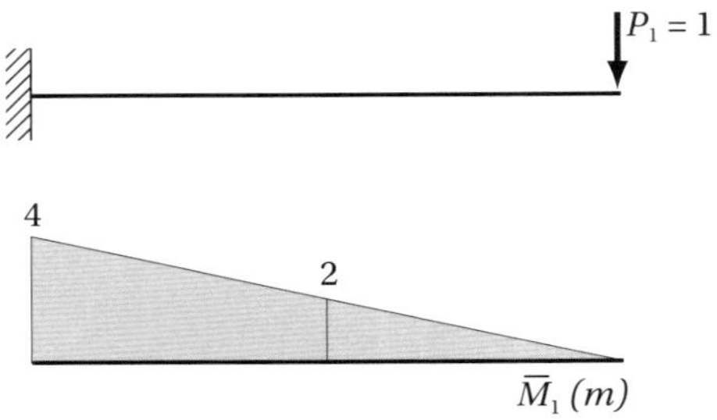

FIG. 9.15 Diagrama de $\overline{M}_1$ na viga engastada

Para o cálculo de U_1, constata-se que $\overline{N}_1 = 0$, e o diagrama de $\overline{M}_1$ está na Fig. 9.15.

Pode-se então calcular U_1 com a aplicação de (e), obtendo-se:

$$U_1 = \int_0^\ell \alpha\Delta\theta_0 \overline{N}_1\, dx + \int_0^\ell \frac{\alpha\,(\Delta\theta_2 - \Delta\theta_1)}{h}\overline{M}_1\, dx$$

$$= \frac{\alpha\,(\Delta\theta_2 - \Delta\theta_1)}{h}\int_0^\ell \overline{M}_1\, dx$$

portanto:

$$U_1 = -\frac{\alpha\,(\Delta\theta_2 - \Delta\theta_1)}{h}\frac{\ell^2}{2} = -4{,}0 \times 10^{-3}\, m$$

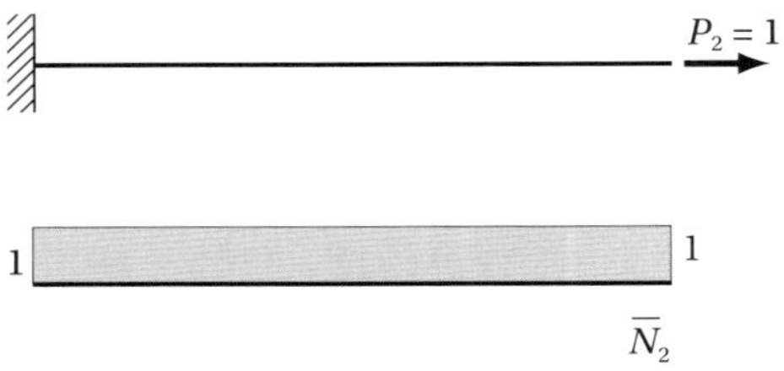

FIG. 9.16 Diagrama de $\overline{N}_2$ na viga engastada

O sinal negativo de U_1 resulta da discussão de sinais apresentada no exemplo 8.5 e indica que o sentido real de U_1 é oposto ao indicado na Fig. 9.13.

Esse procedimento repete-se no cálculo de qualquer outro deslocamento. Assim, para o cálculo de U_2, verifica-se que $\overline{M}_2 = 0$, e o diagrama de $\overline{N}_2$ está na Fig. 9.16.

Pode-se então calcular U_2 com a aplicação de (e), obtendo-se:

$$U_2 = \int_0^\ell \alpha\Delta\theta_0 \overline{N}_2\, dx + \int_0^\ell \frac{\alpha\,(\Delta\theta_2 - \Delta\theta_1)}{h}\overline{M}_2\, dx = \alpha\Delta\theta_0 \int_0^\ell \overline{N}_2\, dx$$

portanto:

$$U_2 = \alpha\Delta\theta_0 \ell = 4{,}0 \times 10^{-4}\, m$$

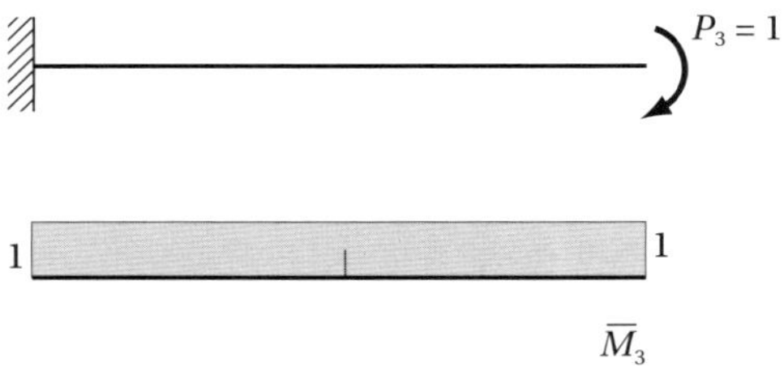

FIG. 9.17 Diagrama de $\overline{M}_3$ na viga engastada

Para o cálculo de U_3, constata-se que $\overline{N}_3 = 0$, e o diagrama de $\overline{M}_3$ está na Fig. 9.17.

Pode-se então calcular U_3 com a aplicação de (e), obtendo-se:

$$U_3 = \int_0^\ell \alpha\Delta\theta_0 \overline{N}_3\, dx + \int_0^\ell \frac{\alpha\,(\Delta\theta_2 - \Delta\theta_1)}{h}\overline{M}_3\, dx$$

$$= \frac{\alpha\,(\Delta\theta_2 - \Delta\theta_1)}{h}\int_0^\ell \overline{M}_3\, dx$$

portanto:

$$U_3 = -\frac{\alpha\,(\Delta\theta_2 - \Delta\theta_1)}{h}\ell = -2{,}0 \times 10^{-3}\,rad$$

Observa-se, novamente, que o sinal negativo de U_3 resulta da discussão de sinais do exemplo 8.5 e que o sentido real da rotação é o anti-horário.

Exemplo 9.3

Calcular os deslocamentos U_1, U_2 e U_3 na extremidade livre da viga engastada solicitada por recalques de apoio, $\hat{D}_1 = 5{,}0 \times 10^{-3}\,m$, $\hat{D}_2 = 2{,}0 \times 10^{-3}\,m$ e $\hat{D}_3 = 1{,}0 \times 10^{-3}\,rad$, conforme indicado na Fig. 9.18.

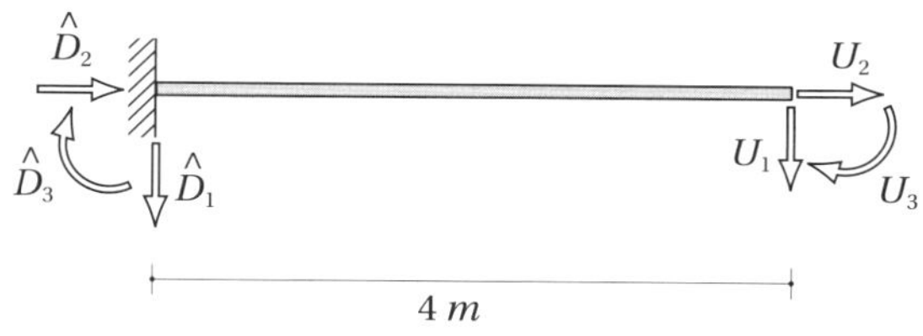

Fig. 9.18 Viga engastada submetida a recalques de apoio

Solução

Como se deseja calcular U_1, U_2 e U_3, considera-se a viga engastada sob a ação dos recalques de apoio e dos esforços independentes P_1, P_2 e P_3, conjugados aos deslocamentos que se quer calcular, conforme se mostra na Fig. 9.19.

Fig. 9.19 Recalques de apoio e esforços independentes

Pelo princípio da superposição de efeitos, os esforços solicitantes e as reações de apoio podem ser expressos como funções explícitas dos esforços independentes P_1, P_2 e P_3, ou seja:

$$\begin{aligned} M_T &= \overline{M}_1 P_1 + \overline{M}_2 P_2 + \overline{M}_3 P_3 \\ N_T &= \overline{N}_1 P_1 + \overline{N}_2 P_2 + \overline{N}_3 P_3 \\ R_{Tk} &= \overline{R}_{k1} P_1 + \overline{R}_{k2} P_2 + \overline{R}_{k3} P_3 \end{aligned} \qquad \text{(a)}$$

Observa-se que, neste caso, $M = 0$, $N = 0$ e $R_k = 0$, pois a viga está submetida exclusivamente a recalques de apoio. Assim, o cálculo de um deslocamento U_j pode ser feito diretamente pela aplicação de (9.7) ou (9.9), ou seja:

$$U_j = \left(\frac{\partial \mathcal{U}^*(\boldsymbol{P})}{\partial P_j}\right)_{\boldsymbol{P}=\boldsymbol{0}} - \sum_{k=1}^{3}\left(\frac{\partial R_{Tk}(\boldsymbol{P})}{\partial P_j}\right)_{\boldsymbol{P}=\boldsymbol{0}} \hat{D}_k \qquad \text{(b)}$$

ou

$$U_j = \left(\frac{\partial \mathcal{U}(\boldsymbol{P})}{\partial P_j}\right)_{\boldsymbol{P}=\boldsymbol{0}} - \sum_{k=1}^{3}\left(\frac{\partial R_{Tk}(\boldsymbol{P})}{\partial P_j}\right)_{\boldsymbol{P}=\boldsymbol{0}} \hat{D}_k \qquad \text{(c)}$$

onde:

$$\mathcal{U}^* = \mathcal{U} = \int_0^{\ell} \frac{M_T^2}{2EI}dx + \int_0^{\ell} \frac{N_T^2}{2EA}dx \qquad \text{(d)}$$

Ao introduzir-se (d) em (b) ou (c), obtém-se:

$$U_j = \left(\int_0^\ell \frac{N_T}{EA} \frac{\partial N_T}{\partial P_j} dx + \int_0^\ell \frac{M_T}{EI} \frac{\partial M_T}{\partial P_j} dx \right)_{\boldsymbol{P}=0} - \sum_{k=1}^{3} \left(\frac{\partial R_{Tk}(\boldsymbol{P})}{\partial P_j} \right)_{\boldsymbol{P}=0} \hat{D}_k \quad \text{(e)}$$

ou, ao considerar-se (a):

$$U_j = -\sum_{k=1}^{3} \overline{R}_{kj} \hat{D}_k \quad \text{(f)}$$

visto que $(N_T)_{\boldsymbol{P}=0} = 0$ e $(M_T)_{\boldsymbol{P}=0} = 0$. $\overline{R}_{kj}$ são as reações de apoio decorrentes de $P_j = 1$ conjugado ao deslocamento U_j que se quer calcular.

A expressão (f) foi desenvolvida para o cálculo de um deslocamento U_j na viga engastada submetida a recalques de apoio. Entretanto, o desenvolvimento realizado é geral para qualquer estrutura plana isostática submetida a recalques de apoio, bastando para isso que o somatório seja estendido a todos os vínculos da estrutura.

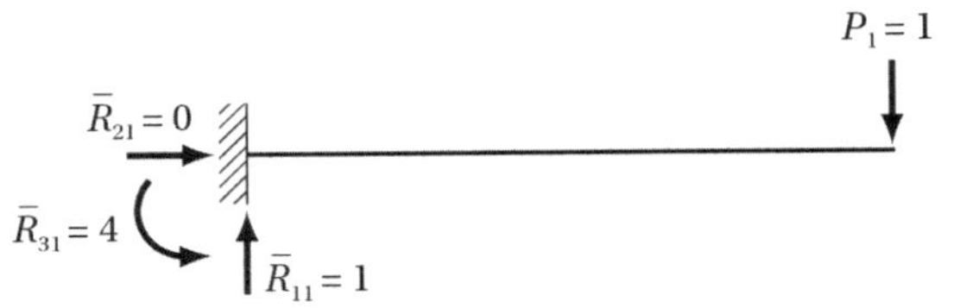

FIG. 9.20 Reações $\overline{R}_{k1}$ na viga engastada

Considere agora o cálculo numérico de U_1, U_2 e U_3 pela aplicação direta de (f).

Assim, para o cálculo de U_1, obtêm-se as reações $\overline{R}_{k1}$, conforme se mostra na Fig. 9.20.

Pode-se então calcular U_1 com a aplicação de (f), obtendo-se:

$$\begin{aligned} U_1 &= -\sum_{k=1}^{3} \overline{R}_{k1} \hat{D}_k \\ &= -\left(\overline{R}_{11}\hat{D}_1 + \overline{R}_{21}\hat{D}_2 + \overline{R}_{31}\hat{D}_3 \right) = \hat{D}_1 + \ell \hat{D}_3 = 9{,}0 \times 10^{-3}\, m \end{aligned}$$

A viga engastada sofre movimento de corpo rígido, e o deslocamento U_1 é dado por duas parcelas: uma pela translação da viga causada pelo recalque linear $\hat{D}_1$ e a outra pela rotação da viga causada pelo recalque angular $\hat{D}_3$.

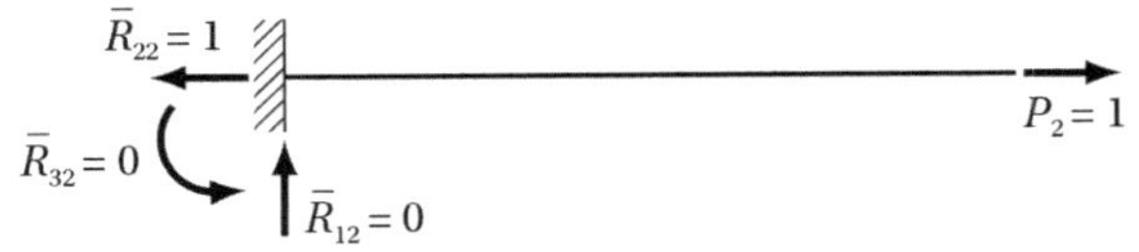

FIG. 9.21 Reações $\overline{R}_{k2}$ na viga engastada

Esse procedimento repete-se para o cálculo de qualquer outro deslocamento. Assim, para o cálculo de U_2, obtêm-se as reações $\overline{R}_{k2}$, conforme se mostra na Fig. 9.21.

Pode-se então calcular U_2 com a aplicação de (f), obtendo-se:

$$\begin{aligned} U_2 &= -\sum_{k=1}^{3} \overline{R}_{k2} \hat{D}_k \\ &= -\left(\overline{R}_{12}\hat{D}_1 + \overline{R}_{22}\hat{D}_2 + \overline{R}_{32}\hat{D}_3 \right) = \hat{D}_2 = 2{,}0 \times 10^{-3}\, m \end{aligned}$$

que decorre da translação da viga causada pelo recalque linear $\hat{D}_2$.

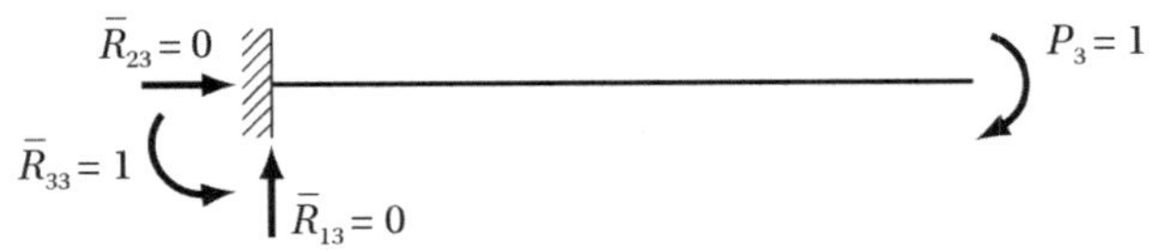

FIG. 9.22 Reações $\overline{R}_{k3}$ na viga engastada

Para o cálculo de U_3, obtêm-se as reações $\overline{R}_{k3}$, conforme se mostra na Fig. 9.22.

Pode-se então calcular U_3 com a aplicação de (f), obtendo-se:

$$U_3 = -\sum_{k=1}^{3} \overline{R}_{k3}\hat{D}_k = -\left(\overline{R}_{13}\hat{D}_1 + \overline{R}_{23}\hat{D}_2 + \overline{R}_{33}\hat{D}_3\right) = 1{,}0 \times 10^{-3}\, rad$$

que decorre da rotação da viga causada pelo recalque linear $\hat{D}_3$.

EXPRESSÕES DERIVADAS DOS TEOREMAS DE ENERGIA COMPLEMENTAR PARA O CÁLCULO DE DESLOCAMENTOS EM ESTRUTURAS RETICULADAS ISOSTÁTICAS

Os exemplos conceituais apresentados permitem escrever a seguinte expressão para o cálculo de um deslocamento U_j, em uma estrutura plana isostática sob a ação de esforços externos ativos, variações de temperatura e recalques de apoio:

$$\begin{aligned} U_j + \sum_k \overline{R}_{kj}\hat{D}_k = & \int_{\text{estr}} \frac{M\overline{M}_j}{EI} ds + \int_{\text{estr}} \frac{N\overline{N}_j}{EA} ds \\ & + \int_{\text{estr}} \frac{\alpha(\Delta\theta_2 - \Delta\theta_1)}{h} \overline{M}_j ds + \int_{\text{estr}} \alpha\Delta\theta_0 \overline{N}_j ds \end{aligned} \tag{9.11}$$

No caso da existência de molas na estrutura, a extensão da expressão (9.11) é imediata, ou seja:

$$\begin{aligned} U_j + \sum_k \overline{R}_{kj}\hat{D}_k = & \int_{\text{estr}} \frac{M\overline{M}_j}{EI} ds + \int_{\text{estr}} \frac{N\overline{N}_j}{EA} ds + \sum_\ell \frac{S_\ell \overline{S}_{\ell j}}{k_\ell} \\ & \int_{\text{estr}} \frac{\alpha(\Delta\theta_2 - \Delta\theta_1)}{h} \overline{M}_j ds + \int_{\text{estr}} \alpha\Delta\theta_0 \overline{N}_j ds \end{aligned} \tag{9.12}$$

Da mesma forma, o cálculo de um deslocamento U_j em estruturas reticuladas no espaço sob a ação de esforços externos ativos, variações de temperatura e recalques de apoio é imediatamente inferido a partir de (9.12) e do que foi apresentado anteriormente, e dado por:

$$\begin{aligned} U_j + \sum_k \overline{R}_{kj}\hat{D}_k = & \int_{\text{estr}} \frac{M\overline{M}_j}{EI} ds + \int_{\text{estr}} \frac{N\overline{N}_j}{EA} ds + \int_{\text{estr}} \frac{T\overline{T}_j}{GI_T} ds + \sum_\ell \frac{S_\ell \overline{S}_{\ell j}}{k_\ell} \\ & + \int_{\text{estr}} \frac{\alpha(\Delta\theta_2 - \Delta\theta_1)}{h} \overline{M}_j ds + \int_{\text{estr}} \alpha\Delta\theta_0 \overline{N}_j ds \end{aligned} \tag{9.13}$$

onde, na estrutura isostática, analisada:

- U_j é o deslocamento que se deseja calcular;
- P_j é o esforço conjugado ao deslocamento U_j;
- $\hat{D}_k$ é o recalque de apoio no vínculo k;
- $\overline{R}_{kj}$ é a reação de apoio no vínculo k, decorrente de $P_j = 1$;

- $\overline{M}_j$, $\overline{N}_j$ e $\overline{T}_j$ são as distribuições de momentos fletores, forças normais e momentos torçores, decorrentes de $P_j = 1$;
- $\overline{S}_{\ell j}$ é a força na mola ℓ decorrente de $P_j = 1$;
- S_ℓ é a força na mola ℓ decorrentes das ações externas;
- k_ℓ é o coeficiente de rigidez da mola ℓ;
- M, N e T são as distribuições de momentos fletores, forças normais e momentos torçores, decorrentes das ações externas;
- $\Delta\theta_0$ é a distribuição, ao longo do eixo da barra, da variação de temperatura no centro de gravidade da seção transversal;
- $(\Delta\theta_2 - \Delta\theta_1)$ é a distribuição, ao longo do eixo da barra, da diferença entre as variações de temperatura em faces opostas da seção transversal.

A comparação entre as expressões para o cálculo de deslocamentos em estruturas isostáticas com base nos teoremas de energia complementar, dadas por (9.12) e (9.13), e as expressões (3.6) e (3.7), obtidas pela aplicação do teorema dos esforços virtuais, mostra que são exatamente as mesmas do ponto de vista conceitual. Algumas diferenças podem ser observadas nas notações utilizadas e que são próprias de um ou de outro desenvolvimento, como, por exemplo:

$$\overline{M}_j \quad \text{e} \quad \delta M_j, \qquad \overline{R}_{kj} \quad \text{e} \quad \delta R_{kj}, \qquad \overline{S}_{\ell j} \quad \text{e} \quad \delta S_{\ell j}$$

Portanto, são dois desenvolvimentos distintos: um baseado nos teoremas de energia complementar, e outro, no teorema dos esforços virtuais, que conduzem às mesmas expressões para o cálculo de deslocamentos em estruturas isostáticas.

9.2 Resolução de estruturas hiperestáticas pelo método dos esforços

A resolução de estruturas reticuladas hiperestáticas pelo método dos esforços foi descrita no Cap. 4. Por conveniência didática, os mesmos parágrafos são transcritos a seguir, com apenas uma modificação: os deslocamentos na isostática fundamental serão calculados pelos teoremas de energia complementar em lugar do teorema dos esforços virtuais.

Inicialmente, estabelece-se um conjunto de soluções equilibradas que contém a solução real da estrutura hiperestática. Isso é feito suprimindo-se, arbitrária e convenientemente, vínculos externos ou internos, em número igual ao grau de hiperestaticidade, e introduzindo-se os esforços, chamados hiperestáticos, correspondentes aos vínculos retirados. Assim, tem-se uma estrutura isostática, chamada isostática fundamental, submetida às ações externas e às n incógnitas hiperestáticas.

A cada conjunto de n valores das incógnitas hiperestáticas corresponderá uma solução equilibrada, o que permite definir o conjunto de todas as soluções equilibradas associado a uma particular isostática fundamental.

Entre essas infinitas soluções equilibradas, definidas na isostática fundamental, será a solução real da estrutura hiperestática, aquela que também for compatível, ou seja, aquela que satisfizer às n condições de contorno impostas pelos vínculos retirados da estrutura hiperestática.

Isto se faz calculando-se na isostática fundamental, pelos teoremas de energia complementar, os n deslocamentos U_i conjugados às incógnitas hiperestáticas X_i, decorrentes das ações externas e das incógnitas hiperestáticas, e estabelecendo-se que sejam iguais aos deslocamentos impostos $\hat{U}_i$ nos vínculos correspondentes da estrutura hiperestática original.

Essas n equações, $U_i = \hat{U}_i$, são chamadas equações reduzidas de compatibilidade e a sua resolução leva à determinação das incógnitas hiperestáticas X_i, ou seja, ao levantamento da indeterminação estática da estrutura original, e, portanto, à solução real do problema, que será equilibrada e compatível.

Como a escolha da isostática fundamental é arbitrária, pode-se sintetizar o método dos esforços por:

> *Entre todas as soluções equilibradas, a solução real será aquela também compatível.*

Por exemplo, a Fig. 9.23 mostra uma viga contínua, com grau de hiperestaticidade igual a dois solicitada por esforços externos ativos, bem como a isostática fundamental selecionada, a viga engastada, solicitada pelo mesmo carregamento e pelas duas incógnitas hiperestáticas.

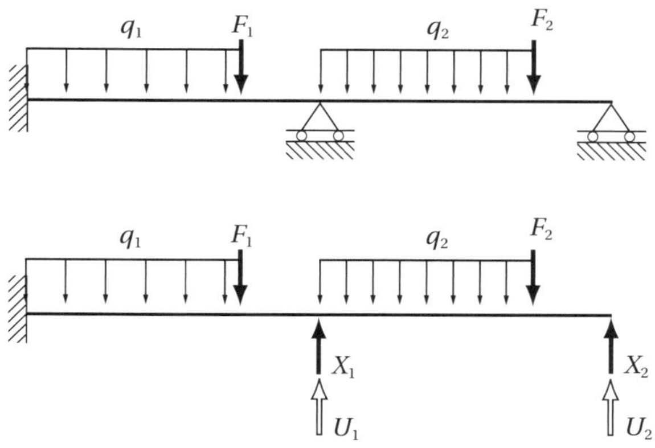

Fig. 9.23 Viga contínua e isostática fundamental selecionada

Assim, mantido o carregamento na isostática fundamental, a cada par de valores (X_1, X_2) corresponde uma solução equilibrada com deslocamentos $U_1(X_1, X_2)$ e $U_2(X_1, X_2)$. Entre essas infinitas soluções equilibradas, a solução real é aquela que satisfaz às duas equações reduzidas de compatibilidade $U_1(X_1, X_2) = \hat{U}_1 = 0$ e $U_2(X_1, X_2) = \hat{U}_2 = 0$. A resolução dessas equações lineares leva aos valores de (X_1, X_2) e, portanto, ao levantamento da indeterminação estática da viga contínua, o que caracteriza a obtenção da solução real.

No caso geral de resolução de estruturas hiperestáticas pelo método dos esforços, os esforços independentes são as incógnitas hiperestáticas definidas na isostática fundamental. Nessas condições, a energia potencial complementar total é expressa por:

$$\mathcal{V}^*(\boldsymbol{X}) = \mathcal{U}^*(\boldsymbol{X}) - \sum_{\ell=1}^{n} X_\ell \hat{U}_\ell - \sum_k R_k(\boldsymbol{X})\,\hat{D}_k \tag{9.14}$$

O teorema da energia potencial complementar total permite escrever:

$$\frac{\partial \mathcal{V}^*(\boldsymbol{X})}{\partial X_i} = \frac{\partial \mathcal{U}^*(\boldsymbol{X})}{\partial X_i} - \hat{U}_i - \sum_k \frac{\partial R_k(\boldsymbol{X})}{\partial X_i}\hat{D}_k = 0 \quad (i = 1, \ldots, n) \tag{9.15}$$

ou

$$\underbrace{\frac{\partial \mathcal{U}^*(\boldsymbol{X})}{\partial X_i} - \sum_k \frac{\partial R_k(\boldsymbol{X})}{\partial X_i}\hat{D}_k}_{U_i(\boldsymbol{X})} = \hat{U}_i \quad (i = 1, \ldots, n) \tag{9.16}$$

onde $U_i(\boldsymbol{X}) = \dfrac{\partial \mathcal{U}^*(\boldsymbol{X})}{\partial X_i} - \sum_k \dfrac{\partial R_k(\boldsymbol{X})}{\partial X_i}\hat{D}_k$, função linear de $(X_1, \cdots, X_n)$, é o deslocamento na isostática fundamental, conjugado à incógnita hiperestática X_i, e $U_i(\boldsymbol{X}) = \hat{U}_i$ é a i-ésima das n equações reduzidas de compatibilidade que permitem determinar, entre as infinitas soluções equilibradas, aquela que também é compatível e, assim, obter a solução real da estrutura hiperestática.

Na ausência de recalques nos vínculos da isostática fundamental, a expressão (9.16) se reduz a:

$$\frac{\partial \mathcal{U}^*(\boldsymbol{X})}{\partial X_i} = \hat{U}_i \quad (i = 1, \ldots, n) \tag{9.17}$$

Para $\hat{U}_i = 0$ resulta $\dfrac{\partial \mathcal{U}^*(\boldsymbol{X})}{\partial X_i} = 0$, identificada por alguns autores como a expressão matemática do segundo teorema de Engesser, que nada mais é do que uma particularização do teorema de Engesser para a resolução de uma classe de estruturas hiperestáticas.

Na ausência de deformações iniciais, $\mathcal{U} = \mathcal{U}^*$, e as expressões (9.16) e (9.17) podem ser postas, respectivamente, nas formas:

$$\frac{\partial \mathcal{U}(\boldsymbol{X})}{\partial X_i} - \sum_k \frac{\partial R_k(\boldsymbol{X})}{\partial X_i}\hat{D}_k = \hat{U}_i \quad (i = 1, \ldots, n) \tag{9.18}$$

e

$$\frac{\partial \mathcal{U}(\boldsymbol{X})}{\partial X_i} = \hat{U}_i \quad (i = 1, \ldots, n) \tag{9.19}$$

Apresentam-se a seguir alguns exemplos conceituais que permitem estabelecer as equações reduzidas de compatibilidade para a resolução direta de estruturas reticuladas hiperestáticas pelo método dos esforços.

Exemplo 9.4

Resolver pelo método dos esforços a viga contínua com apoios elásticos, submetida a forças concentradas, conforme se mostra na Fig. 9.24. A viga é prismática, com seção transversal retangular $(b \times h) = (0{,}15 \times 0{,}40)\ m^2$ e módulo de elasticidade $E = 20 \times 10^6 \text{kN/m}^2$. As molas têm coeficiente de rigidez $k_a = 15.000 \text{kN/m}$ e $k_b = 10.000 \text{kN/m}$.

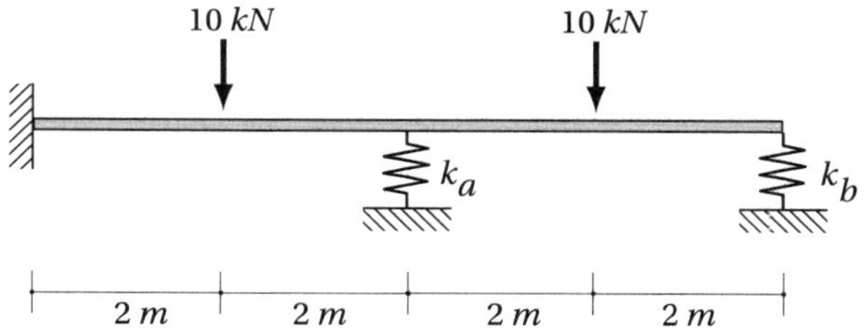

FIG. 9.24 Viga contínua com apoio elástico sob forças concentradas

Solução

Esta viga contínua com apoio elástico é uma estrutura hiperestática com grau de hiperestaticidade igual a dois. A Fig. 9.25 apresenta a isostática fundamental selecionada e as incógnitas hiperestáticas correspondentes.

Neste caso, as equações de compatibilidade são dadas por (9.17) ou (9.19):

$$\underbrace{\frac{\partial \mathcal{U}^*(\mathbf{X})}{\partial X_i}}_{U_i} = \hat{U}_i \quad ou \quad \underbrace{\frac{\partial U(\mathbf{X})}{\partial X_i}}_{U_i} = \hat{U}_i \quad (i = 1,2) \tag{a}$$

com

$$\mathcal{U}^* = \mathcal{U} = \int_{\text{estr}} \frac{M^2}{2EI} ds + \sum_{\ell=a,b} \frac{S_\ell^2}{2k_\ell} \tag{b}$$

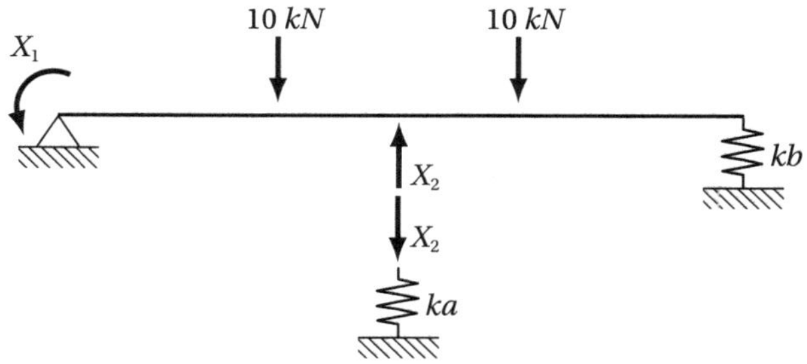

FIG. 9.25 Isostática fundamental e incógnitas hiperestáticas

Ao introduzir-se (b) em (a), obtém-se:

$$\underbrace{\int_{\text{estr}} \frac{M}{EI} \frac{\partial M}{\partial X_i} ds + \sum_{\ell=a,b} \frac{S_\ell}{k_\ell} \frac{\partial S_\ell}{\partial X_i}}_{U_i} = \hat{U}_i \quad (i = 1,2) \tag{c}$$

Como as equações de compatibilidade (c) envolvem derivadas em relação às incógnitas hiperestáticas X_i, é necessário representar os esforços internos como funções explícitas das incógnitas hiperestáticas. Essas funções são estabelecidas conforme o princípio da superposição de efeitos, que permite escrever:

$$M = M_0 + M_1 X_1 + M_2 X_2 \qquad S_\ell = S_{\ell 0} + S_{\ell 1} X_1 + S_{\ell 2} X_2 \tag{d}$$

onde:

M_0 e $S_{\ell 0}$são a distribuição de momentos fletores e a força na mola ℓ na isostática fundamental, decorrentes do carregamento externo;

M_j e $S_{\ell j}$são a distribuição de momentos fletores e a força na mola ℓ na isostática fundamental, decorrentes de $X_j = 1$.

Assim, ao introduzir-se (d) em (c), escreve-se:

$$\begin{aligned} &\int_{\text{estr}} \frac{(M_0 + M_1 X_1 + M_2 X_2)}{EI} M_1 ds + \sum_{\ell=a,b} \frac{(S_{\ell 0} + S_{\ell 1} X_1 + S_{\ell 2} X_2)}{k_\ell} S_{\ell 1} = \hat{U}_1 \\ &\int_{\text{estr}} \frac{(M_0 + M_1 X_1 + M_2 X_2)}{EI} M_2 ds + \sum_{\ell=a,b} \frac{(S_{\ell 0} + S_{\ell 1} X_1 + S_{\ell 2} X_2)}{k_\ell} S_{\ell 2} = \hat{U}_2 \end{aligned} \tag{e}$$

que são as duas equações reduzidas de compatibilidade.

As equações reduzidas de compatibilidade (e) podem ser colocadas na seguinte forma compacta, usualmente utilizada no método dos esforços:

$$U_{10} + F_{11}X_1 + F_{12}X_2 = \hat{U}_1 \qquad U_{20} + F_{21}X_1 + F_{22}X_2 = \hat{U}_2 \tag{f}$$

com a seguinte interpretação de seus termos:

- $U_{i0} = \int_{estr} \frac{M_i M_0}{EI} ds + \sum_{\ell=a,b} \frac{S_{\ell i} S_{\ell 0}}{k_\ell}$ é o deslocamento na isostática fundamental conjugado a X_i, decorrente do carregamento externo;
- $F_{ij} = \int_{estr} \frac{M_i M_j}{EI} ds + \sum_{\ell=a,b} \frac{S_{\ell i} S_{\ell j}}{k_\ell}$ é o deslocamento na isostática fundamental conjugado a X_i, decorrente de $X_j = 1$;
- $\hat{U}_i$ é o recalque de apoio na estrutura hiperestática conjugado a X_i.

Considere agora a resolução numérica da viga contínua. Para o cálculo de X_1 e X_2, obtêm-se os diagramas de momentos fletores, M_0, M_1 e M_2, e as forças nas molas, $S_{\ell 0}$, $S_{\ell 1}$ e $S_{\ell 2}$, que se apresentam na Fig. 9.26.

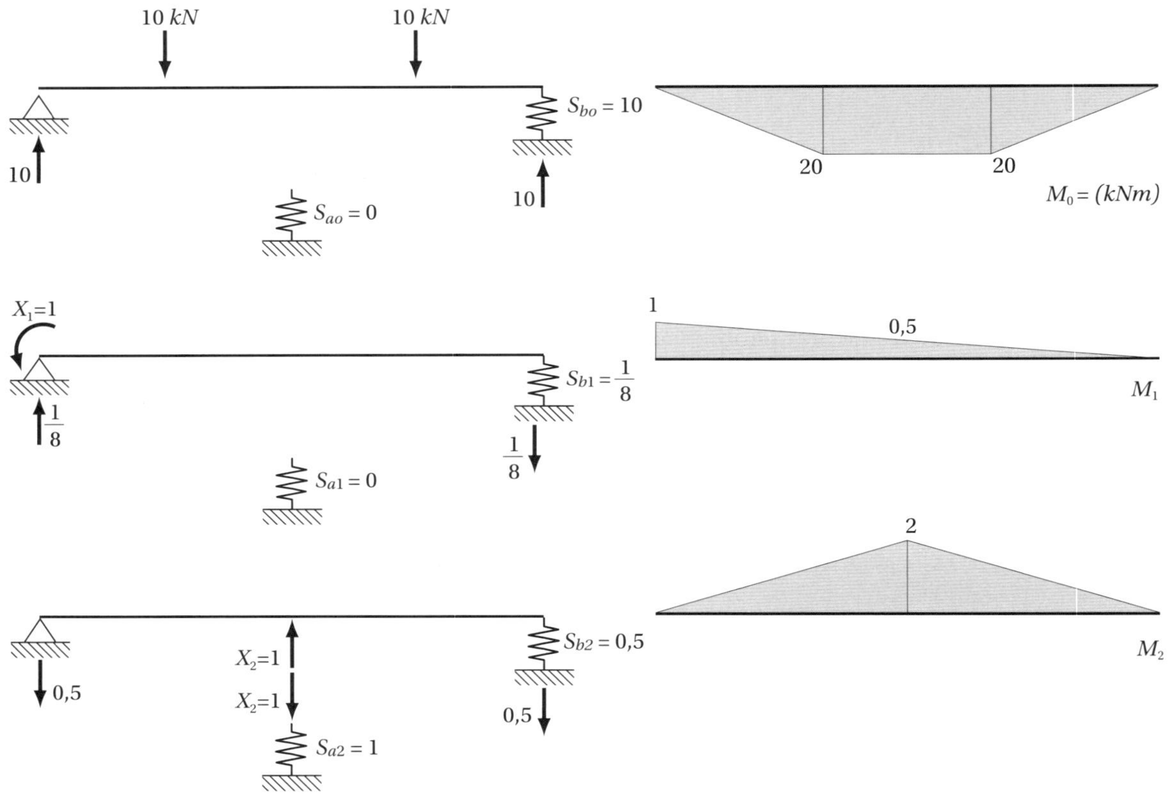

FIG. 9.26 Diagramas de momentos fletores e forças nas molas

Ao efetuar-se os cálculos, obtêm-se:

$$U_{10} = \int_{estr} \frac{M_1 M_0}{EI} ds + \sum_{\ell=a,b} \frac{S_{\ell 1} S_{\ell 0}}{k_\ell} = -38{,}75 \times 10^{-4}\, rad$$

$$U_{20} = \int_{estr} \frac{M_2 M_0}{EI} ds + \sum_{\ell=a,b} \frac{S_{\ell 2} S_{\ell 0}}{k_\ell} = -96{,}67 \times 10^{-4}\, m$$

e

$$F_{11} = \int_{\text{estr}} \frac{M_1 M_1}{EI} ds + \sum_{\ell=a,b} \frac{S_{\ell 1} S_{\ell 1}}{k_\ell} = 16{,}83 \times 10^{-5} \, (kNm)^{-1}$$

$$F_{12} = F_{21} = \int_{\text{estr}} \frac{M_1 M_2}{EI} ds + \sum_{\ell=a,b} \frac{S_{\ell 1} S_{\ell 2}}{k_\ell} = 25{,}63 \times 10^{-5} \, (\text{kN})^{-1}$$

$$F_{22} = \int_{\text{estr}} \frac{M_2 M_2}{EI} ds + \sum_{\ell=a,b} \frac{S_{\ell 2} S_{\ell 2}}{k_\ell} = 75{,}84 \times 10^{-5} \, (\text{kN})^{-1} \, m$$

o que permite escrever as equações reduzidas de compatibilidade na sua forma matricial $\{\boldsymbol{U}_0\} + [\boldsymbol{F}]\,\{\boldsymbol{X}\} = \{\hat{\boldsymbol{U}}\}$, ou seja:

$$10^{-4} \left\{ \begin{array}{c} -38{,}75 \\ -96{,}67 \end{array} \right\} + 10^{-5} \left[\begin{array}{cc} 16{,}83 & 25{,}63 \\ 25{,}63 & 75{,}84 \end{array} \right] \left\{ \begin{array}{c} X_1 \\ X_2 \end{array} \right\} = \left\{ \begin{array}{c} 0 \\ 0 \end{array} \right\}$$

o que conduz à determinação das incógnitas hiperestáticas:

$$X_1 = 7{,}45 \, kNm \qquad X_2 = 10{,}23 \, \text{kN}$$

e ao levantamento da indeterminação estática da viga contínua. A Fig. 9.27 apresenta diversos resultados que podem ser obtidos para a viga contínua com apoio elástico.

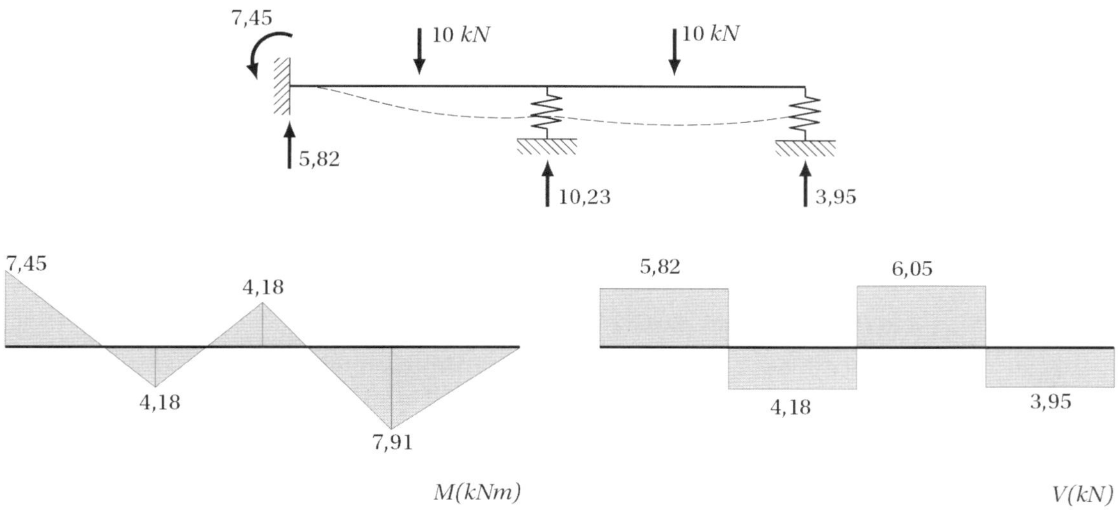

Fig. 9.27 Resultados na viga contínua com apoio elástico

Exemplo **9.5**

Resolver pelo método dos esforços a viga contínua submetida a variação de temperatura, conforme se mostra na Fig. 9.28. A viga é prismática, com seção transversal retangular $(b \times h) = (0{,}15 \times 0{,}40)\ m^2$, módulo de elasticidade $E = 20 \times 10^6\ \text{kN/m}^2$ e coeficiente de dilatação térmica $\alpha = 10^{-5}{}^\circ\text{C}^{-1}$.

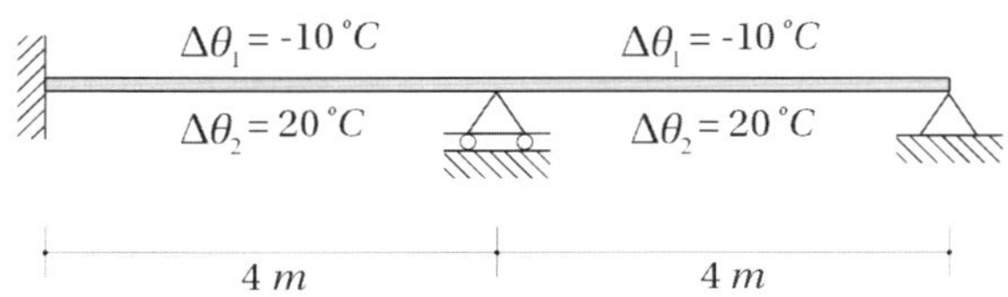

Fig. 9.28 Viga contínua submetida a variação de temperatura

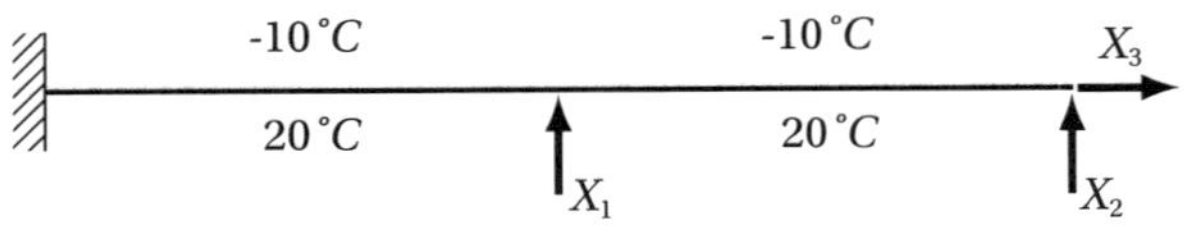

FIG. 9.29 Isostática fundamental e incógnitas hiperestáticas

Solução

Esta viga contínua é uma estrutura hiperestática com grau de hiperestaticidade igual a três. Escolhe-se como isostática fundamental a viga engastada apresentada na Fig. 9.29, com as incógnitas hiperestáticas.

Neste caso, as equações de compatibilidade são dadas por (9.17):

$$\underbrace{\frac{\partial \mathcal{U}^*(\boldsymbol{X})}{\partial X_i}}_{U_i} = \hat{U}_i \quad (i = 1,\ldots,3) \tag{a}$$

com

$$\mathcal{U}^* = \int_{\text{estr}} \frac{\alpha(\Delta\theta_2 - \Delta\theta_1)}{h} M\,ds + \int_{\text{estr}} \alpha\Delta\theta_0 N\,ds + \int_{\text{estr}} \frac{M^2}{2EI}ds + \int_{\text{estr}} \frac{N^2}{2EA}ds$$

Ao introduzir-se (b) em (a), obtém-se:

$$\underbrace{\int_{\text{estr}} \frac{\alpha(\Delta\theta_2 - \Delta\theta_1)}{h}\frac{\partial M}{\partial X_i}ds + \int_{\text{estr}} \alpha\Delta\theta_0\frac{\partial N}{\partial X_i}ds + \int_{\text{estr}} \frac{M}{EI}\frac{\partial M}{\partial X_i}ds + \int_{\text{estr}} \frac{N}{EA}\frac{\partial N}{\partial X_i}ds}_{U_i} = \hat{U}_i \quad (i = 1,\ldots,3) \tag{c}$$

Como o estabelecimento das equações de compatibilidade (c) envolve derivadas em relação às incógnitas hiperestáticas X_i, é necessário apresentar os esforços solicitantes como funções explícitas dessas incógnitas. Essas funções são estabelecidas com base no princípio da superposição de efeitos, que permite escrever:

$$M = M_1X_1 + M_2X_2 + M_3X_3 \qquad N = N_1X_1 + N_2X_2 + N_3X_3 \tag{d}$$

onde M_j e N_j são as distribuições de momentos fletores e de forças normais na isostática fundamental, decorrentes de $X_j = 1$. Assim, ao introduzir-se (d) em (c), escreve-se, para $(i = 1,\ldots 3)$:

$$\begin{aligned}&\int_{\text{estr}} \frac{\alpha(\Delta\theta_2 - \Delta\theta_1)}{h} M_i\,ds + \int_{\text{estr}} \alpha\Delta\theta_0 N_i\,ds \\ &\quad + \int_{\text{estr}} \frac{(M_1X_1 + M_2X_2 + M_3X_3)}{EI} M_i\,ds \\ &\quad + \int_{\text{estr}} \frac{(N_1X_1 + N_2X_2 + N_3X_3)}{EA} N_i\,ds = \hat{U}_i\end{aligned} \tag{e}$$

ou

$$\begin{aligned}&\int_{\text{estr}} \frac{\alpha(\Delta\theta_2 - \Delta\theta_1)}{h} M_i\,ds + \int_{\text{estr}} \alpha\Delta\theta_0 N_i\,ds + \left(\int_{\text{estr}} \frac{M_iM_1}{EI}ds + \int_{\text{estr}} \frac{N_iN_1}{EA}ds\right)X_1 \\ &\quad + \left(\int_{\text{estr}} \frac{M_iM_2}{EI}ds + \int_{\text{estr}} \frac{N_iN_2}{EA}ds\right)X_2 + \left(\int_{\text{estr}} \frac{M_iM_3}{EI}ds + \int_{\text{estr}} \frac{N_iN_3}{EA}ds\right)X_3 = \hat{U}_i\end{aligned} \tag{f}$$

que são as três equações reduzidas de compatibilidade.

As equações reduzidas de compatibilidade (f) podem ser colocadas na seguinte forma compacta, usualmente utilizada no método dos esforços:

$$\begin{aligned} U_{1\theta} + F_{11}X_1 + F_{12}X_2 + F_{13}X_3 &= \hat{U}_1 \\ U_{2\theta} + F_{21}X_1 + F_{22}X_2 + F_{23}X_3 &= \hat{U}_2 \\ U_{3\theta} + F_{31}X_1 + F_{32}X_2 + F_{33}X_3 &= \hat{U}_3 \end{aligned} \qquad \text{(g)}$$

com a seguinte interpretação de seus termos:

- $U_{i\theta} = \int\limits_{estr} M_i \dfrac{\alpha(\Delta\theta_2 - \Delta\theta_1)}{h} ds + \int\limits_{estr} N_i \alpha \Delta\theta_0 ds$ é o deslocamento na isostática fundamental conjugado a X_i, decorrente da variação de temperatura;
- $F_{ij} = \int\limits_{estr} \dfrac{M_i M_j}{EI} ds + \int\limits_{estr} \dfrac{N_i N_j}{EA} ds$ é o deslocamento na isostática fundamental conjugado a X_i, decorrente de $X_j = 1$;
- $\hat{U}_i$ é o recalque de apoio na estrutura hiperestática conjugado a X_i.

Considere agora a resolução numérica da viga contínua. Para o cálculo de X_1, X_2 e X_3, obtêm-se os diagramas de momentos fletores, M_1 e M_2, e de forças normais, N_3 (Fig. 9.30), e observa-se que os diagramas de M_3, N_1 e N_2 são nulos.

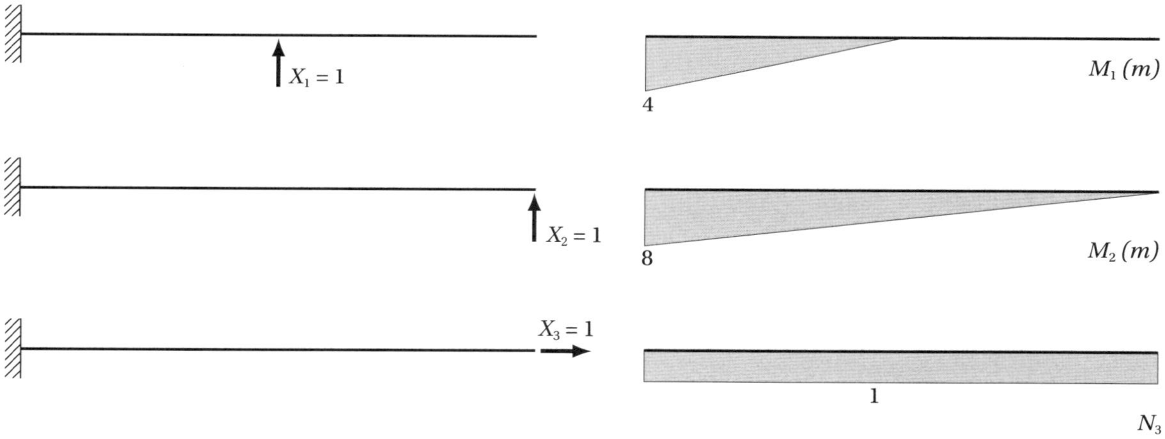

Fig. 9.30 Diagramas de momentos fletores e forças normais

Assim, ao efetuar-se os cálculos, obtêm-se:

$$U_{1\theta} = \int\limits_{estr} M_1 \frac{\alpha(\Delta\theta_2 - \Delta\theta_1)}{h} ds + \int\limits_{estr} N_1 \alpha \Delta\theta_0 ds = 600 \times 10^{-5}\, m$$

$$U_{2\theta} = \int\limits_{estr} M_2 \frac{\alpha(\Delta\theta_2 - \Delta\theta_1)}{h} ds + \int\limits_{estr} N_2 \alpha \Delta\theta_0 ds = 2.400 \times 10^{-5}\, m$$

$$U_{3\theta} = \int\limits_{estr} M_3 \frac{\alpha(\Delta\theta_2 - \Delta\theta_1)}{h} ds + \int\limits_{estr} N_3 \alpha \Delta\theta_0 ds = 40 \times 10^{-5}\, m$$

e

$$F_{11} = \int\limits_{estr} \frac{M_1 M_1}{EI} ds + \int\limits_{estr} \frac{N_1 N_1}{EA} ds = \frac{21{,}33}{EI}$$

$$F_{12} = F_{21} = \int_{\text{estr}} \frac{M_1 M_2}{EI} ds + \int_{\text{estr}} \frac{N_1 N_2}{EA} ds = \frac{53{,}33}{EI}$$

$$F_{22} = \int_{\text{estr}} \frac{M_2 M_2}{EI} ds + \int_{\text{estr}} \frac{N_2 N_2}{EA} ds = \frac{170{,}67}{EI}$$

$$F_{13} = F_{31} = \int_{\text{estr}} \frac{M_1 M_3}{EI} ds + \int_{\text{estr}} \frac{N_1 N_3}{EA} ds = 0$$

$$F_{23} = F_{32} = \int_{\text{estr}} \frac{M_2 M_3}{EI} ds + \int_{\text{estr}} \frac{N_2 N_3}{EA} ds = 0$$

$$F_{33} = \int_{\text{estr}} \frac{M_3 M_3}{EI} ds + \int_{\text{estr}} \frac{N_3 N_3}{EA} ds = \frac{8}{EA}$$

o que permite escrever as equações reduzidas de compatibilidade na sua forma matricial $\{\boldsymbol{U}_\theta\} + [\boldsymbol{F}]\{\boldsymbol{X}\} = \{\hat{\boldsymbol{U}}\}$, ou seja:

$$10^{-5}\begin{Bmatrix} 600 \\ 2.400 \\ 40 \end{Bmatrix} + \frac{1}{EI}\begin{bmatrix} 21{,}33 & 53{,}33 & 0 \\ 53{,}33 & 170{,}67 & 0 \\ 0 & 0 & 8\dfrac{EI}{EA} \end{bmatrix}\begin{Bmatrix} X_1 \\ X_2 \\ X_3 \end{Bmatrix} = \begin{Bmatrix} 0 \\ 0 \\ 0 \end{Bmatrix} \qquad \text{(h)}$$

o que leva à determinação das incógnitas hiperestáticas

$$X_1 = 5{,}1\ \text{kN} \quad X_2 = -3{,}9\ \text{kN} \quad X_3 = -60{,}0\ \text{kN}$$

e ao levantamento da indeterminação estática da viga contínua.

Observa-se que, em virtude de $F_{23} = F_{32} = F_{13} = F_{31} = 0$, o sistema de equações $\{\boldsymbol{U}_\theta\} + [\boldsymbol{F}]\{\boldsymbol{X}\} = \{\hat{\boldsymbol{U}}\}$ resulta parcialmente desacoplado, o que permite escrever:

$$10^{-5}\begin{Bmatrix} 600 \\ 2.400 \end{Bmatrix} + \frac{1}{EI}\begin{bmatrix} 21{,}33 & 53{,}33 \\ 53{,}33 & 170{,}67 \end{bmatrix}\begin{Bmatrix} X_1 \\ X_2 \end{Bmatrix} = \begin{Bmatrix} 0 \\ 0 \end{Bmatrix}$$
$$40 \times 10^{-5} + \frac{8}{EA} X_3 = 0 \qquad \text{(i)}$$

Apresentam-se na Fig. 9.31 diversos resultados que podem ser obtidos para a viga contínua.

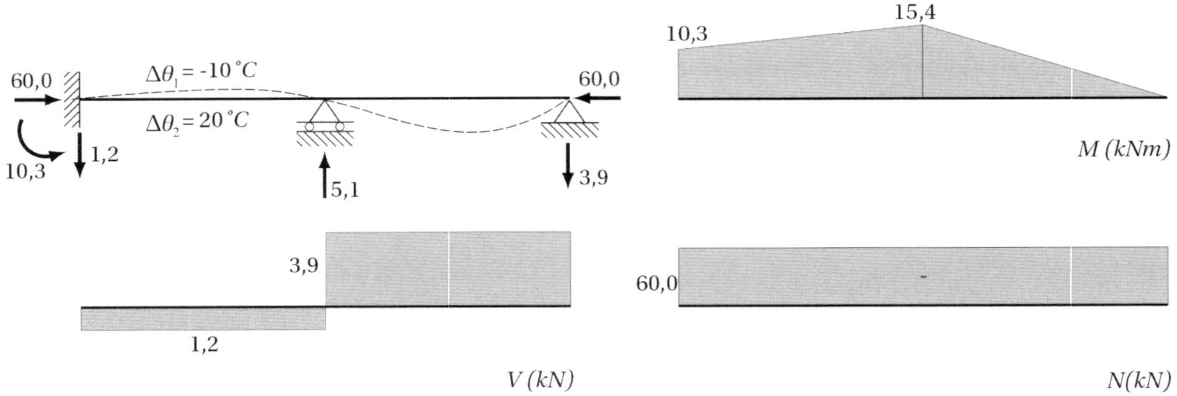

FIG. 9.31 Resultados da viga contínua

Exemplo **9.6**

Resolver pelo método dos esforços a viga contínua submetida a recalques de apoio, conforme se mostra na Fig. 9.32. A viga é prismática, com seção transversal retangular $(b \times h) = (0{,}15 \times 0{,}40)\ m^2$ e módulo de elasticidade $E = 20 \times 10^6 \text{kN/m}^2$.

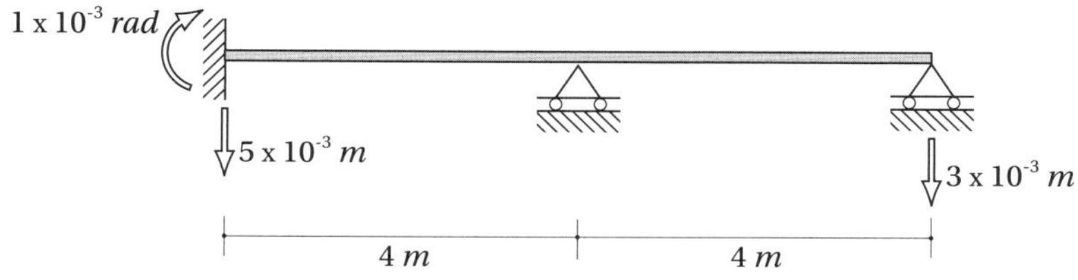

FIG. 9.32 Viga contínua submetida a recalques de apoio

Solução

A viga contínua é uma estrutura hiperestática com grau de hiperestaticidade igual a dois. A Fig. 9.33 apresenta a isostática fundamental selecionada e as incógnitas hiperestáticas correspondentes.

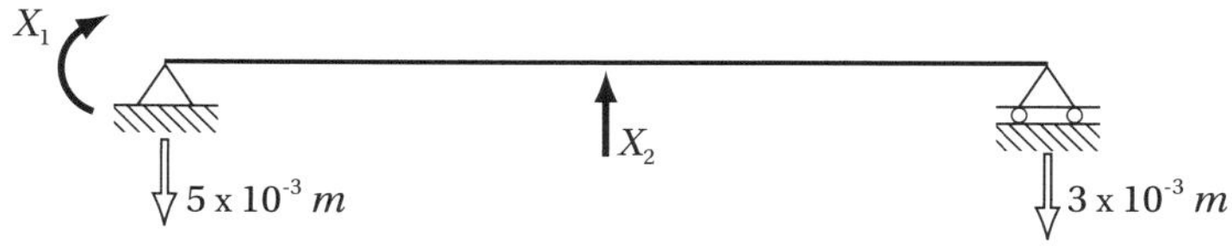

FIG. 9.33 Isostática fundamental e incógnitas hiperestáticas

Neste caso, na ausência de deformações iniciais, as equações de compatibilidade são dadas por (9.17) ou (9.19)

$$\underbrace{\frac{\partial U^*(\boldsymbol{X})}{\partial X_i} - \sum_{k=1}^{3} \frac{\partial R_k(\boldsymbol{X})}{\partial X_i}\hat{D}_k}_{U_i(X)} = \hat{U}_i \quad \text{ou} \quad \underbrace{\frac{\partial U(\boldsymbol{X})}{\partial X_i} - \sum_{k=1}^{3} \frac{\partial R_k(\boldsymbol{X})}{\partial X_i}\hat{D}_k}_{U_i(X)} = \hat{U}_i \qquad (i = 1{,}2) \quad \text{(a)}$$

com

$$U^* = U = \int_{\text{estr}} \frac{M^2}{2EI} ds + \int_{\text{estr}} \frac{N^2}{2EA} ds \qquad \text{(b)}$$

Ao introduzir-se (b) em (a), obtém-se:

$$\underbrace{\int_{\text{estr}} \frac{M}{EI}\frac{\partial M}{\partial X_i} ds + \int_{\text{estr}} \frac{N}{EA}\frac{\partial N}{\partial X_i} ds - \sum_{k=1}^{3} \frac{\partial R_k(\boldsymbol{X})}{\partial X_i}\hat{D}_k}_{U_i} = \hat{U}_i \qquad (i = 1{,}2) \qquad \text{(c)}$$

Como o estabelecimento das equações de compatibilidade (c) envolve derivadas em relação às incógnitas hiperestáticas X_i, é necessário apresentar os esforços solicitantes e as reações de apoio como funções explícitas dessas incógnitas. Essas funções são estabelecidas pelo princípio da superposição de efeitos, que permite escrever:

$$M = M_1 X_1 + M_2 X_2 \qquad N = N_1 X_1 + N_2 X_2 \qquad R_k = R_{k1} X_1 + R_{k2} X_2 \qquad \text{(d)}$$

onde:

M_j e N_j são as distribuições de momentos fletores e de forças normais na isostática fundamental, decorrentes de $X_j = 1$;

R_{kj} é a reação de apoio correspondente ao k-ésimo vínculo na isostática fundamental, decorrente de $X_j = 1$.

Assim, ao introduzir-se (d) em (c), estabelecem-se as duas equações reduzidas de compatibilidade:

$$\begin{aligned}
&\int_{estr} \frac{(M_1X_1+M_2X_2)}{EI} M_1 ds + \int_{estr} \frac{(N_1X_1+N_2X_2)}{EA} N_1 ds - \sum_{k=1}^{3} R_{k1}\hat{D}_k = \hat{U}_1 \\
&\int_{estr} \frac{(M_1X_1+M_2X_2)}{EI} M_2 ds + \int_{estr} \frac{(N_1X_1+N_2X_2)}{EA} N_2 ds - \sum_{k=1}^{3} R_{k2}\hat{D}_k = \hat{U}_2
\end{aligned} \tag{e}$$

As equações reduzidas de compatibilidade (e) podem ser colocadas na forma compacta, usualmente utilizada no método dos esforços:

$$\begin{aligned}
U_{1R} + F_{11}X_1 + +F_{12}X_2 &= \hat{U}_1 \\
U_{2R} + F_{21}X_1 + +F_{22}X_2 &= \hat{U}_2
\end{aligned} \tag{f}$$

com a seguinte interpretação de seus termos:

- $U_{iR} = -\sum_{k=1}^{3} R_{ki}\hat{D}_k$ é o deslocamento na isostática fundamental conjugado a X_i, decorrente dos recalques de apoio;
- $F_{ij} = \int_{estr} \frac{M_iM_j}{EI} ds + \int_{estr} \frac{N_iN_j}{EA} ds$ é o deslocamento na isostática fundamental conjugado a X_i, decorrente de $X_j = 1$;
- $\hat{U}_i$ é o recalque de apoio na estrutura hiperestática conjugado a X_i.

Considere agora a resolução numérica da viga contínua. Para o cálculo de X_1 e X_2, apresentam-se na Fig. 9.34 os diagramas de momentos fletores, M_1 e M_2, e as reações de apoio na isostática fundamental, decorrentes de $X_j = 1$, e observa-se que os diagramas de N_1 e N_2 são nulos.

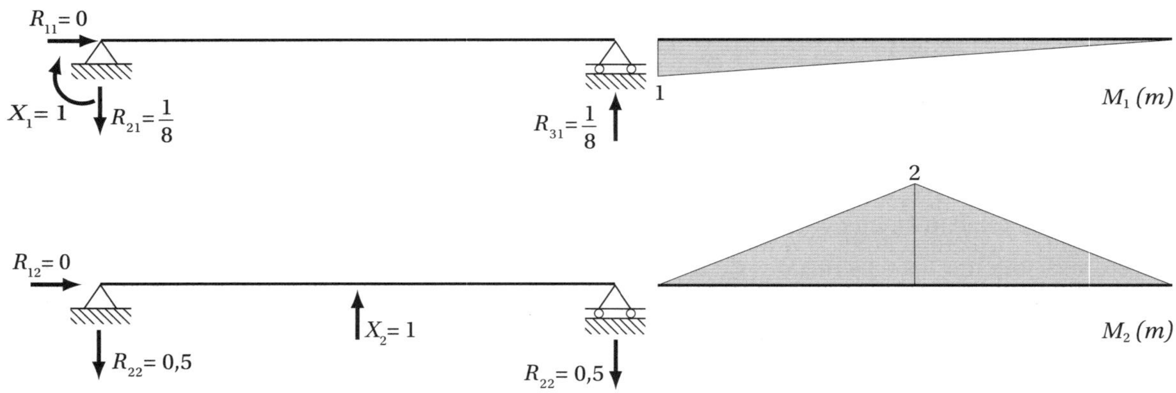

FIG. 9.34 Diagramas de momentos fletores e reações de apoio

Assim, ao efetuar-se os cálculos, obtêm-se:

$$\begin{aligned}
U_{1R} &= -\left(R_{11}\hat{D}_1 + R_{21}\hat{D}_2 + R_{31}\hat{D}_3\right) = -0{,}25\times 10^{-3}\, rad \\
U_{2R} &= -\left(R_{12}\hat{D}_1 + R_{22}\hat{D}_2 + R_{32}\hat{D}_3\right) = -4{,}00\times 10^{-3}\, m
\end{aligned}$$

e

$$F_{11} = \int_{\text{estr}} \frac{M_1 M_1}{EI} ds + \int_{\text{estr}} \frac{N_1 N_1}{EA} ds = \frac{2{,}67}{EI}$$

$$F_{12} = F_{21} = \int_{\text{estr}} \frac{M_1 M_2}{EI} ds + \int_{\text{estr}} \frac{N_1 N_2}{EA} ds = -\frac{4{,}00}{EI}$$

$$F_{22} = \int_{\text{estr}} \frac{M_2 M_2}{EI} ds + \int_{\text{estr}} \frac{N_2 N_2}{EA} ds = \frac{10{,}67}{EI}$$

o que permite escrever as equações reduzidas de compatibilidade na sua forma matricial $\{\boldsymbol{U}_R\} + [\boldsymbol{F}]\{\boldsymbol{X}\} = \{\hat{\boldsymbol{U}}\}$, ou seja:

$$10^{-3}\begin{Bmatrix} -0{,}25 \\ -4{,}00 \end{Bmatrix} + \frac{1}{EI}\begin{bmatrix} 2{,}67 & -4{,}00 \\ -4{,}00 & 10{,}67 \end{bmatrix}\begin{Bmatrix} X_1 \\ X_2 \end{Bmatrix} = 10^{-3}\begin{Bmatrix} 1{,}00 \\ 0{,}00 \end{Bmatrix}$$

o que conduz à determinação das incógnitas hiperestáticas:

$$X_1 = 37{,}7\, kNm \qquad X_2 = 20{,}1\,\text{kN}$$

e ao levantamento da indeterminação estática da viga contínua.

Apresentam-se na Fig. 9.35 diversos resultados que podem ser obtidos para a viga contínua.

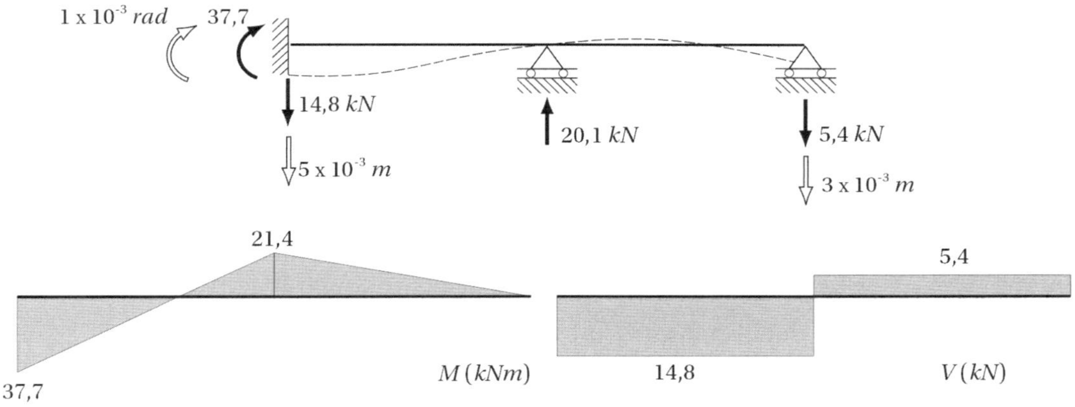

FIG. 9.35 Resultados da viga contínua

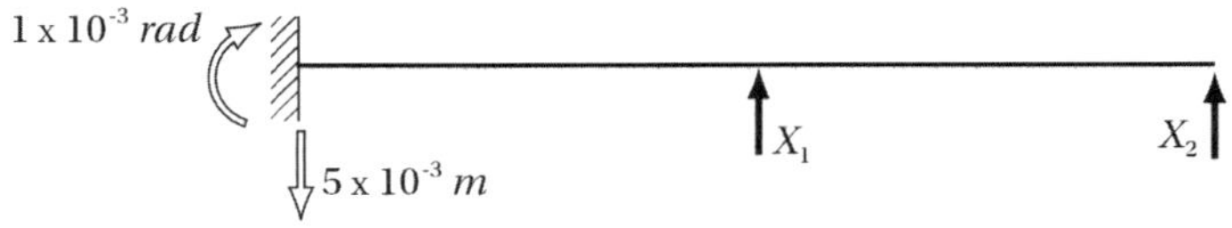

FIG. 9.36 Isostática fundamental e incógnitas hiperestáticas

Caso se tivesse adotado a viga engastada como isostática fundamental, conforme se mostra na Fig. 9.36, as equações reduzidas de compatibilidade $\{\boldsymbol{U}_R\} + [\boldsymbol{F}]\{\boldsymbol{X}\} = \{\hat{\boldsymbol{U}}\}$ seriam dadas por:

$$10^{-3}\begin{Bmatrix} -9{,}00 \\ -13{,}00 \end{Bmatrix} + \frac{1}{EI}\begin{bmatrix} 21{,}33 & 53{,}33 \\ 53{,}33 & 170{,}67 \end{bmatrix}\begin{Bmatrix} X_1 \\ X_2 \end{Bmatrix} = 10^{-3}\begin{Bmatrix} 0{,}00 \\ -3{,}00 \end{Bmatrix}$$

o que conduziria a

$$X_1 = 20{,}1\,\text{kN} \quad X_2 = -5{,}4\,\text{kN}$$

Esses valores podem ser observados na Fig. 9.35, pois a escolha da isostática fundamental é arbitrária e, consequentemente, não interfere nos resultados finais. Assim, qualquer que seja o subconjunto de soluções equilibradas, resultante de uma particular isostática fundamental e que contenha a solução real, a condição de estacionaridade da energia potencial complementar total conduz à solução real, que é única na elasticidade linear.

Adicionalmente, observa-se que as matrizes de flexibilidade associadas às possíveis isostáticas fundamentais são diferentes entre si; portanto, a matriz de flexibilidade $[\boldsymbol{F}]$ é uma característica da isostática fundamental adotada.

Análise de estruturas hiperestáticas pelo método dos esforços, com expressões derivadas dos teoremas de energia complementar

Considere-se uma estrutura hiperestática com grau de hiperestaticidade n e submetida a esforços externos ativos, variações de temperatura e recalques de apoio.

Os exemplos apresentados ilustraram a aplicação conceitual dos teoremas de energia complementar à solução de estruturas hiperestáticas pelo método dos esforços e permitem apresentar os principais passos para a aplicação sistemática do procedimento adotado:

- escolhe-se a isostática fundamental pela supressão de n vínculos (arbitrária e convenientemente escolhidos) na estrutura hiperestática de grau n, analisada;
- considera-se a isostática fundamental submetida às ações externas (esforços externos ativos, variações de temperatura e recalques de apoio) e às n incógnitas hiperestáticas X_i (esforços nos pontos e nas direções dos vínculos retirados);
- determinam-se as incógnitas hiperestáticas X_i pela resolução do sistema linear de n equações reduzidas de compatibilidade:

$$\underbrace{U_{i0} + U_{i\theta} + U_{iR} + \sum_j F_{ij} X_j}_{U_i} = \hat{U}_i \quad \left(i,\ j = 1,\ldots,n\right) \tag{9.20}$$

onde:

$\hat{U}_i$ é o deslocamento especificado na estrutura original conjugado a X_i;

U_{i0} é o deslocamento na isostática fundamental conjugado a X_i, decorrente do carregamento externo;

$U_{i\theta}$ é o deslocamento na isostática fundamental conjugado a X_i, decorrente das variações de temperatura;

U_{iR} é o deslocamento na isostática fundamental conjugado a X_i, decorrente dos recalques de apoio;

F_{ij} é o deslocamento na isostática fundamental conjugado a X_i, decorrente da incógnita hiperestática $X_j = 1$.

As parcelas dos deslocamentos U_i na isostática fundamental, U_{i0}, $U_{i\theta}$, U_{iR} e F_{ij} são definidas pelas seguintes expressões:

$$\begin{aligned}
U_{i0} &= \int\limits_{\text{estr}} \frac{M_i M_0}{EI} ds + \int\limits_{\text{estr}} \frac{N_i N_0}{EA} ds + \int\limits_{\text{estr}} \frac{T_i T_0}{GI_T} ds + \sum_{\ell} \frac{S_\ell S_{\ell 0}}{k_\ell} \\
U_{i\theta} &= \int\limits_{\text{estr}} M_i \frac{\alpha(\Delta\theta_2 - \Delta\theta_1)}{h} ds + \int\limits_{\text{estr}} N_i \alpha \Delta\theta_0 ds \\
U_{iR} &= -\sum_k R_{ki} \hat{D}_k \\
F_{ij} &= \int\limits_{\text{estr}} \frac{M_i M_j}{EI} ds + \int\limits_{\text{estr}} \frac{N_i N_j}{EA} ds + \int\limits_{\text{estr}} \frac{T_i T_j}{GI_T} ds + \sum_{\ell} \frac{S_{\ell i} S_{\ell j}}{k_\ell}
\end{aligned} \tag{9.21}$$

com a representação compacta:

$$\int\limits_{\text{estr}} \frac{M_i M_0}{EI} ds = \int\limits_{\text{estr}} \frac{M_{yi} M_{y0}}{EI_y} ds + \int\limits_{\text{estr}} \frac{M_{zi} M_{z0}}{EI_z} ds \tag{9.22}$$

onde, definidos na estrutura isostática fundamental:

- M_0, N_0 e T_0 são as distribuições de momentos fletores, forças normais e momentos torçores, decorrentes dos esforços ativos externos;
- $S_{\ell 0}$ é a força na mola ℓ, decorrente dos esforços ativos externos;
- M_i, N_i e T_i são as distribuições de momentos fletores, forças normais e momentos torçores, decorrente de $X_i = 1$;
- $S_{\ell i}$ é a força na mola ℓ, decorrente de $X_i = 1$;
- R_{ki} é a reação de apoio no ponto e na direção do k-ésimo vínculo decorrente de $X_i = 1$;
- $\Delta\theta_0$ é a distribuição ao longo do eixo da barra, da variação de temperatura no centro de gravidade da seção transversal;
- $(\Delta\theta_2 - \Delta\theta_1)$ é a distribuição ao longo do eixo da barra, da diferença entre as variações de temperatura em faces opostas da seção transversal;
- $\hat{D}_k$ é o recalque de apoio no k-ésimo vínculo.

As equações reduzidas de compatibilidade podem ser postas na forma matricial:

$$\underbrace{\{\boldsymbol{U}_0\} + \{\boldsymbol{U}_\theta\} + \{\boldsymbol{U}_R\} + [\boldsymbol{F}]\{\boldsymbol{X}\}}_{\{\boldsymbol{U}\}} = \{\hat{\boldsymbol{U}}\} \tag{9.23}$$

onde:

$\{\boldsymbol{U}_0\}, \{\boldsymbol{U}_\theta\}$ *e* $\{\boldsymbol{U}_R\}$ são os vetores dos deslocamentos na isostática fundamental, decorrentes dos esforços ativos externos, das variações de temperatura e dos recalques de apoio;

$[\boldsymbol{F}]$ é a matriz de flexibilidade, simétrica $(F_{ij} = F_{ji})$ e positiva definida;

$\{\boldsymbol{X}\}$ é o vetor das incógnitas hiperestáticas;

$\{\hat{\boldsymbol{U}}\}$ é o vetor dos deslocamentos especificados na estrutura original nos vínculos suprimidos.

A comparação entre as expressões para a análise de estruturas hiperestáticas com base no método dos esforços, estabelecidas pelos teoremas de energia complementar, dadas por (9.20) a (9.23), e as expressões (4.1) a (4.4), obtidas pela aplicação do teorema dos esforços virtuais, são exatamente as mesmas. Todos os seus termos têm a mesma interpretação conceitual, e a diferença a ser notada fica apenas no procedimento com que foram estabelecidos. Por esse motivo, não há necessidade da reapresentação dos exemplos dos Caps. 4 e 6.

9.3 Cálculo de deslocamentos em estruturas hiperestáticas

O cálculo de deslocamentos em estruturas hiperestáticas é necessariamente precedido por uma análise que permita estabelecer as distribuições de esforços solicitantes e as reações de apoio da estrutura hiperestática. Essa análise pode, por exemplo, ser efetuada pelo método dos esforços, conforme se mostrou na seção 9.2.

Assim, admitindo-se que a análise da estrutura hiperestática já tenha sido realizada, faz-se o cálculo de deslocamentos U_j em estrutura hiperestática, a partir dos teoremas de energia complementar, com o acréscimo dos esforços independentes P_j conjugados aos deslocamentos U_j que se deseja calcular.

A Fig. 9.37 ilustra os vários parâmetros envolvidos no cálculo dos deslocamentos U_1, U_2, U_3 e U_4 em uma viga contínua com apoio elástico, sob a ação de esforços externos ativos, variações de temperatura e recalques de apoio.

Nessas condições, a expressão da energia potencial complementar total é dada por:

$$\mathcal{V}^*(\boldsymbol{P}) = \mathcal{U}^*(\boldsymbol{P}) - \sum_{\ell=1}^{4} P_\ell U_\ell - \sum_k R_k(\boldsymbol{P})\hat{D}_k \tag{9.24}$$

Assim, pelo teorema da energia potencial complementar total, pode-se escrever:

$$\frac{\partial \mathcal{V}^*(\boldsymbol{P})}{\partial P_j} = \frac{\partial \mathcal{U}^*(\boldsymbol{P})}{\partial P_j} - \sum_k \frac{\partial R_k(\boldsymbol{P})}{\partial P_j}\hat{D}_k - U_j = 0 \tag{9.25}$$

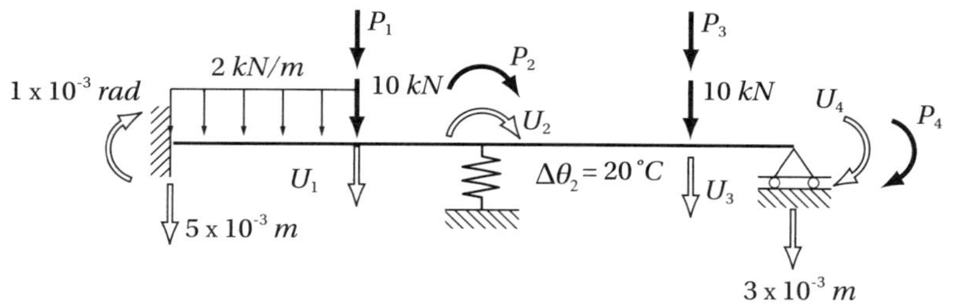

FIG. 9.37 Viga contínua com apoio elástico, sob a ação de esforços externos ativos, recalques de apoio e variação de temperatura

o que permite obter:

$$U_j = \frac{\partial \mathcal{U}^*(\boldsymbol{P})}{\partial P_j} - \sum_k \frac{\partial R_k(\boldsymbol{P})}{\partial P_j} \hat{D}_k \tag{9.26}$$

Como se deseja calcular o deslocamento U_j para o carregamento efetivamente aplicado à estrutura, é necessário anular os esforços independentes, introduzidos após as derivações indicadas em (9.26), ou seja:

$$U_j = \left(\frac{\partial \mathcal{U}^*(\boldsymbol{P})}{\partial P_j} \right)_{\boldsymbol{P}=\boldsymbol{0}} - \sum_k \left(\frac{\partial R_k(\boldsymbol{P})}{\partial P_j} \right)_{\boldsymbol{P}=\boldsymbol{0}} \hat{D}_k \tag{9.27}$$

Na ausência de recalques de apoio, a expressão (9.27) se reduz a:

$$U_j = \left(\frac{\partial \mathcal{U}^*(\boldsymbol{P})}{\partial P_j} \right)_{\boldsymbol{P}=\boldsymbol{0}} \tag{9.28}$$

As expressões (9.27) e (9.28) são as expressões do teorema de Engesser para o cálculo de deslocamentos em estruturas hiperestáticas.

Na ausência de deformações iniciais, $\mathcal{U} = \mathcal{U}^*$ e as expressões (9.27) e (9.28) podem ser postas nas formas:

$$U_j = \left(\frac{\partial \mathcal{U}(\boldsymbol{P})}{\partial P_j} \right)_{\boldsymbol{P}=\boldsymbol{0}} - \sum_k \left(\frac{\partial R_k(\boldsymbol{P})}{\partial P_j} \right)_{\boldsymbol{P}=\boldsymbol{0}} \hat{D}_k \tag{9.29}$$

e

$$U_j = \left(\frac{\partial \mathcal{U}(\boldsymbol{P})}{\partial P_j} \right)_{\boldsymbol{P}=\boldsymbol{0}} \tag{9.30}$$

que são as expressões do segundo teorema de Castigliano para o cálculo de deslocamentos em estruturas hiperestáticas.

As expressões (9.27) a (9.30) para o cálculo de deslocamentos em estruturas hiperestáticas são exatamente iguais às expressões (9.7) a (9.10) para o cálculo de deslocamentos em estruturas isostáticas. Os exemplos conceituais adiante permitem estabelecer expressões para o cálculo direto de deslocamentos em estruturas reticuladas hiperestáticas e interpretar melhor as várias funções que definem essas expressões.

Exemplo **9.7**

Calcular os deslocamentos U_1 e U_2 na viga contínua com apoios elásticos, submetida a forças concentradas (analisada no exemplo 9.4), conforme é indicado na Fig. 9.38.

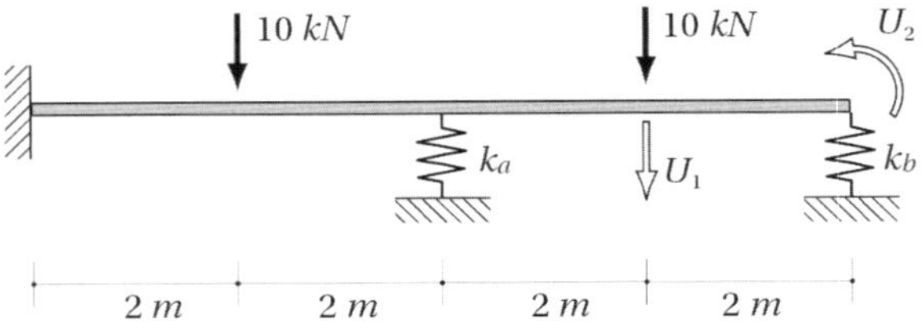

Fig. 9.38 Viga engastada com apoios elásticos sob forças concentradas

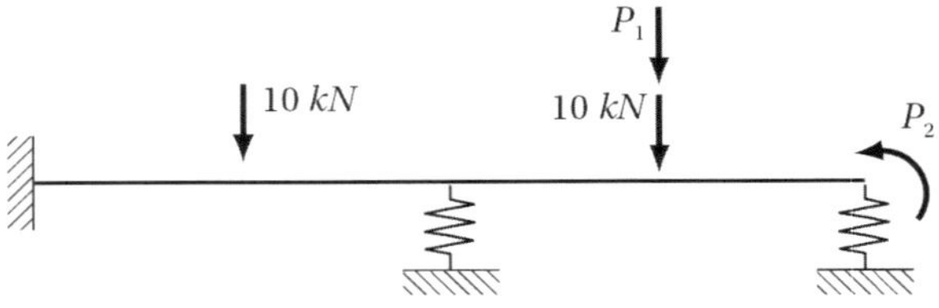

Fig. 9.39 Identificação dos esforços independentes

Solução

A análise dessa estrutura hiperestática pelo método dos esforços foi desenvolvida no exemplo 9.4, e os resultados obtidos estão na Fig. 9.27.

Assim, pode-se passar ao cálculo dos deslocamentos U_1 e U_2, com o acréscimo ao carregamento preexistente dos esforços independentes P_1 e P_2 conjugados a U_1 e U_2, conforme mostra a Fig. 9.39.

O cálculo do deslocamento U_j pode ser efetuado pela aplicação direta de (9.28) ou (9.30), ou seja:

$$U_j = \left(\frac{\partial \mathcal{U}^*(\mathbf{P})}{\partial P_j}\right)_{\mathbf{P}=\mathbf{0}} \quad \text{ou} \quad U_j = \left(\frac{\partial \mathcal{U}(\mathbf{P})}{\partial P_j}\right)_{\mathbf{P}=\mathbf{0}} \tag{a}$$

com

$$\mathcal{U}^* = \mathcal{U} = \int_{\text{estr}} \frac{M_T^2}{2EI} ds + \int_{\text{estr}} \frac{N_T^2}{2EA} ds + \sum_\ell \frac{S_{T\ell}^2}{2k_\ell} \tag{b}$$

onde M_T e N_T são as distribuições de momentos fletores e forças normais, e $S_{T\ell}$ é a força na mola ℓ da estrutura hiperestática, decorrentes do carregamento efetivamente aplicado à estrutura e dos esforços independentes introduzidos.

Ao substituir-se (b) em (a), pode-se estabelecer:

$$U_j = \left(\int_{\text{estr}} \frac{M_T}{EI}\frac{\partial M_T}{\partial P_j} ds + \int_{\text{estr}} \frac{N_T}{EA}\frac{\partial N_T}{\partial P_j} ds + \sum_\ell \frac{S_{T\ell}}{k_\ell}\frac{\partial S_{T\ell}}{\partial P_j}\right)_{\mathbf{P}=\mathbf{0}} \tag{c}$$

Especial atenção merece a determinação das derivadas $\left(\frac{\partial M_T}{\partial P_j}\right)_{\mathbf{P}=\mathbf{0}}$, $\left(\frac{\partial N_T}{\partial P_j}\right)_{\mathbf{P}=\mathbf{0}}$ e $\left(\frac{\partial S_{T\ell}}{\partial P_j}\right)_{\mathbf{P}=\mathbf{0}}$, pois, dependendo da maneira como os esforços internos, M_T, N_T e $S_{T\ell}$, forem definidos em função dos esforços independentes P_j, a avaliação dessas funções será bem simples ou bem mais complexa.

A definição mais complexa consiste em considerar os esforços internos como os resultantes da superposição de efeitos na estrutura hiperestática, como se exemplifica para momentos fletores:

$$M_T = M + M_1^* P_1 + M_2^* P_2$$

onde M, M_1^* e M_2^* são as distribuições de momentos fletores na estrutura hiperestática, decorrentes das forças concentradas, de $P_1 = 1$ e de $P_2 = 1$, respectivamente. Assim:

$$\left(\frac{\partial M_T}{\partial P_j}\right)_{\mathbf{P}=\mathbf{0}} = M_j^* \qquad \left(\frac{\partial N_T}{\partial P_j}\right)_{\mathbf{P}=\mathbf{0}} = N_j^* \qquad \left(\frac{\partial S_{T\ell}}{\partial P_j}\right)_{\mathbf{P}=\mathbf{0}} = S_{\ell j}^*$$

e a expressão para o cálculo do deslocamento U_j será dada por:

$$U_j = \int_{\text{estr}} \frac{M}{EI} M_j^* \, ds + \int_{\text{estr}} \frac{N}{EA} N_j^* \, ds + \sum_{\ell} \frac{S_\ell}{k_\ell} S_{\ell j}^* \qquad \text{(d)}$$

Assim, para obter cada deslocamento, seria necessário resolver a estrutura hiperestática sujeita a $P_j = 1$, o que é muito trabalhoso.

Entretanto, é possível fazer uma simplificação notável ao considerar-se os esforços internos como os resultantes da superposição de efeitos numa estrutura isostática fundamental arbitrária, conforme se exemplifica para momentos fletores:

$$M_T = M_0 + M_1 X_1 + M_2 X_2 + \overline{M}_1 P_1 + \overline{M}_2 P_2$$

ou, como as incógnitas hiperestáticas já foram determinadas com a resolução da estrutura:

$$M_T = M + \overline{M}_1 P_1 + \overline{M}_2 P_2$$

onde M e $\overline{M}_j$ são as distribuições de momentos fletores na estrutura hiperestática submetida às forças concentradas e na isostática fundamental submetida a $P_j = 1$, respectivamente. Portanto:

$$\left(\frac{\partial M_T}{\partial P_j}\right)_{\mathbf{P}=\mathbf{0}} = \overline{M}_j \qquad \left(\frac{\partial N_T}{\partial P_j}\right)_{\mathbf{P}=\mathbf{0}} = \overline{N}_j \qquad \left(\frac{\partial S_{T\ell}}{\partial P_j}\right)_{\mathbf{P}=\mathbf{0}} = \overline{S}_{\ell j}$$

e

$$(M_T)_{\mathbf{P}=\mathbf{0}} = M \qquad (N_T)_{\mathbf{P}=\mathbf{0}} = N \qquad (S_{T\ell})_{\mathbf{P}=\mathbf{0}} = S$$

Nessas condições, a expressão para o cálculo do deslocamento U_j é:

$$U_j = \int_{\text{estr}} \frac{M}{EI} \overline{M}_j \, ds + \int_{\text{estr}} \frac{N}{EA} \overline{N}_j \, ds + \sum_{\ell} \frac{S_\ell}{k_\ell} \overline{S}_{\ell j} \qquad \text{(e)}$$

Assim, para a obtenção de cada deslocamento deve-se resolver apenas uma isostática fundamental, arbitrariamente escolhida, e sujeita a $P_j = 1$, o que é mais simples e evidencia a opção por definir a superposição na isostática fundamental.

Nas expressões (d) e (e) para o cálculo de U_j, M e N são as distribuições de momentos fletores e de forças normais, e S_ℓ é a força na mola ℓ na estrutura hiperestática, decorrentes do carregamento real.

Pela análise das Eqs. (d) e (e), a forma mais prática para o cálculo de um deslocamento U_j na viga contínua com apoio elástico é usar a expressão (e).

O desenvolvimento para o estabelecimento da expressão (e) é geral e válido para qualquer estrutura hiperestática plana submetida a carregamento externo no plano da estrutura.

Considere agora o cálculo numérico de U_1 e U_2 pela aplicação direta de (f) na viga contínua com apoio elástico. Inicialmente, apresentam-se o diagrama de momentos fletores, M, e as forças nas molas, S_a e S_b, estabelecidos na Fig. 9.40. Observa-se que $N = 0$.

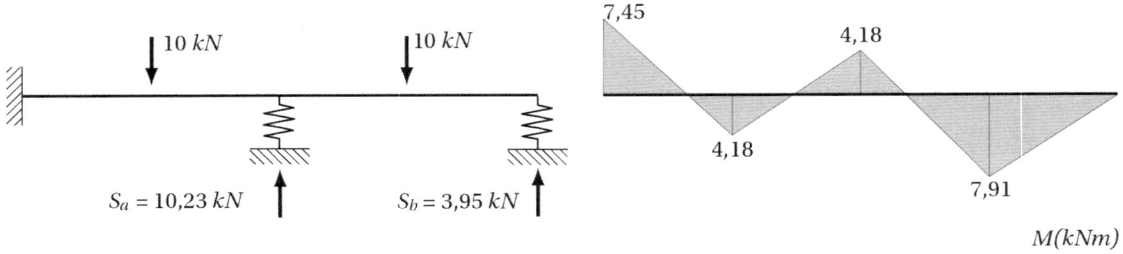

FIG. 9.40 Diagrama de momentos fletores e forças nas molas na viga contínua com apoio elástico

Para o cálculo de U_1, considera-se a isostática fundamental da Fig. 9.41 submetida a $P_1 = 1$, onde também se indica o diagrama de momentos fletores. Observa-se que $\overline{N}_1 = 0$ e que as forças nas molas são nulas, $\overline{S}_{a1} = \overline{S}_{b1} = 0$.

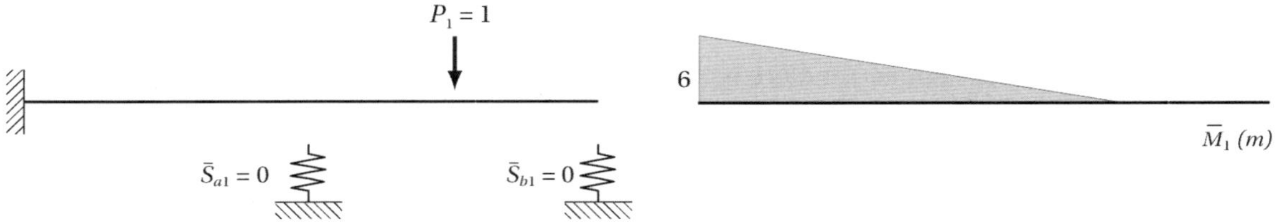

FIG. 9.41 Isostática fundamental submetida a $P_1 = 1$ e diagrama de $\overline{M}_1$

Pode-se então calcular U_1 com a aplicação de (f), obtendo-se:

$$U_1 = \int_{\text{estr}} \frac{M}{EI}\overline{M}_1 ds + \int_{\text{estr}} \frac{N}{EA}\overline{N}_1 ds + \sum_{\ell=a,b} \frac{S_\ell}{k_\ell}\overline{S}_{\ell 1} = 1{,}1 \times 10^{-3}\, m$$

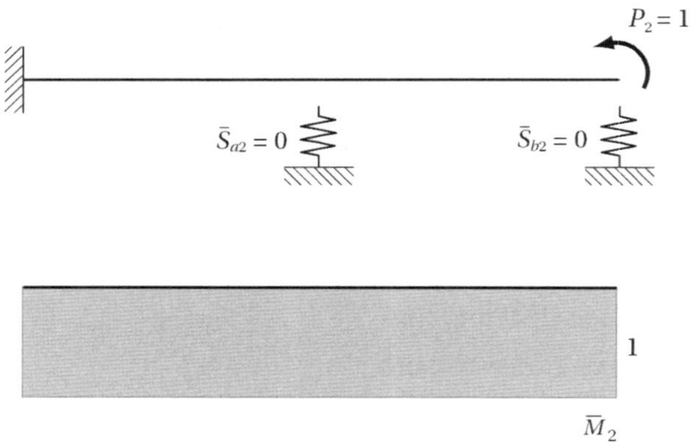

FIG. 9.42 Isostática fundamental submetida a $P_2 = 1$ e diagrama de $\overline{M}_2$

Para o cálculo de U_2, considera-se a isostática fundamental da Fig. 9.42 submetida a $P_2 = 1$, onde também se indica o diagrama de momentos fletores. Observa-se que $\overline{N}_2 = 0$ e que as forças nas molas são nulas, $\overline{S}_{a2} = \overline{S}_{b2} = 0$.

Pode-se então calcular U_2 com a aplicação de (f), obtendo-se:

$$U_2 = \int_{\text{estr}} \frac{M}{EI}\overline{M}_2 ds + \int_{\text{estr}} \frac{N}{EA}\overline{N}_2 ds + \sum_{\ell=a,b} \frac{S_\ell}{k_\ell}\overline{S}_{\ell 2}$$

$$= 5{,}2 \times 10^{-4}\, rad$$

No caso de selecionar como isostática fundamental a viga com apoio fixo e apoio elástico submetida a $P_2 = 1$, tem-se $\overline{N}_2 = 0$ e $\overline{S}_{a2} = 0$, e o diagrama de momentos fletores e a força na mola b apresentados na Fig. 9.43.

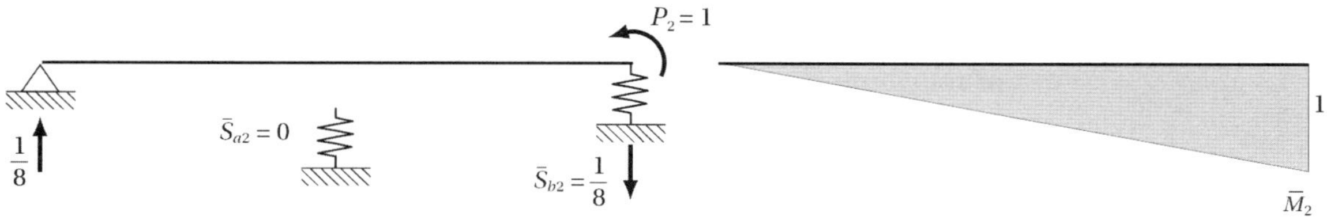

FIG. 9.43 Diagrama de $\overline{M}_2$ na viga biapoiada

Calcula-se novamente U_2 com a aplicação de (f) e constata-se que:

$$U_2 = \int_{\text{estr}} \frac{M}{EI}\overline{M}_2 ds + \int_{\text{estr}} \frac{N}{EA}\overline{N}_2 ds + \sum_{\ell=a,b} \frac{S_\ell}{k_\ell}\overline{S}_{\ell 2} = 5{,}2 \times 10^{-4}\, rad$$

Assim, como já se sabia, a escolha da isostática fundamental é arbitrária.

Exemplo **9.8**

Calcular os deslocamentos U_1 e U_2 na viga contínua submetida a variações de temperatura (analisada no exemplo 9.5), conforme se indica na Fig. 9.44.

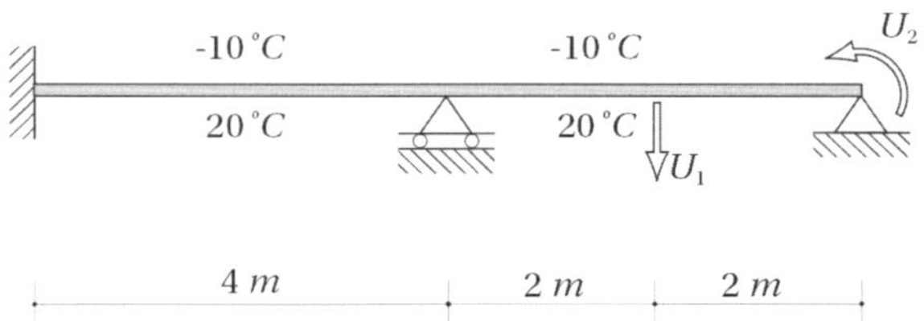

FIG. 9.44 Viga contínua submetida a variação de temperatura

Solução

A análise dessa estrutura hiperestática pelo método dos esforços foi desenvolvida no exemplo 9.5 e os resultados obtidos estão na Fig. 9.31. Assim, passa-se ao cálculo dos deslocamentos U_1 e U_2, acrescentando-se os esforços independentes P_1 e P_2 conjugados dos deslocamentos U_1 e U_2, conforme mostra a Fig. 9.45.

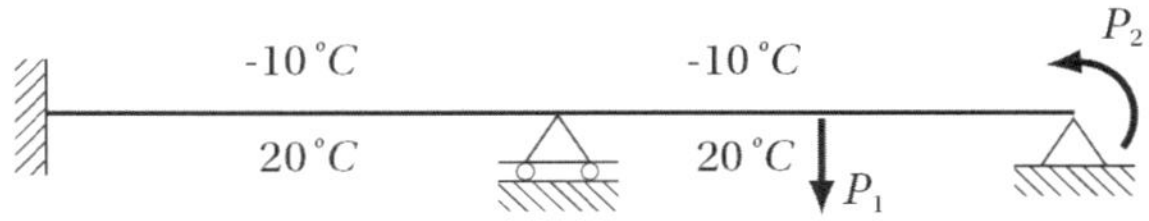

FIG. 9.45 Identificação dos esforços independentes

Nessas condições, o cálculo do deslocamento U_j pode ser efetuado pela aplicação direta de (9.28), ou seja:

$$U_j = \left(\frac{\partial \mathcal{U}^*(\boldsymbol{P})}{\partial P_j}\right)_{\boldsymbol{P}=\boldsymbol{0}} \tag{a}$$

com

$$\mathcal{U}^* = \int_{\text{estr}} \frac{\alpha\,(\Delta\theta_2 - \Delta\theta_1)}{h} M_T ds + \int_{\text{estr}} \alpha \Delta\theta_0 N_T ds + \int_{\text{estr}} \frac{M_T^2}{2EI} ds + \int_{\text{estr}} \frac{N_T^2}{2EA} ds \tag{b}$$

onde M_T e N_T são as distribuições de momentos fletores e forças normais decorrentes das variações de temperatura e dos esforços independentes introduzidos. Ao introduzir-se (b) em (a), obtém-se:

$$U_j = \left(\int_{\text{estr}} \frac{\alpha\,(\Delta\theta_2 - \Delta\theta_1)}{h} \frac{\partial M_T}{\partial P_j} ds + \int_{\text{estr}} \alpha\Delta\theta_0 \frac{\partial N_T}{\partial P_j} ds + \int_{\text{estr}} \frac{M_T}{EI}\frac{\partial M_T}{\partial P_j} ds + \int_{\text{estr}} \frac{N_T}{EA}\frac{\partial N_T}{\partial P_j} ds \right)_{\boldsymbol{P}=\boldsymbol{0}} \tag{c}$$

Conforme discutido no exemplo 9.7, consideram-se os diagramas de esforços solicitantes como os resultantes da superposição de efeitos numa estrutura isostática fundamental arbitrária, ou seja:

$$\begin{aligned} M_T &= M + \overline{M}_1 P_1 + \overline{M}_2 P_2 \\ N_T &= N + \overline{N}_1 P_1 + \overline{N}_2 P_2 \end{aligned} \qquad \text{(d)}$$

Portanto, a expressão para o cálculo do deslocamento U_j é:

$$U_j = \int_{estr} \frac{\alpha\,(\Delta\theta_2 - \Delta\theta_1)}{h} \overline{M}_j ds + \int_{estr} \alpha \Delta\theta_0 \overline{N}_j ds + \int_{estr} \frac{M}{EI} \overline{M}_j ds + \int_{estr} \frac{N}{EA} \overline{N}_j ds \qquad \text{(e)}$$

onde:

M e N são as distribuições de momentos fletores e forças normais na estrutura hiperestática, decorrentes das variações de temperatura;

$\overline{M}_j$ e $\overline{N}_j$são as distribuições de momentos fletores e forças normais numa isostática fundamental selecionada, decorrentes de $P_j = 1$ conjugado a U_j;

$\Delta\theta_0$ é a distribuição da variação de temperatura no centro de gravidade da seção transversal;

$(\Delta\theta_2 - \Delta\theta_1)$ é a distribuição da diferença entre as variações de temperatura em faces opostas da seção transversal.

O desenvolvimento para estabelecer a expressão (e) é geral e válido para qualquer estrutura hiperestática plana submetida a variações de temperatura.

Considere agora o cálculo numérico de U_1 e U_2 pela aplicação direta de (e) na viga contínua.

Inicialmente, apresentam-se os diagramas de momentos fletores e forças normais, M e N, obtidos no exemplo 9.5 e reapresentados na Fig. 9.46.

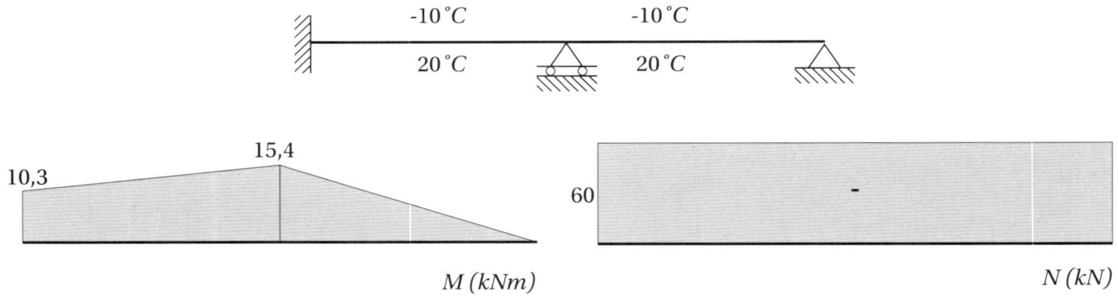

FIG. 9.46 Diagramas de M e N na viga contínua

Para o cálculo de U_1, considera-se como isostática fundamental a viga engastada, submetida a $P_1 = 1$, conforme a Fig. 9.47, com seu diagrama de momentos fletores. Pode-se observar ainda que $\overline{N}_1 = 0$.

Pode-se então calcular U_1 com a aplicação de (e), obtendo-se:

$$U_1 = \frac{\alpha\,(\Delta\theta_2 - \Delta\theta_1)}{h} \int_{estr} \overline{M}_1 ds + \int_{estr} \frac{M}{EI} \overline{M}_1 ds = 5{,}3 \times 10^{-4}\, m$$

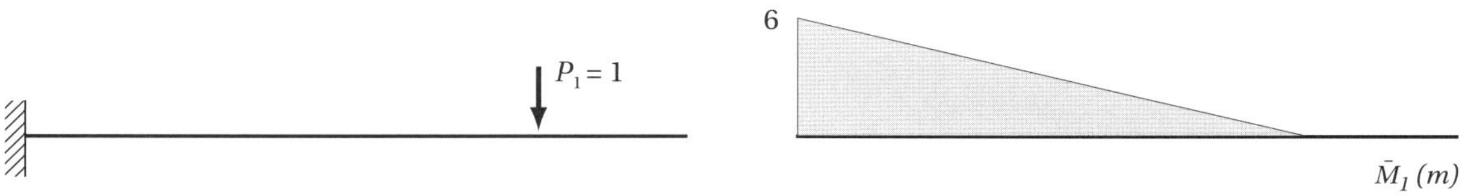

FIG. 9.47 Isostática fundamental selecionada submetida a $P_1 = 1$ e diagrama de $\overline{M}_1$

Para o cálculo de U_2, considera-se como isostática fundamental a viga engastada, submetida a $P_2 = 1$, conforme a Fig. 9.48, com seu diagrama de momentos fletores. Observa-se que $\overline{N}_2 = 0$.

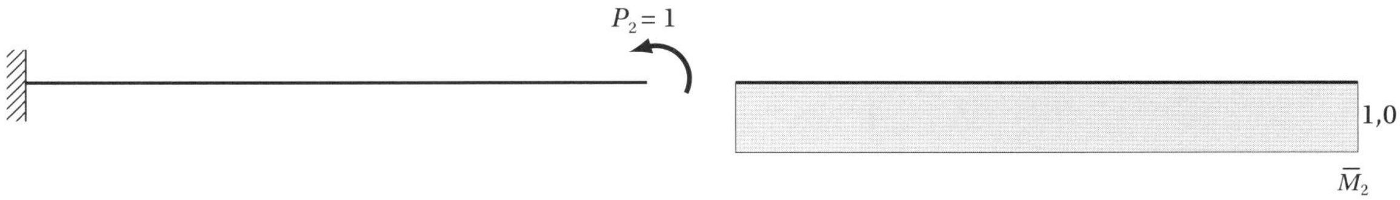

FIG. 9.48 Isostática fundamental selecionada submetida a $P_2 = 1$ e diagrama de $\overline{M}_2$

Pode-se então calcular U_2 com a aplicação de (e), obtendo-se:

$$U_2 = \frac{\alpha\,(\Delta\theta_2 - \Delta\theta_1)}{h} \int_{\text{estr}} \overline{M}_2 ds + \int_{\text{estr}} \frac{M}{EI} \overline{M}_2 ds = 8{,}6 \times 10^{-4}\,rad$$

Exemplo **9.9**

Calcular os deslocamentos U_1 e U_2 na viga contínua submetida a recalques de apoio (analisada no exemplo 9.6), conforme se indica na Fig. 9.49.

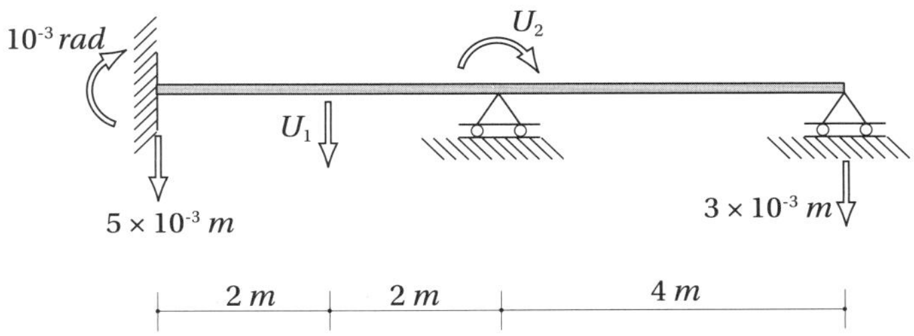

FIG. 9.49 Viga contínua submetida a recalques de apoio

Solução

A análise dessa estrutura hiperestática pelo método dos esforços foi desenvolvida no exemplo 9.6 e os resultados obtidos estão na Fig. 9.35.

Assim, passa-se ao cálculo dos deslocamentos U_1 e U_2, acrescentando-se os esforços independentes P_1 e P_2 conjugados a U_1 e U_2, conforme mostra a Fig. 9.50.

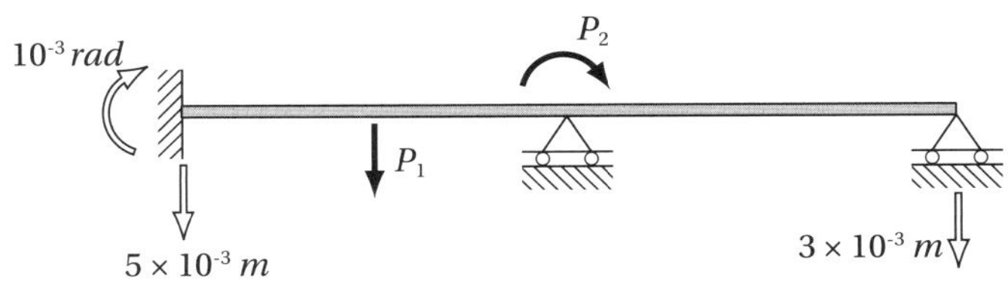

FIG. 9.50 Identificação dos esforços independentes.

Nessas condições, o cálculo do deslocamento U_j pode ser efetuado pela aplicação direta de (9.27) ou (9.29), ou seja:

$$U_j = \left(\frac{\partial \mathcal{U}^*(\boldsymbol{P})}{\partial P_j}\right)_{P=0} - \sum_k \left(\frac{\partial R_{Tk}(\boldsymbol{P})}{\partial P_j}\right)_{P=0} \hat{D}_k$$

ou

$$U_j = \left(\frac{\partial \mathcal{U}(\boldsymbol{P})}{\partial P_j}\right)_{P=0} - \sum_k \left(\frac{\partial R_{Tk}(\boldsymbol{P})}{\partial P_j}\right)_{P=0} \hat{D}_k \qquad \text{(a)}$$

com

$$\mathcal{U}^* = \mathcal{U} = \int_{\text{estr}} \frac{M_T^2}{2EI} ds + \int_{\text{estr}} \frac{N_T^2}{2EA} ds \qquad \text{(b)}$$

onde M_T e N_T são as distribuições de momentos fletores e forças normais, e R_{Tk} são as reações de apoio, decorrentes dos recalques de apoio e dos esforços independentes introduzidos. Ao substituir-se (b) em (a), obtém-se:

$$U_j = \left(\int_{\text{estr}} \frac{M_T}{EI}\frac{\partial M_T}{\partial P_j} ds + \int_{\text{estr}} \frac{N_T}{EA}\frac{\partial N_T}{\partial P_j} ds - \sum_k \frac{\partial R_{Tk}(\boldsymbol{P})}{\partial P_j}\hat{D}_k\right)_{P=0} \qquad \text{(c)}$$

Conforme discutido no exemplo 9.7, consideram-se os diagramas de esforços solicitantes, M_T e N_T, e as reações de apoio, R_{Tk}, como resultantes da superposição de efeitos numa estrutura isostática fundamental arbitrária, ou seja:

$$\begin{aligned} M_T &= M + \overline{M}_1 P_1 + \overline{M}_2 P_2 \\ N_T &= N + \overline{N}_1 P_1 + \overline{N}_2 P_2 \\ R_{Tk} &= R_k + \overline{R}_{k1} P_1 + \overline{R}_{k2} P_2 \end{aligned} \qquad \text{(d)}$$

Portanto, a expressão para o cálculo do deslocamento U_j é:

$$U_j = \int_{\text{estr}} \frac{M}{EI}\overline{M}_j ds + \int_{\text{estr}} \frac{N}{EA}\overline{N}_j ds - \sum_k \overline{R}_{kj}\hat{D}_k \qquad \text{(e)}$$

onde:
M e N são as distribuições de momentos fletores e forças normais na estrutura hiperestática, decorrentes dos recalques de apoio $\hat{D}_k$;
$\overline{M}_j$ e $\overline{N}_j$ são as distribuições de momentos fletores e forças normais e $\overline{R}_{kj}$ são as reações de apoio numa isostática fundamental selecionada, decorrentes de $P_j = 1$ conjugado a U_j.

O desenvolvimento para estabelecer a expressão (e) é geral e válido para qualquer estrutura hiperestática plana submetida a recalques de apoio.

Considere agora o cálculo numérico de U_1 e U_2 pela aplicação direta de (e) na viga contínua. Inicialmente, apresentam-se os recalques de apoio e o diagrama de momentos fletores, M, estabelecidos no exemplo 9.6 e reapresentados na Fig. 9.51. Observa-se que $N = 0$.

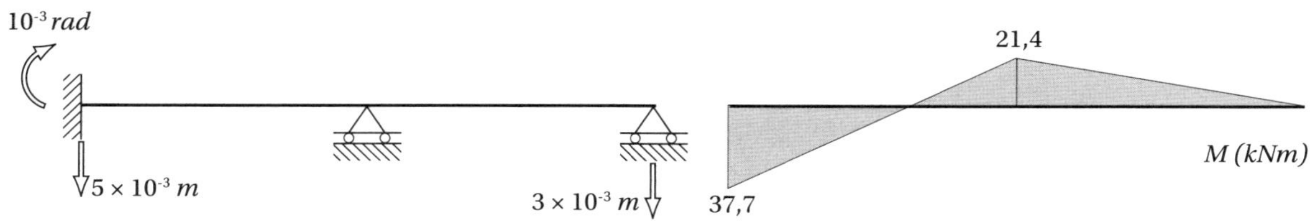

FIG. 9.51 Diagramas de M na viga contínua

Para o cálculo de U_1, considera-se como isostática fundamental a viga engastada, submetida a $P_1 = 1$, conforme a Fig. 9.52, com suas reações de apoio e seu diagrama de momentos fletores. Observa-se que $\overline{N}_1 = 0$.

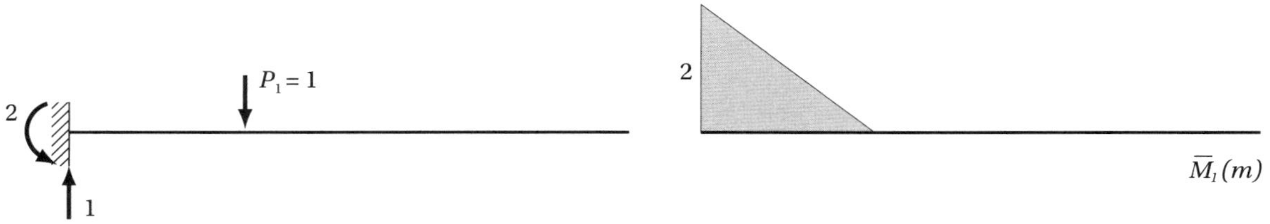

FIG. 9.52 Isostática fundamental submetida a $P_1 = 1$, reações de apoio $\overline{R}_{k1}$ e diagrama de $\overline{M}_1$

Pode-se então calcular U_1 com a aplicação de (e), obtendo-se:

$$U_1 = \int_{\text{estr}} \frac{M}{EI}\overline{M}_1 ds + \int_{\text{estr}} \frac{N}{EA}\overline{N}_1 ds - \sum_{k=1}^{3} \overline{R}_{k1}\hat{D}_k = 3{,}5 \times 10^3 \, rad$$

Para o cálculo de U_2, considera-se como isostática fundamental a viga engastada, submetida a $P_2 = 1$, conforme a Fig. 9.53, com suas reações de apoio e seu diagrama de momentos fletores. Observa-se que $\overline{N}_2 = 0$.

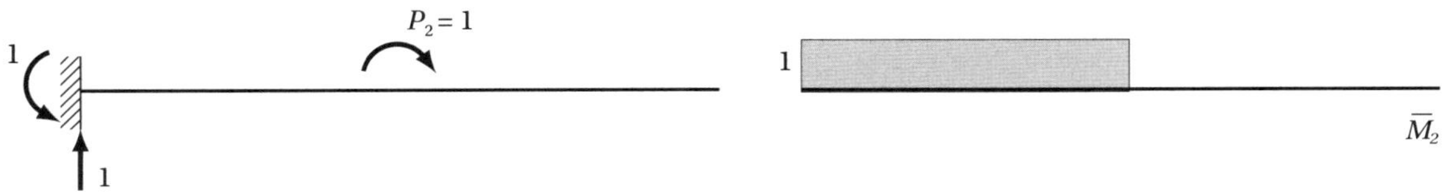

FIG. 9.53 Isostática fundamental submetida a $P_2 = 1$, reações de apoio $\overline{R}_{k2}$ e diagrama de $\overline{M}_2$

Pode-se então calcular U_2 com a aplicação de (e), obtendo-se:

$$U_2 = \int_{\text{estr}} \frac{M}{EI}\overline{M}_2 ds + \int_{\text{estr}} \frac{N}{EA}\overline{N}_2 ds + \sum_{k=1}^{3} \overline{R}_{k2}\hat{D}_k = -1{,}04 \times 10^{-3} \, rad$$

O sinal negativo de U_2 indica que o sentido real da rotação é oposto ao convencionado, ou seja, a rotação ocorre no sentido anti-horário.

Expressões derivadas dos teoremas de energia complementar para o cálculo de deslocamentos em estruturas reticuladas hiperestáticas

Os exemplos conceituais apresentados permitem escrever a expressão para o cálculo de um deslocamento U_j, em uma estrutura hiperestática plana sob a ação de esforços ativos externos, variações de temperatura e recalques de apoio.

$$U_j + \sum_k \overline{R}_{kj} \hat{D}_k = \int_{\text{estr}} \frac{M\overline{M}_j}{EI} ds + \int_{\text{estr}} \frac{N\overline{N}_j}{EA} ds + \sum_\ell \frac{S_\ell \overline{S}_{\ell j}}{k_\ell} + \int_{\text{estr}} \frac{\alpha(\Delta\theta_2 - \Delta\theta_1)}{h} \overline{M}_j ds + \int_{\text{estr}} \alpha \Delta\theta_0 \overline{N}_j ds \tag{9.31}$$

A expressão para o cálculo de um deslocamento U_j em estruturas hiperestáticas reticuladas, no espaço sob a ação de esforços ativos externos, variações de temperatura e recalques de apoio, é inferida de (9.31) e do que foi apresentado anteriormente, e é dada por:

$$U_j + \sum_k \overline{R}_{kj} \hat{D}_k = \int_{\text{estr}} \frac{M\overline{M}_j}{EI} ds + \int_{\text{estr}} \frac{N\overline{N}_j}{EA} ds + \int_{\text{estr}} \frac{T\overline{T}_j}{GI_T} ds + \sum_\ell \frac{S_\ell \overline{S}_{\ell j}}{k_\ell} + \int_{\text{estr}} \frac{\alpha \Delta\theta}{h} \overline{M}_j ds + \int_{\text{estr}} \alpha \Delta\theta_0 \overline{N}_j ds \tag{9.32}$$

onde são definidos, na estrutura hiperestática, os parâmetros:

- U_j é o deslocamento que se deseja calcular;
- $\hat{D}_k$ é o recalque de apoio no k-ésimo vínculo;
- S_ℓ é a força na mola ℓ;
- k_ℓ é o coeficiente de rigidez da mola ℓ;
- M, N e T são as distribuições reais de momentos fletores, forças normais e momentos torçores, decorrentes das ações externas;
- $\Delta\theta_0$ é a distribuição, ao longo do eixo da barra, da variação de temperatura no centro de gravidade da seção transversal;
- $(\Delta\theta_2 - \Delta\theta_1)$ é a distribuição, ao longo do eixo da barra, da diferença entre as variações de temperatura em faces opostas da seção transversal.

e, na estrutura isostática fundamental, os parâmetros:

- $\overline{R}_{kj}$ é a reação de apoio na direção do k-ésimo vínculo, decorrente de $P_j = 1$;
- $\overline{M}$, $\overline{N}$ e $\overline{T}$ são as distribuições de momentos fletores, forças normais e momentos torçores, decorrentes de $P_j = 1$;
- $\overline{S}_{\ell j}$ é a força na mola ℓ, decorrente de $P_j = 1$.

A comparação entre as expressões para o cálculo de deslocamentos em estruturas hiperestáticas com base nos teoremas de energia complementar, dadas por (9.31) e (9.32), e as expressões (5.5) e (5.6), obtidas pela aplicação do teorema dos esforços virtuais, permite constatar que elas são exatamente as mesmas do ponto de vista conceitual. Algumas diferenças podem ser observadas na notação utilizada e que são próprias de um ou de outro desenvolvimento, como, por exemplo:

$$\overline{M}_j \quad \text{e} \quad \delta M_j, \qquad \overline{R}_{kj} \quad \text{e} \quad \delta R_{kj}, \qquad \overline{S}_{\ell j} \quad \text{e} \quad \delta S_{\ell j}$$

É igualmente importante comparar as expressões (9.31) e (9.32), para o cálculo de deslocamentos em estruturas hiperestáticas, com as expressões (9.11) e (9.12), para o cálculo de deslocamentos em estruturas isostáticas, e constatar que elas são formalmente iguais. Assim, para a aplicação dessas expressões, é suficiente a interpretação conceitualmente correta de cada um de seus parâmetros.

Referências Bibliográficas

BARDI, L. B.; VAN EYCK, A. *Museu de arte de São Paulo.* São Paulo: Editorial Blau, 1997.

BETTI, E. Teoria della elasticitá. *Nuovo Cimento,* Série 2, v. VII-VIII, p. 68-97, 1872.

CASTIGLIANO, A. *Intorno ai sistemi elastici.* Turin, 1873.

CASTIGLIANO, A. *Théorie de l'équilibre des systèmes élastiques.* Turin, 1879.

CROSS, H. Analysis of continuous frames by distributing fixed-end moments. *Transactions,* ASCE, Paper 1793, v. 96, 1932.

FERMI, E. *Thermodynamics.* Nova York: Dover Publications, 1956.

GALILEI, G. *Discorsi e dimostrazioni matematiche, intorno à due nouve scienze.* Leiden: Elzevier Press, 1638.

GALILEI, G. *Dialogue concerning two new sciences.* Tradução: H. Crew e A. de Sálvio. Nova York: Macmillan, 1914.

GORDON, J. E. *Structures or why things don't fall down.* Londres: Penguin Books, 1978.

LAMÉ, G. *Leçons sur la théorie mathématique de l'élasticité des corps solides.* Paris: Bachelier, 1852.

MASE, G. E. *Mecanica del medio contínuo.* México: McGraw-Hill, 1977.

OLIVEIRA, E. R. A. *Introdução à teoria das estruturas.* Lisboa, 1966.

TIMOSHENKO, S. P. *History of strength of materials.* Nova York: Dover Publications, 1983.

VARIGNON, P. *Nouvelle mecanique ou statique.* Paris: C. Jombert, 1725.

VASCONCELOS, A. C. *Pontes brasileiras.* São Paulo: Pini, 1993.